Informatik & Praxis

Jürgen Dankert
C^{++} für C-Programmierer

Informatik & Praxis

Herausgegeben von
Prof. Dr. Helmut Eirund, Fachhochschule Harz
Prof. Dr. Herbert Kopp, Fachhochschule Regensburg
Prof. Dr. Axel Viereck, Hochschule Bremen

Anwendungsorientiertes Informatik-Wissen ist heute in vielen Arbeitszusammenhängen nötig, um in konkreten Problemstellungen Lösungsansätze erarbeiten und umsetzen zu können. In den Ausbildungsgängen an Universitäten und vor allem an Fachhochschulen wurde dieser Entwicklung durch eine Integration von Informatik-Inhalten in sozial-, wirtschafts- und ingenieurwissenschaftliche Studiengänge und durch Bildung neuer Studiengänge – z.B. Wirtschaftsinformatik, Ingenieurinformatik oder Medieninformatik – Rechnung getragen.

Die Bände der Reihe wenden sich insbesondere an die Studierenden in diesen Studiengängen, aber auch an Studierende der Informatik, und stellen Informatik-Themen didaktisch durchdacht, anschaulich und ohne zu großen „Theorie-Ballast" vor.

Die Bände der Reihe richten sich aber gleichermaßen an den Praktiker im Betrieb und sollen ihn in die Lage versetzen, sich selbständig in ein in seinem Arbeitszusammenhang relevantes Informatik-Thema einzuarbeiten, grundlegende Konzepte zu verstehen, geeignete Methoden anzuwenden und Werkzeuge einzusetzen, um eine seiner Problemstellung angemessene Lösung zu erreichen.

C++ für C-Programmierer

Von Prof. Dr.-Ing. habil. Jürgen Dankert
Fachhochschule Hamburg

B.G.Teubner Stuttgart · Leipzig 1998

Prof. Dr.-Ing. habil. Jürgen Dankert

Geboren 1941, von 1961 bis 1966 Studium des Maschinenbaus an der Technischen Hochschule Magdeburg, 1971 Promotion zum Dr.-Ing., 1979 Habilitation. Von 1984 bis 1987 Mitarbeiter in der Firma Hewlett-Packard in Böblingen, von 1987 bis 1990 Professor für Technische Mechanik an der Fachhochschule Frankfurt/Main, seit 1990 Professor für Mathematik und Informatik an der Fachhochschule Hamburg.

Die Deutsche Bibliothek – CIP-Einheitsaufnahme

Dankert, Jürgen:
C^{++} für C-Programmierer / von Jürgen Dankert. – Stuttgart ; Leipzig : Teubner,
1998
  (Informatik & Praxis)
  ISBN 978-3-519-02641-9   ISBN 978-3-322-92730-9 (eBook)
  DOI 10.1007/978-3-322-92730-9

Vorwort

Immer komplexere Probleme zwingen geradezu zu objektorientiertem Denken. Daß mit den objektorientierten Programmiersprachen genau die Hilfsmittel bereitgestellt werden, mit denen die reale Welt adäquat abgebildet werden kann, ist sicherlich die Basis für den Trend, neue Software-Projekte fast ausschließlich damit zu realisieren.

Die noch recht junge Programmiersprache C^{++} nimmt dabei zweifellos eine Sonderstellung ein, weil die sehr weit verbreitete Programmiersprache C in ihr komplett enthalten ist. Das erleichtert vielen Programmierern den Umstieg erheblich, und an diese Umsteiger wendet sich dieses Buch. Die vielfach zu hörende Skepsis, daß Umsteiger (wegen der Gefahr, "rückfällig zu werden") besondere Schwierigkeiten haben, die objektorientierte Denkweise konsequent zu verfolgen, wird von mir nicht geteilt, im Gegenteil: Gerade der (und nun nenne ich ihn) Aufsteiger zur objektorientierten Programmierung wird die Vorteile ganz besonders deutlich erkennen.

Nicht unterschätzt werden darf die Möglichkeit, bewährte Algorithmen der Programmiersprache C, die ohne Änderung auch von C^{++}-Compilern übersetzt werden können, mit einer Verpackung zu versehen, die eine "objektorientierte Weiterverwendung" gestatten (die ab Kapitel 7 verwendeten "Microsoft foundation classes" sind geradezu ein klassisches Beispiel dafür). Dies legt einen "Aufstieg zu C^{++}" ebenso nahe wie der nicht zu übersehende Trend, daß die Hersteller modernen Entwicklungsumgebungen für die Programmentwicklung konsequent die objektorientierten Sprachen unterstützen. Diese Aussage gilt in besonderem Maße für die Windows-Programmierung.

Das Erlernen der objektorientierten Programmierung gilt als schwierig. Ich kann aus eigener Erfahrung in der Lehre bestätigen, daß der Anfänger tatsächlich mehr Schwierigkeiten als mit anderen Programmiersprachen hat. Aber nach einer gewissen "Durststrecke" zahlen sich die Mühen aus. Voraussetzung ist allerdings, daß man nicht in erster Linie die syntaktischen Regeln der Programmiersprache erlernt, sondern die Strategie des objektorientierten Denkens in objektorientierte Programme umsetzt. Dieses Buch versucht, dies konsequent zu unterstützen (C^{++} gestattet - siehe oben - durchaus auch das Gegenteil).

Schließlich ist der Erfolg beim Erlernen einer Programmiersprache weitgehend auch vom Spaß abhängig, den man bei aller Mühe unbedingt haben sollte. Das schönste Ergebnis, ein funktionierendes Programm aus eigener Fertigung, sollte sich allerdings möglichst auch "so schön" präsentieren, wie es die professionell erzeugte Software tut. Dazu sind Kenntnisse der Windows-Programmierung heute unerläßlich.

Das vorliegende Buch ist aus Skripten entstanden, die ich meinen Studenten als Begleitmaterial für Vorlesung und Praktika zur Verfügung stelle. Das darin verfolgte Prinzip, nicht streng themengebunden vorzugehen, sondern an Programm-Beispielen nach und nach alle wichtigen Probleme abzuhandeln, hat sich auch für das Selbststudium bewährt. Für die gezielte Suche nach speziellen Themen ist deshalb das Sachverzeichnis manchmal hilfreicher als das Inhaltsverzeichnis, es ist deshalb besonders umfangreich.

Die Beispiel-Programme, die im Buch abgedruckt sind und unbedingt vom Lernenden "mit dem Computer nachempfunden" werden sollten, brauchen nicht abgetippt zu werden, sie sind über die im Abschnitt 1.2 angegebene Internet-Adresse verfügbar (oder über den auf Seite 332 beschriebenen Weg zu beziehen).

Das Programmieren kann man nur erlernen, indem man programmiert. Um möglichst keine Einstiegshürden aufzubauen, habe ich bewußt auf spezielle Hilfsmittel zur Sprachbeschreibung verzichtet. Es werden weder eine "Metasprache" noch die in den letzten Jahren entwickelte Notation objektorientierter Modelle benutzt (mit dem Ziel einer Standardisierung, Stichwort UML, "Unified modeling language"). Die Erfahrungen in der Lehre haben mich sogar ermutigt, manche Programm-Konstruktionen zunächst nur eingeschränkt zu erläutern (zugunsten der Verständlichkeit), um erst später dem fortgeschrittenen Leser die gesamte Information darüber zuzumuten.

Bedanken möchte ich mich bei Herrn Prof. Dr. Kopp von der FH Regensburg für fachliche Hinweise und Herrn Dr. Spuhler, der das Erscheinen des Buchs im Teubner-Verlag ermöglichte, und natürlich bei meiner Frau Helga, die mir allerhand störende Dinge vom Hals gehalten und für mein leibliches Wohl gesorgt hat. Das höchst undankbare Geschäft des Korrekturlesens, das sie für die vor einem Jahr erschienene "Praxis der C-Programmierung" erledigte, hat diesmal Herr Dr. Wolf Dorn übernommen, dem wir beide dafür herzlich danken.

Jesteburg, Juli 1998   Jürgen Dankert

e-mail: dankert@rzbt.fh-hamburg.de
oder   100430.3712@compuserve.com

Homepage:
http://www.fh-hamburg.de/rzbt/dankert

Inhalt

Verwendung von Bezeichnern, Schreibweise

Es erleichtert die Lesbarkeit von Programmen erheblich, wenn für die Bezeichner gewisse Regeln bei der Namensbildung eingehalten werden. Um bei der unvermeidlichen Vermischung von Bezeichnern, die in kommerziell vertriebenen Klassen-Bibliotheken verwendet werden, mit den selbst gewählten Namen die "Herkunft" erkennbar zu machen, werden in diesem Buch folgende Regeln eingehalten:

♦ Bezeichner für Klassen beginnen mit **Cl**, gefolgt von einem Groß-Buchstaben (Microsofts MFC-Klassen-Namen beginnen mit **C**, Borlands OWL-Klassen-Namen mit **T**, jeweils auch mit einem nachfolgenden Groß-Buchstaben).

♦ Namen von Pointern enden auf **_p** (Microsoft: Pointer-Namen beginnen mit **p**, Borland sieht keine Besonderheit für die Bezeichnung von Pointern vor). Namen von Member-Variablen beginnen (wie bei Microsoft) immer mit **m_**.

♦ "Sprechende" (und damit zwangsläufig längere) Namen von Funktionen werden bevorzugt mit Unterstrichen leserlich gemacht (z. B.: **insert_new_area**, bei Microsoft und Borland werden Groß-Buchstaben dafür verwendet, z. B.: **GetHorizontalExtent**).

♦ Der "Null-Pointer" hat in C^{++} (im Gegensatz zu C) tatsächlich den Wert **0**. Trotzdem wird die symbolische Konstante **NULL** verwendet, wodurch sich die Lesbarkeit der Programme sicher verbessert.

Zur Stellung des Dereferenzierungssymbols ***** gibt es keine einheitlichen Regeln. Die "C-Väter" Kernighan und Ritchie ordneten den Stern dem Namen zu (z. B.: **int *w1_p**, "weil ***w1_p** ein **int** ist, muß **w1_p** ein Pointer sein"). Es gibt ebenso gute (didaktische) Gründe, den Stern der Typ-Bezeichnung zuzuordnen (z. B.: **int* w1_p**, "**w1_p** ist eine Variable vom Typ **int***, also eine Pointer-Variable"). Stroustrup verwendet in [Stro94] diese Schreibweise. Entsprechende Aussagen gelten für Pointer-Return-Werte und für die Stellung des Symbols **&**, wenn es eine Referenz-Variable (oder einen Referenz-Return-Wert) kennzeichnet.

Dies wird deshalb erwähnt, weil die unterschiedlichen Schreibweisen nach den Erfahrungen des Autors bei Anfängern erhebliche Konfusion auslösen können, denn im Kapitel 8 dieses Buches muß zwangsläufig die bis dahin einheitlich gehandhabte Schreibweise verlassen werden. Also bitte aus den Leerzeichen vor und hinter dem Stern keine Information herauslesen ("Whitespace hat hier keine Bedeutung"), der Compiler tut es auch nicht.

Die genannte Inkonsequenz im Kapitel 8 wird von MS-Visual-C^{++} erzwungen. Während in der mit der Software gelieferten "Einführung in C^{++}" konsequent der Stern beim Namen steht, wird er in den "Reference manuals" dem Typ zugeordnet. Der "Applikations-Assistent" hält sich an die Schreibweise in den Manuals, und der Klassen-Assistent kann sich für keine der beiden Varianten entscheiden und fügt (z. B.: **int * w1_p**) vor und nach dem Stern Leerzeichen ein (unabhängig davon, was der Programmierer ihm über den Dialog anbietet). In den von den Assistenten erzeugten Programmen wurde die Schreibweise nicht verändert.

In den Kapiteln 1 bis 6, in denen keine "echten Windows-Programme" erzeugt werden, wird zur Vereinfachung **void main** verwendet (entspricht der Praxis der Manuals von MS-Visual-C^{++}), um das **return** zu sparen. Dies wird von den gängigen Compilern (z. B.: MS, Borland, GNU) akzeptiert, bei einer **return**-Anweisung ohne Argument erzeugt der GNU-C^{++}-Compiler eine Warnung, die ignoriert werden kann (wenn sie als störend empfunden wird, muß man zu **int main** mit entsprechenden **return**-Anweisungen zurückkehren).

1 Programmiersprachen C und C++

"Objektorientiert gearbeitet", grinste der Techniker nach dem Austausch meines CD-ROM-Laufwerks, obwohl ich nur gelegentliche Lesefehler beanstandet hatte. Möglicherweise war nur etwas Staub auf der Linse, vielleicht war es ein Wackelkontakt. Aber um den Fehler in der Funktionalität zu finden, hätte ein (teurer) Spezialist wahrscheinlich mehr Zeit aufwenden müssen und wäre möglicherweise zum gleichen Ergebnis (Austausch des Laufwerks) gekommen. "Sie arbeiten doch auch objektorientiert mit dem Laufwerk, Sie kennen den Knopf zum Öffnen und Schließen des Schachtes und achten vielleicht manchmal auf das kleine Lämpchen, der gesamte Ablauf im Inneren interessiert Sie nicht."

Komplizierte technische Geräte sind heute fast ausschließlich "modular aufgebaut", die Moduln werden als "Black boxes" betrachtet, von denen nur die Anschlußpunkte ("Schnittstellen") interessieren. Die Entwickler komplizierter Software folgten diesem Trend bereits sehr früh, "modularer Aufbau" der Algorithmen war bereits mit den ersten höheren Programmiersprachen möglich und für den guten Programmierer selbstverständlich. Das wichtigste Nebenprodukt der Modularität waren "wiederverwendbare Unterprogramme".

1.1 Objektorientierte Programmierung

Erst von den Programmiersprachen, die am Anfang der siebziger Jahre erschienen, wurde das effektive Arbeiten mit komplizierten Datenstrukturen angemessen unterstützt. Dem Programmierer wurde z. B. in der Sprache C mit den Strukturen, die Pointer auf andere Strukturen (auch auf Strukturen des eigenen Typs) enthalten konnten, ein Hilfsmittel in die Hand gegeben, mit dem er sehr bequem beinahe beliebig komplizierte Datenstrukturen verwalten konnte. Nachdem mit der "strukturierten Programmierung" gerade die Regeln gegen das "Chaos in den Algorithmen" formuliert waren, konnten nun mit weitgehend ungeschützten Daten in komplizierten Datenstrukturen noch wesentlich raffiniertere Fehler erzeugt werden.

Verantwortungsbewußte Programmierer schützten die Daten in den Programmen vor unkontrolliertem Zugriff dadurch, daß sie sie nur über Funktionen änderten ("Datenkapselung"), die speziell dafür geschrieben wurden. Dies war ein erster Schritt in die Richtung der "objektorientierten Programmierung", verlangte allerdings ein hohes Maß an Selbstdisziplin, weil er mit Mehrarbeit verbunden war, die von den Elementen der Programmiersprachen nicht speziell unterstützt wurde.

Die Verbindung von Daten (in einer Struktur) mit Funktionen, die ausschließlich für die Manipulation dieser Daten (Veränderung und Abfrage) verwendet werden, war der Schritt zu dem wesentlichen Element der objektorientierten Programmierung, der **Klasse**. Neben den Daten können in einer Klasse auch die Funktionen, mit denen sie zu manipulieren sind, "gekapselt" werden, so daß eine Klasse sich wie eine "Black box" verhält, deren Zustand (Werte der Daten) und Verhalten (Funktionen, die die Daten ändern) nur über wohldefinierte Schnittstellen ("Public functions") beeinflußt werden kann.

Es ist an dieser Stelle zu früh, auf die wesentlichen weiteren Eigenschaften der objektorientierten Programmierung einzugehen, die mit den Stichworten "Vererbung", "Überladen" und "Polymorphismus" verbunden sind. In einer Zusammenfassung zum Thema "Objektorientierung" wird dies am Ende des Kapitels 6 nachgeholt, nachdem die Begriffe in den nachfolgenden Kapiteln behandelt wurden.

Die Entwicklung der objektorientierten Programmierung ist sehr eng mit der Sprache **Smalltalk** verbunden. Die Verbreitung dieser Sprache blieb jedoch gering, weil ein Umstieg für laufende Software-Projekte einen zu drastischen Einschnitt und für die Programmierer ein zu radikales Umdenken erfordert hätte. Es ist unumstritten, daß der Durchbruch der objektorientierten Programmierung durch die Sprache C^{++} gelang.

Die Gründe für den Erfolg von C^{++} sind Stärken und (aus der Sicht der "Vertreter der reinen Lehre" der objektorientierten Programmierung) Schwächen zugleich:

♦ Die Programmiersprache C ist in der Sprache C^{++} komplett enthalten. Das ermöglicht dem C-Programmierer einen "gleitenden Übergang" (man brauchte nur ein C-Programm zum C^{++}-Programm zu erklären, und schon konnte der C^{++}-Compiler ausprobiert werden), und bewährte C-Algorithmen konnten weiter verwendet werden.

♦ Natürlich ist aus dem gleichen Grund jederzeit ein "Rückfall" in den Programmierstil möglich, der gerade mit der objektorientierten Programmierung vermieden werden sollte. Aber der erfahrene Programmierer ist dagegen weitgehend immun, schätzt jedoch die Möglichkeiten, gleichzeitig sicheren und wartungsfreundlichen und auch effektiven Code schreiben zu können.

> Auf keinen Fall darf man C^{++} nur als "erweitertes C" betrachten. Wer die Mühen des "Aufstiegs" von C zu C^{++} nicht scheut, sollte in jedem Fall (und in erster Linie) die Prinzipien der objektorientierten Programmierung erlernen und konsequent anwenden (anderenfalls lohnt es sich nicht, die notwendige Zeit für das Erlernen von C^{++} zu investieren).

Dieses Buch wendet sich an C-Programmierer, die das objektorientierte Programmieren mit C^{++} erlernen wollen. C-Kenntnisse werden also vorausgesetzt. Der Leser, der beim Durcharbeiten der Beispiel-Programme Lücken in seinen C-Kenntnissen feststellt, sollte also gelegentlich zu einem Buch oder Manual für die C-Programmierung greifen. Die Verweise, die im vorliegenden Buch gegeben werden, beziehen sich in der Regel auf die "Praxis der C-Programmierung" [Dank97], aber jedes andere einschlägige Werk ist natürlich ebenso geeignet.

1.2 Hilfsmittel für die C++-Programmierung

Ein **Editor** (notfalls ein Textverarbeitungssystem), ein **Compiler** und ein **Linker** sind mindestens erforderlich, wenn man Programme in einer höheren Programmiersprache schreiben und ablaufen lassen will. Besser ist natürlich eine integrierte Entwicklungsumgebung, die zusätzlich Hilfsmittel zur Projektverwaltung, einen Debugger und möglicherweise zahlreiche weitere Tools ("Browser", "Profiler", ...) verfügbar macht.

Dies alles kann man auch für die Programmiersprache C++ gegebenenfalls kostenlos bekommen. Wer (auf dem eigenen PC) sein eigener "System-Manager" ist, sollte zur Vereinfachung eine Komplettlösung bevorzugen, die auch außerordentlich preiswert zu bekommen ist. Denkbar (und empfehlenswert) sind z. B. folgende Varianten:

- ◆ Man arbeitet mit dem Betriebssystem **Linux**, dem "kostenlosen UNIX". Obwohl das gesamte Betriebssystem über das Internet bezogen werden kann, ist der Kauf eines der vielen preiswerten Bücher (mit beiliegender CD-ROM) zu empfehlen. Man muß darauf achten, daß ein C++-Compiler (in der Regel ist es der GNU-C++-Compiler[1]) zum Lieferumfang gehört.

- ◆ Auch für das Arbeiten mit Windows 3.1, Windows 95 oder Windows NT existieren Versionen des GNU-C++-Compilers, die z. B. frei über das Internet kopiert werden können. Das Einrichten und die Organisation des Zusammenarbeitens der Komponenten mit dem Betriebssystem ist etwas aufwendiger, Hinweise auf Bezugsquellen findet man unter der unten angegebenen Internet-Adresse.

- ◆ Seit einiger Zeit können Studenten auch die Produkte der Firmen Borland und Microsoft recht preiswert kaufen. In der Regel wird dann aber nicht viel mehr als eine CD-ROM geliefert, die allerdings die erforderlichen Informationen in ausführlichen Hilfesystemen und "Online-Manuals" enthält. In jedem Fall sollte viel freier Platz auf der Festplatte verfügbar sein, wenn man eines dieser Produkte installieren möchte (beim Schreiben dieser Zeilen waren jeweils die 5.0-Versionen der Produkte Borland-C++ bzw. MS-Visual-C++ aktuell, beide ausgestattet mit allen modernen Tools einer integrierten Entwicklungsumgebung). Die Installation dieser Systeme erfolgt über komfortable Installationsprogramme und ist unproblematisch.

Im folgenden Abschnitt werden für das erste kleine Programm einige Hinweise gegeben, wie man bei Verwendung unterschiedlicher Hilfsmittel (Compiler, Linker, integrierte Entwicklungsumgebung) ein ausführbares Programm erzeugt. Dabei können nur wenige ausgewählte (und natürlich auch nur zur Zeit verfügbare) Systeme berücksichtigt werden. Auf der WWW-Seite

http://www.fh-hamburg.de/rzbt/dankert/cpptut.html

finden Sie weitere Hinweise, die beim Erscheinen neuer Produkte ständig aktualisiert werden. Über diese Adresse können auch die Quellprogramme kopiert werden, die in diesem Buch abgedruckt sind.

---

[1] Das "GNU-Projekt" (die Abkürzung steht für "GNU is not UNIX") wurde 1985 von der "Free Software Foundation" mit dem Ziel gestartet, "Software ohne finanzielle oder juristische Einschränkungen zur Verfügung zu stellen".

1.3   Das erste C++-Programm, natürlich: "Hello, World"

Das von den "Vätern der Programmiersprache C" (Brian W. Kernighan und Dennis M.
Ritchie) kreierte Programm, das nur die Worte "Hello, World" auf den Bildschirm bringt,
kann als **C-Programm** z. B. so codiert werden:

Programm hllworld.c

```
#include <stdio.h>                  /* ... für printf */
void main ()
{
        printf ("Hello, World\n") ;
}
```

Ende des Programms hllworld.c

Der einfachste Weg, daraus ein C++-Programm zu machen, ist, es einfach dazu zu erklären
(man sollte mindestens die Extension der Datei mit dem Quellcode auf **.cpp** ändern, das ist
üblich und wird von einigen Compilern sogar erwartet). Das wäre aber genau die Vorgehensweise, die mit diesem Buch nicht beabsichtigt ist. Im Vorgriff auf die Erklärungen zu den
C++-Anweisungen, die im folgenden Abschnitt gegeben werden, wird deshalb nachfolgend
eine "ordentliche C++-Version" des Programms angegeben:

Programm hllworld.cpp

```
#include <iostream.h>              // ... für cout
void main ()
{
        cout << "Hello, C++-World\n" ;
}
```

Ende des Programms hllworld.cpp

♦ Das C++-Programm sieht dem C-Programm so ähnlich, daß vorsorglich vor einer falschen
Schlußfolgerung gewarnt werden muß. Die Ausgabeanweisungen in beiden Programmen
basieren auf völlig unterschiedlichen Konzepten. Während **printf** eine Funktion ist, ist
cout eine (global vereinbarte) Variable (genauer: "**cout** ist eine Instanz der Klasse
iostream_withassign"). Und für die Klasse, die den Typ der Variablen **cout** bestimmt, ist
<< ein "überladener Operator", der bei Anwendung auf ein Objekt dieser Klasse eine
andere Aktion auslöst als bei Anwendung auf die Standardtypen.

In der einen wesentlichen Programmzeile des Programms **hllworld.cpp** steckt also schon sehr
viel "objektorientierte Philosophie". Darauf kann erst sehr viel später eingegangen werden.
Registrieren Sie zunächst nur, daß man mit

```
cout  <<  "Text"  ;
```

einen Text zur Standardausgabe (das ist in der Regel der Bildschirm) schicken kann
(natürlich sind auch Formatierungen möglich) und mit

```
cin  >>  xyz  ;
```

von der Standardeingabe (das ist in der Regel die Tastatur) einen Wert auf eine Variable
überträgt. Bei der Verwendung von **cin** und **cout** ist die Header-Datei **iostream.h** einzubinden.

Sie sollten die im Text abgedruckten Programme unbedingt am Computer "nachempfinden" und gegebenenfalls modifizieren. Zu den Quelltexten aller Programme, die Sie über die im Abschnitt 1.2 angegebene Internet-Adresse kopieren können, gehört auch eine Datei **readme.txt**, in der detaillierte Hinweise zum Arbeiten mit verschiedenen Compilern und Entwicklungsumgebungen gegeben werden. Hier folgen nur einige allgemeine Tips für das Arbeiten mit den gegenwärtig besonders verbreiteten Compilern, die sich zunächst auch nur auf das Erzeugen der ausführbaren Programme für die Beispiele der Kapitel 1 bis 6 beziehen, die noch keine Windows-Programme sind:

♦ Wenn unter **UNIX mit dem GNU-C⁺⁺-Compiler** (Aufruf von der Kommandozeile in einem Terminalfenster) gearbeitet wird, steht in der Regel ein Compilertreiber zur Verfügung, der sowohl den Compiler als auch den Linker (nach erfolgreichem Compilerlauf) aktiviert. Hier wird angenommen, daß dieser Compilertreiber mit **c++** (dahinter könnte sich auch ein anderer C⁺⁺-Compiler verbergen) aufgerufen wird. Dann kann mit der typischen UNIX-Syntax

```
c++   -o  hllworld  hllworld.cpp
```

das ausführbare Programm **hllworld** erzeugt werden (über den Schalter **-o** wird der Name des ausführbaren Programms festgelegt), das anschließend mit

```
hllworld
```

gestartet werden kann. Wenn das nicht funktioniert, sollten Sie den UNIX-System-Manager nach dem richtigen Namen des Compilertreibers fragen (eventuell probieren: **gpp** oder **g++** könnten mögliche Namen sein, vielleicht auch **cpp**, damit erwischt man allerdings unter Umständen den C-Präprozessor).

♦ Beim Arbeiten mit **MS-Visual-C⁺⁺** sollte man in der integrierten Entwicklungsumgebung (bis Version 1.5 "Visual workbench", ab Version 4.0 "Developer studio") ein Projekt vom Typ "QuickWin application" (bis Version 1.5) bzw. "Win32 Console application" erzeugen. Bei diesen Projekttypen entstehen Programme, die keine Windows-Programme sind, trotzdem aber in einem Fenster ablaufen. Im Gegensatz zu "echten" Windows-Programmen, wie sie ab Kapitel 7 behandelt werden, dürfen in ihnen die klassischen Ein- und Ausgaberoutinen (wie **printf** und **scanf** in C und Ein- und Ausgabe via **cin** und **cout** in C⁺⁺) verwendet werden.

In das "QuickWin application"- bzw. "Win32 Console application"-Projekt werden die Quellprogramme (hier also nur **hllworld.cpp**) eingefügt, und mit "Project | Rebuild All" bzw. "Erstellen | Hllworld.exe erstellen" wird das ausführbare Programm erzeugt, das direkt aus der Entwicklungsumgebung gestartet werden kann (detaillierte Auflistung aller Schritte in der oben genannten Datei **readme.txt**).

"Hello, World"
als C⁺⁺-"Win32 Console application"
(mit MS-Visual-C⁺⁺ 5.0)

♦ Beim Arbeiten mit **Borland-C⁺⁺ 5.0** sollte man in der integrierten Entwicklungsumgebung "IDE" ein Projekt vom Typ "EasyWin" erzeugen. Die bei diesem Projekttyp entstehenden Programme entsprechen etwa den mit MS-Visual-C⁺⁺ zu erzeugenden "QuickWin applications".

In das "EasyWin"-Projekt werden die Quellprogramme (hier also nur die Datei **hllworld.cpp**) eingefügt und mit "Projekt I Projekt aktualisieren" wird das ausführbare Programm erzeugt, das direkt aus der Entwicklungsumgebung gestartet werden kann (die detaillierte Auflistung aller Schritte findet man in der oben genannten Datei **readme.txt**).

"Hello, World"
als C++-"EasyWin"-Applikation
(mit Borland-C++ 5.0)

1.4   C++-Erweiterungen, die nicht direkt "objektorientiert" sind

Die in diesem Abschnitt beschriebenen C++-Erweiterungen (immer im Vergleich mit der Sprache C) beziehen sich noch nicht direkt auf die objektorientierte Programmierung. Obwohl jeweils noch spezielle Begründungen dafür gegeben werden, sei schon vorab bemerkt, daß immer dann, wenn sowohl eine C-typische Realisierung möglich ist als auch eine nur in C++ realisierbare Variante zur Verfügung steht, stets letztere zu bevorzugen ist.

1.4.1   Kommentare, Variablen-Definitionen, "Casts"

> **Kommentar**
>
> darf in C++ mit // eingeleitet werden (vgl. Programm **hllworld.cpp** im Abschnitt 1.3). Nach diesen beiden Zeichen gilt der gesamte Rest einer Zeile als Kommentar (Abschluß des so eingeleiteten Kommentars ist jeweils das Zeilenende).

Empfehlung: Man verwende ausschließlich die C++-Version, auch wenn bei Kommentaren über mehrere Zeilen die C-Version bequemer erscheinen mag. Die C-Version bleibt dann verfügbar, um längere Code-Passagen bei Bedarf "herauskommentieren" zu können, ohne daß unerlaubte Kommentar-"Schachtelung" zu befürchten ist.

> **Variablen**
>
> dürfen in einem C++-Programm an beinahe beliebiger Stelle definiert werden.

Während in C die Definitionen am Anfang eines Blocks stehen müssen (ein Block wird durch die öffnende Klammer { eingeleitet), gilt in C++ nur die Bedingung, daß sie **vor ihrer ersten Verwendung** zu definieren sind. In jedem Fall ist die Gültigkeit einer Variablen auf den Block beschränkt, in dem sie definiert ist. Zu empfehlen ist, von der zusätzlich in C++ gegebenen Freiheit dann Gebrauch zu machen, wenn die Variable nur in unmittelbarer Umgebung ihrer Definition gebraucht wird, z. B. kann eine nur in einer **for**-Schleife benutzte

Zählgröße entsprechend

```
for ( int  i = 0  ;  i < n  ;  i++ )
{ // ...
}
```

genau an dieser Stelle auch definiert werden[2] (vgl. auch die Definition der Pointer-Variablen im Zusammenhang mit dem Allokieren von dynamischem Speicherplatz im Programm **division.cpp** im Abschnitt 1.4.3).

Das "Casten" einer Variablen

auf einen bestimmten Typ, das in C z. B. als

```
(double) ixyz
```

codiert wird, darf (und sollte) in C⁺⁺ auch in der Form

```
double (ixyz)
```

geschrieben werden (bezüglich "Pointer-Casts" beachte man die Aussage in der Textbox am Ende des Abschnitts 4.5).

Dieser sehr formal erscheinende Unterschied in der "Cast"-Syntax ist schon eine konsequente Anpassung an die Syntax der Typ-Umwandlungen zwischen Instanzen unterschiedlicher Klassen, die im Abschnitt 3.4.3 behandelt wird.

1.4.2 "Call by reference", "Reference return values", inline-Funktionen

In der C-Programmierung gilt die Regel, daß die Werte von Argumenten, die an eine Funktion übergeben werden, von dieser nicht geändert werden können, weil die aufgerufene Funktion nur Kopien der Werte erhält ("Call by value"). C⁺⁺ kennt dagegen auch die Übergabe von Argumenten **"by reference"**. Dies wird bei Definition und Deklaration (Prototyp) einer Funktion durch ein dem Parameter voranzustellendes **&** veranlaßt.

Während der Compiler bei Arrays in C (und damit auch in C⁺⁺), wenn sie als Argumente eines Funktionsaufrufs erscheinen, dafür sorgt, daß nur die Pointer übergeben werden, erfolgt bei Strukturen die Übergabe "by value". Deshalb sollte der C-Programmierer bei umfangreichen Strukturen selbst für eine Pointer-Übergabe sorgen, um den Aufwand des Erzeugens einer Kopie zu vermeiden. Dies kann in C⁺⁺ durch die Übergabe "by reference" ersetzt werden. Es ist in jedem Fall sinnvoll, Struktur-Variablen (und ganz besonders Klassen-Objekte, die im Kapitel 2 eingeführt werden) "by reference" oder durch Pointer-Übergabe an die aufgerufene Funktion zu vermitteln (wann welche Variante zu bevorzugen ist, wird nach der Behandlung des nachfolgenden Beispiels diskutiert).

---

[2]Beim Lesen eines Programms ist es angenehm, an der Stelle der ersten Verwendung einer Variablen auch ihre Definition (und damit ihren Typ) zu finden. Bei der Suche nach dem Typ einer Variablen ist es meistens günstiger, ihre Definition am Anfang der Funktion zu wissen. Beim Lesen eines Programms mit einem Editor ist immer eine Suchfunktion verfügbar, mit der man nach der ersten Verwendung einer Variablen (und damit ihrer Definition) suchen kann.

> Die in der Programmiersprache C geltende Regel, daß durch den Aufruf einer Funktion
>
> ```
> return_wert = aufgerufene_funktion (argument) ;
> ```
>
> der Wert der Variablen **argument** nicht geändert werden kann (auch nicht bei Arrays und Strings, denn dafür werden ja nur die nicht zu ändernden Pointer übergeben), gilt in C⁺⁺ nicht. Mit genau diesem Funktionsaufruf kann der Wert von **argument** in der aufgerufenen Funktion verändert werden, wenn diese z. B. in der Form
>
> ```
> int aufgerufene_funktion (int &argument)
> { // ...
> }
> ```
>
> definiert wird. Das Zeichen **&** vor dem Namen des Arguments veranlaßt den Compiler, dieses "by reference" zu übergeben. Es kann in der aufgerufenen Funktion geändert werden, diese Änderung gilt auch für den Wert in der aufrufenden Funktion.

Das nachfolgende Programm demonstriert die unterschiedlichen Möglichkeiten der Definition von Funktionen an einem einfachen Beispiel.

Programm swap.cpp

```
// Tauschen zweier Werte in C und C++

// Das Programm demonstriert

// *   die Möglichkeit, in C++ Argumente an eine Funktion "by reference" zu vermitteln,
// *   die Verknüpfung mehrerer Bestandteile einer Ausgabe, die an cout geschickt wird, durch
//     den Operator <<.

// Es werden drei Funktionen benutzt, mit denen zwei Werte vertauscht werden sollen:

// -   An swap_err werden die Argumente "by value" vermittelt, die Funktion bekommt nur
//     Kopien der Werte, das Tauschen mißlingt.

// -   An swap_c werden die Pointer auf die Werte vermittelt, die Funktion kennt also die
//     "Adressen" und kann die Werte ändern.

// -   Die Funktion swap_cpp stellt die nur in C++ vorgesehene zusätzliche Möglichkeit dar,
//     Argumente "by reference" zu übergeben. Der Aufruf dieser Funktion sieht exakt wie der
//     Aufruf der Funktion swap_err aus, der Prototyp von swap_cpp (und natürlich die
//     Kopfzeile der Funktions-Definition) veranlassen den Compiler allerdings, die Argumente
//     "by reference" zu übergeben, so daß ihre Werte geändert werden können.

#include <iostream.h>
void swap_err (int  w1    , int  w2)   ;
void swap_c   (int *w1_p , int *w2_p) ;
void swap_cpp (int &w1    , int &w2)   ;

void main ()
{
  int wert1 = 10 , wert2 = 20 ;
  cout <<    "Vorbelegung:         wert1 = " << wert1
                      << ",        wert2 = " << wert2 ;
  swap_err (wert1 , wert2) ;
  cout << "\nNach swap_err:        wert1 = " << wert1
                      << ",        wert2 = " << wert2 ;
```

```
   swap_c (&wert1 , &wert2) ;
   cout << "\nNach swap_c:      wert1 = " << wert1
                    << ",      wert2 = " << wert2 ;

   swap_cpp (wert1 , wert2) ;
   cout << "\nNach swap_cpp:    wert1 = " << wert1
                    << ",      wert2 = " << wert2 ;

   cout << "\n\nDer Tauschversuch mit swap_err misslingt (natuerlich!)."
        << "\n\nAn swap_c werden die Pointer auf die zu tauschenden"
        <<   "\nWerte vermittelt, die Funktion kann die Werte tauschen."
        << "\n\nDer Aufruf von swap_cpp sieht exakt so aus wie der"
        <<   "\nAufruf von swap_err, trotzdem kann swap_cpp die Werte"
             <<   "\ntauschen, weil die Funktion sie \"by reference\" erhaelt"
        <<   "\n(veranlasst durch die Zeichen & im Protoyp und in der"
        <<   "\nKopfzeile der Funktion).\n" ;
}
void swap_err (int w1 , int w2)
{
  int ws ;
  ws = w1 ;              // ...   und das ist alles vergeblich, weil swap_err
  w1 = w2 ;             //       nur Kopien der Werte bekommt, in der aufrufenden
  w2 = ws ;            //       Funktion ändert sich kein Wert.
}
void swap_c (int *w1_p , int *w2_p)
{
  int ws ;
  ws    = *w1_p ;       // ...   hier kommen die Pointer w1_p und w2_p an, die
  *w1_p = *w2_p ;      //       dereferenziert werden, die Werte der Variablen
  *w2_p = ws    ;      //       in der aufrufenden Funktion ändern sich.
}
void swap_cpp (int &w1 , int &w2)
{
  int ws ;
  ws = w1 ;              // ...   und das geht nur in C++: Es sieht so aus wie in
  w1 = w2 ;             //       swap_err, der Compiler sorgt aber dafür, daß
  w2 = ws ;            //       es wie in swap_c abläuft.
}
```

Ende des Programms swap.cpp

♦ Man beachte, daß **am Funktionsaufruf nicht zu erkennen ist**, ob die Argumente "by value" oder "by reference" übergeben werden. Der Compiler muß über die Art der Übergabe ohnehin (Funktions-Prototyp!) informiert werden. Aber auch der Programmierer kann nur bei Kenntnis der Funktions-Prototypen wissen, welche Argumente in der Funktion ihren Wert garantiert nicht ändern können.

♦ Selbstverständlich müssen Argumente, die "by reference" übergeben werden und damit geändert werden können, Variablen sein (nicht erlaubt sind Konstanten oder gar arithmetische Ausdrücke). Ein Aufruf der Form

```
   swap_cpp (4 , 7) ;
```

wäre auch nicht sinnvoll und würde vom Compiler beanstandet werden (man beachte die nachfolgend beschriebene Ausnahme von dieser Regel).

Daß dem Zeichen **&** nun noch eine weitere Bedeutung zukommt, mag verwirrend erscheinen (schließlich ist es schon "bitweises logisches UND" und "Adreßoperator"). Hilfreich ist sicher die Vorstellung, daß bei einem "Call by reference" auch nur eine Adresse transportiert wird (ein Pointer, so wie bei einem Funktionsaufruf mit einem Pointer-Argument), eigentlich ist es nur eine andere Variante, den Compiler über diese Absicht zu informieren. Der (in jedem Fall geringe) Aufwand für die Übergabe eines Pointers ist gleichwertig mit einem "Call by reference".

Das Programm **swap.cpp** mag dazu verleiten, den "Call by reference" gegenüber der Pointer-Übergabe zu bevorzugen. Nur bei den Parametern im Funktionskopf steht das Zeichen **&**, ansonsten werden die Variablen nur mit ihrem Namen angesprochen, während bei Pointer-Übergabe stets der Dereferenzierungsoperator * verwendet werden muß. Man erkauft sich die Bequemlichkeit beim Schreiben der Funktion mit dem Nachteil, beim Lesen der Programme, die die Funktion aufrufen, nicht erkennen zu können, ob die aufgerufene Funktion den Wert der übergebenen Argumente ändern kann. Klarheit in dieser Hinsicht kann man erreichen durch das Einhalten folgender

Empfehlungen für die Übernahme von Parametern:

♦   Wenn der Wert einer Variablen eines einfachen Datentyps (z. B.: **int, double,** ...) nicht verändert wird, sollte "Call by value" verwendet werden. Der Aufwand für das Erzeugen einer Kopie ist nicht nennenswert größer als die Übergabe eines Pointers.

♦   Wenn der Wert einer Variablen eines beliebigen Datentyps geändert werden soll, ist die Übergabe eines Pointers zu bevorzugen. Der Zwang, den Dereferenzierungs-Operator * (unter Umständen häufig) beim Schreiben der Funktion verwenden zu müssen, wird mit verbesserter Lesbarkeit der Programme belohnt, die die Funktion aufrufen (der Pointer, der als Argument angegeben werden muß, zeigt an, daß sich der Wert der Variablen ändern kann).

♦   Wenn aus Effektivitätsgründen (Struktur-Variablen, Klassen-Objekte) ein "Call by value" vermieden werden soll, obwohl die aufgerufene Funktion den Wert der Variablen nicht ändert, ist ein "Call by reference" mit einem als **const** deklarierten Parameter zu verwenden. Zum Beispiel kann in einer als

void sample_func (const struct_type &s) ;

deklarierten Funktion der Parameter **s** nicht geändert werden.

Bei konsequenter Einhaltung dieser drei Regeln kann bei jedem Funktionsaufruf erkannt werden, ob die übergebene Variable in der aufgerufenen Funktion ihren Wert ändern kann (nur bei Pointer-Übergabe) oder nicht.

Das "Referenz-Konzept" ist nicht auf die Übergabe von Argumenten an Funktionen beschränkt, man kann in C^{++} auch "Referenz-Variablen" definieren, eine allerdings eher exotische Variante. Interessant kann jedoch die Möglichkeit sein, "Reference return values" zu verwenden. Das folgende kleine Beispiel-Programm demonstriert dies mit der Funktion **vec_elem**, die ein eindimensionales Feld **v_p** (genauer: Pointer auf das erste Element) und einen Index **i** übernimmt und eine "Referenz auf das Feldelement **i−1**" abliefert (mit diesem kleinen Trick kann man ein Feld simulieren, dessen Indexzählung wie in der Mathematik üblich mit 1 beginnt).

Der erste Aufruf von **vec_elem** aus **main** hat exakt das gleiche Aussehen wie bei einer Funktion, deren Return-Wert nicht "by reference" abgeliefert wird. Die folgende Programmzeile zeigt jedoch eine interessante Möglichkeit: Ein Funktionsaufruf steht auf der linken Seite einer Anweisung! Weil mit dem Funktionsaufruf eine Referenz auf einen Speicherplatz ermittelt wird, kann dorthin das Ergebnis abgeliefert werden, das der Ausdruck auf der rechten Seite erzeugt. Die beiden Ausgabeanweisungen am Ende des Programms sollen belegen, daß der berechnete Wert tatsächlich auf der ersten Position des Feldes **y**, die eigentlich den Index **0** hat, angekommen ist.

Programm refernc1.cpp

```
#include <iostream.h>
double &vec_elem (double *v_p , int i)          // "Reference return value"
{
   return v_p[i-1] ;                            // ... liefert eine "Reference" ab
}
void main ()
{
   double x[] = {1. , 2. , 3. , 4.} , y[4] ;
   //   Dieser Aufruf von vec_elem würde genauso aussehen, wenn vec_elem
   //   einen double-Wert (keinen "Reference return value") abliefern würde:
   cout << "x2 = " << vec_elem (x , 2) << "\n" ;
   //   Aber das ist ein interessante Variante, ein Funktionsaufruf darf auf der linken
   //   Seite einer Anweisung stehen:
   vec_elem (y , 1) = 2. * vec_elem (x , 4) ;
   cout << "y1 = " << vec_elem (y , 1) << "\n" ;
   cout << "y1 = " << y[0]              << "\n" ;
}
```

Ende des Programms refernc1.cpp

♦ Weil dieses Buch "C^{++} für C-Programmierer" heißt, ist der Hinweis angebracht, daß alles, was mit Referenzen geschieht, natürlich auch mit Pointern realisierbar ist. Wenn man im Programm **refernc1.cpp** die Funktion **vec_elem** durch

```
double  *vec_elem_p  (double *v_p , int i)       // "Pointer return value"
{
   return  v_p + i - 1 ;
}
```

ersetzt (Programm **refernc2.cpp**), erzielt man z. B. mit der Anweisung

```
*vec_elem_p (y , 1) = 2. * *vec_elem_p (x , 4) ;
```

den gleichen Effekt wie mit der entsprechenden Anweisung in **refernc1.cpp**.

♦ Weil auch bei einem "Reference return value" nur eine Adresse vermittelt wird, ist unbedingt darauf zu achten, daß das "referenzierte Objekt" im aufrufenden Programm "sichtbar" ist. Es dürfen also keine Referenzen auf eine lokale Variable oder gar auf einen arithmetischen Ausdruck abgeliefert werden (natürlich gilt das auch für Pointer auf lokale Variablen).

**Vorsicht,
Falle!**

Eine Funktion, die eine Referenz auf einen Ausdruck abliefern will, wie

```
double &power_3 (double a)
{
        return a * a * a ;
}
```

(nur zur Demonstration, natürlich ist es hier nicht sinnvoll, eine Referenz abzuliefern) würde vom Compiler beanstandet werden. Kritischer ist es, daß

```
double &power_3 (double a)
{
        double x = a * a * a ;
        return x ;
}
```

(Rückgabe einer Referenz auf eine lokale Variable) in der Regel vom Compiler akzeptiert wird, und noch kritischer ist, daß es in vielen Fällen sogar wie gewünscht funktioniert und auf diese Weise unbemerkt bleibt. Das folgende kleine Programm demonstriert, daß der Fehler tatsächlich unbemerkt bleiben kann. Mit der (zugegebenermaßen etwas gekünstelt wirkenden) Umwandlung der zurückgegebenen Referenz in einen Pointer (mit dem Adreßoperator **&**) und der anschließenden Dereferenzierung wird das Dilemma sichtbar:

```
void main ()
{
    cout << "4 * 4 * 4 = " << power_3 (4.) << "\n" ;
    double *y_p = &power_3 (5.) ;
    cout << "5 * 5 * 5 = " << *y_p << "\n" ;
    cout << "5 * 5 * 5 = " << *y_p << "\n" ;
}
```

Die nebenstehend zu sehende Ausgabe des Programms (**refernc3.cpp**) zeigt, was passieren kann: Weil die lokale Variable **x** in **power_3** auf dem Stack[3] erzeugt wird, liefert die Referenz darauf etwas sinnvolles, wenn der Stack unverändert bleibt (erste **cout**-Ausgabe und sogar die zweite **cout**-Ausgabe mit dem dereferenzierten Pointer). Weil aber die **cout**-Aktion den Stack

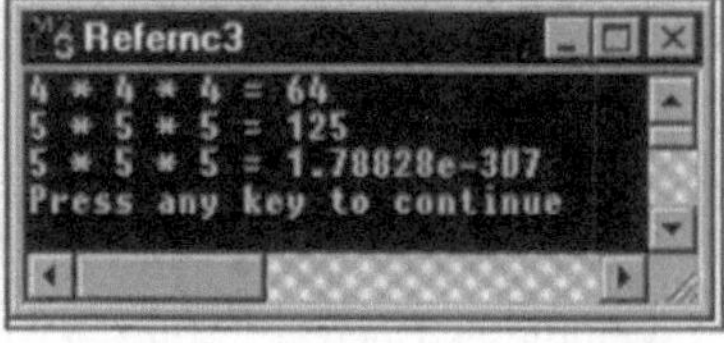

verändert, liefert die mit der zweiten identische dritte Ausgabe einen unsinnigen Wert. Das Fazit kann nur lauten: **Eine Funktion darf niemals eine Referenz (oder einen Pointer) auf eine lokale Variable abliefern.** Die globale Vereinbarung der Variablen **x** entsprechend

```
double x ;
double &power_3 (double a)
{
        x = a * a * a ;
        return x ;
}
```

würde das Beispiel zwar nicht sinnvoller machen (und ganz schlechten Programmierstil repräsentieren), aber den Fehler beseitigen

---

[3]Zur Belegung des Stacks vgl. z. B. Anhang B in [Dank97].

♦ Eine kleine Funktion wie **vec_elem** im Programm **refernc1.cpp** ist ein typischer Kandidat für eine **inline**-Definition. Durch Voranstellen dieses Schlüsselwortes entsprechend

```
inline double &vec_elem (double *v_p , int i)
{
        return v_p[i-1] ;
}
```

wird der Compiler "gebeten", den kompletten Funktionscode an jeder Stelle eines Funktionsaufrufs einzusetzen (der Compiler darf die Bitte ignorieren). Dadurch vergrößert sich das ausführbare Programm, arbeitet jedoch wegen des vermiedenen "Overheads", der mit Funktionsaufrufen verbunden ist, schneller.

Die in C++ möglichen **inline**-Funktionen haben also einen ähnlichen Effekt wie die aus der C-Programmierung bekannten (mit **#define** zu erzeugenden und in C++ natürlich auch erlaubten) Makros. Die **inline**-Funktionen sollten bevorzugt verwendet werden, weil der Compiler Typ-Überprüfungen vornehmen kann (Makros werden vom Präprozessor behandelt, der Compiler bekommt sie nicht zu sehen).

Typisch für die objektorientierte Programmierung sind sehr viele "kleine Funktionen", so daß aus Effektivitätsgründen stets die Möglichkeit der **inline**-Definition in Erwägung gezogen werden sollte.

1.4.3 Dynamische Speicherplatz-Verwaltung

> **Dynamisches Allokieren von Speicherplatz**
>
> ist in C++ mit dem Operator **new** möglich. Die angelegten Speicherbereiche können mit dem Operator **delete** wieder freigegeben werden.

Der C++-Operator **new** ist vergleichbar mit den C-Funktionen **calloc** und **malloc**, allerdings einfacher zu handhaben: Dem Operator müssen der Datentyp und gegebenenfalls zusätzlich die Anzahl der Daten (in eckigen Klammern) folgen, für die Speicherplatz bereitgestellt werden soll. Er liefert einen Pointer auf eine Variable dieses Typs ab (im Unterschied zu den Funktionen **calloc** und **malloc**, die einen "Pointer auf void" liefern):

```
double *a_p , *xy_p ;
// ...
a_p  = new double ;
xy_p = new double [100] ;
```

... stellt Speicher für einen double-Wert bereit, auf den der Pointer **a_p** zeigt, und reserviert einen Speicherbereich für 100 double-Werte, auf den **xy_p** pointert. Bei einem Mißerfolg liefert die **new**-Operation den **NULL**-Pointer ab, dies sollte in jedem Fall abgefragt werden.

Die Wirkung des Operators für die Freigabe des Speicherplatzes (**delete**) entspricht weitgehend der C-Funktion **free**, für das betrachtete Beispiel wäre

```
delete    a_p ;
delete [] xy_p ;
```

zu codieren, um die Speicherbereiche wieder freizugeben.

◆ Der **delete**-Operator erwartet einen **void**-Pointer, man kann also (ohne "Cast") Speicherplatz für beliebige Datentypen freigeben.

◆ Man sollte unbedingt die zum **new**-Operator "passende" **delete**-Operation verwenden (das
   Klammerpaar [] ist dann anzugeben, wenn mit **new** ein Array erzeugt wurde), obwohl ein
   "vergessenes Klammerpaar" in der Regel weder zu einer Compiler-Warnung noch zu
   einem Laufzeitfehler führt. Auf dieses Problem wird im Zusammenhang mit den
   Destruktoren für Klassen (Abschnitt 2.4) noch einmal eingegangen.

Das nachfolgende Programm **division.cpp** demonstriert das Arbeiten mit den Operatoren **new**
und **delete**. Zur Funktionalität des Programms: Es soll das exakte Ergebnis (Dezimalbruch)
der Division zweier positiver ganzer Zahlen berechnet werden. Bei der Division zweier
ganzer Zahlen entsteht entweder ein endlicher oder ein periodischer Dezimalbruch. Bei der
Berechnung der Nachkommastellen beginnt eine Wiederholung einer bereits vorher vorhandenen Ziffernfolge immer dann, wenn sich ein schon einmal aufgetretener "Divisionsrest"
erneut ergibt.

Programm division.cpp

// **Ganzzahl-Division mit exaktem Ergebnis**

// Der Quotient zweier positiver ganzer Zahlen wird exakt berechnet. Die Rechnung bricht erst
// ab, wenn die exakte Dezimalbruch-Darstellung erreicht ist oder eine Periode erkannt wird.

// Um die Periode zu erkennen, müssen alle "Divisionsreste" gespeichert werden. Da bei einer
// Division durch q maximal q-1 unterschiedliche Divisionsreste möglich sind, muß ein
// entsprechend großes Array bereitgestellt werden.

// Das Programm demonstriert das dynamische Allokieren von Speicherplatz mit dem Operator
// **new** und die Freigabe mit **delete**.

```cpp
#include <iostream.h>
void main ()
{
    int i , j , p , q , divid , ziffer ;
    cout << "Exakte Berechnung des Quotienten p/q\n"
         << "(p und q sind positive ganze Zahlen)\n"
         << "====================================\n\n" ;
    do { cout << "Dividend:     p = " ; cin >> p ;
         cout << "Divisor:      q = " ; cin >> q ;
       } while (p < 0 || q <= 0) ;
    int *rest_p = new  int [q] ;        // ...   allokiert Speicherplatz fuer q
                                        //       int-Werte, liefert Pointer auf
                                        //       Pointer-Variable rest_p ab, die
                                        //       gleichzeitig definiert wird (vgl.
                                        //       Kommentar am Programmende)
    if (!rest_p)
    {
        cout << "Sorry, nicht genuegend Speicherplatz!\n" ;
        return ;
    }
    cout << "\n" << p << "/" << q << " = " << p/q << "," ;
    *rest_p = p % q ;                   // ...   ist der erste "Divisionsrest".
```

```cpp
   for (i = 1 ; i < q ; i++)
   {
      divid  = *(rest_p + i - 1) * 10 ;
      ziffer = divid / q ;
      cout << ziffer ;
      *(rest_p + i) = divid - ziffer * q ;
      if (*(rest_p + i) == 0) break ;
      for (j = 0 ; j < i ; j++)
      {
         if (*(rest_p + j) == *(rest_p + i))
         {
            cout << "...\n*** Periodischer Dezimalbruch, "
                 << "Periode hat " << (i - j) << " Ziffer(n) ***" ;
            i = q ;                    // ...   sorgt für Abbruch der äußeren Schleife.
            break ;
         }
      }
   }
   cout << "\n" ;
   delete [] rest_p ;                  // ...   weil es guter Programmierstil ist,
                                       //       Speicherplatz wird am Ende des
                                       //       Programms ohnehin freigegeben
}
// Natürlich kann man die Definition der Pointer-Variablen auch an den Programmanfang
// stellen:

//              int *rest_p ;
//              ...
//              rest_p = new int [q] ;

// wäre also gleichwertig. Auch die Erfolgsabfrage kann man gleich in die
// Speicherplatzanforderung integrieren:

//              if (!(rest_p = new int [q]))
//              {
//                   cout << "Sorry, nicht genuegend Speicherplatz!\n" ;
//                   return ;
//              }
```

Ende des Programms division.cpp

Nebenstehend ist die Ausgabe des Programms **division.cpp** zu sehen. Für den Divisor **23** (oder z. B. **61**) tritt die Periode tatsächlich erst beim Erreichen der theoretisch größtmöglichen Stellenanzahl auf.

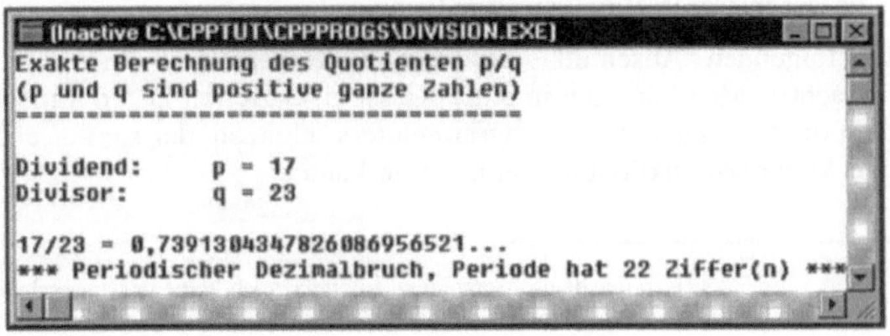

```
[Inactive C:\CPPTUT\CPPPROGS\DIVISION.EXE]                  _ □ ×
Exakte Berechnung des Quotienten p/q
(p und q sind positive ganze Zahlen)
==========================================

Dividend:       p = 17
Divisor:        q = 23

17/23 = 0,73913043478260869565521...
*** Periodischer Dezimalbruch, Periode hat 22 Ziffer(n) ***
```

> **"Ihr neues Auto hat elektronisch geregelte Einspritzung, VTec-Steuerung und Turbolader. Das sehen Sie aber alles nicht, Lenkrad, Bremsen, Kupplung, Gaspedal und Schaltung funktionieren exakt so wie beim Vorgängermodell."**
>
> **"Klasse."**

2 Klassen und Objekte

Die **Klasse (class)** ist der zentrale Begriff der **objektorientierten Programmierung** in der Sprache C^{++}. Die Klasse ist eine Erweiterung der aus der C-Programmierung bekannten **Struktur (struct)**. Hier werden zunächst nur zwei markante neue Eigenschaften betrachtet (daß in C^{++} die Strukturen auch mit diesen Eigenschaften ausgestattet sind, wird nicht weiter erwähnt, es ist empfehlenswert, ausschließlich Klassen zu verwenden):

♦ Die Daten-Elemente einer Klasse ("Member-Variablen") sind per Voreinstellung **private**, auf sie kann nicht (wie auf die **public** voreingestellten Daten einer Struktur) direkt zugegriffen werden.

♦ Neben den Daten enthält eine Klasse auch Funktionen, mit denen die Daten der Klasse manipuliert werden können. Diese zur Klasse gehörenden Funktionen werden im folgenden als **Member-Funktionen** bezeichnet (es sind auch die Begriffe "Element-Funktionen", "Schnittstellen-Funktionen" bzw. "Methoden" gebräuchlich)[1]. Member-Funktionen sind per Voreinstellung **public**, können also aus allen Programmteilen aufgerufen werden, für die die Klassen-Deklaration "sichtbar" ist.

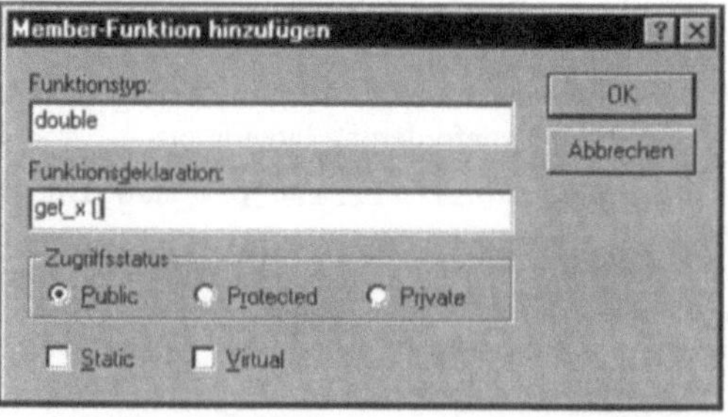

Die deutschsprachige Version des "Klassen-Assistenten" von MS-Visual-C^{++} verwendet den Begriff "Member-Funktion"

Im folgenden Abschnitt wird eine erste besonders wichtige Eigenschaft der Klassen betrachtet: Man kann die in einer Klasse deklarierten Daten **kapseln**, sie gewissermaßen vor dem direkten Zugriff des Programmierers schützen, der sie nur über die zur Klasse gehörenden Member-Funktionen manipulieren kann.

---

[1] Es hat sich in der deutschsprachigen Literatur noch keine der angegebenen Bezeichnungen durchgesetzt, in der englischsprachigen Literatur dominiert eindeutig "Member function". Wenn hier das "denglische" Wort "Member-Funktion" verwendet wird, dann nicht deshalb, weil es dem Autor besonders gut gefällt. Aber in den letzten Kapiteln des Buchs werden der "Anwendungs-Assistent" und der "Klassen-Assistent" von MS-Visual-C^{++} 5.0 verwendet, deren deutsche Versionen genau diese Bezeichnung benutzen (siehe Abbildung auf dieser Seite).

2.1 Daten und Member-Funktionen in der Klasse

Obwohl es für die Elemente einer Klasse Voreinstellungen hinsichtlich ihrer Eigenschaften gibt, werden im folgenden immer die Schlüsselworte **private** und **public** bei der Klassen-Deklaration verwendet, was ohnehin empfehlenswert ist. Diese Schlüsselworte (einschließlich des noch zu behandelnden **protected**) können beliebig oft in der Deklaration einer Klasse verwendet werden, sie gelten jeweils bis zum nächsten Auftreten eines dieser drei Schlüsselworte bzw. bis zum Ende der Klassen-Deklaration.

Die folgenden Beispiel-Programme enthalten keine nennenswerte Funktionalität, sie dienen nur der Demonstration der Syntax bei der Deklaration von Klassen:

Programm class1.cpp

```cpp
// Klasse, Member-Variablen und Member-Funktionen

// Das Programm demonstriert das Deklarieren einer Klasse, die Definition einer Instanz der
// Klasse und den Zugriff auf die Daten über Member-Funktionen.

#include <iostream.h>

// Es wird eine Klasse ClPoint deklariert, die zwei double-Variablen m_x und m_y enthält.
// Diese werden als private deklariert, und deshalb kann auf sie nicht direkt aus einem
// Programm zugegriffen werden.

// Dagegen werden die vier zur Klasse gehörenden Member-Funktionen (set_x, set_y, get_x,
// get_y) public deklariert, können im Programm benutzt werden und dienen als
// Zugriffs-Funktionen zu den private-Daten.

class ClPoint
{
    private:
        double m_x ;                            //      Daten
        double m_y ;
    public:
        void    set_x (double x) { m_x = x ; }  //      Member-
        void    set_y (double y) { m_y = y ; }  //      Funktionen
        double get_x ()          { return m_x ; }  //   ...
        double get_y ()          { return m_y ; }  //   ...
} ;
void main ()
{
    ClPoint center ;                    //... definiert eine "Instanz" der Klasse
                                        //     ClPoint mit dem Namen center.

    // Die nachfolgende (herauskommentierte) Anweisung würde einen Fehler beim
    // Compilieren verursachen (probieren Sie es aus durch Entfernen der Kommentarstriche!).
    // Auf private definierte Daten einer Klasse kann nicht direkt zugegriffen werden:

    // center.m_x = 4. ;                //      Falsch!!!
    center.set_x (4.) ;                 //      Zugriff über die
    center.set_y (7.) ;                 //      Member-Funktionen
    cout << "Mittelpunkt:  x = " << center.get_x () << "\n"
         << "              y = " << center.get_y () << "\n" ;
}
```

Ende des Programms class1.cpp

♦ Das Programm **class1.cpp** demonstriert mit der Klasse **ClPoint** den typischen Vertreter einer "gekapselten" Datenstruktur, hier mit den beiden (**private** deklarierten) Koordinaten und den vier (**public** deklarierten) Member-Funktionen, zwei Funktionen zum Ändern der Werte der Daten und zwei Funktionen zur Abfrage. Da die vier Member-Funktionen nur ganz einfache Operationen ausführen, wurden sie komplett (mit Funktionsrumpf) innerhalb der Klassen-Deklaration ausprogrammiert.

Natürlich ist diese Art der Programmierung aufwendiger, aber auch deutlich sicherer und vor allem wartungsfreundlicher. Sie wurde lange vor der "Erfindung der objektorientierten Vorgehensweise" von Projektgruppen praktiziert, die große Softwarepakete herstellten. Der wesentliche Vorteil ist die Möglichkeit, die in einer Klasse deklarierte Datenstruktur ändern zu können (z. B. mehrere Variablen des gleichen Typs zu einem Array zusammenzufassen), ohne daß in den übrigen Programmteilen geändert werden muß, wenn man die Member-Funktionen der geänderten Datenstruktur anpaßt (die Prototypen der **public** deklarierten Member-Funktionen dürfen sich dabei natürlich nicht ändern).

♦ Bemerkung zur Wortwahl: Die wichtige Unterscheidung (in C und C^{++}) zwischen Deklaration (Beschreibung von Eigenschaften, z. B.: Prototyp einer Funktion) und Definition (Bereitstellung von Speicherplatz bzw. des kompletten Funktionscodes) wird bei den Klassen etwas schwieriger. Bei der **Deklaration einer Klasse** werden nur die Eigenschaften festgelegt (ein neuer "Datentyp" wird beschrieben), es wird noch kein (Speicherplatz beanspruchendes) Objekt erzeugt. Da aber zu einer Klassen-Deklaration auch komplett ausprogrammierte Funktionen gehören können, findet man häufig den Begriff "Klassen-Definition". In diesem Buch wird konsequent der Begriff "Deklaration" verwendet, der durch folgende Besonderheit in jedem Fall gerechtfertigt ist:

♦ Member-Funktionen, die innerhalb der Klassen-Deklaration voll ausprogrammiert sind (also nicht nur durch Prototypen vertreten, wie es für umfangreichere Funktionen typisch ist), gelten automatisch (ohne Verwendung dieses Schlüsselwortes) als **inline**-Funktionen (vgl. Bemerkungen am Ende des Abschnitts 1.4.2). Weil der Compiler den Code der **inline**-Funktionen an den Stellen der Funktionsaufrufe einsetzt (wenn eine **inline**-Funktion gar nicht aufgerufen wird, erscheint auch nirgends ihr Code im Programm), werden sie eigentlich nirgends definiert, sondern in jedem Fall (mit dem kompletten Funktionsrumpf) nur deklariert. Diese Aussagen gelten natürlich nur dann, wenn der Compiler die **inline**-Deklaration auch tatsächlich als solche realisiert, er darf sie mißachten (und dann wäre sie tatsächlich eine Definition).

♦ Daß die Deklaration der Klasse **ClPoint** im Programm **class1.cpp** außerhalb der Funktion **main** erscheint, ist nicht zwingend, Klassen können (wie Strukturen) innerhalb einer Funktion deklariert werden, sind dann allerdings auch nur innerhalb dieser Funktion "sichtbar". Für die Anwendung typisch ist der Zugriff aus verschiedenen Programmteilen, so daß sich die Deklaration der Klassen außerhalb aller Funktionen in (über **#include**-Statements einzubindenden) Header-Dateien anbietet.

♦ In **main** wird die **Instanz center** der Klasse **ClPoint** definiert (**center** ist ein "Objekt der Klasse **ClPoint**"). Von einer Klasse können beliebig viele Instanzen erzeugt werden. Die Klasse **ClPoint** ist ein Datentyp, die Definition einer Instanz sieht auch genauso aus wie die Definition einer Variablen eines vordeklarierten Typs, z. B. einer **double**-Variablen. Bei der Definition einer Instanz einer Klasse wird jeweils Speicherplatz für alle **Daten**-Elemente der Klasse reserviert.

◆ Die Syntax für den Zugriff auf die (**public** deklarierten) Elemente einer Instanz (Daten oder Member-Funktionen) entspricht der Syntax, mit der auf Komponenten einer Struktur zugegriffen wird: "Name der Instanz, Punkt, Name des Klassen-Elements" entspricht "Name der Struktur-Variablen, Punkt, Name der Komponente".

Auch der Operator –> für den Zugriff auf die Komponenten einer Struktur über einen Pointer auf eine Struktur-Variable wird für Klassen in analoger Weise verwendet: "Pointer auf eine Instanz–>**public**-Daten-Element" bzw. "Pointer auf eine Instanz–>**public**-Member-Funktion", z. B. (vgl. Programm **class2.cpp**):

```
ClPoint  center , *p1_p ;
center.set_x (4.) ;          // Zugriff über eine Instanz der Klasse ClPoint
p1_p = new ClPoint  ;
p1_p->set_x  (5.) ;          // Zugriff über einen Pointer auf eine Instanz
```

> ## Die Datenkapselung
>
> führt neben der Erhöhung der Sicherheit zu einem weiteren entscheidenden Vorteil:
>
> Am Beginn der Bearbeitung eines Software-Projektes ist für den Entwurf der Datenstruktur stets der (niemals verfügbare) geniale, alles vorhersehende Programmierer gefragt. Die Kapselung der Datenstruktur gestattet nachträgliche Änderungen und verzeiht damit die (ohnehin unvermeidlichen) Entwurfsfehler.

Deklaration der Klasse ClPoint in der Header-Datei clpoint2.h

```
// Deklaration der Klasse ClPoint

// Es wird die Änderung der Datenspeicherung in einer Klasse demonstriert, die nur zu
// Änderungen der zur Klasse gehörenden Member-Funktionen zwingt, während der restliche
// Programmcode davon nicht betroffen ist.
class ClPoint
{
   private:
         //       Die Klasse ClPoint des Programms class1.cpp wird erweitert und kann nun die
         //       Koordinaten eines 3D-Punktes in einem Array speichern:

         double m_xyz [3] ;

   public:
         //       Zwei Member-Funktionen werden ergänzt, die Prototypen der anderen
         //       Member-Funktionen bleiben ungeändert, ihr Funktionsrumpf muß der
         //       geänderten Datenstruktur angepaßt werden:

         void    set_x (double x) { m_xyz[0] = x    ; }
         void    set_y (double y) { m_xyz[1] = y    ; }
         void    set_z (double z) { m_xyz[2] = z    ; }
         double get_x ()          { return m_xyz[0] ; }
         double get_y ()          { return m_xyz[1] ; }
         double get_z ()          { return m_xyz[2] ; }
} ;
```

Ende der Deklaration der Klasse ClPoint in der Header-Datei clpoint2.h

♦ Ab sofort werden die Klassen-Deklarationen in Header-Dateien untergebracht, die dann in alle Programm-Dateien, in denen Instanzen der Klassen erzeugt werden, einzubinden sind.

♦ Die Funktion **main** aus dem Programm **class1.cpp** kann ohne eine Änderung die geänderte Klasse **ClPoint** verwenden, weil die "Schnittstelle der Klasse" (die **public** deklarierten Member-Funktionen) zwar erweitert wurde, die bereits vorhandenen Funktionen aber ihre Prototypen nicht geändert haben. Dies wird demonstriert, indem der komplette Code von **main** aus **class1.cpp** in das Programm **class2.cpp** übernommen wird:

Programm class2.cpp

```
// Klasse und Member-Funktionen

// Das Programm demonstriert, daß die Änderung der Datenspeicherung in einer Klasse (die
// geänderte Deklaration von ClPoint befindet sich in der Header-Datei clpoint2.h) nur zu
// Änderungen der zur Klasse gehörenden Member-Funktionen zwingt, während der restliche
// Programmcode davon nicht betroffen ist.

#include <iostream.h>
#include "clpoint2.h"

void main ()
{
    //   Code ungeändert von class1.cpp übernommen:

    ClPoint  center ;
    center.set_x (4.) ;
    center.set_y (7.) ;
    cout << "Mittelpunkt:  x = " << center.get_x () << "\n"
         << "              y = " << center.get_y () << "\n" ;

    //   Es wird noch der Zugriff auf die Member-Funktionen über den
    //   Pointer auf eine Instanz der Klasse demonstriert:

    ClPoint *p1_p = new ClPoint ;
    p1_p->set_x (5.) ;
    p1_p->set_y (8.) ;
    cout << "Punkt P1:     x = " << p1_p->get_x () << "\n"
         << "              y = " << p1_p->get_y () << "\n" ;
}
```

Ende des Programms class2.cpp

♦ **Mit der Deklaration einer Klasse entsteht ein Datentyp**, der mit ähnlicher Syntax das Erzeugen von Instanzen dieses Typs wie mit den vordeklarierten Datentypen gestattet, z. B.:

```
double   xyz    ;
ClPoint  center ;
```

Man beachte, daß schon durch die Deklaration

```
class ClPoint { ... } ;
```

der Datentyp in der einfachen Schreibweise **ClPoint** verwendet werden kann, während in C die Deklaration einer Struktur

```
struct Point { ... } ;
```

den Datentyp **struct Point** erzeugt. In C^{++} dürfte man allerdings auch nach einer entsprechenden Struktur-Deklaration einfach mit dem Datentyp **Point** (ohne das Schlüsselwort **struct**) operieren.

Wegen der Ähnlichkeit des syntaktischen Aufbaus einer Klassen-Deklaration mit der Definition einer Funktion wie z. B.

```
double get_x () { ... }
```

soll auf eine typische Fehlerquelle aufmerksam gemacht werden: **Eine Klassen-Deklaration wird durch ein Semikolon abgeschlossen, eine Funktions-Definition nicht.**

Zu den wesentlichen Eigenschaften der Programmiersprache C^{++} gehört die Möglichkeit, die vom Programmierer deklarierten Datentypen mit allen sinnvollen Eigenschaften auszustatten, die die vordeklarierten Datentypen haben. Für den Datentyp **ClPoint** könnten z. B. arithmetische Operationen durchaus sinnvoll sein (wenn man die drei Koordinaten als Komponenten eines Vektors deutet, wäre eine mögliche Vektoraddition mit dem Operator **+** denkbar).

Im folgenden Abschnitt wird zunächst die Möglichkeit behandelt, beim Erzeugen einer Instanz einer Klasse die Daten-Elemente (wie für vordeklarierte Datentypen) zu initialisieren.

2.2 Konstruktoren, Destruktoren, Default-Argumente

Beim Erzeugen einer Instanz einer Klasse wird immer eine spezielle Funktion aufgerufen, der sogenannte **Konstruktor**. Dieser wird entweder vom Compiler automatisch bereitgestellt ("Standard-Konstruktor"), kann (und sollte unbedingt) jedoch vom Programmierer geschrieben werden. Der Compiler integriert in einen vom Programmierer geschriebenen Konstruktor auch die Funktionalität, die ansonsten in dem automatisch generierten Standard-Konstruktor steckt.

Als Pendant zum Konstruktor existiert immer ein **Destruktor**, der beim Erlöschen der Gültigkeit einer Instanz (am Ende des Blockes, in dem sie erzeugt wurde) aufgerufen wird.

Konstruktoren und Destruktoren nehmen eine Sonderstellung unter den Member-Funktionen einer Klasse ein. Dies verpflichtet den Programmierer zur Einhaltung fester ...

Regeln für das Schreiben von Konstruktor und Destruktor:

- Der Name des Konstruktors muß immer mit dem Namen der Klasse identisch sein (der Compiler unterscheidet auf diese Weise den Konstruktor von den übrigen zur Klasse gehörenden Member-Funktionen).

- Der Name des Destruktors muß aus dem Namen der Klasse mit einer vorangestellten Tilde ~ gebildet werden.

- Der Konstruktor kann Parameter übernehmen (dies ist der Regelfall, da er vorwiegend zur Initialisierung von Daten der Klasse benutzt wird). Ein Destruktor kann grundsätzlich keine Parameter übernehmen.

- Weder Konstruktor noch Destruktor liefern einen Return-Wert ab, haben also auch keinen Typ (nicht einmal **void**).

Für die Klasse **ClPoint** (Deklaration in der Header-Datei **clpoint2.h** im Abschnitt 2.1)
könnten Konstruktor und Destruktor z. B. in der Klassen-Deklaration wie folgt geschrieben
werden:

```
ClPoint (double x , double y , double z)      //      Konstruktorname
{                                             //      = Klassenname
    m_xyz[0] = x ;
    m_xyz[1] = y ;                            //      ... Initialisieren
    m_xyz[2] = z ;                            //      der Koordinaten
}
~ClPoint  ()  { }
```

Dieser Destruktor **~ClPoint** tut nichts und könnte also auch weggelassen werden. Der
Konstruktor allerdings eröffnet die Möglichkeit, unmittelbar beim Erzeugen einer Instanz von
ClPoint den Daten-Elementen Werte zuzuweisen.

> Wenn der Programmierer selbst einen Konstruktor in der Klassen-Deklaration ansiedelt,
> ist der ansonsten vom Compiler spendierte Standard-Konstruktor, der grundsätzlich keine
> Parameter erwartet, verschwunden.

♦ Das bedeutet, daß nun dem Konstruktor Werte übergeben werden **müssen**. Probieren Sie
  es aus: Ergänzen Sie im **public**-Bereich der Deklaration der Klasse **ClPoint** in der
  Header-Datei **clpoint2.h** die oben angegebenen Zeilen, und beim Compilieren wird
  bemängelt, daß "kein geeigneter Standard-Konstruktor verfügbar" ist.

Eine solche Erweiterung der Schnittstelle der Klasse würde also dazu führen, daß ältere
Programme nicht ungeändert mit der verbesserten Klasse arbeiten können. Das sollte
unbedingt vermieden werden. Neben einer später noch zu behandelnden anderen Variante
("Überladen des Konstruktors", Abschnit 3.3) bietet C++ eine ebenso einfache wie elegante
Möglichkeit an, dieses Problem zu vermeiden, die ...

> **Default-Argumente:**
>
> Den Parametern einer Funktion können Werte vorgegeben werden, die dann als **Default-
> Argumente** benutzt werden, wenn beim Funktionsaufruf für die Parameter keine
> Argumente angegeben werden. Grundsätzlich sollte der Prototyp der Funktion die
> Default-Argumente enthalten (sie dürfen dann in der Funktions-Definition nicht noch
> einmal angegeben werden), damit sie dem Compiler bekannt sind.

♦ Wenn z. B. der Prototyp einer Funktion in der Form

```
void set_coords (double x , double y = 0. , double z = 0.) ;
```

  mit Default-Argumenten für **y** und **z** ausgestattet wird, dann sind folgende Funktionsaufrufe möglich (für den ersten Parameter **x**, dem kein Default-Argument zugeordnet
  wurde, muß in diesem Fall immer ein Argument vorgesehen werden):

```
set_coords (3. , 2. , 1.) ;    // x = 3. , y = 2. , z = 1.
set_coords (4. , 5.) ;         // x = 4. , y = 5. , z = 0.
set_coords (6.) ;              // x = 6. , y = 0. , z = 0.
```

♦ Es dürfen immer nur die am weitesten rechts stehenden Argumente weggelassen werden, um dem Compiler eine eindeutige Zuordnung zu ermöglichen.

Mit Default-Argumenten kann das beschriebene Problem mit dem "nachgelieferten" Konstruktor beseitigt werden:

```
ClPoint (double x = 0. , double y = 0. , double z = 0.)
{
    m_xyz[0] = x ;    m_xyz[1] = y ;    m_xyz[2] = z ;
}
```

... als **inline**-Konstruktor in der Klassen-Deklaration schafft einerseits die Möglichkeit, beim Erzeugen einer Instanz die Daten-Elemente mit beliebigen Werten zu initialisieren, und bewahrt die Kompatibilität der Klassen-Deklaration zu Programmen, die mit ihrer Vorgänger-Version gearbeitet haben. Für diese ergibt sich sogar eine Verbesserung, denn die Daten-Elemente der Instanzen werden (mit den Default-Argumenten) initialisiert.

Aufruf von Konstruktor und Destruktor

Beim Erzeugen bzw. beim "Ableben" einer Instanz werden Konstruktor bzw. Destruktor automatisch aufgerufen (der Programmierer muß den Aufruf nicht codieren). Die Übergabe von Argumenten an den Konstruktor erfolgt wie bei "normalen" Funktions-aufrufen in Klammern hinter dem Namen einer zu erzeugenden Instanz, z. B.:

```
ClPoint  p1 (2. , 1. , 1.) ;
```

... erzeugt eine Instanz **p1** der Klasse **ClPoint** und übergibt dem Konstruktor die in Klammern stehenden Argumente, der die Daten-Elemente der Instanz mit diesen Werten initialisiert.

Um die Arbeit von Konstruktor und Destruktor mit dem Beispiel-Programm **class3.cpp** demonstrieren zu können, wird zunächst die Deklaration der Klasse **ClPoint** erweitert:

Header-Datei clpoint3.h

// **Deklaration der Klasse ClPoint**

// Die Deklaration der Klasse **ClPoint** wird um einen Konstruktor und einen Destruktor
// erweitert. Da diese für **inline**-Funktionen zu umfangreich sind, werden sie in der Datei
// **clpoint3.cpp** definiert und sind in der Klassen-Deklaration nur durch Prototypen vertreten.

```
class ClPoint
{
  private:
      double m_xyz [3] ;
  public:
      //        Prototypen von Konstruktor und Destruktor (die Parameter, die der
      //        Konstruktor übernimmt, werden mit Default-Argumenten ausgestattet):
      ClPoint (double x = 0. , double y = 0. , double z = 0.) ;
      ~ClPoint () ;
      void    set_x (double x) { m_xyz[0] = x    ; }
      //        ... weiter wie in clpoint2.h
```

Ende der Header-Datei clpoint3.h

> **"Gültigkeitsbereichsoperator" ::**
>
> Wenn eine Member-Funktion in der Klassen-Deklaration nur durch einen Prototyp (und nicht als **inline**-Deklaration) vertreten ist, dann muß ihre Zugehörigkeit zur Klasse durch Angabe des "kompletten" Funktionsnamens verdeutlicht werden. Dieser besteht aus dem Klassennamen, dem Gültigkeitsbereichsoperator :: und dem eigentlichen Funktionsnamen. Der außerhalb der Klasse **ClPoint** definierte Konstruktor hat also den Funktionskopf
>
> ```
> ClPoint::ClPoint (double x , double y , double z)
> ```

Um zu zeigen, wann Konstruktor und Destruktor arbeiten, werden **ClPoint::ClPoint** und **ClPoint::~ClPoint** mit Ausgabeanweisungen ausgestattet. Dies ist allgemein natürlich nicht typisch. Ihre Definitionen finden sich in der Datei **clpoint3.cpp**:

Datei clpoint3.cpp

// Definition der nicht inline deklarierten Member-Funktionen für die Klasse ClPoint

```
#include <iostream.h>
#include "clpoint3.h"
```

// Definition des Konstruktors:

```
ClPoint::ClPoint (double x , double y , double z)
{
    cout << "Konstruktor arbeitet\n" ;        //    ...    nur zur Information
    m_xyz[0] = x ;                             //    ...    Initialisieren
    m_xyz[1] = y ;                             //           der Koordinaten
    m_xyz[2] = z ;
}
```

// Definition des Destruktors:

```
ClPoint::~ClPoint ()
{
    cout << "Destruktor arbeitet\n" ;         //    ...    nur zur Information
}
```

Ende der Datei clpoint3.cpp

> **Trennung von Klassen-Deklaration und Definition der Member-Funktionen**
>
> Die Deklarationen von Klassen sollten in Header-Dateien (Extension **.h**) untergebracht werden. Die Definitionen der nicht **inline** deklarierten Member-Funktionen sollten sich jedoch in jedem Fall in einer anderen Datei befinden (hier und im folgenden wird dafür immer eine Datei mit dem gleichen Namen wie die Header-Datei verwendet, jedoch mit der Extension **.cpp**).
>
> Weil Header-Dateien von verschiedenen anderen Programm-Dateien eingebunden werden können, würden Funktions-Definitionen in Header-Dateien zu Konflikten führen, weil gleiche Funktionen dann mehrfach auftauchen.
>
> Im Gegensatz dazu sollten **inline**-Funktionen unbedingt in den Header-Dateien stehen (auch dann, wenn sie sich außerhalb der Klassen-Deklaration befinden), weil der Compiler sie sehen muß, um ihren Code an der Aufrufstelle einsetzen zu können.

Programm class3.cpp

// **Konstruktor und Destruktor**

// Das Programm ist eine Erweiterung des Programms **class2.cpp**, die Klasse **ClPoint**
// (deklariert in **clpoint3.h**) besitzt nun einen Konstruktor und einen Destruktor (beide
// definiert in **clpoint3.cpp**).

```cpp
#include <iostream.h>
#include "clpoint3.h"
void testproc ()
{
   ClPoint p1 (2 , 1. , 1.) , origin ;
```

//   ...   erzeugt eine Instanz **p1** (Punkt, dessen Koordinaten mit den in der Klammer
//   angegebenen Werten initialisiert werden) und eine Instanz **origin**, die ein
//   Nullpunkt ist (Verwendung der Default-Argumente).

```cpp
   cout << "Punkt p1:      x = " << p1.get_x ()
        <<                ",  y = " << p1.get_y ()
        <<                ",  z = " << p1.get_z () << "\n" ;
   cout << "Punkt origin: x = " << origin.get_x ()
        <<                ",  y = " << origin.get_y ()
        <<                ",  z = " << origin.get_z () << "\n" ;
```

//   ...   und hier endet jeweils das Leben der Instanzen **p1** und **origin** (Aufruf des
//   Destruktors für beide Instanzen).

```cpp
}
void main ()
{
   ClPoint center (2. , 3.) ;
```

//   ...   erzeugt eine Instanz **center** mit den Koordinaten **(2.;3.;0.)**, wobei für die
//   z-Koordinate das Default-Argument verwendet wird.

```cpp
   cout << "Punkt center: x = " << center.get_x ()
        <<                ",  y = " << center.get_y ()
        <<                ",  z = " << center.get_z () << "\n" ;
   testproc () ;  //      ...      wird doppelt aufgerufen, um das jeweilige
   testproc () ;  //               Erzeugen und Zerstören der Klassen-Instanzen zu zeigen.
```

} // ... und hier wird der Destruktor für die Instanz **center** aktiviert.

Ende des Programms class3.cpp

Das Beispiel-Programm **class3.cpp** zeigt, wann Konstruktor und Destruktor arbeiten. Es muß nur die Header-Datei **clpoint3.h** inkludiert werden, in der der Compiler alle erforderlichen Informationen findet.

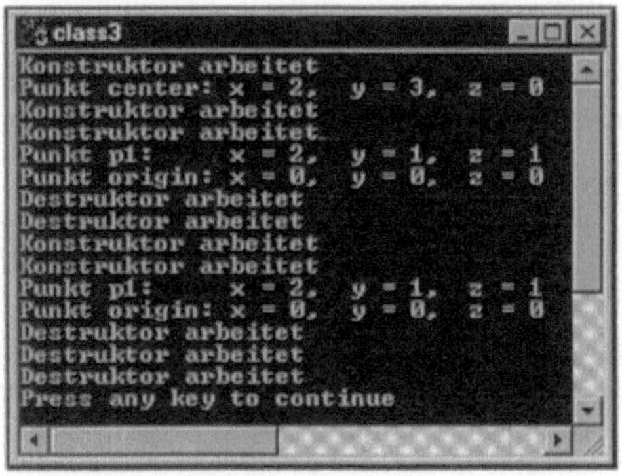

Die nebenstehende Ausgabe des Programms verdeutlicht, daß bei jedem Aufruf der Funktion **testproc** die Instanzen erzeugt und initialisiert werden, beim Verlassen der Funktion erfolgen die Destruktoraufrufe. Am Ende der Funktion **main** wird für die Instanz **center** der Destruktor aktiviert.

2.3 Objektorientiertes Programmieren fordert objektorientiertes Denken

2.3.1 Objekte

Obwohl die wesentlichen Hilfsmittel für das objektorientierte Programmieren erst in den nachfolgenden Abschnitten behandelt werden, soll schon hier auf die Konsequenzen (und die Möglichkeiten) aufmerksam gemacht werden, die sich aus der Verwendung von Klassen-Objekten ergeben.

> **Der C++-Programmierer darf sich "Objekte" als "Variablen in einem wesentlich erweiterten Sinne" vorstellen.** Das Objekt hat einen **Typ**, der als Bestandteil der Programmiersprache vordeklariert ist (z. B.: **int** oder **double**) oder durch eine Deklaration (z. B. mit dem Schlüsselwort **class**) erzeugt wurde.
>
> Beim Erzeugen eines Objektes (Definition) wird Speicherplatz bereitgestellt, **und es werden gegebenenfalls (möglicherweise sehr aufwendige) Algorithmen abgearbeitet.** Letzteres kann sich auf das Initialisieren von Variablen beschränken (mit der Anweisung **int i = 0 ;** wird Speicherplatz für eine Integer-Variable reserviert, und die Variable wird mit einer 0 initialisiert), im Konstruktor einer Klasse kann unter Umständen jedoch der wesentliche Algorithmus eines Programms erledigt werden.

Während man in der klassischen Programmierung beim Erzeugen einer Variablen nur an deren Existenz im Programm denken mußte (z. B. eine **int**-Variable, die einen bestimmten Wert hat), darf man die Vorstellung nun wesentlich erweitern: Wenn z. B. in einem Windows-Programm ein Objekt "Fenster" erzeugt wird (durch Definition einer Instanz der entsprechenden Klasse), wird Speicherplatz für zahlreiche Variablen reserviert (Position, Abmessungen, Hintergrundfarbe, ...), diese werden initialisiert, **und es ist durchaus sinnvoll, das Fenster (von entsprechenden Algorithmen des Konstruktors) auch tatsächlich auf dem Bildschirm zu erzeugen.**

Es ist für den Lernenden hilfreich, die Ähnlichkeiten im Verhalten von "Klassen-Objekten" und einfachen Variablen ("Objekte mit vordeklariertem Typ" wie **int, double** usw.) zu registrieren und in den folgenden Abschnitten zu beobachten, daß diese "einander immer ähnlicher werden". Die im vorigen Abschnitt behandelte Möglichkeit, Klassen-Objekte zu initialisieren, war ein erster Schritt in diese Richtung. Auch der Zuweisungsoperator = darf für Klassen-Objekte verwendet werden. Er kopiert die Werte aller Daten-Elemente (und verhält sich damit wie der Zuweisungsoperator in der C-Programmierung bei der Anwendung auf **struct**-Variablen). Dies ist noch eine besondere Betrachtung (Abschnitt 3.4.2) wert.

Die Anweisungen

```
int       i1 = 5          , i2 ;
ClPoint   p1 (2.,3.,4.)   , p2 ;
i2 = i1 ;
p2 = p1 ;
```

verdeutlichen die Ähnlichkeiten hinsichtlich dieser beiden Eigenschaften (Initialisieren und Verwenden des Zuweisungsoperators). Daß mit den **int**-Variablen noch wesentlich mehr Operationen ausgeführt werden können, liegt nur daran, daß dem "Datentyp" **ClPoint** bisher noch keine zusätzlichen Fähigkeiten vermittelt wurden:

> Der durch die Klassen-Deklaration erzeugte "Datentyp **ClPoint**" kann (wie der "Datentyp
> **int**") mit dem Zuweisungsoperator = automatisch umgehen. Die Beherrschung anderer
> Operationen (wie sie **int** kann, z. B. **i1 + i2** oder **i1 > i2**) kann man ihm beibringen.

Das wird später behandelt (Abschnitt 3.4). Hier soll nur noch auf die Sonderstellung des
Konstruktors unter den Member-Funktionen aufmerksam gemacht werden (auch für den
Destruktor gilt diese Sonderstellung):

> Mit dem Konstruktor wird ein Objekt "konstruiert", das ist mehr als das Initialisieren der
> Daten-Elemente. Deshalb gilt folgende Aussage:
>
> **Der Konstruktor darf nicht wie andere Member-Funktionen der Klasse mit einer
> Instanz der Klasse aufgerufen werden.**

♦ Eine "Reinitialisierung" der Variablen **p1** in der Form

```
ClPoint   p1 (2.,3.,4.) ;
// ...
p1.set_x   (8.) ;                      // Aufruf einer Member-Funktion
// ...
p1.ClPoint (4.,5.,6.) ;        // Falsch!!!
```

würde vom Compiler bemängelt werden.

♦ Dagegen ist es möglich, ein "flüchtiges Objekt" konstruieren zu lassen, das z. B. einem
anderen Objekt der Klasse zugewiesen wird:

```
p1 = ClPoint (4.,5.,6,) ;
```

... ist erlaubt und arbeitet folgendermaßen: Die Anweisung auf der rechten Seite entspricht
bis auf den fehlenden Namen für die Variable der Definition einer Instanz der Klasse
ClPoint. Es wird eine "namenlose Instanz" konstruiert (und via Konstruktor-Aufruf wie
vorgeschrieben initialisiert), und ihr Wert wird **p1** zugewiesen. Danach verschwindet sie
sofort wieder, wobei selbstverständlich auch der Destruktor aufgerufen wird (man kann
das mit der Implementation von Konstruktor und Destruktor in **clpoint3.cpp** verdeutlichen, die sich durch entsprechende Ausschriften bemerkbar machen).

2.3.2 Aktion auch bei leerer Funktion main

Das nachfolgend angegebene Beispiel-Programm **global1.cpp** soll einen ersten Eindruck
davon vermitteln, daß objektorientiertes Programmieren den Programmierer zu einem anderen
Denken zwingt. Das Hauptprogramm (Funktion **main**) enthält keine Anweisung, nicht einmal
die Definition einer Variablen. Ein C-Programm würde auch keine für den Benutzer sichtbare
Aktion ausführen.

Das C++-Programm **global1.cpp** definiert allerdings ein "globales Objekt" vom Typ **ClVector**
(die Klasse **ClVector** wird in der Datei **clvector.h** deklariert und in der Datei **clvector.cpp**
implementiert). Und diese Definition eines Objektes, die natürlich auch lokal in der Funktion

main angesiedelt sein könnte, "bringt Leben in das Programm", denn das Objekt hat einen recht aktiven Konstruktor (die lokale oder globale Definition beliebiger Variablen in einem C-Programm hätte natürlich keine Aktion zur Folge).

Programm global1.cpp

// Definition einer globalen Instanz einer Klasse

```
#include "clvector.h"          // ... enthält Deklaration der Klasse ClVector

ClVector  vec ;               // ... ist eine globale Instanz der Klasse

void main () { }
```

Ende des Programms global1.cpp

Der Compiler braucht für die Übersetzung von **global1.cpp** nur die Deklaration der Klasse **ClVector** zu kennen, die er in der inkludierten Datei **clvector.h** findet:

Header-Datei clvector.h

// Deklaration der Klasse ClVector

```
class ClVector
{
    private:
        double xyz [3] ;
    public:
        ClVector () ;                      // Konstruktor
        ~ClVector () ;                     // Destruktor
} ;
```

Ende der Header-Datei clvector.h

Daß das Programm **global1.cpp** mit dem Benutzer den nebenstehend zu sehenden Dialog führt, wird durch Konstruktor und Destruktor der Klasse **ClVector** ausgelöst. Dem Linker müssen natürlich auch diese beiden (compilierten) Funktionen verfügbar gemacht

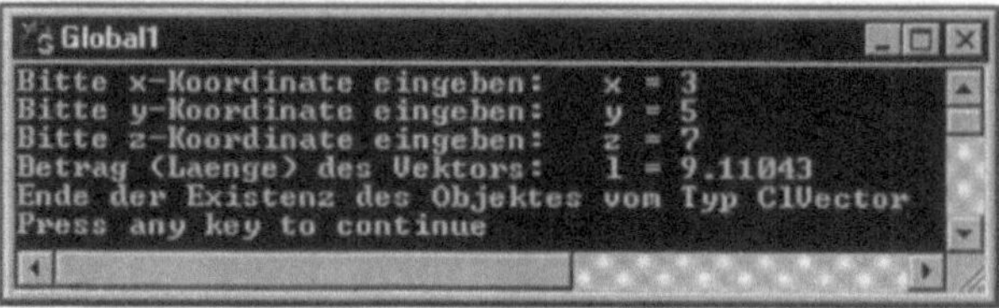

Ausgabe des Programms global1.cpp

werden. Ihren Code findet man in der Datei **clvector.cpp**:

Datei clvector.cpp

// Implementation der Klasse ClVector

```
#include "clvector.h"
#include <iostream.h>
#include <math.h>
ClVector::ClVector ()
{
    cout << "Bitte x-Koordinate eingeben:   x = " ;
    cin  >> xyz [0] ;
```

```
    cout << "Bitte y-Koordinate eingeben:   y = " ;
    cin  >> xyz [1] ;
    cout << "Bitte z-Koordinate eingeben:   z = " ;
    cin  >> xyz [2] ;
    cout << "Betrag (Laenge) des Vektors:    l = "
         << sqrt (xyz[0] * xyz[0] + xyz[1] * xyz[1] + xyz[2] * xyz [2]) ;
}


ClVector::~ClVector ()
{
    cout << "\nEnde der Existenz des Objektes vom Typ ClVector\n" ;
}
```

> **Ende der Datei clvector.cpp**

> ## Alle globalen Objekte werden vor der Abarbeitung der Funktion main konstruiert.

Der Programmierer muß sich also von der Vorstellung verabschieden, daß "vor dem Beginn der Abarbeitung von **main** nichts Erkennbares passiert", im Gegenteil: Die komplette (wenn auch sehr bescheidene) Funktionalität von **global1.cpp** wird vor dem Eintritt in **main** abgearbeitet.

Und man sollte diese Art der Programmierung auch nicht für eine exotische Spielerei halten, denn bei der MS-Windows-Programmierung mit MFC, wofür im Kapitel 7 ein erstes kleines Beispiel gegeben wird, geschehen ganz entscheidende Dinge im Konstruktor eines global erzeugten Objektes (es wird "eigentlich nur ein globales Objekt vom Typ 'Applikation' definiert").

Aber auch auf ein "leeres" Hauptprogramm kann nicht verzichtet werden. Abgesehen davon, daß bei nicht existierender Funktion **main** der Linker sich mit einem Fehler meldet, die "Abarbeitung der leeren Funktion **main** in **global1.cpp**" bestimmt den Zeitpunkt, **vor** dem das globale Objekt erzeugt und **nach** dem es (Aufruf des Destruktors!) zerstört wird. Probieren Sie es aus, indem Sie eine Ausgabeanweisung wie z. B.

```
cout <<  "\nStart und Ende der Funktion main" ;
```

in der Funktion **main** ergänzen (Programm **global2.cpp**). Dann erkennt man[2] (vgl. nebenstehende Ausgabe des erweiterten Programms), daß der Konstruktor vor der Abarbeitung von **main** aktiv ist, während der Destruktor nach dem Durchlaufen von **main** beim Zerstören des globalen Objektes aktiv wird.

---

[2]Eine gute Idee ist es, sich die Arbeit von Konstruktor und Destruktor mit dem Debugger vorführen zu lassen. Man setzt z. B. "Breakpoints" auf die jeweils erste Anweisung von Konstruktor, Destruktor und **main** und bekommt so eine genaue Vorstellung, wann die einzelnen Funktionen aktiv sind. Außerdem testen Sie damit Ihren Debugger. Ältere Modelle hatten nämlich erhebliche Probleme mit Konstruktoren, die vor der Abarbeitung von **main** aktiv sind.

2.4   Eine String-Klasse

In diesem und mehreren Nachfolge-Abschnitten werden Besonderheiten im Zusammenhang mit den Klassen an der Implementation einer Klasse **ClString** erläutert. Mit ihr wird ein Datentyp deklariert, der ähnliche Eigenschaften wie die Strings in anderen höheren Programmiersprachen haben soll.[3] Insbesondere soll der String "wachsen können". Die Beispiel-Programme haben keine nennenswerte Funktionalität und dienen nur zur Demonstration.

In der nachfolgend gelisteten 1. Version der Klassen-Deklaration sind nur ein Pointer auf einen (durch ASCII-Null abgeschlossenen) String und eine **int**-Variable vorgesehen, die die Zeichenanzahl des Strings (ohne ASCII-Null) verwaltet:

Header-Datei clstrng1.h

```
// Klasse ClString, 1. Version
#include <stdlib.h>
class ClString
{
   private:
        char *m_str_p ;                 // Pointer auf den String
        int   m_len   ;                 // Anzahl der Zeichen (ohne '\0')
   public:
        ClString (char *str_p = NULL) ;
        ~ClString () ;
        const char *get_string () { return m_str_p ; }
        int         get_length () { return m_len   ; }
} ;
```

Ende der Header-Datei clstrng1.h

♦ Weil nur ein Pointer auf den String vorgesehen ist (es ist nicht vorauszusehen, wie lang der String ist), muß beim Konstruieren (im Konstruktor) Speicherplatz dynamisch angefordert werden. Dieser muß beim Erlöschen der Gültigkeit eines Objektes vom Typ **ClString** wieder freigegeben werden. Dies wird im Destruktor realisiert, der damit für die Beispiel-Klasse die wohl wichtigste Tätigkeit dieser Spezial-Funktion ausübt.

♦ Weil noch keine anderen entsprechenden Member-Funktionen vorgesehen sind, kann in dieser Version der String nur durch Initialisieren (im Konstruktor) einen Wert bekommen. Obwohl mit dem Default-Argument auch ein Standard-Konstruktor verfügbar ist, der ohne Argument aufgerufen wird, ist eine solche Aktion noch nicht sinnvoll, weil der "leere String" dann nicht mehr geändert werden kann.

♦ Daß zusätzlich die Anzahl der Zeichen des Strings in der Member-Variablen **m_len** verwaltet wird, führt zu redundanter Information (bei einem durch ASCII-Null begrenzten

---

[3]Ehemalige BASIC-Programmierer vermissen in der Programmiersprache C oft schmerzlich viele liebgewordene Manipulations-Möglichkeiten für Strings. Dies kann mit einer String-Klasse in C^{++} alles "nachgeliefert" werden. Auch die hier schrittweise zu entwickelnde Klasse **ClString** könnte so ausgebaut werden. Darauf wird allerdings verzichtet, weil eine solche Klasse in verschiedenen Klassen-Bibliotheken vorhanden ist. In den "Microsoft foundation classes" gibt es z. B. die Klasse **CString** (zur Unterscheidung beginnen die Klassennamen in diesem Buch jeweils mit **Cl...**).

String könnte die Zeichenanzahl jederzeit ermittelt werden). Diesem Nachteil und der damit erforderlichen Sorgfaltspflicht, auch diese Variable bei jeder Änderung anpassen zu müssen, stehen zwei Vorteile gegenüber: Weil jede Member-Funktion, die die Länge benötigt, darauf zugreifen kann (wie hier **get_length**), ergibt sich ein Geschwindigkeitsvorteil. Wichtiger aber ist der Sicherheitsgewinn, weil eine Ermittlung der Länge z. B. mit der Bibliotheks-Funktion **strlen** bei einem nicht initialisiertem String zu einem Problem führen kann.[4]

♦ Das Schlüsselwort **const** hat in C++ eine wesentlich größere Bedeutung als in der Sprache C. Darauf wird im Abschnitt 6.1 noch intensiver eingegangen. Hier sei nur bemerkt, daß es in der **inline**-Deklaration der Member-Funktion entsprechend

```
const char *get_string () ...
```

dafür sorgt, daß mit dem abgelieferten Pointer "kein Unsinn getrieben werden kann". Wenn nämlich der Pointer bekannt ist, könnte der String verändert werden, was dem Prinzip der Datenkapselung widerspricht. Selbst vor einem **delete** würde ein nicht mit **const** abgelieferter Pointer ungeschützt sein.

Konstruktor und Destruktor der Klasse **ClString** findet man in der Datei **clstrng1.cpp**:

Datei clstrng1.cpp

```
#include "clstrng1.h"
#include <string.h>
ClString::ClString (char *str_p)                          // Konstruktor
{
    m_len   = str_p ? strlen (str_p) : 0 ;
    m_str_p = new char [m_len + 1] ;
    if (m_str_p)
    {
        if   (str_p) strcpy (m_str_p , str_p) ;
        else         *m_str_p = '\0' ;
    }
}

ClString::~ClString ()                                    // Destruktor
{
    delete [] m_str_p ;
}
```

Ende der Datei clstrng1.cpp

♦ Man beachte, daß der Konstruktor auch dann ein ordentlich initialisiertes Objekt abliefert, wenn der NULL-Pointer (Default-Argument) angeliefert wird: Es wird ein String erzeugt, der nur aus der ASCII-Null besteht. Selbst dann, wenn die Speicherplatzanforderung nicht erfüllt werden kann, hat das Objekt eindeutig initialisierte Member-Variablen.

♦ Die Speicherplatzfreigabe im Destruktor ohne Abfrage, ob überhaupt Speicherplatz zugewiesen wurde, ist in jedem Fall sicher, weil **delete** mit einem NULL-Pointer einfach nichts macht.

---

[4]Daß die Bibliotheks-Funktion **strlen** in den meisten Implementationen nicht einfach eine **0** als Return-Wert abliefert, wenn ihr ein NULL-Pointer übergeben wird, ärgert viele Programmierer, hat aber seinen Sinn: Ein String der Länge 0 besteht korrekterweise aus einem Zeichen (ASCII-Null), auf das "ordentlich gepointet" wird.

Die 1. Version der Deklaration der Klasse **ClString** wird mit dem kleinen Programm
class4.cpp getestet:

Datei class4.cpp

```
#include "clstrng1.h"
#include <iostream.h>
void main ()
{
    ClString string1 ("Dies ist ein Teststring") ;
    ClString string2 ;                          // ... ruft Konstruktor mit Default-Argument
    cout << "Der String '" << string1.get_string ()
         << "' hat "       << string1.get_length () << " Zeichen.\n" ;
    cout << "Der String '" << string2.get_string ()
         << "' hat "       << string2.get_length () << " Zeichen.\n" ;
}
```

Ende der Datei class4.cpp

♦ Das Objekt **string2**, für das kein Argument für die Initialisierung angegeben ist, wird mit
dem Default-Argument des Konstruktors erzeugt. Es enthält einen String, der nur aus der
begrenzenden ASCII-Null besteht.

♦ Für die Ausgabe über **cout** kann der von **get_string** abgelieferte "const-char-Pointer"
natürlich problemlos verwendet werden. Dagegen würde

<code>delete [] string1.get_string () ;</code>

vom Compiler bemängelt werden. Probieren Sie es aus (und wenn Sie keine Angst vor
unkontrollierten Reaktionen haben, nehmen sie das **const** aus der Deklaration der
Funktion **get_string** einmal heraus, und testen Sie den **delete**-Befehl erneut)!

Vorsicht, Falle!

Eine gewöhnliche Member-Funktion, die ohne Argumente aufgerufen wird (weil
sie keine Parameter erwartet oder weil Default-Argumente verwendet werden
sollen), **muß** mit dem leeren Klammerpaar aufgerufen werden, z. B.:

<code>string1.get_length () ;</code>

**Wenn einem Konstruktor keine Argumente übergeben werden, darf das
leere Klammerpaar dagegen nicht verwendet werden.**

Probieren Sie es aus: Ergänzen Sie in der Definition des Objektes **string2** entsprechend

<code>ClString string2 () ;</code>

ein leeres Klammerpaar, und der Compiler beschwert sich. Allerdings nicht über diese Zeile,
sondern über die Verwendung von **string2** für den Aufruf von **get_string** und **get_length**. Er
hält nämlich die mit dem Klammerpaar ergänzte Zeile für einen Prototyp, mit dem eine
"Funktion deklariert wird, die keine Parameter erwartet und als Return-Wert ein **ClString**-
Objekt abliefert" (zur Erinnerung: Das leere Klammerpaar in Prototypen steht in C++ für
"keine Parameter", in C für "Typ und Anzahl der Argumente werden nicht geprüft").

Wenn man die **cout**-Ausgabe, in der **string2** verwendet wird, herausnimmt, ist alles wieder
in Ordnung (eine Funktion **string2** wird deklariert, aber nicht verwendet).

2.5   ClString-Objekte "wachsen"

In einer 2. Version der Klasse soll nur eine Member-Funktion ergänzt werden, die einen
String an den in einem **ClString**-Objekt verwalteten String anhängt. In der Header-Datei wird

```
int append_string (const char *append_p) ;
```

als Prototyp der neuen Funktion im **public**-Bereich ergänzt (die erweiterte Header-Datei
erhält den Namen **clstrng2.h**). Der Sinn des Schlüsselwortes **const** bei dem Parameter wird
später erläutert. Die Datei **clstrng2.cpp** enthält nun zusätzlich zum Konstruktor und zum
Destruktor noch die Implementation dieser Funktion:

Datei clstrng2.cpp (Ausschnitt)

```
// ... wie in clstrng1.cpp

int ClString::append_string (const char *append_p)
{
    if (!append_p || !m_str_p) return 0 ;
    int  newlen = m_len + strlen (append_p) ;  // ... neue Länge
    char *temp_p = new char [newlen + 1]  ;
    if (!temp_p) return 0 ;
    strcpy (temp_p , m_str_p)  ;               // ... alten String übertragen
    strcat (temp_p , append_p) ;               // ... neuen String anhängen
    delete [] m_str_p ;                        // ... alten String freigeben
    m_str_p = temp_p  ;                        // ... erweiterter String
    m_len   = newlen  ;
    return 1 ;
}
```

Ende der Datei clstrng2.cpp

♦ Der Code von **ClString::append_string** ist weitgehend selbsterklärend: Es wird
Speicherplatz für die Aufnahme des erweiterten Strings angefordert, die beiden Strings
werden übertragen (mit **strcpy** bzw. **strcat**), der Speicherplatz für den alten String wird
freigegeben, und der Pointer auf den erweiterten String und dessen Länge werden in den
Member-Variablen registriert.

Zu den "Sicherheitsmaßnahmen" in den Member-Funktionen soll schon hier eine Bemerkung
gemacht werden, obwohl dieses Thema im Abschnitt 6.3 noch gesondert behandelt werden
wird. Man sollte beim Programmieren dieser Funktionen immer davon ausgehen, daß die
Klasse eventuell noch häufig (auch in anderen Programmen) verwendet wird, gegebenenfalls
sogar als Basisklasse ihre Member-Funktionen vererbt (wird im Kapitel 4 behandelt). Deshalb
sollten alle möglichen Ausnahmesituationen behandelt werden.

Die Speicherplatzanforderung mit new

gehört immer zu den kritischen Operationen. Das mögliche Fehlschlagen dieser Operation
sollte in jedem Fall überprüft und behandelt werden.

Aber es besteht auch fast immer das Problem, eigentlich keine geeignete Reaktion implementieren zu können, weil meistens nur "auf höherer Ebene" eine angemessene Antwort gegeben werden kann. Deshalb sollte die Information über den Fehlschlag einer Aktion in einer Member-Funktion stets "**public**" sein.

In der Funktion **ClString::append_string** informiert der Return-Wert über Erfolg oder Mißerfolg. Dies ist dann keine sehr glückliche Lösung, wenn der Return-Wert sinnvoller für die Ablieferung eines Ergebnisses verwendet werden soll, und einem Konstruktor, der keinen Return-Wert hat, steht diese Möglichkeit ohnehin nicht zur Verfügung. Aber der String-Pointer der Klasse **ClString** kann jederzeit (über **ClString::get_string**) abgefordert werden und würde mit dem Wert NULL signalisieren, daß ein Objekt nicht ordentlich initialisiert wurde.

Aber alle Vorsichtsmaßnahmen haben natürlich nur Erfolg, wenn die Informationen über Mißerfolge auch eingeholt und ausgewertet werden, eine allgemein sehr lästige Angelegenheit, vor der sich auch der gewissenhafte Programmierer gern drückt. Und die Testprogramme **class4.cpp** und das folgende **class5.cpp** belegen diese These. Eigentlich müßte vor der Weitergabe des String-Pointers an **cout** geprüft werden, ob es nicht der NULL-Pointer ist, was genau bei einer fehlgeschlagenen **new**-Operation der Fall wäre.

Glücklicherweise gibt es in C++ eine ausgesprochen elegante Lösung für das geschilderte Problem des Abfangens von Ausnahmen auf tiefen Programmebenen, wo sie nicht behandelt werden können. Unglücklicherweise wird dieses "Exception handling" (noch) nicht von allen Compilern unterstützt. Es wird im Abschnitt 6.3 behandelt. Bis dahin soll wenigstens auf der Ebene der Member-Funktionen eine saubere Lösung vorgesehen werden (auch wenn die verfügbaren Informationen nicht in allen Beispiel-Programmen ausgewertet werden).

Die erweiterte Klasse **ClString** wird mit dem kleinen Programm **class5.cpp** getestet:

Programm class5.cpp

```
//  Test der 2. Version der Klasse ClString
#include "clstrng2.h"
#include <iostream.h>
void main ()
{
    ClString string1 ("Dies ist ein Teststring") ;
    ClString string2 ;
    string1.append_string (" mit einem Anhang") ;
    string2.append_string ("Zeichenkette in string2: ") ;
    string2.append_string (string1.get_string ()) ;
    cout << "Der String '" << string1.get_string ()
         << "' hat "       << string1.get_length () << " Zeichen.\n" ;
    cout << "Der String '" << string2.get_string ()
         << "' hat "       << string2.get_length () << " Zeichen.\n" ;
}
```

Ende des Programms class5.cpp

♦ Das Programm **class5.cpp** demonstriert drei Varianten des Aufrufs der Member-Funktion **append_string**, das Anhängen eines Strings an einen (vom Konstruktor eingebrachten) String, das Anhängen eines Strings an einen "leeren String" und das Anhängen eines mit **get_string** aus einem **ClString**-Objekt geholten Strings an den String eines anderen

ClString-Objekts. Die letztgenannte Möglichkeit ist nur realisierbar, weil der Parameter, den **append_string** erwartet, mit dem Attribut **const** versehen wurde. Anderenfalls hätte der Compiler die Verwendung des "**const**-Return-Wertes", den **get_string** abliefert, an dieser Stelle abgelehnt.

Man erkennt aus dem geschilderten Sachverhalt die strenge **Typ-Überprüfung**, die C++-Compiler **unter Einbeziehung des Attributs const** durchführen. Weil es gute Gründe gibt (vgl. die Diskussion im Abschnitt 2.4), daß für **get_string** der Return-Wert **const** abgeliefert wird, und weil es keinen Grund gibt, den von **append_string** erwarteten (und nicht veränderten!) Parameter nicht **const** zu deklarieren, soll schon hier eine allgemein geltende Empfehlung an den C++-Programmierer formuliert werden:

> Man verwende **const**, wo immer es möglich ist.

2.6 Kritik an der Klasse ClString

Die in der Datei **clstrng2.h** deklarierte Klasse **ClString** mit ihren in der Datei **clstrng2.cpp** definierten Member-Funktionen erscheint sauber implementiert zu sein, so daß man alle gewünschten Manipulationen mit dem in der Klasse verwalteten String ergänzen könnte, indem man z. B. weitere Member-Funktionen hinzufügt. Weil der Compiler automatisch für den neuen Datentyp die Möglichkeit der Verwendung des Zuweisungsoperators = spendiert, ist (wie in C für Strukturen) mit Klassen-Objekten z. B. folgendes möglich:

Vorsicht, Falle!

```
ClString   string1   ("Dies ist ein Teststring") ;
ClString   savestring ("Noch ein String") ;

// ...

savestring = string1 ;                         // Kritisch!!!

string1.append_string (" mit Anhang") ;        // Verheerend!!!!!
```

Das sieht alles vernünftig aus und erscheint sogar sinnvoll: Bevor man das Objekt **string1** verändert, wird es gesichert, so daß es auch später in der ursprünglichen Form verfügbar ist. Auch der Compiler beschwert sich nicht, Objekte des gleichen Typs kann er einander zuweisen. Wenn man das Programm **class5.cpp** in der oben angegebenen Weise modifiziert, ließe es sich problemlos zu einem ausführbaren Programm compilieren und linken.

Doch der Absturz zur Laufzeit ist unausweichlich und ist (im wahrsten Sinne des Wortes) vorprogrammiert durch die Zuweisungsoperation (tritt auch dann ein, wenn man die mit "Verheerend" kommentierte Programmzeile wegläßt). Was dabei passiert, wird anschließend ausführlich erläutert. Wie man es erreichen kann, daß die Objekte einer Klasse solche sinnvollen Operationen schadlos verkraften, kann erst im Abschnitt 3.4 behandelt werden.

Die nebenstehende Abbildung zeigt symbolisch die Situation nach der Definition der beiden Objekte **string1** und **savestring**. In jedem Objekt existiert ein korrekt initialisierter Pointer auf jeweils einen String. Die Strings befinden sich auf dem "Heap" (dynamisch verwaltete Speicherbereiche, die mit **new** angefordert wurden).

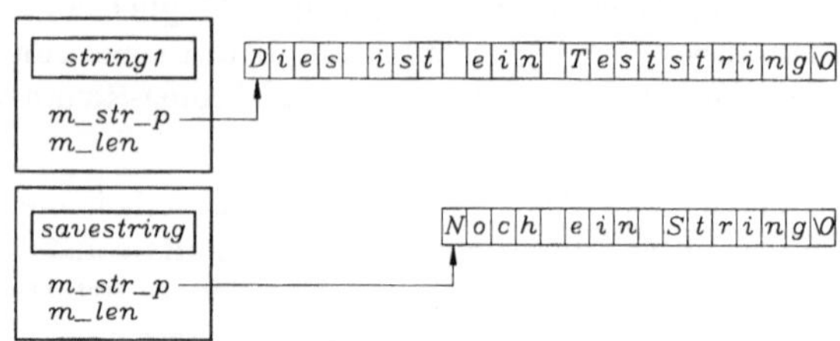

Korrekt konstruierte Objekte

Der vom Compiler vorgesehene Zuweisungsoperator für Klassen-Objekte

kopiert alle Daten-Elemente des einen Objektes auf die entsprechenden Member-Variablen des anderen Objektes.

Das bedeutet, daß bei **ClString**-Objekten **der char-Pointer** (nur der Pointer, nicht das **char**-Array!) und die **int**-Variable kopiert werden, so daß nach der Operation

```
savestring = string1 ;
```

die nebenstehend skizzierte Situation entstanden ist.

Sie ist mehr als nur kritisch:

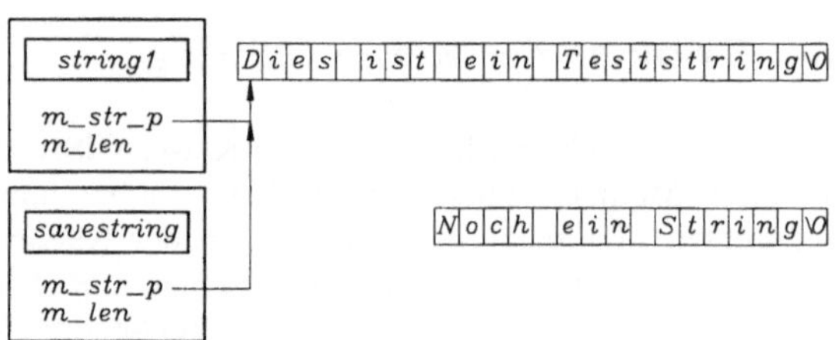

Speicherplatz "Noch ein String" ist verloren

◆ Der Speicherplatz für "Noch ein String" ist verloren, weil der Pointer in **savestring** überschrieben wurde. Diese sogenannte "Speicherlücke" ist noch das kleinste Übel, allerdings ist auch sie nicht hinnehmbar.

◆ Weil **string1** und **savestring** nun auf den gleichen String pointern, gilt jede Änderung, die mit dem String eines Objektes ausgeführt wird, auch für das andere Objekt. Abgesehen davon, daß dies das Gegenteil von dem ist, was man mit einer "Save-Operation" beabsichtigt, stimmt dann für das jeweils andere Objekt natürlich die gespeicherte Längen-Information nicht mehr. Aber **append_string** richtet sogar noch größeres Unheil an:

◆ Weil **append_string** einen neuen Speicherbereich anfordert und den alten Speicherbereich freigibt, pointert das jeweils andere Objekt nach einer solchen Operation "ins Leere". Spätestens dann, wenn es seinen Gültigkeitsbereich verläßt, versucht der Destruktor, nicht mehr existierenden Speicherplatz freizugeben.

◆ Selbst wenn nach der Zuweisungsoperation gar nichts mehr geschieht, werden doch für beide Objekte irgendwann die Destruktoren aufgerufen. Nur der "Erst-Gerufene" kann den Speicherplatz freigeben, der andere versucht eine unerlaubte **delete**-Operation.

Fazit: Die Klasse **ClString** erfüllt noch nicht die Kriterien, die an eine ordentlich deklarierte Klasse mit sauber definierten Member-Funktionen gestellt werden müssen. Deshalb wird das Thema "**ClString**-Klasse" im Kapitel 3 noch einmal aufgegriffen.

3   Überladen

3.1   Überladen von Funktionen

Im nachfolgend gelisteten Programm **distance.cpp** werden 4 verschiedene Funktionen mit dem gleichen Namen **dist** definiert. Sie berechnen alle den Abstand eines durch 2 bzw. 3 Koordinaten definierten Punktes vom Nullpunkt, in zwei Funktionen sind die Koordinaten als **double**-Argumente anzugeben, in den beiden anderen Funktionen als **int**-Argumente.

Diese in C++ gegebene Möglichkeit, Funktionen mit gleichen Namen zu definieren, die vom Compiler nur durch die Argumentanzahl bzw. die Typen der Argumente voneinander zu unterscheiden sind, wird als **"Überladen von Funktionen"** bezeichnet.

Programm distance.cpp

```
// Abstand eines Punktes vom Nullpunkt

#include <iostream.h>
#include <math.h>
double dist (double x , double y , double z) ;       // 3D mit double-Werten
double dist (double x , double y)            ;       // 2D mit double-Werten
double dist (int    x , int    y , int    z) ;       // 3D mit int-Werten
double dist (int    x , int    y)            ;       // 2D mit int-Werten
void main ()
{
    //  Der Compiler kann anhand der Argumentanzahl bzw. der Argumenttypen entscheiden,
    //  welche Funktion aufzurufen ist:

    cout << "    dist = " << dist (2. , 3. , 4.) << "\n" ;
    cout << "    dist = " << dist (2. , 3.)      << "\n" ;
    cout << "    dist = " << dist (2  , 3  , 4)  << "\n" ;
    cout << "    dist = " << dist (2  , 3)       << "\n" ;
}

// Die Ausgabeanweisungen wurden in die Funktionen eingebaut, damit erkennbar ist, daß
// tatsächlich die "richtigen" Funktionen aufgerufen werden:
double dist (double x , double y , double z)
{
    cout << "Funktion dist (3D) mit double-Argumenten:" ;
    return sqrt (x * x + y * y + z * z) ;
}
```

```cpp
double dist (double x , double y)
{
   cout << "Funktion dist (2D) mit double-Argumenten:" ;
   return sqrt (x * x + y * y) ;
}
double dist (int x , int y , int z)
{
   cout << "Funktion dist (3D) mit int-Argumenten:    " ;
   return sqrt (double (x * x + y * y + z * z)) ;
}
double dist (int x , int y)
{
   cout << "Funktion dist (2D) mit int-Argumenten:    " ;
   return sqrt (double (x * x + y * y)) ;
}
```

Ende des Programms distance.cpp

```
Distance
Funktion dist (3D) mit double-Argumenten:    dist = 5.38516
Funktion dist (2D) mit double-Argumenten:    dist = 3.60555
Funktion dist (3D) mit int-Argumenten:       dist = 5.38516
Funktion dist (2D) mit int-Argumenten:       dist = 3.60555
Press any key to continue
```

Ausgabe des Programms distance.cpp

Das Programm **distance.cpp** demonstriert die beiden Varianten, mit denen der Compiler die Auswahl der zum Funktionsaufruf passenden Funktion trifft. Allgemein gilt für das ...

Überladen von Funktionen:

♦   Der Compiler muß eindeutig entscheiden können, welche Funktion aufgerufen werden soll. **Er entscheidet anhand der "Signatur": Funktionsname und Anzahl und Typen der Argumente. Der Typ des Return-Wertes der Funktion wird nicht zur Entscheidung herangezogen.**

♦   Bei Funktionen, für die **Default-Argumente** vorgesehen sind (vgl. Abschnitt 2.2), ergeben sich in jedem Fall verschiedene Aufrufmöglichkeiten mit unterschiedlicher Argumentanzahl. In diesem Fall kann es für den Compiler zu einem nicht auflösbaren Konflikt kommen, wenn zusätzlich überladene Funktionen vorhanden sind, die untereinander nur über die Argumentanzahl unterschieden werden.

♦ Der genannte Konfliktfall läßt sich durch geringfügige Modifikation des Programms **distance.cpp** leicht provozieren (und Sie sollten es ausprobieren, um festzustellen, ob und wie der von Ihnen benutzte Compiler darauf reagiert). Man ändert nur die Prototypen der beiden 3D-Funktionen folgendermaßen:

```cpp
double dist (double x , double y , double z = 0.) ; // 3D mit double-Werten
double dist (double x , double y)                   ; // 2D mit double-Werten
double dist (int    x , int    y , int    z = 0) ;     // 3D mit int-Werten
double dist (int    x , int    y)                ;      // 2D mit int-Werten
```

Es ist offenkundig, daß der Compiler bei einem Funktionsaufruf wie

```
double d = dist (2. , 3.) ;
```

nun nicht mehr entscheiden kann, ob die Funktion mit drei **double**-Parametern unter Verwendung des Default-Arguments oder die Funktion mit zwei **double**-Parametern verwendet werden soll (daß in diesem speziellen Fall beide Varianten sinnvoll wären, kann er nicht wissen). Ein guter Compiler nimmt auch nicht die erste Funktion, für die er einen passenden Prototyp findet, sondern reagiert mit einer Fehlermeldung wie z. B.:

```
'dist': Mehrdeutiger Aufruf einer ueberladenen Funktion
```

Das Beispiel verdeutlicht, daß man auf unterschiedlichem Weg den gleichen Effekt erzielen kann, und wirft damit die Frage auf, wann man mit Default-Argumenten arbeiten sollte und wann ein Überladen zu bevorzugen ist.

Default-Argumente sollten verwendet werden,

♦   wenn für die Parameter sinnvolle Standard-Werte verfügbar sind (z. B.: Anzahl der zu druckenden Seiten: 1, Textfarbe: Schwarz) und ...

♦   unabhängig von der Anzahl der beim Funktionsaufruf angegebenen Argumente der gleiche Algorithmus in der Funktion abgearbeitet werden kann.

Funktionen sollten überladen werden,

♦   wenn eine der oben genannten Bedingungen nicht erfüllt ist oder ...

♦   die Unterschiede nicht durch die Anzahl, sondern durch die Typen der übergebenen Argumente zu erkennen sind.

♦ Für das Programm **distance.cpp** ist nach diesen Regeln klar, daß man nur zwei Funktionen verwenden sollte, die beiden 3D-Funktionen mit jeweils einem Default-Argument für die z-Koordinate. Die beiden anderen Funktionen können dann ersatzlos gestrichen werden. Der geringfügige Mehraufwand bei der Abarbeitung einer 3D-Funktion für einen 2D-Punkt (eine Null wird quadriert und das Ergebnis addiert) kann toleriert werden.

**Vorsicht,
Falle!**

Bei überladenen Funktionen, deren Parameter sich ausschließlich im Typ (nicht durch ihre Anzahl) unterscheiden, ist sicherzustellen, daß für den Compiler die **Funktionsaufrufe ausreichend unterschiedlich** sind, um eindeutig die gewünschte Funktion auswählen zu können. Man versetze sich als Programmierer in die Lage des Compilers, der die Entscheidung zu treffen hat. Das genügt in der Regel, um Fehler zu vermeiden, wie sie hier exemplarisch genannt werden sollen:

♦ Wenn eine Referenz erwartet wird, unterscheidet sich der Funktionsaufruf nicht von dem Aufruf einer Funktion, die einen Wert dieses Typs erwartet. Die Prototypen

```
double func1 (double  x) ;
double func1 (double &x) ;
```

sind "nicht ausreichend unterschiedlich", um am Funktionsaufruf erkennen zu können, welche Funktion verwendet werden soll. Dagegen könnte ein **double**-Wert von einem **double**-Pointer beim Aufruf unterschieden werden. Diese Prototypen wären also (bedingt, vgl. Bemerkung weiter unten) sinnvoll:

```
double func2 (double  x)   ;
double func2 (double *x_p) ;
```

♦ Ein Attribut wie **unsigned** genügt nicht zur Unterscheidung, weil z. B. für

```
double func3 (int i) ;
double func3 (unsigned int i) ;
```

ein Funktionsaufruf wie

```
func3 (6) ;
```

nicht eindeutig einem der beiden Prototypen zuzuordnen wäre.

♦ Ein Sonderproblem stellt der NULL-Pointer dar, der in C^{++} tatsächlich die **0** ist. Damit ist er von der **int**-Null nicht zu unterscheiden (selbst wenn man den symbolischen Wert **NULL** für den Pointer verwendet, diese Schreibweise kommt über den Präprozessor nicht hinaus). Das kann dazu führen, daß selbst so unterschiedlich aussehende Prototypen wie

```
double func4 (double x)   ;
double func4 (char  *s_p) ;
```

(eine Funktion möchte einen **double**-Wert verarbeiten, die andere einen String) sich als "nicht ausreichend unterschiedlich" erweisen, wenn Funktionsaufrufe wie

```
func4 (0)    ;
func4 (NULL) ;
```

zugeordnet werden sollen. In beiden Fällen sieht sich der Compiler in der Lage, das Argument als NULL-Pointer zu interpretieren oder die **int**-Null in eine **double**-Null "zu casten" und meldet einen Konflikt. Dieses Beispiel mag etwas spitzfindig aussehen (mit "ordentlichen" **double**-Argumenten oder String-Pointern beim Aufruf hätte der Compiler keine Schwierigkeiten), verdeutlicht aber das grundsätzliche Problem. Die ausschließliche Unterscheidung zweier Funktion aber durch **int**-Parameter bzw. "Pointer auf **int**" wie

```
double func5 (int  i) ;
double func5 (int *i_p) ;
```

sollte auf jeden Fall vermieden werden.

Bei aller Sorge um den Compiler darf man natürlich auch den Linker nicht vergessen, der schließlich nur noch die Namen der einzubindenden Funktionen zu sehen bekommt. Das Stichwort zur Lösung dieses Problems lautet "Name mangling". Der C^{++}-Compiler "mangled irgendwie" in die Funktionsnamen die Informationen über alle Parametertypen hinein, so daß die im Quelltext gleichnamigen Funktionen als Objectmoduln unterschiedliche Namen tragen.

Wie das "Name mangling" realisiert wird, braucht den C^{++}-Programmierer leider nur beinahe nicht zu interessieren, denn der Ausdruck "mangled irgendwie" wurde bewußt gewählt. An folgendes sollte man also denken:

♦ Von unterschiedlichen Compilern erzeugte Objectmoduln können vom Linker in der Regel nicht gemeinsam verarbeitet werden, weil die Compiler unterschiedlich "ge-mangled" haben.

♦ Von C-Compilern wird nicht "ge-mangled". Um z. B. eine C-Library erfolgreich in C⁺⁺-Code einzubinden, muß das "Name mangling" beim Aufruf der C-Funktionen unterdrückt werden. Dies wird mit der Angabe von **extern "C"** bei den Prototypen der C-Funktionen erreicht, z. B.:

```
extern "C" int dirlist (char *dir_p) ;
```

... als Prototyp im C⁺⁺-Programm gestattet das Einbinden der mit einem C-Compiler (natürlich nicht mit jedem!) übersetzten Funktion **dirlist**. Besser ist es in jedem Fall, wenn der C-Quellcode verfügbar ist und alle Funktionen mit dem C⁺⁺-Compiler neu übersetzt (und alle Namen "ge-mangled") werden. Dann darf natürlich nicht **extern "C"** bei den Prototypen stehen.

3.2 Erweitern der Klasse ClString

Die Möglichkeit des Überladens ist natürlich auch für die Member-Funktionen einer Klasse (auch für den Konstruktor) gegeben[1]. Dies soll mit der Erweiterung der Klasse **ClString** (aktuelle Version im Abschnitt 2.5) demonstriert werden. Sie wird ergänzt um zwei Funktionen gleichen Namens, die auf unterschiedliche Weise den in einem Objekt verwalteten String durch einen anderen String ersetzen (der alte String geht dabei verloren).

Die beiden neuen Funktionen werden durch die Prototypen

```
int set_string (const char *newstring_p) ;
int set_string (char c , int n = 1) ;
```

charakterisiert, so daß es möglich ist, einen String zu übergeben oder ein einzelnes Zeichen und die Anzahl anzugeben, die festlegt, aus wieviel solcher Zeichen der String bestehen soll. Da die zweite Variante auch für den Konstruktor sinnvoll ist, soll auch dieser überladen werden. Der Prototyp des zusätzlichen Konstruktors sieht in der Klassen-Deklaration so aus:

```
ClString (char c , int n = 1) ;
```

Die beiden Funktionen **set_string** werden sich von den beiden Konstruktoren nur dadurch unterscheiden, daß sie den alten String vor dem Erzeugen des neuen Strings freigeben und (wie **append_string**) einen Return-Wert abliefern (Erfolg oder Mißerfolg der Aktion). Dies darf nicht dazu verführen, aus **set_string** einen Konstruktor aufrufen zu wollen (auf die Sonderstellung des Konstruktors unter den Member-Funktionen wurde bereits im Abschnitt 2.3.1 hingewiesen). Andererseits ist es nicht sinnvoll, wesentliche gleichartige Passagen sowohl in **set_string** als auch im Konstruktor zu codieren. Die sinnvolle Lösung für dieses Problem lautet: Es wird eine zusätzliche Member-Funktion eingerichtet, die von **set_string** und dem Konstruktor aufgerufen wird.

Der Code des bereits vorhandenen Konstruktors **ClString::ClString** (siehe Listing der Datei **clstrng1.cpp** im Abschnitt 2.4) wird also in eine Member-Funktion **ClString::new_string** verlagert. Der Konstruktor enthält dann nur noch einen Aufruf von **new_string**, während

---

[1]Die Frage, ob auch der Destruktor überladen werden darf, sollte an dieser Stelle nicht mehr auftauchen. Antwort: Natürlich nicht, denn Destruktoren haben keine Parameter, mit deren Typ und Anzahl Unterscheidungen möglich wären. Der Programmierer kann ohnehin nur den Zeitpunkt des Destruktoraufrufs beeinflussen.

set_string neben dem Aufruf von **new_string** noch das Freigeben des alten Speicherplatzes erledigt und den Return-Wert abliefert. Dies findet man in der Datei **clstrng3.cpp**:

Ausschnitt aus der Datei clstrng3.cpp

```
void ClString::new_string (const char *str_p)
{
    m_len   = str_p ? strlen (str_p) : 0 ;
    m_str_p = new char [m_len + 1] ;
    if (m_str_p)
    {
        if   (str_p) strcpy (m_str_p , str_p) ;
        else           *m_str_p = '\0' ;
    }
}

ClString::ClString (const char *str_p)            // Konstruktor
{
    new_string (str_p) ;
}

int ClString::set_string (const char *newstring_p)
{
    delete [] m_str_p   ;                          // ... alten String freigeben
    new_string (newstring_p) ;
    return m_str_p ? 1 : 0 ;
}
```

Ende des Ausschnitts aus der Datei clstrng3.cpp

Weil die Member-Funktion **new_string** ausschließlich von anderen Member-Funktionen der Klasse **ClString** aufgerufen werden sollte, wird sie im **private**-Bereich der Klasse angesiedelt. Die komplett überarbeitete Header-Datei der Klasse wird noch einmal gelistet:

Header-Datei clstrng3.h

// **Klasse ClString, 3. Version**

```
#include <stdlib.h>
class ClString
{
    private:
        char *m_str_p ;                  // Pointer auf den String
        int   m_len   ;                  // Anzahl der Zeichen (ohne '\0')
        void  new_string (const char *str_p) ;
        void  new_string (char c , int n) ;
    public:
        ClString (const char *str_p = NULL) ;
        ClString (char c , int n = 1) ;
        ~ClString () ;
        const char *get_string    () { return m_str_p ; }
        int         get_length    () { return m_len   ; }
        int         append_string (const char *append_p) ;
        int         set_string    (const char *newstring_p) ;
        int         set_string    (char c , int n = 1) ;
} ;
```

Ende der Header-Datei clstrng3.h

Für die Implementation des zusätzlichen Konstruktors und der zusätzlichen Member-Funktion **set_string** wird die gleiche Strategie gewählt: Beide rufen dieselbe (**private** deklarierte) Member-Funktion auf, die die wesentliche Arbeit erledigt. Es ist nur konsequent, wenn diese auch den Namen **new_string** bekommt, so daß dies noch ein Beispiel einer überladenen Member-Funktion ist. Auch dies findet man in der Datei **clstrng3.cpp**:

Ausschnitt aus der Datei clstrng3.cpp

```cpp
void ClString::new_string (char c , int n)
{
    m_str_p = new char [n + 1] ;
    if (m_str_p)
    {
        memset (m_str_p , c , n) ;
        m_len = n ;
        *(m_str_p + n) = '\0' ;
    }
    else m_len = 0 ;
}
ClString::ClString (char c , int n)          // Konstruktor
{
    new_string (c , n < 0 ? 0 : n) ;
}
int ClString::set_string (char c , int n)
{
    delete [] m_str_p   ;                    // ... alten String freigeben
    new_string (c , n < 0 ? 0 : n)   ;
    return m_str_p ? 1 : 0 ;
}
```

Ende des Ausschnitts aus der Datei clstrng3.cpp

Getestet wird die überarbeitete Klasse **ClString** mit dem kleinen Programm **class6.cpp**, das beide Konstruktoren benutzt und auch beide Varianten der neuen Member-Funktion **set_string** aufruft:

Datei class6.cpp

```cpp
//  Test der 3. Version der Klasse ClString
#include "clstrng3.h"
#include <iostream.h>
void main ()
{
    ClString string1 ("Dies ist ein Teststring")   ;
    ClString string2 ('-' , string1.get_length ()) ;
    cout << "string1: " << string1.get_string () << "\n" ;
    cout << "string2: " << string2.get_string () << "\n" ;
    string1.set_string ("Dies ist ein anderer String") ;
    string2.set_string ('=' , string1.get_length ()) ;
    cout << "string1: " << string1.get_string () << "\n" ;
    cout << "string2: " << string2.get_string () << "\n" ;
}
```

Ende der Datei class6.cpp

Die nebenstehend zu sehende Ausgabe des Programms **class6.cpp** zeigt, daß tatsächlich die jeweils gewünschte Version des Konstruktors bzw. der Member-Funktion **set_string** verwendet wurde.

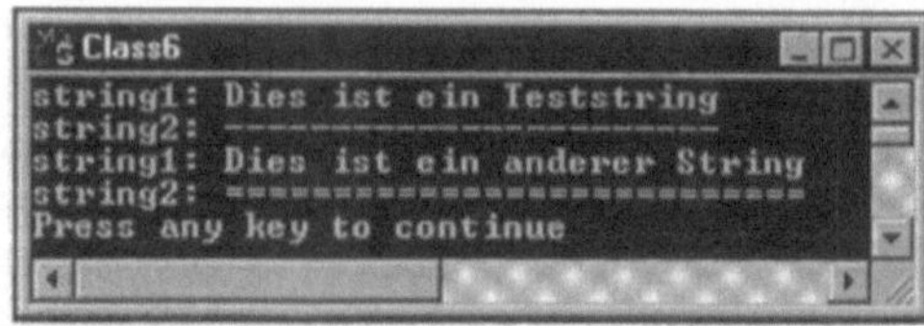

Daß sowohl beim überladenen Konstruktor als auch bei der entsprechenden Variante der Member-Funktion für den **int**-Wert (Anzahl der Zeichen) ein Default-Argument angegeben wurde, mag übertrieben erscheinen[2] (wenn man einen String aus einem Zeichen bilden möchte, kann man die 1 auch durchaus angeben), gibt aber noch einmal die Möglichkeit auf folgenden Hinweis:

Vorsicht, Falle!

Wenn man dem Konstruktor mit der folgenden Definition eines Objekts

```
ClString string2 ('=') ;
```

nur ein Zeichen übergibt, dann ist natürlich auch

```
ClString string2 (61) ;
```

möglich. Auch wenn es nicht sonderlich phantasievoll ist (Erzeugen eines Strings mit einem einzigen Zeichen, der ASCII-Null), kann man immerhin auch

```
ClString string2 (0) ;
```

versuchen. Dann darf man sich über die merkwürdige Compiler-Ausschrift wundern, der Mehrdeutigkeit bei überladenen Konstruktoren bemängelt, denn die **0** könnte auch der für den anderen Konstruktor erwartete **char**-Pointer sein.

3.3   Konstruktoren sind immer überladen

Man kann (und sollte) es einmal ausprobieren (aber bitte genau an die nachfolgenden Anweisungen halten). Im Programm **class6.cpp** wird wie folgt noch ein drittes **ClString**-Objekt erzeugt:

```
ClString string1 ("Dies ist ein Teststring")   ;
ClString string2 ('-' , string1.get_length ()) ;
ClString string3 (string1) ;
```

Das funktioniert überraschenderweise. Der Compiler bemängelt nichts, der Linker erzeugt ein ausführbares Programm. **Man sollte das ausführbare Programm allerdings nicht starten (Erklärung folgt später)!** Für Neugierige: Starten Sie es doch (Ihr Computer wird es überleben), das Programm wird vermutlich "abstürzen". Eine bessere Idee ist es, das Programm mit dem Debugger zu starten (Breakpoint auf die unmittelbar folgende Anweisung), um sich anzusehen, wie **string3** initialisiert wurde. Danach sollte man den Debug-Lauf abbrechen.

---

[2]Es ist übrigens beabsichtigt, daß die beiden Konstruktoren exakt die gleichen Prototypen haben wie zwei Konstruktoren aus der Klasse **CString** der "Microsoft foundation classes".

Die nebenstehende Abbildung zeigt die Situation unmittelbar nach dem Konstruieren der drei **ClString**-Objekte. Der Debugger weist aus, daß **string3** tatsächlich mit den Werten aus **string1** initialisiert wurde.

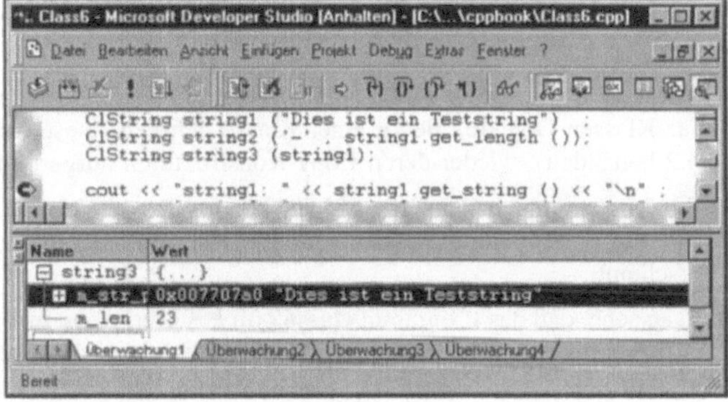

Das bedeutet (und das klaglose Arbeiten des Compilers hat das eigentlich schon bewiesen), daß es neben den beiden in der Klassen-Deklaration angesiedelten Konstruktoren noch einen weiteren geben muß, der bereit ist, ein anderes Objekt dieser Klasse als Argument zu akzeptieren. So ist es tatsächlich: Neben dem Default-Konstruktor, den der Compiler immer dann spendiert, wenn der Programmierer gar keinen Konstruktor in der Klassen-Deklaration vorgesehen hat (vgl. Abschnitt 2.2), existiert immer auch ein sogenannter **Copy-Konstruktor**, der eine **Referenz auf ein Objekt der gleichen Klasse** erwartet. Zu jeder Klasse gehören also mindestens zwei Konstruktoren.[3]

3.3.1 Der Copy-Konstruktor

Die eingangs demonstrierte Verwendung des Copy-Konstruktors ist nur ein Spezialfall der so zu formulierenden Aufgabe:

Der Copy-Konstruktor

♦   gestattet es, ein zu konstruierendes Objekt mit den Werten eines bereits existierenden Objekts des gleichen Typs zu initialisieren,

und wird außerdem immer dann aktiv, wenn ein temporäres Objekt konstruiert werden muß. Dies ist erforderlich,

♦   wenn an eine Funktion ein Klassen-Objekt "by value" übergeben wird und

♦   wenn eine Funktion als Return-Wert ein Klassen-Objekt abliefert.

Wie **struct**-Variablen in C dürfen Klassen-Objekte in C[++] an Funktionen "by value" übergeben werden, und die Funktion bekommt (wie bei den vordeklarierten Datentypen) nur Kopien. Diese (auf dem Stack erzeugten) Kopien werden für die **struct**-Variablen in C durch bitweises Kopieren aller Komponenten erzeugt, in C[++] werden die Kopien (vom Copy-Konstruktor) konstruiert. Der vom C[++]-Compiler automatisch generierte Copy-Konstruktor tut

---

[3]Tatsächlich werden diese Konstruktoren nur dann vom Compiler erzeugt, wenn sie gebraucht werden.

dabei nicht viel mehr als das, was auch der C-Compiler bei der Übergabe von **struct**-Variablen tut, aber immerhin

♦ werden die zur Klasse gehörenden Daten-Elemente einzeln kopiert, was zur Folge hat, daß für Klassen-Objekte, die zu einer Klasse gehören (diese Möglichkeit wird im Abschnitt 4.2 behandelt), wieder deren Copy-Konstruktoren aufgerufen werden, und

♦ der Programmierer kann einen eigenen Copy-Konstruktor für eine Klasse schreiben, wenn ihm die Funktionalität des automatisch generierten Copy-Konstruktors nicht ausreichend erscheint.

Die Tatsache, daß das Programm **class6.cpp** abstürzt, wenn mit dem vom Compiler erzeugten Copy-Konstruktor ein **ClString**-Objekt erzeugt wird, wird Anlaß dazu sein, im nachfolgenden Abschnitt 3.3.2 diese Klasse mit einem individuellen Copy-Konstruktor auszustatten. Wenn dieser außerhalb der Klassen-Deklaration geschrieben wird, muß er mit der etwas eigenartig aussehenden Kopfzeile

```
ClString::ClString (const ClString &clstring)
```

beginnen (der kleingeschriebene Name **clstring** dürfte natürlich auch anders lauten).

3.3.2 Ein Copy-Konstruktor für die Klasse ClString

Der Leser, der die "Kritik an der Klasse **ClString**" im Abschnitt 2.6 gelesen hat, ahnt sicher schon, daß das Problem mit dem automatisch generierten Copy-Konstruktor ähnliche Ursachen hat wie das Problem mit dem vom Compiler vorgesehenen Zuweisungsoperator für die Klassen-Objekte. Die Ursache ist, daß die von einem Klassen-Objekt gespeicherten Daten in zwei verschiedenen Speicherbereichen landen (die Bilder im Abschnitt 2.6 verdeutlichen dies). Sowohl Zuweisungsoperator als auch Copy-Konstruktor duplizieren aber nur die Member-Variablen.[4]

Spätestens bei den Destruktoraufrufen wird der Konflikt offenbar: Nachdem für das Objekt, dessen Destruktor zuerst aufgerufen wird, der Speicherplatz für den String freigegeben wurde, zeigt der Pointer des anderen Objekts "ins Leere". Wenn der Destruktor dann für dieses Objekt arbeitet, gerät das Programm bei der **delete**-Operation in einen undefinierten Zustand.

Man kann es vereinfacht so ausdrücken: Für Klassen mit Member-Variablen, die auf Speicherbereiche außerhalb der Klasse pointern, muß der Destruktor dafür sorgen, daß diese Bereiche freigegeben werden. Andererseits muß garantiert sein, daß jedes Objekt einen eigenen Speicherbereich dieser Art besitzt. Zwei Kandidaten sind Verursacher für die Verletzung dieser Regel, der Zuweisungsoperator und der Copy-Konstruktor.

Der letztgenannte wird nun für die Klasse **ClString** so geschrieben, daß er als "Regel-Verletzer" ausscheidet (der Zuweisungsoperator wird im Abschnitt 3.4.2 "zur Ordnung gerufen"):

---

[4]Die Frage, warum der Compiler nicht dafür sorgt, daß auch der Speicherbereich dupliziert wird, auf den ein Pointer unter den Member-Variablen zeigt, ist leicht zu beantworten: Er weiß nicht, ob er das soll. Er kann ja selbst bei einem **char**-Pointer nicht einmal wissen, ob dieser auf einen durch die ASCII-Null begrenzten String, auf ein einzelnes Zeichen oder auf einen Speicherbereich fester Größe pointert.

Ausschnitt aus der Datei clstrng4.cpp

```
ClString::ClString (const ClString &clstring)          // Copy-Konstruktor
{
    m_str_p = new char [clstring.m_len + 1] ;
    if (m_str_p)
    {
        strcpy (m_str_p , clstring.m_str_p) ;
        m_len = clstring.m_len ;
    }
    else m_len = 0 ;
}
```

Ende des Ausschnitts aus der Datei clstrng4.cpp

♦ In diesem Copy-Konstruktor wird erstmals (innerhalb dieses Buchs) in einer Member-Funktion mit zwei Objekten (des gleichen Typs) gearbeitet. Man beachte:

- Die Member-Variablen des Objekts, mit dem die Member-Funktion aufgerufen wird (im Falle eines Konstruktors also des Objekts, das gerade konstruiert wird), werden direkt angesprochen (z. B.: **m_len**).

- Die Member-Variablen eines anderen Objekts (hier: **clstring**) werden mit dem Namen des Objekts und dem Punktoperator (oder Pointer und Operator −>) angesprochen (hier z. B.: **clstring.m_len**). Wenn (wie hier) das andere Objekt vom gleichen Typ ist, kann auch auf die **private**-Elemente direkt zugegriffen werden.

  Es ist also nicht erforderlich, **clstring.get_length**() zu codieren, was zwar prinzipiell möglich wäre, aber in diesem Fall sogar zu einer Fehlermeldung führt. Weil die Referenz auf das Objekt **clstring** mit dem Zusatz **const** an den Copy-Konstruktor übergeben wird, achtet dieser peinlich genau darauf, daß das ihm anvertraute Objekt nicht beschädigt wird, und gibt es an keine andere Funktion weiter, die sich diesem "Unversehrtheits-Versprechen" nicht unterworfen hat (dazu mehr im Abschnitt 6.1).

Der Copy-Konstruktor muß mit einem Prototyp in die Klassen-Deklaration (Datei **clstrng4.h**) eingetragen werden. Nun kann das folgende Testprogramm nicht nur compiliert und gelinkt, sondern auch problemlos gestartet werden:

Datei class7.cpp

```
//  Test der 4. Version der Klasse ClString

#include "clstrng4.h"
#include <iostream.h>
void main ()
{
    ClString string1 ("Dies ist ein Teststring") ;
    ClString string2 (string1) ;
    ClString string3 = string1 ;
    cout << "string1: " << string1.get_string () << "\n" ;
    cout << "string2: " << string2.get_string () << "\n" ;
    cout << "string3: " << string3.get_string () << "\n" ;
}
```

Ende der Datei class7.cpp

♦ Die Zeile mit der Definition des Objekts **string2** im Programm **class7.cpp** war der Auslöser des Problems, das mit dem vom Compiler generierten Copy-Konstruktor am Beginn des Abschnitts 3.3 besprochen wurde. Es ist nun beseitigt.

Vorsicht, Falle!

Die Zeile mit der Definition des Objekts **string3** im Programm **class7.cpp** wird vom Compiler nicht beanstandet und ist auch zur Laufzeit unkritisch. Das Problem mit dem Zuweisungsoperator scheint sich also auch erledigt zu haben. **Das ist ein Trugschluß!** Eine Definition eines Objekts mit gleichzeitiger Initialisierung mit einem bereits existierenden Objekt darf in der Form

```
ClString string3 = string1 ;
```

geschrieben werden (in Anlehnung an die Syntax für vordeklarierte Datentypen, z. B.: **int n = 6**). Auch in dieser Schreibweise, die völlig gleichwertig mit

```
ClString string3 (string1) ;
```

ist, arbeitet der Copy-Konstruktor und **nicht der Zuweisungsoperator**. Nach wie vor würde dagegen eine Zuweisung an ein **existierendes Objekt** in der Form

```
string3 = string1 ;
```

zu den im Abschnitt 2.6 beschriebenen Problemen führen.

3.4 Überladen von Operatoren

Das bereits mehrfach gegebene Versprechen, dem Zuweisungsoperator noch angemessene Umgangsformen mit Objekten der Klasse **ClString** beibringen zu wollen, deutete schon eine besonders faszinierende[5] Möglichkeit der Sprache C^{++} an, das ...

Überladen von Operatoren

Man kann den zur Sprache C^{++} gehörenden Operatoren (wie dem Divisionsoperator / oder dem Zuweisungsoperator =) eine spezielle Funktionalität zukommen lassen, **wenn mindestens ein Operand einen nicht-vordeklarierten Typ hat** (es muß ein Klassen-Objekt sein, diese Einschränkung garantiert dafür, daß das kleine Einmaleins gültig bleibt). Neue Operatoren dürfen nicht erfunden werden, überladbar sind:

```
+     -     *     /     %     =     +=    -=    *=    /=
%=    ==    <     >     !     <=    >=    !=    ++    --
<<    >>    &     |     ~     ^     &=    |=    ^=    ,
&&    ||    ()    []    ->    ->*   <<=   >>=   new   delete
```

---

[5]Vorsicht, Faszination führt schnell zu übermäßigem Gebrauch, man denke an das Internet!

♦ Es sieht nur so aus, als wäre die Aufzählung der überladbaren Operatoren identisch mit
  der Menge aller Operatoren. Es fehlen (weil nicht überladbar) der aus Fragezeichen und
  Doppelpunkt (?:) bestehende Operator für den bedingten Ausdruck, der "Punktoperator"
  (.), mit dem Klassen- oder Struktur-Komponenten an den Objektnamen angehängt werden,
  die Kombination aus dem Punktoperator und dem Dereferenzierungsoperator (.*), der
  Gültigkeitsbereichsoperator (::) und die Präprozessor-Operatoren (# bzw. ##).

♦ Einige Operatoren (wie z. B. + oder −) existieren als unäre bzw. binäre Operatoren (als
  "Vorzeichen" mit einem Operanden bzw. als arithmetische Operation mit zwei Operanden)
  und können dementsprechend in beiden Varianten überladen werden.

♦ Die schon ständig benutzten Objekte für die Ein- und Ausgabe (**cin** und **cout**) sind
  Klassen-Objekte, für die die Operatoren << und >> überladen wurden (dem C-Program-
  mierer stehen diese Operatoren ausschließlich für die "bitweise Verschiebung" zur
  Verfügung).

Einige (sinnvolle) Einschränkungen müssen (neben den bereits genannten) beachtet werden:

♦ Die Vorrangregeln können nicht verändert werden. Multiplikation wird z. B. immer vor
  Addition ausgeführt (nach dem Überladen können beide allerdings "irgendwas" sein), es
  sei denn, man verwendet Klammern. Eigentlich muß man sich hierzu nur merken, daß die
  Wirkungsweise des einzelnen Operators verändert werden kann, die Abarbeitungsreihenfolge bei zusammengesetzten Ausdrücken bleibt davon unberührt.

♦ Auch die Abarbeitungsreihenfolge bei Operatoren gleicher Priorität kann nicht geändert
  werden. Ein aus Additions- und Subtraktions-Operationen bestehender Ausdruck (ohne
  Klammern) wird z. B. stets "von links nach rechts" abgearbeitet.

♦ Man kann aus unären keine binären Operatoren machen und auch nicht umgekehrt. Auch
  die Stellung des Operators ist nicht änderbar: Während ++ z. B. sowohl vor dem
  Operanden als auch nach dem Operanden stehen (und auch in beiden Varianten überladen
  werden) darf, steht das Ausrufezeichen ! vor dem Operanden und muß dort auch in der
  überladenen Variante bleiben.

**Vorsicht,
Falle!**

Endlich einen sinnvollen Operator für die Potenzrechnung zu definieren,
scheitert also nach wie vor, sogar aus mehreren Gründen:

♦ Für die vordeklarierten Datentypen, für die ein solcher Operator besonders
  sinnvoll wäre (für **int** oder **double**), darf man es nicht.

Und wenn man eine Klasse deklariert, für die eine solche Operation sinnvoll
wäre, fände man kaum ein geeignetes Symbol:

♦ Der in der Sprache Fortran dafür verfügbare Operator ** scheidet aus, weil es den in C⁺⁺
  gar nicht gibt, neue Operatoren darf man nicht definieren.

♦ Unter den existierenden Operatoren würde sich ^ als intuitiv zu verstehendes Symbol
  anbieten. Dieser Operator hätte aber nicht annähernd die Priorität (rangiert z. B. weit
  hinter dem Additionsoperator), die ihm zukommen müßte.

3.4.1 Die Technik des Überladens von Operatoren

Daß Operatoren überladen sind, ist in höheren Programmiersprachen eigentlich selbstverständlich. Schließlich müssen bei der Addition zweier **int**-Werte bzw. der Addition zweier **double**-Werte wegen der völlig unterschiedlichen Darstellung der Werte im Speicher auch völlig unterschiedliche Algorithmen abgespult werden. Das Besondere in C⁺⁺ besteht also darin, daß der Programmierer für die von ihm kreierten Datentypen (Klassen) das Verhalten der Operatoren bestimmen kann.

Das kann sinnvoll sein, wenn intuitiv mit dem Operator der Charakter der Operation verknüpft wird. Als Beispiel mag die im Abschnitt 2.5 für die **ClString**-Klasse erzeugte Member-Funktion **ClString::append_string** dienen, mit der ein als Argument zu übergebener String an den im Objekt verwalteten String angehängt wird. Der im Programm **class5.cpp** verwendete Aufruf

```
string1.append_string (" mit einem Anhang") ;
```

bewirkt, daß an den im Objekt **string1** gespeicherten String der Argument-String **" mit einem Anhang"** angehängt wird. Hier würde die Möglichkeit der Codierung in der Form

```
string1 += " mit einem Anhang" ;
```

wohl noch deutlicher signalisieren, was bei dieser Anweisung geschieht. Und genau diese Analogie steckt in der Strategie, mit der der Compiler Operatoren behandelt. Wenn der Operator **+=** wie in dem Beispiel zwischen einem linken Operanden vom Typ **ClString** und einem rechten Operanden vom Typ **char*** steht, dann sucht der Compiler nach einer Member-Funktion der Klasse **ClString** (linker Operand), die ein Argument vom Typ **char*** (rechter Operand) akzeptiert und den Namen **operator+=** hat.

Probieren Sie es aus: Ändern Sie in der **ClString**-Klasse im Prototypen

```
int append_string (const char *append_p) ;
```

den Namen in

```
int operator+= (const char *append_p) ;
```

und dementsprechend den Namen der implementierten Funktion (der Code der Funktion bleibt unverändert). Dann können Sie die so geänderte Klasse (Dateien **clstrng5.h** und **clstrng5.cpp**) mit folgendem Programm testen:

Programm opover1.cpp

```
// Test der 5. Version der Klasse ClString
#include "clstrng5.h"
#include <iostream.h>
void main ()
{
    ClString string1 ("Dies ist ein Teststring") ;
    string1 += " mit einem Anhang" ;
    cout << "string1: " << string1.get_string () << "\n" ;
    string1.operator+= (" und noch einem Anhang") ;
    cout << "string1: " << string1.get_string () << "\n" ;
}
```

Ende des Programms opover1.cpp

♦ Die Klasse **ClString** erwirbt mit der vom Programmierer geschriebenen Member-Funktion **operator+=** die Fähigkeit, mit dem Operator **+=** umzugehen (man beachte, daß im Unterschied zum Zuweisungsoperator **=** der Compiler nicht automatisch diese Fähigkeit generiert). Im Programm **opover1.cpp** wird (nur zur Demonstration, man wird es nicht nutzen) gezeigt, daß **operator+=** eine "ganz normale Member-Funktion" ist, die auch mit der "normalen Syntax" aufgerufen werden könnte (Objekt, Punkt, Funktionsname).

♦ Die Fähigkeit zum Umgang mit dem Operator **+=** beschränkt sich mit der geschriebenen Member-Funktion allerdings auf die Kombination "**ClString**-Objekt (linker Operand) und String (rechter Operand)". Um auch zwei **ClString**-Objekte auf diese Weise verketten zu können, müßte **ClString::operator+=** noch einmal überladen werden mit einer Funktion, die ein **ClString**-Objekt als Argument akzeptiert.

♦ Daß auch der **int**-Return-Wert (Erfolg oder Mißerfolg bei der Speicherplatzanforderung) wie von **append_string** abgeliefert wird, ist nicht so gut. Er wird auch in **opover1.cpp** nicht kontrolliert, obwohl natürlich z. B.

```
if (string1 += " mit einem Anhang") ...
```

möglich wäre. Der Return-Wert des Operanden **+=** sollte allerdings an das Verhalten dieses Operanden für die vordeklarierten Datentypen angepaßt werden. Das wird im Abschnitt 3.4.3 behandelt.

Bei binären Operatoren

entscheidet der **Typ des linken Operanden**, in welcher Klasse nach einer geeigneten Member-Funktion gesucht wird. Wird eine passende Funktion gefunden, so wird sie mit dem linken Operanden aufgerufen, der rechte Operand wird als Argument übergeben.

Bei unären Operatoren

spielt der (eine) Operand die Rolle, die der linke Operand bei binären Operatoren hat. Der mit dem Operanden aufgerufenen Member-Funktion wird kein Argument übergeben.

Es existiert noch eine alternative Variante des Überladens von Operatoren, die im Abschnitt 3.4.6 vorgestellt wird.

3.4.2 Der this-Pointer, das Überladen des Zuweisungsoperators

Mit der im vorigen Abschnitt gezeigten Strategie kann nun endlich für die Klasse **ClString** der (binäre) Zuweisungsoperator so geschrieben werden, daß das im Abschnitt 2.6 diskutierte Problem beseitigt wird. Dabei wird ähnlich wie beim Implementieren des Copy-Konstruktors (Abschnitt 3.3.2) dafür gesorgt, daß nicht nur die Member-Variablen dupliziert werden, sondern auch ein neuer Speicherbereich für den String erzeugt wird.

Damit sich der Zuweisungsoperator möglichst so verhält wie der vom Compiler generierte Operator, müssen zwei Besonderheiten beachtet werden, die beim Copy-Konstruktor keine Rolle gespielt haben:

♦ Es sollte die "Zuweisung an sich selbst" in der Form

```
string1 = string1 ;
```

möglich sein. Diese ist zwar kaum sinnvoll, ist aber immerhin erlaubt und kommt in vielen Programmen (z. B. in Schleifen) vor.

♦ Um Anweisungsketten wie

```
string3 = string2 = string1 ;
```

zu ermöglichen, sollte das Ergebnis der Zuweisung zusätzlich als Return-Wert abgeliefert werden.

Der "Test auf Zuweisung an sich selbst" wirft die Frage auf, wie eine Member-Funktion kontrollieren kann, ob ein ihr übergebenes Argument identisch ist mit dem Objekt, mit dem sie aufgerufen wurde. Eine Zuweisung der Art

```
string2 = string1 ;
```

entspricht nach den im vorigen Abschnitt formulierten Regeln dem Funktionsaufruf

```
string2.operator= (string1) ;
```

und die zu schreibende Funktion **ClString::operator=** soll nun kontrollieren können, ob **string1** und **string2** das gleiche Objekt beschreiben. Der Programmierer kann dafür einen Pointer benutzen, der bei jedem Aufruf einer Member-Funktion (automatisch) übergeben wird und in der Implementation der Member-Funktion (implizit) bei allen Zugriffen[6] auf die Daten und Funktionen beteiligt ist:

Der this-Pointer

ist in jeder Member-Funktion verfügbar und zeigt auf das Klassen-Objekt, mit dem die Funktion aufgerufen wurde (**this** ist ein C++-Schlüsselwort).

Weil die Member-Funktion **operator=** mit dem Objekt auf der linken Seite des Zuweisungsoperators aufgerufen wird (im Beispiel oben: **string2**), ist in der Member-Funktion **this** der Pointer auf dieses Objekt, der mit dem Pointer auf das Objekt der rechten Seite (im Beispiel oben: **string1**) verglichen werden kann.

Die komplette Implementierung der Member-Funktion **operator=** könnte also so aussehen:

---

[6]Ein gute (der tatsächlichen Realisierung sehr nahe kommende) Modellvorstellung ist, daß der Compiler z. B. beim Aufruf einer Member-Funktion mit zwei Argumenten in der Form

```
string1.set_string ('=' , 20) ;
```

daraus einen Aufruf mit drei Argumenten in der Form

```
ClString::set_string (&string1 , '=' , 20) ;
```

macht (der Programmierer darf diese Syntax natürlich nicht verwenden!) und die Prototypen der Member-Funktionen auch dementsprechend modifiziert (auch das darf der Programmierer nicht):

```
ClString::set_string (ClString* const this , char c , int n) ;
```

Innerhalb der Member-Funktion ist dann ein Zugriff auf eine Member-Variable z. B. in der Form

```
this->m_len
```

möglich, und dies ist dem Programmierer tatsächlich erlaubt (es ist aber nicht erforderlich).

Ausschnitt aus der Datei clstrng6.cpp

```
ClString &ClString::operator= (const ClString &rs)
{
    if (&rs == this) return *this ;          // Zuweisung "an sich selbst"
    delete [] m_str_p ;                      // ... alten String freigeben
    m_str_p = new char [rs.m_len + 1] ;
    if (m_str_p)
    {
        strcpy (m_str_p , rs.m_str_p) ;
        m_len = rs.m_len ;
    }
    else m_len = 0 ;
    return *this ;
}
```

Ende des Ausschnitts aus der Datei clstrng6.cpp

♦ Der Parameter (Operand auf der rechten Seite des Operators) wird per Referenz erwartet, dies reduziert den Aufwand (es muß keine Kopie angefertigt werden). Man rekapituliere noch einmal die im Abschnitt 1.4.2 beschriebene Verwendung des Zeichens **&**: In der Kopfzeile der Funktion bedeutet **&rs**, daß eine Referenz auf ein **ClString**-Objekt angeliefert wird. Damit kann das Objekt selbst in der Funktion einfach als **rs** angesprochen werden. In der ersten Zeile im Rumpf der Funktion ist also mit **&rs** der "Pointer auf rs" gemeint, der mit dem **this**-Pointer verglichen wird.

♦ Der **this**-Pointer wird noch ein weiteres Mal genutzt. Weil auch eine Referenz auf das Objekt auf der linken Seite des Operators als Return-Wert abgeliefert werden soll, wird einfach der **this**-Pointer dereferenziert. Mit ***this** wird immer das Objekt angesprochen, mit dem eine Member-Funktion aufgerufen wurde. Dieses als Return-Wert abzuliefern (ob direkt, so daß eine Kopie angefertigt werden muß, oder wie hier als Referenz), ist in jedem Fall unkritisch, weil es natürlich in der aufrufenden Funktion existiert.

Mit diesem Zuweisungsoperator sind nun die im Abschnitt 2.6 diskutierten Probleme beseitigt. Mit folgendem Programm kann die verbesserte Klasse **ClString** getestet werden:

Programm opover2.cpp

// Test der 6. Version der Klasse ClString

```
#include "clstrng6.h"
#include <iostream.h>
void main ()
{
    ClString string1 ("Dies ist ein Teststring") ;
    ClString string2 , string3 ;
    string1 = string1 ;                      // Zuweisung "an sich selbst"
    string2 = string3 = string1 ;            // Kettenanweisung
    cout << "string2: " << string2.get_string () << "\n" ;
    cout << "string3: " << string3.get_string () << "\n" ;
    string1 = "... und warum funktioniert das?" ;
    cout << "string1: " << string1.get_string () << "\n" ;
}
```

Ende des Programms opover2.cpp

◆ Die Zuweisung "an sich selbst" schafft keine Probleme, Kettenanweisungen funktionieren, und auch der Destruktor findet für jedes Objekt einen eigenen Speicherbereich für den String, den er freigeben kann. Warum die letzte **Zuweisung eines <u>Strings</u> an ein <u>Klassen-Objekt</u>** allerdings funktioniert, ist eine noch etwas ausführlichere Betrachtung im folgenden Abschnitt wert.

Während der Programmierer im allgemeinen gut beraten ist, die Möglichkeiten des Überladens von Operatoren nur sparsam einzusetzen, gilt diese Empfehlung für den Zuweisungsoperator in bestimmten Situationen nicht, obwohl (oder gerade weil) es der einzige Operator ist, für den der Compiler eine klassenspezifische Variante automatisch generiert. Nachdem am Beispiel der Klasse **ClString** das Problem in aller Ausführlichkeit diskutiert wurde und diese Klasse nun mit dem speziellen Copy-Konstruktor (Abschnitt 3.3.2) und dem speziellen Zuweisungsoperator zu einem "ordentlichen, stabilen Datentyp" gereift ist, kann folgende verallgemeinerungsfähige Empfehlung gegeben werden:

> Wenn im Destruktor einer Klasse dynamisch allokierter Speicherplatz freigegeben wird, sollte man stets darüber nachdenken, ob diese Klasse einen speziellen Copy-Konstruktor und einen speziellen Zuweisungsoperator braucht.
>
> Man wird fast immer zu dem Ergebnis kommen, daß für die Klasse diese beiden Member-Funktionen in der Weise geschrieben werden sollten, daß an Stelle der "flachen Kopien" (nur die Daten-Elemente der Klasse), die die entsprechenden "compiler-generierten Funktionen" anfertigen, "tiefe Kopien" (einschließlich der Datenbereiche, auf die gepointert wird) bei den Duplizierungs-Aktionen erzeugt werden.

3.4.3 Typ-Konvertierung

Typ-Konvertierungen sind mit den vordeklarierten Datentypen bekanntlich in zwei verschiedenen Varianten möglich, als "expliziter Cast", den der Programmierer gezielt einsetzt, oder in der "impliziten Form", die vom Compiler automatisch realisiert wird, z. B.:

```
int     i = 3 , j = 4 ;
double  x , y ;

x = i ;                    //     Implizite Typ-Konvertierung
y = double (i) / j ;       //     "Cast"
```

In diesem Beispiel sorgt der Compiler dafür, daß bei der Wertzuweisung für **x** nicht eine "Kopie des Bitmusters" hergestellt wird (das wäre bei der unterschiedlichen Bit-Anzahl, die in der Regel für die beiden Typen verwendet werden, ohnehin nicht möglich), sondern der auf **i** gespeicherte Wert in die (völlig andere) **double**-Darstellung konvertiert wird.

Beim zweiten Beispiel würde die Konvertierung erst nach der Wertberechnung auf der rechten Seite ausgeführt werden. Ohne "Cast" würde die Division zweier **int**-Zahlen ein **int**-Ergebnis haben (in diesem Fall: **0**), das dann konvertiert wird. Mit dem "expliziten Cast" eines Wertes wird bereits die Berechnung auf der rechten Seite als **double**-Rechnung (mit dem Ergebnis **0.75**) ausgeführt.

Beide Varianten der Typ-Konvertierung sind auch mit Klassen-Objekten möglich (unterein-ander, zwischen Klassen und vordeklarierten Typen und umgekehrt). Die Regeln dafür kann der Programmierer, der die Klasse deklariert, formulieren, einige ergeben sich automatisch. Genau dies führte dazu, daß im Programm **opover2.cpp** die Zeile

```
string1 = "... und warum funktioniert das?" ;
```

vom Compiler akzeptiert und vom ausführbaren Programm sinnvoll abgearbeitet wurde. Der String auf der rechten Seite wurde zunächst in ein **ClString**-Objekt konvertiert und danach der Variablen **string1** zugewiesen. Dabei wurde folgende Regel verwendet:

> Wenn zu einer Klasse ein **Konstruktor** gehört, **der mit nur einem Argument aufgerufen werden kann** (er kann durchaus mit mehr als einem Parameter deklariert sein, wenn für die restlichen Parameter Default-Argumente vorgesehen sind), dann verwendet der Compiler diesen Konstruktor gegebenenfalls zur Konvertierung vom Datentyp des Arguments in den Typ der Klasse.

Man sollte sich durchaus einmal von einem Debugger vorführen lassen, was bei der Abarbeitung dieser Programmzeile passiert: Zunächst wird der zur Klasse **ClString** gehörende Konstruktor

```
ClString (const char *str_p) ;
```

aufgerufen, dem der String **"... und warum funktioniert das?"** übergeben wird. Er konstruiert damit ein (temporäres) **ClString**-Objekt. Danach wird die Member-Funktion **operator=** mit dem Objekt **string1** und dem temporären Objekt als Argument aufgerufen. Nachdem die Zuweisung erfolgt ist, wird das temporäre Objekt vom Destruktor der Klasse **ClString** ordnungsgemäß zerstört.

Dies alles wurde (als implizite Konvertierung) vom Compiler organisiert, der damit versucht, einer Anforderung auf angemessene Art zu entsprechen. Natürlich kann es auch explizit vom Programmierer veranlaßt werden:

```
string1 = ClString ("... und warum funktioniert das?") ;
```

entspricht exakt der Syntax, mit der in C++ ein "Cast" auf den Typ **ClString** formuliert wird.[7]

Der Compiler ließe sich auch von einer unsinnigen Anweisung wie

```
string1 = 70.3 ;
```

nicht erschüttern. Er konvertiert erst **double** nach **int** (warnt dabei hoffentlich vor Datenverlust), verwendet **int** als **char** und findet mit dem Prototypen des überladenen Konstruktors **ClString (char c , int n = 1) ;** eine Funktion, die er zum Konvertieren verwenden kann.

Vorsicht, Falle!

---

[7]Man registriere unbedingt, daß es ein "Cast" ist und nicht etwa der "Aufruf des Konstruktors, der als Return-Wert ein ClString-Objekt abliefert", auch wenn es so aussieht. Es kann ja so nicht sein, weil ein Konstruktor gar keinen Return-Wert abliefert.

Bei der noch ausstehenden Überarbeitung der **ClString**-Member-Funktion **operator+=** (sie sollte wie der entsprechende Operator für die vordeklarierten Datentypen ihr Ergebnis auch als Return-Wert abliefern) wird noch eine andere empfehlenswerte Regel beachtet: Bei überladenen Operatoren sollte man vornehmlich nur Operanden des Typs der Klasse berücksichtigen. Für sinnvolle Kombinationen mit anderen Typen sollten Konvertierungen möglich sein oder ermöglicht werden.

Die nachfolgend gelistete Funktion **ClString::operator+=** wurde deshalb mit einem Parameter vom Typ **ClString** ausgestattet. Trotzdem geht die Funktionalität, die die im Abschnitt 3.4.1 behandelte Funktion (mit einem Parameter vom Typ **char***) nicht verloren, weil die Typ-Konvertierung mit dem entsprechenden Konstruktor bereits möglich ist:

Ausschnitt aus der Datei clstrng7.cpp

```
ClString &ClString::operator+= (const ClString &rs)
{
    if (!rs.m_str_p || !m_str_p) return *this ;
    int newlen   = m_len + rs.m_len ;              // ... neue Länge
    char *temp_p = new char [newlen + 1] ;
    if (!temp_p) return *this ;
    strcpy (temp_p , m_str_p)   ;
    strcat (temp_p , rs.m_str_p) ;
    delete [] m_str_p ;                            // ... alten String freigeben
    m_str_p = temp_p  ;                            // ... erweiterter String
    m_len   = newlen  ;
    return *this ;
}
```

Ende des Ausschnitts aus der Datei clstrng7.cpp

Mit dem Testprogramm **opover3.cpp** wird nachgewiesen, daß der Operator nun mit einem **ClString**-Objekt oder einem String als rechte Seite arbeitet und auch Kettenanweisungen möglich sind:

Programm opover3.cpp

```
//  Test der 7. Version der Klasse ClString

#include "clstrng7.h"
#include <iostream.h>
void main ()
{
    ClString string1 ("Dies ist ein Teststring") ;
    ClString string2 (" mit einem Anhang") ;
    string1 += string2 ;
    cout << "string1: " << string1.get_string () << "\n" ;
    string2 = string1 += " und noch einem Anhang" ;
    cout << "string1: " << string1.get_string () << "\n" ;
    cout << "string2: " << string2.get_string () << "\n" ;
}
```

Ende des Programms opover3.cpp

Während die Konvertierung "**char*** nach **ClString**" vom Konstruktor erledigt wird, ist der umgekehrte (auch wünschenswerte) Weg nur mit einem "Konvertierungsoperator" möglich.

3.4.4 Konvertierungsoperatoren

Die im vorigen Abschnitt beschriebene Konvertierung mit einem Konstruktor ist nur möglich, wenn der Zieltyp der Typ der Klasse ist, zu der der Konstruktor gehört. Um in die Typen anderer Klassen oder in die vordeklarierten Typen zu konvertieren, muß die Klasse Konvertierungsoperatoren erhalten.

> Der Prototyp einer **Member-Funktion für die Typ-Konvertierung** ähnelt dem **cast**-Operator, **hat keinen Return-Wert und keine Parameter** (es geht immer um die Umwandlung eines Objekts der Klasse, für die die Konvertierungsfunktion geschrieben wird). Zur Umwandlung eines Klassen-Objekts in einen Wert vom Typ **int** würde z. B. in der Klasse eine Funktion mit folgendem Prototyp anzusiedeln sein:
>
> ```
> operator int () ;
> ```

Dies soll mit der Klasse **ClString** demonstriert werden, für die es sinnvoll ist, eine Konvertierung in den Typ **char*** vorzusehen. Dann kann ein Objekt vom Typ **ClString** dort verwendet werden, wo ein String stehen darf (für die Ausgabe über **cout** z. B. entfällt dann die Notwendigkeit, den String über **get_string** anzufordern).

Dringend zu empfehlen ist allerdings die gleiche Vorsichtsmaßnahme wie für **get_string** (vgl. Abschnitt 2.4): Der Pointer auf den im **ClString**-Objekt verwalteten String sollte in einen **const**-Pointer "ge-castet" werden, um Mißbrauch zu verhindern. Mit dieser (sinnvollen) Einschränkung entspricht der zu schreibende Konvertierungsoperator der Funktionalität der Member-Funktion **get_string**. Deren **inline**-Deklaration in der Klassen-Deklaration sollte also ersetzt werden durch:

```
operator const char* () { return m_str_p ; }
```

Diese **inline**-Deklaration wird also bei Bedarf vom Compiler dort eingesetzt, wo ein **ClString**-Objekt nicht stehen darf, die beabsichtigte Aktion aber mit einem konstanten **char**-Pointer ausgeführt werden kann. Das nachfolgend gelistete Programm **opover4.cpp**, das die mit der angegebenen Zeile geänderte Header-Datei **clstrng8.h** einbindet, zeigt dies:

Programm opover4.cpp

```
// Test der 8. Version der Klasse ClString
#include "clstrng8.h"
#include <iostream.h>
#include <string.h>
void main ()
{
    ClString string_object ("Hamburg") ;
    char      string [20] ;
    cout << "string_object: " << string_object << "\n" ;
    strcpy (string , string_object) ;
    string[2] = string_object[5] ;
    cout << "string:        " << string        << "\n" ;
}
```

Ende des Programms opover4.cpp

♦ Ein **ClString**-Objekt kann nun direkt an **cout** vermittelt werden (eigentlich stimmt diese Aussage nur in dem Sinne, daß der Compiler das **ClString**-Objekt vorher "castet", um dann den String an **cout** zu vermitteln).

♦ Auch die "Rückumwandlung durch Kopieren" mit der Bibliotheksfunktion **strcpy** ist möglich. Sogar der Zugriff mit dem []-Operator auf ein spezielles Zeichen funktioniert, weil auch hier erst ein "Cast" in einen "normalen String" ausgeführt wird, für den dieser Operator definiert ist.

Aber das **ClString**-Objekt darf nur dort stehen, wo ein **const-char**-Pointer stehen darf. Weder als erstes Argument des **strcpy**-Aufrufs noch auf der linken Seite einer Zuweisung würde der Compiler die Verwendung zulassen. Das ist natürlich auch gut so, denn das Gegenteil würde nicht nur dem Prinzip der Datenkapselung widersprechen, es würden auch Inkonsistenzen in den Daten entstehen, die in dem Klassen-Objekt verwaltet werden.

**Vorsicht,
Falle!**

Es muß noch einmal auf die Probleme aufmerksam gemacht werden, die entstehen könnten, wenn die Konvertierungs-Funktion den Pointer nicht in einen **const**-Pointer verwandeln würde. Eine Konvertierungsfunktion

```
operator char* () { return m_str_p ; }
```

in der Klasse **ClString** würde z. B. folgende Programmzeilen vom Compiler klaglos übersetzen lassen:

```
ClString string_object ("Hamburg") ;
strcpy (string_object , "Dieser String ist viel zu lang") ;
string_object [1000] = 'a' ;
```

Allein die **strcpy**-Aktion, die wahrlich nicht ermöglicht werden muß, nachdem der Zuweisungsoperator sauber arbeitet, wirkt sich verheerend aus, allerdings erst zur Laufzeit (siehe Abbildung), was die Angelegenheit deutlich verschlimmert: Die im **ClString**-Objekt gespeicherte String-Länge stimmt nicht mehr, der Destruktor will einen Speicherbereich freigeben, der mit dem allokierten Bereich nicht mehr übereinstimmt usw.

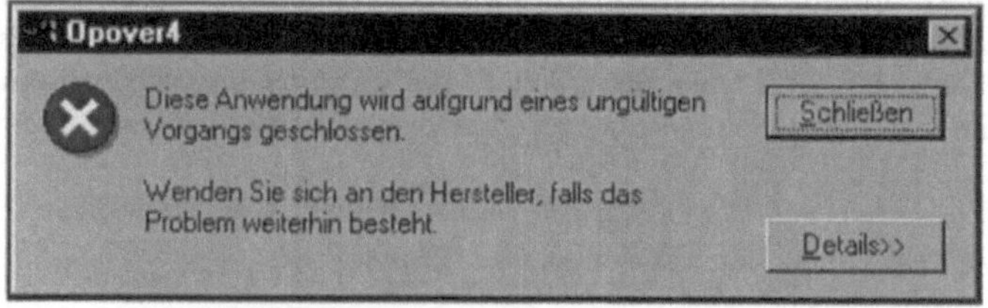

Wie angenehm, wenn der "Hersteller" gerade greifbar ist

Sollten Sie, lieber Leser, der Meinung sein, der Programmierer müsse eben aufpassen, daß so etwas nicht geschieht, und es wäre doch schade um die schönen Freiheiten, denen man sich mit der Verwendung des Attributs **const** beraubt, dann muß Ihnen der Autor eine sehr wichtige Mitteilung machen: Sie lesen das falsche Buch.

Aber natürlich gehört zu einer ordentlichen **ClString**-Klasse die Möglichkeit, ein einzelnes Zeichen des Strings, der im Objekt verwaltet wird, zu ersetzen. Zwei (unterschiedlich zu bewertende) Möglichkeiten bieten sich an:

♦ Man kann eine Member-Funktion mit dem Prototyp

```
void set_at (int i , char c) ;
```

schreiben.[8] Diese Funktion könnte die Einhaltung der Indexgrenzen prüfen und das Zeichen **c** nur nach erfolgreicher Prüfung auf die Position **i** setzen.

♦ Eleganter, aber leider nicht so sicher, ist das Überladen des []-Operators für die Klasse **ClString** mit einer Member-Funktion, die so aussehen könnte:

```
char &ClString::operator[] (int i)
{
    if (i < 0 || i >= m_len)
    {
        cerr << "ClString: Index-Fehler\n" ;
        exit (1) ;                          // Hart, aber konsequent
    }
    else return m_str_p [i] ;
}
```

Die Indexüberprüfung erhöht erheblich die Sicherheit (die Reaktion auf einen Fehler könnte noch etwas feinsinniger sein). Die Rückgabe einer Referenz ermöglicht die Verwendung eines Index-Ausdrucks auch auf der linken Seite einer Anweisung. Aber mit einer Referenz hat man auch den (ungeschützten) Pointer auf den im **ClString**-Objekt verwalteten String, mit dem man beliebigen Unsinn anrichten kann.

Bei aller Eleganz des überladenen []-Operators: Eine Member-Funktion wie **set_at** ist sicherer.

3.4.5 Noch einmal: Kritik an der Klasse ClString

Nachdem im Abschnitt 3.4.4 die 8. Version der Klasse **ClString** erzeugt wurde, soll die im Abschnitt 2.6 noch recht negative Kritik relativiert werden:

♦ Daß mehrfach die "öffentliche Schnittstelle" (**public** deklarierte Member-Funktionen) der Klasse geändert wurde, hatte didaktische Gründe. Eigentlich sollte man immer versuchen, die Schnittstelle bei Bedarf zu erweitern, aber immer "abwärtskompatibel" zu halten, so daß ältere Programme auch mit der erweiterten Klasse fehlerfrei arbeiten.

♦ Drei Konstruktoren (einer davon ist der Copy-Konstruktor) und ein Destruktor sind ausreichend und komfortabel genug, um auf bequeme Art initialisieren zu können und sauber aufzuräumen.

♦ Der Copy-Konstruktor und der überladene Zuweisungsoperator in der öffentlichen Schnittstelle sind zwingend für das stabile Arbeiten dieser Klasse.

♦ Der Konvertierungsoperator, der die Umwandlung eines Klassen-Objekts in einen "normalen String" ermöglicht, macht (gemeinsam mit dem Zuweisungsoperator) die im Abschnitt 3.2 ergänzte Member-Funktion mit dem Prototyp

---

[8]In der Klasse **CString** der "Microsoft foundation classes" gibt es mit **CString::SetAt** eine Member-Funktion, die genau diese Aufgabe erledigt.

```
int set_string (const char *newstring_p) ;
```

überflüssig. Sie kann ersatzlos gestrichen werden (müßte allerdings zur Wahrung der Abwärtskompatibilität erhalten bleiben, so entsteht "Klassen-Ballast", wenn man eine Klasse zu früh zur allgemeinen Benutzung freigibt). Die andere Funktion mit diesem Namen ist ganz nützlich und sollte erhalten bleiben.

♦ Mit der Funktion **get_length**, der verbleibenden Funktion **set_string** und dem überladenen Operator **+=** ist das Angebot an Member-Funktionen zwar noch etwas dürftig, aber natürlich steht einem weiteren Ausbau der nun stabil arbeitenden Klasse unter Wahrung der Abwärtskompatibilität nichts im Wege.

Neben dem bereits diskutierten **set_at** (Setzen eines Zeichens an eine bestimmte Position) bieten sich natürlich Vergleichsoperationen an, die durch überladene Operatoren realisiert werden können. Damit würde man die Funktionalität der Bibliotheks-Funktion **strcmp**, die dem C-Programmierer vertraut sein dürfte, recht anschaulich nachbilden können. Allerdings funktioniert auch **strcmp** mit **ClString**-Argumenten, weil der Compiler sie in **const-char-**Pointer konvertieren würde.

Natürlich bietet sich der Additionsoperator geradezu an, um auf elegante Weise zwei **ClString**-Objekte miteinander zu verknüpfen. Es gibt aber durchaus Argumente, die gegen die Realisierung sprechen (auch in der C-Standard-Bibliothek gibt es nur die Funktion **strcat** für das Anhängen eines Strings an einen anderen, dafür existiert als **ClString**-Pendant schon der überladene Operator **+=**). Trotzdem wird das Überladen des Additionsoperators im folgenden Abschnitt realisiert, weil damit eine noch nicht behandelte alternative Strategie dieser Technik demonstriert wird.

3.4.6 Überladen des Additionsoperators, friend-Funktionen

Ein Mathematiker hätte schon deshalb Bedenken, den Additionsoperator für Strings zu verwenden, weil die Addition "kommutativ sein muß" (die Hemmschwelle des Programmierers ist niedriger, weil dies im Computer nicht unbedingt "bis zum letzten Bit" gilt). Das Ergebnis von **3 + 4** ist stets gleich mit dem Ergebnis von **4 + 3**, bei Strings darf aber ganz bestimmt **"OZEAN" + "RIESEN"** nicht dasselbe ergeben wie **"RIESEN" + "OZEAN"**.

Wenn man die Bedenken verdrängen kann, den Operator in einer deutlich anderen als der üblicherweise genutzten Art zu verwenden, bleibt noch ein (lösbares) technisches Problem. Beim Schreiben einer Member-Funktion für den binären Operator mit dem Prototyp

```
ClString operator+ (const ClString &rs) ;
```

(**rs** steht für "rechter Summand") wird diese Funktion bei einer Operation **ls + rs** ("linker Summand" + "rechter Summand") in der Form

```
ls.operator+ (rs)
```

aufgerufen, wobei **der linke Summand ein ClString-Objekt sein muß**, während der rechte Summand auch ein "normaler String" sein darf, der mittels Konstruktor automatisch in ein **ClString**-Objekt konvertiert wird.

Es ist angebracht, diesen Tatbestand noch einmal deutlich zu machen: Bei einem Aufruf einer Member-Funktion einer Klasse vergleicht der Compiler die Typen der Argumente mit den

Typen der Parameter der Funktion und organisiert implizite Typ-Konvertierungen, wenn sie irgendwie möglich sind. **Aber für das Objekt, mit dem die Funktion aufgerufen wird, werden keine impliziten Typ-Konvertierungen versucht.** Allerdings ist eine explizit vom Programmierer vorgesehene Typ-Konvertierung möglich. Im oben angegebenen Beispiel würden also Aufrufe der Member-Funktion **operator+** in der Form

```
sum = ClString(ls).operator+ (rs) ;
sum = ClString(ls) + rs ;
```

mit "normalen Strings" für beide Operanden möglich sein (in beiden Programmzeilen sollte **sum** ein Objekt vom Typ **ClString** sein).

Diese Situation, die zur unterschiedlichen Behandlung der beiden Operanden zwingen würde, wäre für den Additionsoperator besonders unbefriedigend. Glücklicherweise gibt es eine alternative Möglichkeit für das Überladen von Operatoren, das ...

Überladen von Operatoren mit "Non-Member-Funktionen":

Neben der Möglichkeit, einen Operator mit einer Member-Funktion einer Klasse zu überladen (linker oder einziger Operand muß immer ein Objekt der Klasse sein, vgl. Abschnitt 3.4.1), kann ein Operator auch mit einer Funktion überladen werden, die keiner Klasse angehört ("Non-Member-Funktion"). Dann werden bei binären Operatoren beide Operanden und bei unären Operatoren der eine Operand als Parameter der Funktion erwartet (die Non-Member-Funktionen haben also genau einen Parameter mehr als die entsprechenden Member-Funktionen).

Die mit Non-Member-Funktionen überladenen Operatoren werden vom Compiler genau dann verwendet, wenn die Typen beider Operanden (in der richtigen Reihenfolge) mit den Typen der Funktions-Parameter übereinstimmen.

♦ Einschränkend muß bemerkt werden, daß die Operatoren

```
=     []     ()     ->
```

nicht mit Non-Member-Funktionen überladen werden können.

♦ Für das oben betrachtete Beispiel würde also eine Non-Member-Funktion mit dem Prototyp

```
ClString operator+ (const ClString &ls , const ClString &rs) ;
```

das Problem lösen (beide Operanden werden auf gleiche Weise behandelt, für beide gelten die gleichen Möglichkeiten impliziter Typ-Konvertierung, man beachte allerdings die nachfolgende "Vorsicht-Falle-Bemerkung"). Gleichzeitig entsteht ein neues Problem:

Da einer der beiden Operanden immer ein Klassen-Objekt sein muß (bei ausschließlicher Anwendung auf vordeklarierte Datentypen können die Operatoren nicht überladen werden), kann es bei der Verwendung einer Non-Member-Funktion ein Zugriffsproblem auf die geschützten Daten-Elemente der Klasse geben. Das muß nicht sein, wenn sie sich alle Informationen auch über die **public**-Funktionen der Klasse beschaffen kann. Aber ein Operator, der ja auch als Non-Member-Funktion "der Klasse sehr nahe steht", benötigt häufig Informationen, die der "übrigen Öffentlichkeit" nicht zugänglich sein sollten. Dieser Konflikt wird beseitigt durch das ...

> **Schlüsselwort friend:**
>
> Innerhalb einer Klasse kann eine nicht zur Klasse gehörende Funktion in der Form
>
> ```
> friend void Befreundete_Funktion () ;
> ```
>
> zum "Freund erklärt" werden (nach **friend** folgt exakt der Prototyp der Funktion einschließlich eventueller Parametertypen und des korrekten Return-Wertes). Damit werden dieser Funktion alle Zugriffsrechte (auch auf die geschützten Daten-Elemente) erteilt, die die Member-Funktionen dieser Klasse haben.
>
> Man kann auch z. B. mit
>
> **friend class ClPoint ;**
>
> eine gesamte Klasse zum "Freund ernennen" und damit allen Member-Funktionen dieser Klasse die Zugriffsrechte erteilen, die die eigenen Member-Funktionen haben.
>
> Die **friend**-Deklarationen können an beliebiger Stelle in einer Klasse angesiedelt sein (werden von den Schlüsselworten **public** und **private** nicht beeinflußt).

♦ Freundschaft wird mit dem Schlüsselwort **friend** nur in einer Richtung begründet, und jede Klasse sucht sich ihre Freunde selbst aus. Die Klasse, in der das Schlüsselwort **friend** steht, gibt Rechte ab, erwirbt selbst damit aber keinerlei Zugriffsrechte auf die geschützten Daten anderer Klassen. Natürlich kann auch "gegenseitige Freundschaft" deklariert werden.

Vorsicht, Falle!

Der besonders pfiffige Leser wird an dieser Stelle eine Möglichkeit wittern, auch für die vordeklarierten Datentypen die Operatoren zu überladen (das "Kleine Einmaleins" neu zu definieren). Es erscheint ganz einfach, z. B. so: Man deklariert eine Klasse **C** mit einem Konstruktor **C::C(double)**, der also auch **double**-Werte in C-Objekte "casten" kann, und dann schreibt man **friend**-Funktionen der Klasse wie z. B.

```
friend double operator+ (C , C) ;
```

und kann darin mit C-Objekten machen, was man will. Und weil **double**-Werte in C-Typen konvertieren können, geht das alles auch mit **double**. Aber der Compiler paßt auf:

```
double   x       ;
C        c (5.) ;

x = c  + c  ;          // ... wird akzeptiert
x = c  + 5. ;          // ... wird akzeptiert
x = 5. + c  ;          // ... wird akzeptiert
x = 5. + 5. ;          // ... wird auch akzeptiert, aber...
```

während die ersten drei Anweisungen mit der überladenen Funktion ausgeführt werden, die an Stelle einer Addition jede beliebige Aktion ausführen kann, wird die letzte Anweisung mit dem "garantiert addierenden eingebauten Operator" erledigt und kann als einzige Anweisung nichts anderes als **10.** abliefern.

Die Klasse **ClString** wird nun mit einem überladenen Additionsoperator ausgestattet. In der
Deklaration der Klasse wird folgende Zeile ergänzt:

```
friend  ClString operator+ (const ClString &ls , const ClString &rs) ;
```

Die Implementierung dieser Funktion könnte z. B. so aussehen:

Ausschnitt aus der Datei clstrng9.cpp

```
ClString operator+ (const ClString &ls , const ClString &rs)
{
    ClString sum (' ' , ls.m_len + rs.m_len + 1) ;
    if (!sum.m_str_p)
    {
        cout << "ClString: Speicherplatzproblem" ;
        exit (1) ;
    }
    strcpy (sum.m_str_p , ls.m_str_p) ;
    strcat (sum.m_str_p , rs.m_str_p) ;
    return sum ;
}
```

Ende des Ausschnitts aus der Datei clstrng9.cpp

♦ Diese Funktion gehört zu keiner Klasse. Trotzdem greift sie auf die geschützten Daten-
  elemente der **ClString**-Objekte zu, was möglich ist, weil die Klasse **ClString** diese
  Funktion **operator+** "zum Freund erklärt hat".

♦ Im Gegensatz zum überladenen Operator += wird keiner der Operanden verändert, deshalb
  wurden beide mit dem Attribut **const** versehen.

♦ Das Ergebnis der Arbeit der Funktion **operator+** ist ein neues **ClString**-Objekt, das in der
  ersten Zeile definiert wird. Weil dieses seine Gültigkeit aber am Ende der Funktion
  verliert, **darf auf keinen Fall eine Referenz auf dieses Objekt abgeliefert werden.**

Die erweiterte Klasse **ClString** kann mit folgendem Programm getestet werden:

Programm opover5.cpp

```
// Test der 9. Version der Klasse ClString

#include "clstrng9.h"
#include <iostream.h>
void main ()
{
    ClString string1 ("Dies ist ein Teststring") ;
    ClString string2 (" mit einem Anhang") ;
    ClString string3 ;
    string3 = string1 + string2 ;
    cout << string3 << "\n" ;
    string3 = string1 + " mit einem anderen Anhang" ;
    cout << string3 << "\n" ;
    cout << "String1: " + string1 << "\n" ;

    string3 = "4 Operanden: " + string1 + string2 + "!\n" ;
    cout << string3 ;
}
```

Ende des Programms opover5.cpp

♦ Man beachte die unterschiedlichen Varianten, mit denen der überladene Operator verwendet wird: 2 **ClString**-Objekte, **ClString**-Objekt und String, String und **ClString**-Objekt, Kettenanweisung.

♦ Weil eine Kettenanweisung bei gleichrangigen Operatoren von links nach rechts abgearbeitet wird, dürfen nur die beiden ersten Operatoren nicht beide Strings sein, denn wenn die erste Operation ausgeführt wurde, tauchen als "Zwischenergebnisse" nur noch **ClString**-Objekte auf, und die Bedingung, daß mindestens ein Operand ein solches Objekt sein muß, ist immer erfüllt.

Es ist sicher sehr lehrreich, einmal zu durchdenken (oder sich mit dem Debugger vorführen zu lassen), was z. B. bei der Abarbeitung einer Zeile wie

```
string3 = string1 + "mit einem anderen Anhang" ;
```

passiert. Das Kurzprotokoll der Aktionen lautet:

○ Aufruf des Konstruktors **ClString::ClString (const char *str_p)**, um den String **"mit einem anderen Anhang"** in ein **ClString**-Objekt zu konvertieren, dieses "flüchtige Objekt" wird noch vor dem Ende der Abarbeitung der Programmzeile wieder zerstört,

○ Aufruf der Funktion **operator+** mit den Argumenten **string1** und dem gerade erzeugten "flüchtigen Objekt",

    • Aufruf des Konstruktors **ClString::ClString (char c , int n)**, um das Objekt **sum** zu konstruieren, dieses Objekt wird "nur innerhalb der Funktion **operator+** leben",

    • Aufruf des Copy-Konstruktors, um von **sum** eine Kopie für den Return-Wert anzufertigen, die zwar das Ende von **operator+**, aber nicht das Ende der Programmzeile überleben wird,

    • Aufruf des Destruktors, um **sum** beim Verlassen von **operator+** zu zerstören,

○ Aufruf von **operator=**, um den Return-Wert der Funktion **operator+** dem Objekt **string3** zuzuweisen,

○ Aufruf des Destruktors, um das Return-Wert-Objekt zu zerstören,

○ Aufruf des Destruktors, um das "flüchtige Objekt", in das der String **"mit einem anderen Anhang"** konvertiert wurde, zu zerstören.

Wie man sieht, ist die Sauberkeit des gesamten Ablaufs, die sich mit diesem Protokoll dokumentiert, nicht zum Nulltarif zu bekommen.

Damit hat die Klasse **ClString** als Demonstrationsobjekt ausgedient. Der Leser sollte überlegen, ob er sie zur eigenen Übung und späteren Nutzung weiter ausbaut. In diesem Buch wird ab Kapitel 8 die Klasse **CString** aus den "Microsoft foundation classes" genutzt werden. Man bedenke jedoch immer, daß man mit dem Vorteil, eine professionell programmierte Klasse zu benutzen, sich meistens den Nachteil einhandelt, daß die Portabilität des Codes leidet, es sei denn, der Quellcode der benutzten Klassen ist verfügbar.

Im folgenden Abschnitt wird das Überladen von Operatoren an einer "mathematischen Klasse" wiederholt. Der Leser kann diesen Abschnitt zunächst durchaus überspringen.

3.4.7   Eine "mathematische Klasse": ClVector

Im Gegensatz zu den meisten anderen Klassen (z. B. zur bisher behandelten Klasse **ClString**) ist das Überladen von Operatoren für Klassen, mit denen spezielle mathematische Operationen ausgeführt werden können, sehr sinnvoll. Dies soll mit einer Klasse **ClVector** demonstriert werden, die folgende ausgewählte Operationen der Vektorrechnung ermöglicht:

♦ Die **Addition zweier Vektoren** liefert als Ergebnis einen Vektor, dessen Komponenten jeweils die Summe der entsprechenden Komponenten der Summanden sind. Es gibt keine Bedenken gegen das Überladen des Additionsoperators, für Vektoren gilt wie für die Addition der vordeklarierten Datentypen das Kommutativgesetz.

Eine Addition eines Vektors mit einer skalaren Größe (z. B.: **double**-Wert) ist nicht sinnvoll (diese Operation gibt es in der Vektorrechnung nicht). Damit diese Operation nicht durch implizite Typkonvertierung ermöglicht wird, darf es in der Klasse **ClVector** keine Möglichkeit geben, einen vordeklarierten Typ in den Typ **ClVector** zu konvertieren.

♦ Das **Skalarprodukt zweier Vektoren** ist die Summe der Produkte der jeweiligen Komponenten der beiden Vektoren. Es ist wie die Addition kommutativ, das Ergebnis wird als **double**-Wert abgeliefert.

♦ Im Gegensatz zur Addition ist die **Multiplikation eines Vektors mit einer skalaren Größe** (**double**-Wert) durchaus sinnvoll. Auch hier ist es erforderlich, daß die Funktion "Skalarprodukt zweier Vektoren" nicht benutzt werden kann, denn der Return-Wert dieser Operation muß ein Vektor sein (jede Komponente des Vektors wird mit der skalaren Größe multipliziert). Auch die Multiplikation eines Vektors mit einer sklaren Größe ist kommutativ, was in diesem Fall durch zwei gesonderte Funktionen realisiert werden muß.

♦ Mit den beiden Vorzeichenoperatoren + und − wird das Überladen unärer Operatoren demonstriert.

Die Deklaration der Klasse **ClVector** könnte z. B. so aussehen:

Header-Datei clvec1.h

```cpp
class ClVector
  {
     private:
         double m_x , m_y , m_z ;
     public:
         ClVector () ;
         ClVector (double x , double y , double z = 0.) ;
         ~ClVector () {}
         ClVector operator+ (const ClVector &op2) ;   // Addition
         double   operator* (const ClVector &op2) ;   // Skalarprodukt
         ClVector operator* (const double    scal) ;  // Produkt 'Vektor*Skalar'
         ClVector operator- () ;                       // Vorzeichen
         ClVector operator+ () ;                       // Vorzeichen
         void     print     (const char *t_p)      ;
         friend ClVector operator* (const double    scal   ,
                                    const ClVector &op2) ;
  } ;
```

Ende der Header-Datei clvec1.h

♦ Auf die Realisierung weiterer Operationen wurde bewußt verzichtet, um diskutieren zu
  können, was mit diesem Satz überladener Operatoren möglich bzw. nicht möglich ist.

♦ Die Klasse **ClVector** kann ausschließlich für zwei- und dreidimensionale Vektoren
  benutzt werden (eine entsprechende Klasse für den "n-dimensionalen Vektorraum" würde
  sinnvollerweise nur einen Pointer auf die Vektordaten enthalten, was zu den Problemen
  führen würde, die ausführlich mit der Klasse **ClString** diskutiert wurden).

  In der Klasse werden (geschützt) die drei Komponenten des Vektors verwaltet (zweidi-
  mensionale Vektoren können als Sonderfall mit $z = 0.$ erfaßt werden).

♦ Um zu vermeiden, daß der Konstruktor benutzt werden kann, um **double**-Werte in
  ClVector-Objekte zu konvertieren, wurden nicht für alle Parameter, die der Konstruktor
  übernimmt, Default-Argumente vorgesehen. Um aber trotzdem **ClVector**-Objekte ohne
  Angabe von Initialisierungswerten konstruieren zu können, wurde ein Standard-Konstruktor überladen. Es ist wohl sinnvoll, auf die Eigenschaften dieses speziellen Konstruktors an dieser Stelle noch einmal aufmerksam zu machen:

Standard-Konstruktoren

gestatten die Definition von Klassen-Objekten ohne die Angabe von Argumenten. Dies
wird dadurch realisiert, daß

♦   ein Konstruktor, der Parameter erwartet, für alle Parameter mit Default-Argumen-
       ten ausgestattet wird (also ohne Argumente aufgerufen werden darf), oder ...

♦   ein Konstruktor geschrieben wird, der keine Parameter erwartet (aber ansonsten
       durchaus Initialisierungen und beliebige andere Operationen ausführen darf).

Ein vom **Compiler automatisch generierter Konstruktor** ist gewissermaßen der
"Standard eines Standard-Konstruktors", der keine Parameter erwartet und keine Initialisierungen ausführt. Man beachte, daß dieser vom Compiler nicht dann automatisch
spendiert wird, wenn kein Standard-Konstruktor verfügbar ist, **sondern nur dann, wenn
vom Programmierer überhaupt kein Konstruktor für die Klasse vorgesehen wurde.**

♦ Weil kein Speicherplatz dynamisch allokiert wird, muß auch im Destruktor nicht
  "aufgeräumt" werden. Aus dem gleichen Grund sind weder ein Copy-Konstruktor noch ein
  Überladen des Zuweisungsoperators erforderlich. Die vom Compiler für deren Aufgaben
  automatisch generierten Member-Funktionen können akzeptiert werden.

♦ Für die beiden Multiplikationen '**ClVector**-Objekt * **double**-Wert' bzw. '**double**-Wert *
  ClVector-Objekt' müssen zwei verschiedene Funktionen vorgesehen werden, obwohl diese
  Operationen mathematisch gleichwertig sind. Die letztgenannte Operation kann nur mit
  einer **friend**-Funktion der Klasse realisiert werden, weil eine Member-Funktion immer zur
  Klasse des ersten Operanden gehören muß.

  Sicherlich wäre es in diesem Falle konsequent, beide Multiplikationen durch **friend**-
  Funktionen zu realisieren. Es soll hier jedoch gezeigt werden, daß die beiden an sich
  gleichwertige Operationen nicht beide durch Member-Funktionen realisierbar sind.

Die Implementation der Funktionen der Klasse **ClVector** in der Datei **clvec1.cpp** ist
ausführlich kommentiert:

Datei clvec1.cpp

```cpp
#include "clvec1.h"
#include <iostream.h>
ClVector::ClVector (double x , double y , double z)
{
    m_x = x ;
    m_y = y ;
    m_z = z ;
}

ClVector::ClVector ()                        // Standard-Konstruktor
{
    m_x = 0. ;
    m_y = 0. ;
    m_z = 0. ;
}
```

// Die Member-Funktion **print** wird hier zur bequemen Demonstration der Arbeit der Klasse
// eingefügt. Eine Funktion dieser Art ist eher untypisch für eine Klasse:

```cpp
void ClVector::print (const char *t_p)
{
    cout << t_p << "[" << m_x << " , " << m_y << " , " << m_z << "]\n" ;
}
```

// Die Funktion **operator+** konstruiert ein (flüchtiges und deshalb namenloses)
// **ClVector**-Objekt, das als Return-Wert verwendet wird:

```cpp
ClVector ClVector::operator+ (const ClVector &op2)
{
    return ClVector (m_x + op2.m_x , m_y + op2.m_y , m_z + op2.m_z) ;
}
```

// Das Skalarprodukt zweier Vektoren liefert als Ergebnis einen **double**-Wert ab:

```cpp
double ClVector::operator* (const ClVector &op2)
{
    return m_x * op2.m_x + m_y * op2.m_y + m_z * op2.m_z ;
}
```

// Die Member-Funktion **operator* (ClVector)**, die das Skalarprodukt zweier Vektoren
// berechnet, wird mit einer Member-Funktion gleichen Namens **operator* (double)**
// überladen, die einen Vektor (**ClVector**-Objekt) mit einem Skalar (**double**-Wert)
// multipliziert. Das Ergebnis ist ein Vektor, der als **ClVector**-Objekt mit der gleichen
// Strategie erzeugt wird, die auch in der Funktion **operator+** verwendet wird.

// Man beachte: Es wird eine Member-Funktion definiert, mit der **Vektor*Skalar** berechnet
// werden kann, für **Skalar*Vektor** kann keine Member-Funktion definiert werden, weil der
// erste Operand immer vom Typ der Klasse selbst sein muß.

```cpp
ClVector ClVector::operator* (const double scal)
{
    return ClVector (m_x * scal , m_y * scal , m_z * scal) ;
}
```

// Bei einem unären Operator (hier: Minuszeichen, das ist nicht das Subtraktionssymbol!) wird
// kein Argument übergeben:

```cpp
ClVector ClVector::operator- ()
{
    return ClVector (- m_x , - m_y , - m_z) ;
}
```

// Der unäre Operator + (das positive Vorzeichen, das ist nicht das Additionssymbol) ändert
// nichts (kann in der Mathematik auch weggelassen werden), deshalb wird das Objekt, mit

```
//  dem diese Funktion aufgerufen wurde, einfach zurückgegeben, indem als Return-Wert der
//  dereferenzierte this-Pointer verwendet wird:
ClVector ClVector::operator+ ()
{
    return *this ;
}
```

```
//  Nachfolgend wird der Multiplikations-Operator ein weiteres Mal überladen, um auch die
//  Multiplikation Skalar*Vektor ausführen zu können. Dies kann nicht durch eine
//  Member-Funktion der Klasse ClVector realisiert werden, deshalb müssen beide Operanden
//  an die Funktion übergeben werden. Diese Funktion hat trotzdem Zugriff auf die geschützten
//  Daten der Klasse ClVector, weil sie von dieser "zum Freund erklärt" wurde:
ClVector operator* (const double scal , const ClVector &op2)
{
    return ClVector (op2.m_x * scal , op2.m_y * scal , op2.m_z * scal) ;
}
```

Ende der Datei clvec1.cpp

Die Klasse **ClVector** kann mit dem folgenden Programm getestet werden:

Programm vecalg1.cpp

```
#include "clvec1.h"
#include <iostream.h>
void main ()
{
  ClVector a (2. , -3 , 5) , b (3. , 4. , -7.) , c ;
  a.print ("Vektor a:    ") ;
  b.print ("Vektor b:    ") ;
  c = + a + b ;
  c.print ("+ a + b   = ") ;
  c = - a + b ;
  c.print ("- a + b   = ") ;
  cout << "Skalarprodukt a*b = " << a * b << "\n" ;
  c = (a + b) * 1.5 + 2 * b ;
  c.print ("(a + b) * 1.5 + 2 * b = ") ;
  //  Der Compiler führt eine scharfe Typ-Überprüfung aus. Eine Anweisung wie
  //                         c = a * b + b ;
  //  würde beanstandet werden, weil nach dem Berechnen des Skalar-Produkts eine skalare
  //  Größe zu einem Vektor addiert werden müßte. Dagegen ist die folgende Anweisung
  //  natürlich korrekt:
  c = (a * b) * b + b ;
  c.print ("(a * b) * b + b     = ") ;
}
```

Ende des Programms vecalg1.cpp

♦ Die Definition des **ClVector**-Objekts **c** ohne Angabe von Argumenten ist nur möglich,
  weil ein Standard-Konstruktor für die Klasse geschrieben wurde.

♦ Man beachte: Mit den Funktionen, die für die Klasse **ClVector** geschrieben wurden,
  können Ausdrücke wie − **a** + **b** oder **a** + (− **b**) berechnet werden, wenn **a** und **b** vom Typ
  ClVector sind. In beiden Ausdrücken ist das Symbol − der unäre Vorzeichen-Operator.

Vom Compiler würde dagegen ein Ausdruck wie **a − b** beanstandet werden, weil der binäre Subtraktions-Operator (bisher) nicht überladen wurde.

Die nebenstehende Abbildung zeigt die Ausgabe des Programms **vecalg1.cpp**.

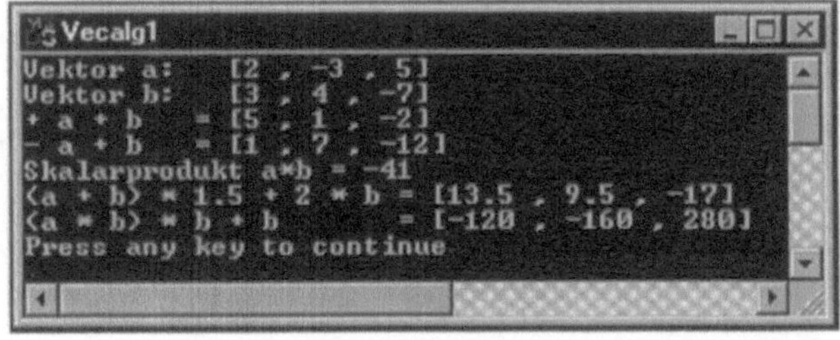

3.4.8 "Prefix-Postfix"-Operatoren

Die Operatoren **++** und **−−** sind unäre Operatoren und können dem Operanden sowohl vorangestellt als auch nachgestellt sein. Auch wenn es selten einen Anlaß geben sollte, einen dieser Operatoren zu überladen, soll dies wegen der Vollständigkeit ergänzt werden (auch deshalb, weil schließlich einer der Operatoren der Sprache C++ zu ihrem Namen verhalf).

Es gibt ein Problem, das bisher beim Überladen der Operatoren nicht auftauchte: Wie unterscheidet man z. B. die Funktion **operator++** für die beiden Varianten? Der Unterschied liegt in der Anzahl der Argumente, die den beiden Funktionen, die Prefix- bzw. Postfix-Verwendung des gleichen Operators realisieren, übergeben werden müssen. Die Funktion für die Postfix-Verwendung erwartet genau ein **int**-Argument mehr als die Funktion für die Prefix-Verwendung.

Die Frage, was die Funktion mit dem zusätzlichen **int**-Argument macht, ist schnell beantwortet: Nichts. Es ist ein "Dummy" und dient nur zur Unterscheidung der beiden überladenen Funktionen für die gleichnamigen Operatoren mit unterschiedlicher Stellung. Dies ist sicher keine sehr elegante Lösung (weil ohne logische Begründung), aber es ist C++-Syntax (und schließlich ist es immerhin eine Lösung).

Für die Klasse **ClVector**, die im Abschnitt 3.4.7 deklariert wurde, kann man sicher den Operator **++** sogar sinnvoll überladen: Das Objekt, mit dem er aufgerufen wird, ist um den "Einheitsvektor" (Vektor der Länge 1) zu verlängern. Die Prototypen der beiden Operatoren sehen in der Klassen-Deklaration folgendermaßen aus:

```
ClVector operator++ ()    ;        //      "Prefix"-Operator
ClVector operator++ (int) ;        //      "Postfix"-Operator
```

Beide müssen etwa die gleiche Funktionalität haben (Verlängerung des Vektors, den der Operand repräsentiert, um den Einheitsvektor). Deshalb wird eine (**private** deklarierte) Member-Funktion **ClVector::plusplus** geschrieben, die genau das erledigt und von beiden Varianten aufgerufen wird.

Die beiden Funktionen des überladenen Operators **++** unterscheiden sich allerdings in ihrem Return-Wert, der zwar bei beiden den gleichen Typ hat, aber beim "Prefix"-Operator das geänderte Objekt sein muß, beim "Postfix"-Operator das alte Objekt ("sein muß" ist natürlich viel zu hart formuliert, im Prinzip können diese beiden Operatoren machen, was dem Programmierer auch immer einfällt). Die Implementation könnte z. B. so aussehen:

Ausschnitt aus der Datei clvec2.cpp

```cpp
void ClVector::plusplus ()
{
    double  len = sqrt (m_x * m_x + m_y * m_y + m_z * m_z) ;
    if (len > 0.)
    {
        m_x += m_x / len ;
        m_y += m_y / len ;
        m_z += m_z / len ;
    }
    else
    {
        m_x = 1. ;              //      Wenn es der Null-Vektor war, wird aus ihm
        m_y = 0. ;              //      ein Einheitsvektor in Richtung der x-Achse
        m_z = 0. ;
    }
}

//  Der "Prefix"-Operator ++ ändert das Objekt und liefert das geänderte Objekt als
//  Return-Wert ab:
ClVector ClVector::operator++ ()
{
    plusplus ()   ;
    return *this ;
}

//  Der "Postfix"-Operator ++ ändert das Objekt und liefert das alte Objekt als Return-Wert ab:
ClVector ClVector::operator++ (int)
{
    ClVector old_vector (*this) ; //  ...  sichert den Vektor mit dem vom Compiler
                                  //       spendierten Copy-Konstruktor ...
    plusplus ()   ;
    return old_vector ;           //  ...  und gibt ihn zurück
}
```

Ende des Ausschnitts aus der Datei clvec2.cpp

Die erweiterte Klasse **ClVector** wird mit dem Programm **vecalg2.cpp** getestet, das in einer Anweisung die beiden Operatoren verwendet:

Programm vecalg2.cpp

```cpp
#include "clvec2.h"
#include <iostream.h>
void main ()
  {
    ClVector  a (2. , -3 , 5) , b (3. , 4. , -7.) , c  ;
    a.print ("Vektor a:    ") ;
    b.print ("Vektor b:    ") ;

    c = a++ + ++b ;

    c.print ("a++ + ++b = ") ;
    a.print ("Vektor a:    ") ;
    b.print ("Vektor b:    ") ;
  }
```

Ende des Programms vecalg2.cpp

Die nebenstehende Abildung zeigt die Ausgabe des Programms **vecalg2.cpp**. Man erkennt, daß sich die beiden überladenen Inkrement-Operatoren tatsächlich wie die entsprechenden Operatoren für den Datentyp **int** verhalten: Beide

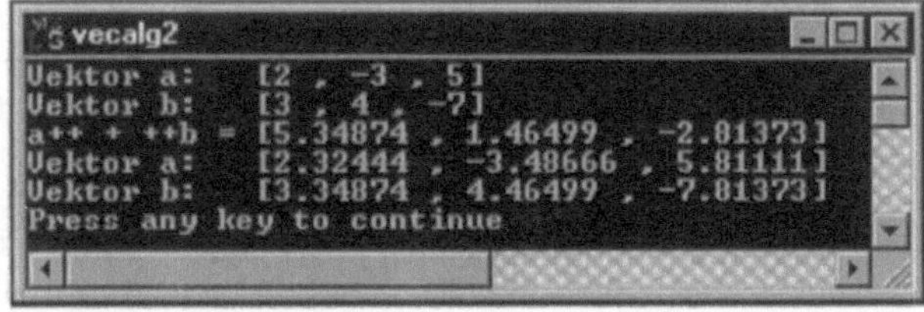

Vektoren werden in der Zeile, in der sie addiert werden, geändert, aber nur der mit dem "Prefix"-Operator versehene Vektor **b** wird in der geänderten Form bereits für die Addition verwendet.

Dieses Verhalten sollten die überladenen Operatoren unbedingt zeigen. Als Kriterium dafür, ob man für eine Klasse einen Operator überladen sollte, mag die Frage dienen, ob ein anderer Programmierer sich (ohne weitere Information) vorstellen kann, was der überladene Operator tut. Für die Klasse **ClVector** liegt in dieser Hinsicht sicher ein Grenzfall vor: Der mathematisch geschulte Programmierer kann sich wahrscheinlich vorstellen, daß es die Verlängerung des Vektors um den Einheitsvektor ist ("Was sollte es sinnvollerweise sonst sein?"), und andere werden die Klasse **ClVector** kaum verwenden.

3.4.9 Das Klassen-Objekt cout

Wenn hier trotz der kompletten Verfügbarkeit aller C-Routinen für die Ein- und Ausgabe und der mehrfach geschriebenen Bemerkung, daß komfortable Ein- und Ausgabe von Daten der Windows-Programmierung vorbehalten sein sollte, noch ein spezieller Abschnitt zu diesem Thema eingefügt wird, hat das folgenden Grund: Die Realisierung der Ein- und Ausgabe in C++ ist ein geradezu klassisches Beispiel für das Arbeiten mit Klassen und das Überladen von Operatoren. Der Leser sollte die folgenden Erläuterungen als Test dafür ansehen, ob er diese in den vorigen Abschnitten behandelten Themen auch wirklich verstanden hat.

Nachfolgend wird die Realisierung der Ausgabe mit **cout** beschrieben, alle Erläuterungen gelten sinngemäß auch für die Eingabe über **cin** und die Ausgabe über **cerr** bzw. **clog** (**cin** ist im Regelfall mit der Tastatur verbunden, Ausgaben über **cout**, **cerr** und **clog** landen üblicherweise auf dem Bildschirm, wobei die für Fehlermeldungen vorgesehenen Objekte **cerr** und **clog** sich nur in der Art der Pufferung der Ausgabe unterscheiden).

♦ Die für das Arbeiten mit **cout**, **cin**, **cerr** und **clog** erforderlichen Definitionen und Deklarationen werden über **iostream.h** eingebunden (nicht alle findet man direkt in dieser Datei, sie inkludiert selbst weitere Dateien).

♦ **cout** ist eine Instanz einer Klasse **ostream_withassign** und wird dementsprechend mit einer "normalen Definitionsanweisung" als globale Variable erzeugt (darum braucht sich der Programmierer nicht zu kümmern, die Objekte **cout**, **cin**, **cerr** und **clog** sind vordefiniert). Im Vorgriff auf die im nächsten Kapitel behandelte "Vererbung" sei hier schon angemerkt, daß die Klasse **ostream_withassign** die meisten Member-Funktionen gar nicht selbst definiert, sondern (aus den Klassen **ostream** und **ios**) aus einer Erbfolge "eingesammelt" hat (wichtig ist zunächst nur, daß sie sie hat).

♦ Der Operator << dient in der Sprache C (und damit auch in C⁺⁺) für die bitweise Verschiebung nach links innerhalb einer Variablen (**j = i << 2** verschiebt z. B. alle Bits der Variablen **i** um 2 Positionen nach links und weist das Ergebnis der Variablen **j** zu). Dieser Operator ist in der Klasse mehrfach überladen, so daß er für alle möglichen Typen des rechten Operanden benutzt werden kann, wenn der linke Operand z. B. das Objekt **cout** ist (seine ursprüngliche Bedeutung geht dabei natürlich nicht verloren, weil die Member-Funktionen, die den Operator überladen, natürlich vom Compiler nur dann verwendet werden, wenn der linke Operand den passenden Typ des Klassen-Objekts hat).

♦ Da Operatoren << bei mehrfachem Auftreten in einer Anweisung von links nach rechts abgearbeitet werden, sind auch die verketteten Ausgaben, wie sie in fast allen Beispiel-Programmen verwendet wurden, möglich. Der Programmierer darf die Vorstellung haben, einen "Ausgabestrom zum Objekt **cout** zu leiten".

♦ In den Ausgabestrom dürfen **Manipulatoren** eingefügt werden. Dies sind Funktionen, die z. B. Format-Informationen enthalten. Zu den **argumentlosen Manipulatoren** gehören z. B. **endl** (Einfügen des "End-of-line"-Zeichens, Leeren des Ausgabepuffers) und **dec**, **hex** und **oct**, die die Ausgabe aller nachfolgenden ganzen Zahlen als "dezimal", "hexadezimal" bzw. "oktal" veranlassen (gilt jeweils bis zum nächsten Manipulator aus dieser Gruppe, Voreinstellung ist "dezimal"). Im Gegensatz dazu muß z. B. der Manipulator **setw (int sz)** mit einem **int**-Argument aufgerufen werden, das die Breite des (rechtsbündig zu füllenden) Feldes für die nachfolgende Ausgabe festlegt. Die Programmzeile

```
cout << "3429 = " << hex << setw (6) << 3429 << " (hex.)" << endl ;
```

produziert unter Verwendung von 6 Positionen für die Hexadezimalzahl die Ausgabe:

```
3429 =       d65 (hex.)
```

(bei der Verwendung von Manipulatoren mit Argumenten muß die Header-Datei **iomanip.h** zusätzlich eingebunden werden).

♦ Alternativ zu den Manipulatoren, die als "normale" Funktionen[9] definiert sind, kann man auch Member-Funktionen benutzen, die mit dem Namen des Objekts (**cout**) aufgerufen werden müssen. Z. B. legt man mit dem Aufruf

```
cout.width (30) ;
```

die Breite des nächsten (rechtsbündig zu füllenden) Ausgabefeldes auf 30 Positionen fest, gleichwertig wäre das Einfügen des Manipulators **setw(30)** in den Ausgabestrom.

Die beschriebene Funktionalität von **cout** sollte als Beispiel für die Anwendung eines Klassen-Objektes dienen und die konsequente Realisierung der Ausgabe im C⁺⁺-Stil demonstrieren. Es gibt noch weit mehr Funktionalität, der Programmierer, der solche Programme mit zeilenweiser Ausgabe schreibt, sollte sich in den Handbüchern informieren.

Auf eine Darstellung der mit **cin** für die Eingabe gegebenen Möglichkeiten wird auch deshalb verzichtet, weil hierfür ohnehin nur die "klassische Variante" mit "Schreiben eines Prompts und Eingabe nur eines Wertes" verwendet werden sollte.

---

[9] **endl** ist tatsächlich eine "normale Funktion". Zur Erinnerung: Wenn nur **endl** in der Programmzeile steht (nicht von einem Klammerpaar gefolgt), dann ist das der "Pointer auf die Funktion". Zu den (über 20) Member-Funktionen **operator<<** der Klasse gehört also auch eine, die einen solchen Pointer als Parameter erwartet, mit dem sie dann die Funktion **endl** aufruft, die nicht viel mehr tut, als '\n' in den Ausgabestrom einzufügen.

4 Komposition und Vererbung

Mit der Möglichkeit, alle Eigenschaften einer Klasse an eine andere Klasse weiterzugeben ("zu vererben"), bietet C++ wohl die wichtigste Erweiterung gegenüber der Programmiersprache C. Gleichzeitig ist die "Vererbung" ("Inheritance") eine tragende Säule der objektorientierten Programmierung.

Dagegen ist die "Komposition", die Deklaration einer Klasse unter Verwendung von Objekten bereits vorab deklarierter Klassen, für den C-Programmierer nichts grundsätzlich Neues, denn das ist mit den Strukturen auch in der Sprache C möglich. Weil der C++-Programmierer beim Entwurf seiner Klassen aber ständig vor der Frage "Vererbung oder Komposition?" steht und die Qualität des Entwurfs einer Klassen-Hierarchie weitgehend von einer sinnvollen Beantwortung dieser Frage abhängt, werden diese beiden Themen in diesem Kapitel gemeinsam behandelt.

Im Abschnitt 4.1 soll zunächst an einem praktischen Beispiel, das sich dann durch viele Programme der nachfolgenden Abschnitte ziehen wird, das Problem verdeutlicht werden. Im Abschnitt 4.2 beginnt die C++-Realisierung der Klassen-Hierarchie für dieses Beispiel.

4.1 Zusammengesetzte ebene Flächen, Problemdiskussion

Betrachtet wird eine ebene Fläche, die sich aus Standard-Teilflächen zusammensetzen läßt. Zunächst werden als Standardflächen nur das Rechteck und der Kreis zugelassen. Dies geschieht mit voller Absicht, obwohl natürlich Dreiecke, Kreissektoren und viele andere Standardflächen gleich mit berücksichtigt werden könnten. Es soll aber demonstriert werden, wie bei einem sinnvollen Entwurf der Klassen-Hierarchie jederzeit problemlos erweitert werden kann.

Es soll auch gezeigt werden, daß und in welcher Form man berücksichtigen sollte, daß auch nachträglich hinzukommende Anforderungen realisiert werden können, was mit den "Objekten" (hier: Flächen) ausgeführt werden kann. Dabei sollte es keine Rolle spielen, ob man zur Zeit des Klassen-Entwurfs die zukünftigen Anforderungen bereits erahnt (und damit berücksichtigen kann), oder ob es Wünsche sind, die man beim Entwurf der Klassen überhaupt nicht voraussehen konnte. Mit einem Satz: Man kann gar nicht wissen, was alles kommt, aber man muß immer daran denken, daß etwas kommt, an das man nicht gedacht hat.

Nebenstehend sind zwei sehr einfache Flächen dargestellt, wie sie im folgenden betrachtet werden.[1]

Die Fläche a) setzt sich aus zwei Rechtecken zusam-
men. Das kann man unterschiedlich sehen: Es ist
entweder ein 10×80-Rechteck, dem unten rechts ein
50×10-Rechteck angefügt ist, oder man sieht ein unten
liegendes 60×10-Rechteck, auf dem links ein 10×70-
Rechteck aufgesetzt ist. Schließlich kann man auch ein
großes 60×80-Rechteck sehen, aus dem rechts oben ein
50×70-Rechteck ausgeschnitten ist.

Die Fläche b) dagegen ist sinnvollerweise nur als Kreis
zu sehen, aus dem ein Rechteck ausgeschnitten ist.

Die Gesamtfläche einer aus n Teilflächen zusammengesetzten Fläche berechnet sich aus der Summe der
Teilflächen, wobei Ausschnitte negativ eingehen:

$$A = A_1 + A_2 + ... + A_n \; .$$

Mit den Flächenformeln für Rechteck und Kreis

$$A_{Rechteck} = b \cdot h \quad , \quad A_{Kreis} = \frac{\pi}{4} d^2$$

(b und h sind Breite bzw. Höhe des Rechtecks, d ist
der Kreis-Durchmesser) errechnet man z. B. für die
Fläche a):

$$A = 10 \cdot 80 + 50 \cdot 10 = 1300 \; .$$

Für die Fläche b) erhält man:

$$A = \frac{\pi}{4} \cdot 80^2 - 40 \cdot 30 \approx 3826{,}55 \; .$$

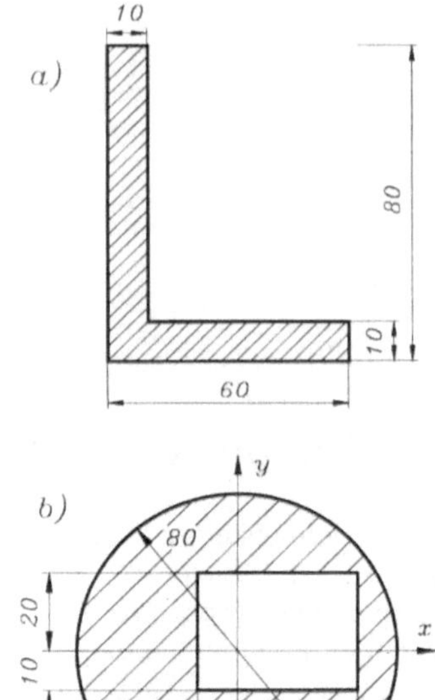

Ebene Flächen, zusammengesetzt aus den
Standard-Flächen "Rechteck" und "Kreis"

Bereits in den ersten Programmversionen, die sich mit der Berechnung ebener Flächen
befassen, wird neben der Gesamtfläche auch die **Lage des Schwerpunkts** berechnet. Auch
zu diesem Begriff etwas Wiederholung aus dem Physik-Unterricht: Der Schwerpunkt wird
eigentlich für Körper definiert, es ist der Punkt, den man sich für viele physikalische
Betrachtungen als Angriffspunkt der Gesamtgewichtskraft denken darf. Der Ingenieur
definiert auch den "Schwerpunkt einer Fläche". Man sollte sich ein dünnes Blech vorstellen,
das man im Schwerpunkt "auf einer Nadel balancieren" kann. Aber gerade für die beiden
oben dargestellten Flächen funktioniert diese Analogie nicht, deshalb wird eine andere

---

[1]Es ist nützlich, aber nicht zwingend, wenn sich der Leser den Hintergrund des Problems klarmacht, das in
zahlreichen nachfolgenden Programmen behandelt wird. Die behandelten Regeln der Sprache C++ kann man auch
ohne ein gründliches Verständnis des behandelten Problems erlernen. Aber die objektorientierte Programmierung zielt
auf die Abbildung des Problems (und damit der betrachteten realen Objekte) auf Objekte einer Klassen-Hierarchie.
Deshalb wird dringend empfohlen, die wenigen Hintergrund-Informationen, die in diesem Abschnitt gegeben werden,
nachzuempfinden. Das ausgewählte Problem ist wirklich nicht schwierig, aber trotzdem komplex genug, um alle
Besonderheiten der objektorientierten Programmierung zu demonstrieren.

Deutung nachgereicht, wenn die Formeln für die Schwerpunkt-Berechnung angegeben und damit die Schwerpunkte der dargestellten Flächen berechnet wurden.

Zunächst ist es einleuchtend, daß für die Standardflächen Rechteck und Kreis der Schwerpunkt jeweils "in der Mitte" liegt, beim Rechteck im Schnittpunkt der Diagonalen, beim Kreis im Mittelpunkt.

Bei einer zusammengesetzten Fläche wählt man sich zunächst ein beliebiges Koordinatensystem, in der Darstellung rechts wurde es in die linke untere Ecke der Fläche gelegt. Die Fläche wird in geeigneter Weise in Standard-Teilfächen unterteilt (in der nebenstehenden Abbildung sind es die beiden Rechtecke 1 und 2), für die die Lage des Schwerpunkts jeweils bekannt ist. Dann kann man die sogenannten "Statischen Momente" der Gesamtfläche nach folgenden Formeln berechnen:

$$S_x = A_1\,y_1 + A_2\,y_2 + \dots + A_n\,y_n \,,$$
$$S_y = A_1\,x_1 + A_2\,x_2 + \dots + A_n\,x_n \,.$$

Darin sind die A_i die Teilflächen und die x_i und y_i die Koordinaten der Schwerpunkte[2] der Teilflächen (bezogen auf das gewählte Koordinatensystem). Für das skizzierte Beispiel würde man also berechnen:

$$S_x = 800 \cdot 40 + 500 \cdot \ \ 5 = 34500 \,,$$
$$S_y = 800 \cdot \ \ 5 + 500 \cdot 35 = 21500$$

(man beachte die **35** in der zweiten Formel, die Lage des Teilflächen-Schwerpunkts muß auf das gewählte Koordinatensystem bezogen werden).

Schließlich gewinnt man die Koordinaten des Schwerpunkts der Gesamtfläche aus den Quotienten der statischen Momente und der Gesamtfläche. Nach

$$x_S = \frac{S_y}{A} \quad , \quad y_S = \frac{S_x}{A}$$

berechnet man für das betrachtete Beispiel:

$$x_S = \frac{21500}{1300} \approx 16{,}54 \quad ; \quad y_S = \frac{34500}{1300} \approx 26{,}54 \quad .$$

Das Ergebnis zeigt, daß der Schwerpunkt der Fläche nicht innerhalb des eigentlichen Flächenbereichs liegt (nebenstehende Abbildung), was durchaus keine Seltenheit ist. Die bereits erwähnte Vorstellung von der "auf einer Nadel im Schwerpunkt balancierten Fläche" ist also nur bedingt tauglich. Deshalb soll noch eine andere Deutung gegeben werden. An

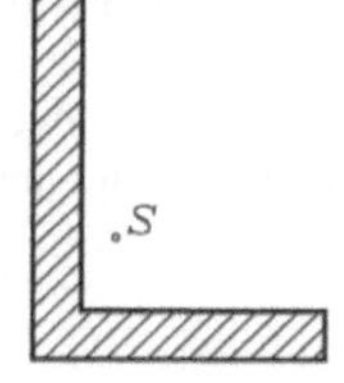

Lage des
Flächen-
Schwerpunkts

---

[2]Dem aufmerksamen Leser wird auffallen, daß in den Formeln S_x mit den y-Koordinaten berechnet wird, S_y dagegen mit den x-Koordinaten. Die Ingenieure haben gute Gründe dafür: Sie verbinden mit den Schwerpunkt-Koordinaten die Vorstellung eines "Hebelarms", und eine Teilfläche "hebelt" nun einmal mit der x-Koordinate um die y-Achse und umgekehrt. Wenn Sie kein Ingenieur sind (oder werden wollen): Nehmen Sie es einfach hin. Und auf die Frage, wozu eigentlich statische Momente nützlich sind, gibt es zunächst die Antwort: Für die Schwerpunkt-Berechnung.

welchem Punkt man einen Körper (hier eine Fläche) auch aufhängt, der Schwerpunkt liegt immer senkrecht unter dem Aufhängepunkt (nebenstehende Abbildung).

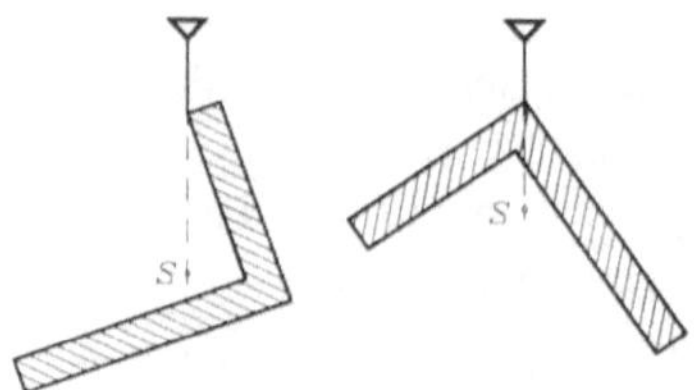

Der Schwerpunkt liegt immer unter dem Aufhängepunkt

Wenn eine Fläche mit Ausschnitten berechnet werden soll, dann müssen die ausgeschnittenen Teilflächen sowohl bei der Berechnung der Gesamtfläche (wie bereits gezeigt) als auch bei der Berechnung der statischen Momente mit einem negativen Vorzeichen einfließen. Für die eingangs dargestellte Fläche b) (Kreis mit Rechteckausschnitt) errechnet man auf diesem Wege (bezogen auf das im Mittelpunkt des Kreises liegende Koordinatensystem):

$$S_x = A_{Kreis} \cdot 0 - 1200 \cdot 5 = -6000 \quad ;$$
$$S_y = A_{Kreis} \cdot 0 - 1200 \cdot 10 = -12000 \quad ;$$

$$x_S \approx \frac{-12000}{3826,55} \approx -3,136 \quad ;$$
$$y_S \approx \frac{-6000}{3826,55} \approx -1,568$$

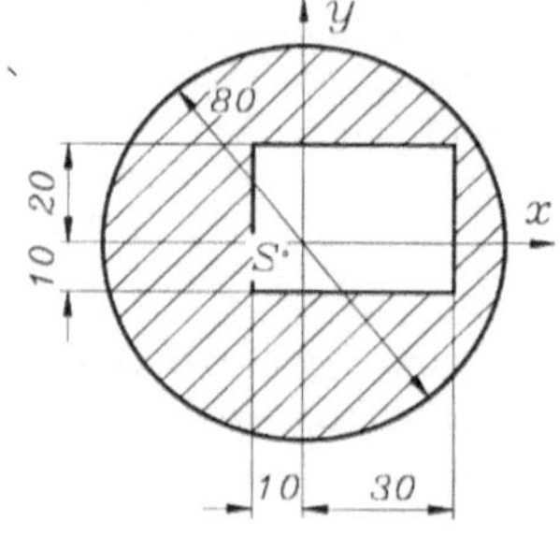

(die Kreisfläche hat auf die statischen Momente keinen Einfluß, weil das Koordinatensystem in ihren Mittelpunkt gelegt wurde, so daß die Schwerpunkt-Koordinaten des Kreises beide den Wert **0** haben). Auch der Schwerpunkt dieser Fläche liegt so ("im Loch"), daß ein "Balancieren auf einer Nadel" nicht möglich ist.

Auf diesem kleinen Ausflug in die Physik (es war die "Problemanalyse") ist das "Objekt", auf das sich die Programmierung nun "orientieren" soll, analysiert worden. In den nachfolgenden Abschnitten werden vor allen Dingen die unterschiedlichen Aspekte der Abbildung durch Klassen-Objekte (vor allem die Deklaration geeigneter Klassen) im Mittelpunkt stehen.

4.2   Komposition

Die für die Berechnung zusammengesetzter Flächen im Abschnitt 4.1 vorgestellten Formeln werden noch einmal zusammengestellt:

$$A \;\; = A_1 \quad\; + A_2 \quad\; + ... + A_n \quad\quad ;$$
$$S_x = A_1 y_1 + A_2 y_2 + ... + A_n y_n \quad ;$$
$$S_y = A_1 x_1 + A_2 x_2 + ... + A_n x_n \quad ;$$
$$x_S = \frac{S_y}{A} \quad , \quad y_S = \frac{S_x}{A} \quad .$$

Es fällt auf, daß eine Teilfläche in diesen Formeln durch die drei Größen A_i, x_i und y_i repräsentiert wird, völlig unabhängig davon, ob es sich um einen Kreis oder ein Rechteck handelt. Es ist tatsächlich so: Diese Formeln gelten für Teilflächen jeder beliebigen Form, wenn A_i der Teilflächeninhalt ist und x_i und y_i die Koordinaten des Schwerpunkts der Teilfläche sind. Es erscheint also naheliegend, eine allgemeine Klasse für die Teilflächen zu deklarieren, die genau diese drei Informationen enthält.

Sicher ist es besser, so zu formulieren: "Eine Teilfläche hat einen Flächeninhalt und einen Schwerpunkt. Der Schwerpunkt hat zwei Koordinaten." Und genau in dieser Form soll das "Objekt Teilfläche" durch ein Klassen-Objekt abgebildet werden: Für den Schwerpunkt wird die Klasse **ClPoint** verwendet, die am Anfang des Abschnitts 2.1 (im Programm **class1.cpp**) vorgestellt wurde. Die Klasse **ClCommArea** ("allgemeine Teilfläche") enthält dann neben einer Variablen für den Flächeninhalt ein Objekt vom Typ **ClPoint**.

> **Komposition**
>
> Wenn eine Klasse Objekte einer anderen Klasse enthält, wird dies im folgenden als **Komposition** bezeichnet (es sind auch die Begriffe "Einbettung", "Layering", "Containment" gebräuchlich).

Die Deklaration der Klasse **ClCommArea** muß also die Deklaration der Klasse **ClPoint** kennen. In der nachfolgend gelisteten Datei **geom1.h** ist das dadurch realisiert, daß beide Klassen-Deklarationen nacheinander aufgelistet sind:

Header-Datei geom1.h

```cpp
class ClPoint           //      Basisklasse für die Speicherung eines 2D-Punktes,
{                       //      der mit zwei double-Koordinaten beschrieben wird
    private:
        double m_x ;
        double m_y ;
    public:
        ClPoint (double x = 0. , double y = 0.)
        {
            m_x = x ;
            m_y = y ;
        }
        void    set_x   (double x) { m_x = x    ; }
        void    set_y   (double y) { m_y = y    ; }
        double  get_x   ()         { return m_x ; }
        double  get_y   ()         { return m_y ; }
} ;
class ClCommArea        //      Allgemeine 2D-Fläche wird durch Flächeninhalt und
{                       //      Schwerpunkt (ClPoint-Objekt) beschrieben, sie ...
    protected:
        ClPoint     m_point ; //      ... "HAT EINEN" Schwerpunkt
        double      m_a     ; //      ... und einen Flächeninhalt
    public:
        ClCommArea  (double a = 0. , double x = 0. , double y = 0.) :
                    m_point (x , y)
        {
            m_a = a ;
        }
        double get_a  () { return m_a ; }
        double get_sx () { return m_a * m_point.get_y () ; }
        double get_sy () { return m_a * m_point.get_x () ; }
        void   input  (int type) ;
} ;
```

Ende der Header-Datei geom1.h

◆ Neben **private** und **public** gibt es mit **protected** noch ein drittes Schlüsselwort für die Zugriffskontrolle auf die Elemente einer Klasse. Es hat nur im Zusammenhang mit der in den folgenden Abschnitten zu besprechenden Vererbung eine besondere Bedeutung. Deshalb wurden die beiden Daten-Elemente der Klasse **ClCommArea** vorsorglich mit diesem Schlüsselwort versehen. Es gilt:

> **Innerhalb einer Klasse** hat das Schlüsselwort **protected** exakt die gleiche Wirkung wie das Schlüsselwort **private**.

◆ Wenn eine Klasse (wie hier **ClCommArea**) ein anderes Klassen-Objekt (hier vom Typ **ClPoint**) enthält, dann wird beim Konstruieren eines Objekts (hier des **ClCommArea**-Objekts) zuerst der Konstruktor des in der Klasse enthaltenen Objekts (hier der **ClPoint**-Konstruktor) aufgerufen. Erst danach wird der Algorithmus des Konstruktors der Klasse abgearbeitet, in der das andere Klassen-Objekt eingebettet ist (hier der Algorithmus des **ClCommArea**-Konstruktors).

Die letzte Aussage soll an dem betrachteten Beispiel noch einmal verdeutlicht werden. Zunächst ist es naheliegend (und auch möglich), den Konstruktor als **inline**-Funktion der Klasse **ClCommArea** folgendermaßen zu schreiben:

```
ClCommArea   (double a = 0. , double x = 0. , double y = 0.)
{
    m_a = a ;
    m_point.set_x (x) ;
    m_point.set_y (y) ;
}
```

Diese durchaus richtige Möglichkeit hätte folgende Konsequenzen: Vor der Abarbeitung der drei Programmzeilen dieses Konstruktors wird der Konstruktor der Klasse **ClPoint** aufgerufen, um die Member-Variable **m_point** zu initialisieren. Dies kann nur ein (keine Parameter erwartender) Standard-Konstruktor sein. Weil im Konstruktor von **ClPoint** für alle Parameter Default-Argumente vorgesehen sind, wird also **m_point** mit diesen Werten initialisiert.

Wenn nun nachträglich die an den Konstruktor von **ClCommArea** übergebenen Koordinaten für den Punkt in das **ClPoint**-Objekt eingesetzt werden, ist dies natürlich nicht effektiv. Deshalb sieht C^{++} die Möglichkeit vor, den Konstruktor des eingebetteten Objekts gezielt aufzurufen. Dies wurde in der Deklaration der Klasse **ClCommArea** bereits genutzt:

```
ClCommArea   (double a = 0. , double x = 0. , double y = 0.) :
             m_point (x , y)
{
    m_a = a ;
}
```

Mit einem Doppelpunkt wurde der **ClPoint**-Konstruktoraufruf an die Parameterleiste der **inline**-Deklaration des **ClCommArea**-Konstruktors angehängt (gehört zur Definition, nicht zum Prototyp). Man beachte die Syntax: Für den Aufruf des **ClPoint**-Konstruktors muß der Name der Member-Variablen **m_point** angegeben werden (die Klasse **ClCommArea** könnte mehrere Variablen des Typs **ClPoint** enthalten, dann könnten weitere Konstruktor-Aufrufe, jeweils durch Komma getrennt, angegeben werden). Diese Syntax gestattet (wie demonstriert) auch die Verwendung von Argumenten für den Aufruf des **ClPoint**-Konstruktors, die der **ClCommArea**-Konstruktor gerade empfangen hat.

> Wenn in einer Klasse nach den Regeln der Komposition ein Objekt einer anderen Klasse eingebettet ist, so muß
>
> ♦ entweder ein Konstruktor des eingebetteten Objekts vom Konstruktor der Klasse explizit aufgerufen werden,
>
> ♦ oder es muß ein Standard-Konstruktor der Klasse des eingebetteten Objekts verfügbar sein.

Die einzige Member-Funktion, die in der Deklaration der Klasse **ClCommArea** nicht bereits als **inline**-Funktion verfügbar ist, findet sich in der Datei **geom1.cpp**:

Datei geom1.cpp

```cpp
#include <iostream.h>
#include "geom1.h"                       //       ... enthält Klassen-Deklarationen

void ClCommArea::input (int type) //      type > 0 --> Teilfläche,
{                                 //      type < 0 --> Ausschnitt
    double  x , y ;
    if   (type > 0) cout << "\nTeilflaeche:              A = " ;
    else            cout << "\nAusschnittflaeche:        A = " ;
    cin  >> m_a  ;
    m_a  *= (type > 0) ? 1 : -1 ; //      Ausschnitt wird zunächst als "negative
                                  //      Fläche" registriert.
    cout << "Schwerpunkt:              x = " ;
    cin  >> x ;
    cout << "                          y = " ;
    cin  >> y ;
    m_point.set_x (x) ;           //      Auf private-Elemente des "eingebetteten"
    m_point.set_y (y) ;           //      Objekts kann nur über die Member-
}                                 //      Funktionen zugegriffen werden.
```

Ende der Datei geom1.cpp

Die Deklaration der Klasse **ClCommArea** kann mit folgendem Programm, das die Gesamtfläche und die Schwerpunkt-Koordinaten einer zusammengesetzten Fläche berechnet, getestet werden:

Programm sp1.cpp

```cpp
// Schwerpunkt einer zusammengesetzten Fläche

#include <iostream.h>
#include <math.h>
#include "geom1.h"                              //... enthält Klassen-Deklarationen
void main ()
{
    int      i  , n , type ;
    double   a = 0. , sx = 0. , sy = 0. ;
    cout << "Schwerpunkt einer zusammengesetzten Flaeche\n" ;
    cout << "===========================================\n\n" ;
    cout << "Anzahl der Teilflaechen:        n = " ;
    cin  >> n ;
    if (n <= 0) return ;
```

```
ClCommArea *area_p = new ClCommArea [n] ;   // ... erzeugt ein Array mit
                                            //    n ClCommArea-Objekten
if (!area_p)
{
    cout << "Sorry, kein Speicherplatz!\n" ;
    return ;
}
for (i = 0 ; i < n ; i++)
{
    cout << "\n1 ---> Teilflaeche,"
         << " -1 ---> Ausschnittflaeche, 0 ---> Ende" ;
    cout << "\nBitte auswaehlen:    " ;
    cin  >> type ;
    if (!type) break ;
    (area_p + i)->input (type) ;
}
for (i = 0 ; i < n ; i++)
{
    a  += (area_p + i)->get_a()  ;
    sx += (area_p + i)->get_sx() ;
    sy += (area_p + i)->get_sy() ;
}
cout << "\nFlaeche                 A = " << a ;
if (fabs (a) > 1.e-20)
{
    cout << "\nSchwerpunkt-Koordinaten:   xS = " << sy / a ;
    cout << "\n                          yS = " << sx / a << "\n" ;
}
delete [] area_p ;
}
```

Ende des Programms sp1.cpp

♦ Natürlich könnte man in diesem kleinen Programm die Berechnung gleich in der Eingabeschleife mit erledigen (und damit auf die Speicherung der eingegebenen Werte völlig verzichten). Für typische Programm-Erweiterungen (Ergänzung oder Korrektur der eingegebenen Werte) müßten die Eingabewerte aber in jedem Fall gespeichert werden, was hier schon vorbereitet wurde.

♦ Ein Array von Klassen-Objekten kann mit der gleichen Syntax (Operator **new**) erzeugt werden, die bereits im Abschnitt 1.4.3 für das Erzeugen eines Arrays mit vordeklarierten Datentypen beschrieben wurde. Dabei ist folgende Besonderheit zu beachten:

> Beim Erzeugen eines Arrays von Klassen-Objekten mit dem Operator **new** werden alle **Objekte mit dem Standard-Konstruktor initialisiert** (ein solcher Konstruktor muß also verfügbar sein). Ein expliziter Konstruktor-Aufruf mit der Übergabe von Argumenten ist nicht möglich.

Dies hat für das Programm **sp1.cpp** folgende Konsequenz: Als Standard-Konstruktor ist der einzige Konstruktor der Klasse verwendbar, weil allen Parametern Default-Argumente zugeordnet wurden, so daß alle Objekte des Feldes mit diesen Werten (0.) initialisiert werden (der Standard-Konstruktor wird für jedes Element des erzeugten Arrays aufgerufen). Deshalb kann man für **n** gegebenenfalls einen ausreichend großen Wert angeben und trotzdem nach wenigen Teilflächen die Eingabe abbrechen. Da das gesamte Array "sauber initialisiert" wurde, werden beim Zugriff auf die Elemente immer wohldefinierte Werte abgeliefert.

Die nebenstehende Abbildung zeigt die Berechnung der Fläche a) aus dem Abschnitt 4.1 (aus zwei Rechtecken gebildeter Winkel).

Ein besonders unangenehmer Fehler ist das Verwechseln der Klammertypen, die beim Erzeugen eines Arrays mit **new** verwendet werden müssen. Wenn man im Programm **sp1.cpp** die entsprechende Zeile versehentlich in der Form

```
ClCommArea *area_p = new ClCommArea (n) ;
```

Vorsicht, Falle! schreibt, dann wird dies vom Compiler klaglos übersetzt, weil es korrekt ist. Es wird aber kein Array mit **n** Objekten erzeugt, sondern ein einzelnes Objekt. Weil für ein einzelnes Objekt aber Argumente an den Konstruktor übergeben werden dürfen, wird das **n** in den runden Klammern als solches aufgefaßt (und in diesem Fall von **int** nach **double** konvertiert, für die beiden anderen Parameter des Konstruktors werden die Default-Argumente verwendet).

Dieser Fehler ist deshalb besonders unangenehm, weil er vom Compiler nicht bemerkt werden kann (es ist aus seiner Sicht gar kein Fehler) und sich zur Laufzeit an anderer Stelle äußert (wenn den nicht erzeugten Array-Elementen Werte zugewiesen werden sollen).

4.3 Öffentliche Vererbung

Das Deklarieren von Klassen und das Definieren aller zugehörigen Member-Funktionen kann recht aufwendig sein. Deshalb wird der Programmierer bestrebt sein, "wiederverwendbare Klassen" zu erzeugen. Mit der Komposition der Klasse **ClCommArea** unter Einbeziehung eines Objekts der Klasse **ClPoint** wurde im Abschnitt 4.2 bereits eine Möglichkeit der "Wiederverwendung" einer Klasse gezeigt. Andererseits spiegelt die Komposition auch eine Beziehung zwischen den Klassen wider: Eine Fläche (**ClCommArea**-Objekt) **"hat einen"** ("has a") Schwerpunkt (**ClPoint**-Objekt).

Um die Zusammenhänge zwischen realen Objekten und ihren Repräsentationen im Programm durch Klassen wirklichkeitsgetreu abbilden zu können, gibt es eine weitere (weitaus wichtigere) Spracheigenschaft, die einerseits auch eine Art "Wiederverwendung" einer

Klassen-Deklaration und -Definition ist, andererseits (und in erster Linie) aber als Abbildung einer Beziehung im Sinne von **"ist ein"** ("is a") gesehen werden sollte, die ...

> **Vererbung:**
>
> Eine Klasse ("**Basisklasse**") kann an eine andere Klasse ("**abgeleitete Klasse**") alle Eigenschaften weitergeben. Die abgeleitete Klasse "erbt" sämtliche Daten-Elemente und Member-Funktionen von der Basisklasse und kann eigene Daten-Elemente und Member-Funktionen ergänzen.
>
> Vererbung bedeutet Spezialisierung (die abgeleitete Klasse "kann mehr ..." als die Basisklasse) im Sinne einer Erweiterung (... und "ist und hat auch mehr").

◆ Dies sieht zunächst nur nach einem formalen Unterschied zur Komposition aus. Richtig ist, daß man häufig vor der Wahl steht, die Beziehungen zwischen Klassen entweder durch Vererbung oder Komposition herzustellen. Im Beispiel, das im Abschnitt 4.2 behandelt wurde, könnte man die Klasse **ClCommArea** durchaus aus der Basisklasse **ClPoint** "ableiten", dann würde **ClCommArea** die beiden Koordinaten des Punktes und sämtliche Member-Funktionen von **ClPoint** "erben" (aber gut wäre es nicht!).

◆ Die Syntax für die Vererbung ist denkbar einfach: Bei der Deklaration wird der Name der Basisklasse mittels Doppelpunktes und (zunächst nur) des Schlüsselwortes **public** an den Namen der abgeleiteten Klasse angehängt, z. B.:

```
class ClCommArea  { // ... } ;
class ClCircle : public ClCommArea
{ // ...
} ;
```

... bedeutet, daß **ClCircle** von **ClCommArea** abgeleitet ist und alle Daten-Elemente und Member-Funktionen von dieser Basisklasse erbt. Mit **public** wird die "öffentliche Vererbung" erreicht, bei der alle Elemente aus der Basisklasse ihren Zugriffsstatus auch dann behalten, wenn die abgeleitete Klasse selbst Basisklasse für eine andere Klasse wird (die zur **public**-Vererbung alternative Variante wird im Abschnitt 6.5 behandelt).

Abgesehen davon, daß die Vererbung nur ein Grundkonzept für weitere entscheidende Spracheigenschaften ist, die mit der Komposition nicht realisiert werden können, ist die **saubere Unterscheidung zwischen Komposition und Vererbung ein Eckpfeiler einer guten Klassen-Hierarchie und damit der objektorientierten Programmierung.** Diese Aussage wird dem Leser sicher erst beim Durcharbeiten der nachfolgenden Abschnitte verständlich werden, trotzdem sollte man schon die richtige Antwort geben auf die Frage ...

> **Komposition oder Vererbung?**
>
> ◆ Eine Klasse, die eine andere Klasse nach den Regeln der Komposition einbettet, sollte zu dieser immer eine **"HAT EIN(E)(N)"**-Beziehung haben.
>
> ◆ Eine Klasse, die von einer anderen Klasse (Basisklasse) nach den Regeln der öffentlichen Vererbung abgeleitet ist, sollte zu dieser immer eine **"IST EIN(E)"**-Beziehung haben.

♦ Für die beiden bisher angegebenen Beispiele sind die Aussagen eindeutig: "Eine Fläche (Klasse **ClCommArea**) **hat einen** Schwerpunkt (Klasse **ClPoint**)" bzw. "Ein Kreis (Klasse **ClCircle**) **ist eine** Fläche (Klasse **ClCommArea**)".

Vor weiteren Aussagen über die Vererbung soll ein Beispiel betrachtet werden. Im Programm **sp1.cpp** (Abschnitt 4.2) wurden die **ClCommArea**-Objekte, die jeweils eine Teilfläche beschreiben, in einem Array zusammengefaßt. Dies soll flexibler gemacht werden:

Im Programm **sp2.cpp** werden die Teilflächen in einer verketteten Liste verwaltet. Dafür muß in der Klasse ein Pointer auf den eigenen Typ ("Next-Pointer") untergebracht werden, der jeweils auf das Objekt zeigt, das die folgende Teilfläche beschreibt (im letzten "Listenknoten" zeigt ein NULL-Pointer an, daß das Ende erreicht ist). Der Einstieg in die Liste erfolgt über einen "Head-Pointer", der auf das erste Listenelement zeigt.[3]

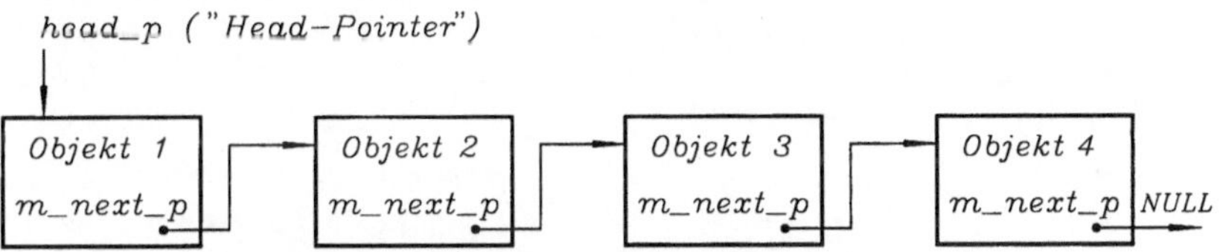

**Verkettete Liste mit vier Objekten, verwaltet mit einem
"Head-Pointer" und jeweils einem "Next-Pointer" in jedem Objekt**

Ein Listenknoten beschreibt also eine Teilfläche wie die Klasse **ClCommArea**, der dafür eigentlich nur der "Next-Pointer" fehlt. Da auch eine Teilfläche mit dieser zusätzlichen Verwaltungs-Information **eine** Teilfläche **ist**, bietet sich die Ableitung einer neuen Klasse aus **ClCommArea** an. Die Deklaration der neuen Klasse **ClAreaNode** findet man in der Datei **sp2.h**:

Header-Datei sp2.h

```cpp
#include "geom1.h"                        //      ... enthält Basisklassen-Deklaration
class ClAreaNode : public ClCommArea
{
    private:
        ClAreaNode    *m_next_p ;         //      ... für Verankerung in der Liste
    public:
        ClAreaNode    (ClAreaNode *next_p = NULL ,
                       double a = 0. , double x = 0. , double y = 0.) :
                       ClCommArea (a , x , y)
        {
            m_next_p = next_p ;
        }

        ClAreaNode *get_next () { return  m_next_p  ; }
} ;
```

Ende der Header-Datei sp2.h

---

[3]Die Flexibilität verketteter Listen beim Einfügen oder Entfernen von Listenknoten an einer beliebigen Position wird z. B. im Kapitel 7 von [Dank97] behandelt. Die einfachen Operationen, die in den nachfolgenden Programmen ausgeführt werden, sind allerdings weitgehend selbsterklärend.

♦ Durch die Ableitung aus **ClCommArea** erbt **ClAreaNode** alle Daten-Elemente (**m_point** und **m_a**) und alle Member-Funktionen. Die geerbten Member-Funktionen können mit einem **ClAreaNode**-Objekt genauso aufgerufen werden wie mit einem **ClCommArea**-Objekt.

Auch auf die geerbten Daten-Elemente kann wie auf das eigene Daten-Element direkt zugegriffen werden, weil sie in der Basisklasse **protected** deklariert wurden.

Schlüsselworte private und protected:

Innerhalb einer Klasse haben die Schlüsselworte **private** und **protected** die gleiche Wirkung. Die so deklarierten Elemente sind gegen Zugriff von außen geschützt.

Unterschiede zeigen sich erst in abgeleiteten Klassen: Basisklassen-Elemente, die **private** deklariert sind, können auch aus abgeleiteten Klassen nur über die Member-Funktionen der Basisklasse angesprochen werden. Dagegen sind **protected** deklarierte Basisklassen-Elemente in abgeleiteten Klassen direkt zugänglich.

Daraus ergeben sich folgende Konsequenzen: Mit **protected** deklarierten Basisklassen-Elementen kann in den abgeleiteten Klassen bequemer gearbeitet werden. Allerdings wirken sich Änderungen der Implementation in diesem Bereich der Basisklasse in der Regel auf alle abgeleiteten Klassen aus, Änderungen im **private**-Bereich bleiben immer auf die Implementation der Klasse beschränkt.

Eine spezielle Betrachtung verdient noch der Konstruktor der Klasse **ClAreaNode**, wobei zunächst die gleiche Syntax für den Aufruf des Basisklassen-Konstruktors auffällt, die bereits für den Aufruf des Konstruktors eines eingebetteten Objekts bei der Komposition verwendet wurde (vgl. Abschnitt 4.2). Generell gilt auch hier folgende Regel für den ...

Konstruktor-Aufruf bei abgeleiteten Klassen:

Beim Konstruieren eines Objekts einer abgeleiteten Klasse wird stets **erst der Konstruktor der Basisklasse** abgearbeitet, danach werden die Anweisungen im Funktions-Rumpf des Konstruktors der abgeleiteten Klasse ausgeführt.

♦ Der Konstruktor der Basisklasse kann vom Konstruktor der abgeleiteten Klasse explizit aufgerufen werden. Die Syntax dafür ähnelt der Syntax des Konstruktor-aufrufs eines eingebetteten Objekts: Der Basisklassen-Konstruktor wird allerdings mit dem Namen der Basisklasse aufgerufen, der Aufruf wird aber (wie bei der Komposition) mit einem Doppelpunkt an die Parameterleiste der Definition des Konstruktors der abgeleiteten Klasse angehängt und kann Argumente enthalten, die der Konstruktor der abgeleiteten Klasse als Parameter empfängt.

♦ Wenn der Basisklassen-Konstruktor nicht explizit aufgerufen wird, **muß** die Basisklasse einen Standard-Konstruktor besitzen.

♦ Es fängt also immer "ganz unten" an. Im betrachteten Beispiel lautet die Abarbeitungs-Reihenfolge beim Konstruieren eines **ClAreaNode**-Objekts: Konstruktor von **ClPoint** --> Konstruktor von **ClCommArea** --> Konstruktor von **ClAreaNode**.

Im Programm **sp2.cpp** werden nun die Teilflächen als Objekte der abgeleiteten Klasse **ClAreaNode** erzeugt, mit denen die Member-Funktionen der Basisklasse **ClCommArea** aufgerufen werden:

Programm sp2.cpp

```
//  Schwerpunkt einer zusammengesetzten Fläche

#include <iostream.h>
#include <math.h>
#include "sp2.h"
void main ()
{
    int         type ;
    double      a = 0. , sx = 0. , sy = 0. ;
    ClAreaNode *head_p = NULL , *area_p ;

    cout << "Schwerpunkt einer zusammengesetzten Flaeche\n" ;
    cout << "==========================================\n\n" ;

    while (1)
    {
        cout << "\n1 ---> Teilflaeche,"
             << " -1 ---> Ausschnittflaeche, 0 ---> Ende" ;
        cout << "\nBitte auswaehlen:    " ;
        cin  >> type ;
        if (!type) break ;

        if (area_p = new ClAreaNode (head_p))    // Neuer Knoten kommt an die ...
        {
            area_p->input (type) ;
            head_p = area_p ;                    // ... Spitze der verketteten Liste
        }
        else
        {
            cout << "Sorry, kein Speicherplatz!\n" ;
            return ;
        }
    }

    for (area_p = head_p ; area_p ; area_p = area_p->get_next ())
    {
        a  += area_p->get_a()  ;
        sx += area_p->get_sx() ;
        sy += area_p->get_sy() ;
    }
    cout << "\nFlaeche            A = " << a << "\n" ;
    if (fabs (a) > 1.e-20)
    {
        cout << "Schwerpunkt-Koordinaten:    xS = " << sy / a << "\n" ;
        cout << "                            yS = " << sx / a << "\n" ;
    }
    while (head_p)                               // Zerstörung der Liste vom Kopf aus
    {
        area_p = head_p->get_next () ;
        delete    head_p ;
        head_p = area_p ;
    }
}
```

Ende des Programms sp2.cpp

- Weil eine verkettete Liste "wachsen" kann, ist die Abfrage nach der Anzahl der einzugebenden Teilflächen im Programm **sp2.cpp** nicht mehr erforderlich.

- Die Listenverwaltung ist auf besonders einfache Art in **sp2.cpp** realisiert: Der "Head-Pointer" wird mit NULL initialisiert, und ein neues Listenelement wird immer an die Spitze gesetzt. Dies wird erreicht, indem dem Konstruktor für ein neues Listenelement der "Head-Pointer" übergeben wird. Dort wird er als "Next-Pointer" des neuen Listenelements eingesetzt, während der Pointer des neuen Listenelements zum "Head-Pointer" wird. Es sind die beiden hervorgehobenen Zeilen im folgenden Programmstück:

```
if (area_p = new ClAreaNode (head_p))          // Neuer Knoten kommt an die ...
{
    area_p->input (type) ;
    head_p = area_p ;                          // ... Spitze der verketteten Liste
}
```

- Die komplette Liste kann mit einer **while**-Schleife oder einer **for**-Schleife abgearbeitet werden. Die **for**-Schleife kann sehr übersichtlich mit folgender Zeile eingeleitet werden:

```
for (area_p = head_p ; area_p ; area_p = area_p->get_next ())
```


4.4 Statische Daten-Elemente, statische Member-Funktionen

Das in diesem Abschnitt zu behandelnde Thema paßt zwar nicht direkt zur Kapitel-Überschrift, dafür aber umso besser zum gerade erreichten Zustand des Projekts "Flächen-Schwerpunkt-Berechnung". Deshalb wird es hier eingeschoben.

Es gibt gelegentlich Variablen, die sinnvollerweise für alle Instanzen einer Klasse nur einmal existieren sollten, z. B.: Anzahl der existierenden Instanzen einer Klasse, Extremwerte oder Durchschnittswerte. Auch der "Head-Pointer" für die Verwaltung der Liste der **ClAreaNode**-Objekte im Programm **sp2.cpp** (Abschnitt 4.3) ist ein solcher Kandidat. Eine Variable dieser Art wird üblicherweise lokal (wie der "Head-Pointer" in **sp2.cpp**) in einer Funktion angesiedelt oder als globale Variable mehreren Funktionen zugänglich gemacht. Folgende Gründe könnten z. B. dafür sprechen, solche Variablen in der Klasse anzusiedeln:

- Man möchte die Variable "kapseln", also **private** deklarieren und damit den Zugriff nur über Member-Funktionen gestatten.

- Auf die Variable muß aus verschiedenen Funktionen zugegriffen werden, die (fast immer unbefriedigende, weil gefährliche) Definition einer globalen Variablen soll aber vermieden werden.

- Schließlich soll auch eine prinzipielle Begründung nicht außer acht gelassen werden: Informationen, die zur Klasse gehören, sollten auch von dieser verwaltet werden.

Weil ein "normales" Daten-Element für jede Instanz existiert, gibt es in C++ außerdem die für alle Instanzen nur einmal existenten **static**-Daten-Elemente. Die Verwendung dieses Schlüsselwortes ist sicher nicht sehr glücklich, denn die Besonderheit der als **static** deklarierten Daten-Elemente einer Klasse unterscheidet sich erheblich von den Eigenschaften lokaler **static**-Variablen einer Funktion bzw. externer **static**-Variablen.

> "Normale" ("nicht-statische") Daten-Elemente existieren gesondert für jede Instanz. Man sollte sie als "Instanz-Elemente" bzw. "Objekt-Elemente" ansehen, die jeweils einem Objekt zugeordnet sind. Auf sie kann nur im Zusammenhang mit einem Objekt zugegriffen werden.
>
> "Statische" Daten-Elemente existieren dagegen nur einmal und sollten deshalb als "Klassen-Elemente" gesehen werden, die keiner Instanz zuzuordnen sind.

♦ Statische Daten-Elemente können wie nicht-statische in beliebigen Bereichen der Klassen-Deklaration angesiedelt werden. Sie erhalten das zusätzliche Schlüsselwort **static**. In der Regel werden sie im **private**-Bereich untergebracht, z. B.:

```
private:
     static int m_ninst ;
```

... soll eine Variable sein, mit der die Anzahl der existierenden Instanzen verfolgt wird.

Bei der folgenden Aufzählung der Besonderheiten der statischen Daten-Elemente mag einiges merkwürdig erscheinen. Man mache sich klar, daß alles nur auf diese Weise sinnvoll festgelegt werden konnte und in sich sehr logisch ist.

♦ Statische Daten-Elemente können nicht im Konstruktor initialisiert werden (Begründung: Sie existieren nur einmal, aber bei jedem Erzeugen einer Instanz wird ein Konstruktor aufgerufen). Aber vom Konstruktor kann (wie von jeder anderen Member-Funktion) auf die statischen Daten-Elemente zugegriffen werden, z. B.:

```
m_ninst++ ;
```

... wäre genau die Anweisung, die den oben genannten Zweck dieser Variablen erfüllt (im Destruktor sollte sinnvollerweise **m_ninst--** ; stehen).

♦ Statische Daten-Elemente werden außerhalb der Klasse initialisiert. Damit das garantiert vor ihrer ersten Verwendung geschieht, muß die Anweisung auf Datei-Ebene stehen (wie bei globalen Variablen, die vor der Ausführung von **main** erzeugt werden), z. B.:

```
int ClAreaNode::m_ninst = 0 ;
```

Diese Syntax suggeriert, daß es keine Wertzuweisung, sondern die **Definition** einer Variablen ist (erkennbar am erforderlichen Typ-Bezeichner, hier: **int**). Es wird an dieser Stelle Speicherplatz zugewiesen, der mit einem Wert initialisiert wird. Wenn nicht der Klassenname mit dem Gültigkeitsbereichsoperator **::** vor dem Namen **m_ninst** stehen würde, wäre es tatsächlich genau die Definition einer globalen Variablen.

Vorsicht, Falle!

Es erscheint naheliegend, die Initialisierung einer statischen Member-Variablen dort vorzunehmen, wo die Klasse deklariert wird. Dies ist aber in den meisten Fällen eine Header-Datei, die von mehreren Programm-Dateien eingebunden werden kann. **Deshalb sollte die Initialisierung einer statischen Member-Variablen immer in der Datei angesiedelt werden, in der sich die Implementation der Klasse befindet (*.cpp-Datei).**

Wenn ein statisches Daten-Element im **public**-Bereich der Klasse steht (in der Regel ist das nicht sehr sinnvoll), kann wie auf nicht-statische **public**-Elemente zugegriffen werden. Dabei darf eine beliebige Instanz für den Zugriff verwendet werden (wie üblich mit dem Punktoperator oder bei einem Pointer auf die Instanz mit dem Operator –>). Das ist natürlich nicht sehr schön, weil ein statisches Daten-Element keiner Instanz zugeordnet werden kann. Besser ist der Zugriff mit dem Klassennamen, der mit dem Gültigkeitsbereichsoperator **::** dem Namen der statischen Variablen vorangestellt wird (wie bei der Initialisierung), noch besser ist es, wenn man keine statischen Daten-Elemente im **public**-Bereich einer Klasse ansiedelt.

> **Statische Member-Funktionen:**
>
> **Wenn eine Member-Funktion nur auf statische Daten-Elemente der Klasse zugreift,** sollte sie selbst auch mit dem Schlüsselwort **static** deklariert werden, z. B.:
>
> ```
> static int get_ninst () { return m_ninst ; }
> ```
>
> ... ist eine innerhalb der Klassen-Deklaration stehende **inline**-Member-Funktion, die den Wert der statischen Member-Variablen **m_ninst** abliefert.

Statische Member-Funktionen haben keinen Zugriff auf nicht-statische Daten-Elemente der Klasse, "sie arbeiten für die Klasse, nicht für eine spezielle Instanz". Innerhalb einer statischen Member-Funktion existiert auch kein **this**-Pointer (auf welche Instanz sollte er zeigen?). Sie müssen also auch nicht wie nicht-statische Member-Funktionen mit einem Objekt aufgerufen werden, es genügen Klassenname und Gültigkeitsbereichsoperator, z. B.:

```
cout << "Anzahl der Instanzen: " << ClAreaNode::get_ninst () << endl ;
```

Es wäre schön, wenn es nur so ginge, aber leider darf man auch eine beliebige Instanz der Klasse für den Aufruf verwenden. Das ändert aber nichts daran, daß der Compiler sich nur den Typ des Objekts ansieht und den Aufruf dann genauso behandelt, als wäre er wie in dem angegebenen Beispiel codiert worden.

Die nachfolgend gelistete Header-Datei **sp3.h** zeigt zwei typische Anwendungsmöglichkeiten für statische Daten-Elemente, einen "Instanzenzähler" und den "Head-Pointer" für die Verwaltung einer verketteten Liste:

Header-Datei sp3.h

```
#include "geom1.h"
class ClAreaNode : public ClCommArea
{
   private:
      static int          m_ninst   ;       // Instanzenzähler
      static ClAreaNode   *m_head_p ;       // Ein einziger "Head-Pointer"
             ClAreaNode   *m_next_p ;       // Ein "Next-Pointer" in jeder Instanz
   public:
      ClAreaNode (double a = 0. , double x = 0. , double y = 0.) ;
      ~ClAreaNode () ;
      static int          get_ninst () { return  m_ninst   ; }
      static ClAreaNode *get_head   () { return  m_head_p  ; }
             ClAreaNode *get_next   () { return  m_next_p  ; }
} ;
```

Ende der Header-Datei sp3.h

♦ Der Konstruktor übernimmt im Unterschied zur Vorgängerversion **sp2.h** keinen Listen-Pointer mehr, weil die gesamte Listenverwaltung innerhalb der Klasse (von Konstruktor und Destruktor) erledigt wird.

♦ Für den Zugriff auf die statischen Member-Variablen wurden statische Member-Funktionen als **inline**-Funktionen in der Klassen-Deklaration vorgesehen.

Es muß ein Destruktor vorgesehen werden, der die Liste aktualisiert, wenn ein Listenelement (**ClAreaNode**-Objekt) "stirbt". Seine Definition findet sich in der Datei **sp3.cpp**, die (außerhalb aller Funktionen!) auch die Initialisierungen der statischen Daten-Elemente der Klasse enthält:

Programm sp3.cpp

```
//  Schwerpunkt einer zusammengesetzten Fläche

#include <iostream.h>
#include <math.h>
#include "sp3.h"

int         ClAreaNode::m_ninst  = 0    ;        // Definition und Initialisierung
ClAreaNode *ClAreaNode::m_head_p = NULL ;        // der statischen Daten-Elemente

ClAreaNode::ClAreaNode (double a , double x , double y) :
           ClCommArea (a , x , y)
{
    m_next_p = m_head_p ;                // Ein neuer Knoten wird immer an die ...
    m_head_p = this      ;               // die Spitze der Liste gesetzt.
    m_ninst++ ;                          // ... eine Instanz mehr
}

ClAreaNode::~ClAreaNode ()
{                                        // Der Destruktor kann einen Listenknoten
    if (m_head_p == this)               // entfernen, der sich an beliebiger Stelle
    {                                    // in der Liste befindet. Dies wird in
        m_head_p = m_next_p ;           // diesem Programm gar nicht genutzt,
    }                                    // weil nur jeweils der "Kopf zerstört" wird.
    else
    {
        for (ClAreaNode *area_p = m_head_p ; area_p ;
                         area_p = area_p->m_next_p)
        {
            if (area_p->m_next_p == this)
            {
                area_p->m_next_p = m_next_p ;
                break ;
            }
        }
    }
    m_ninst-- ;                          // ... eine Instanz weniger
}

void main ()
{
    int         type ;
    double      a = 0. , sx = 0. , sy = 0. ;
    ClAreaNode *area_p ;
    cout << "Schwerpunkt einer zusammengesetzten Flaeche\n" ;
    cout << "===========================================\n\n" ;
```

```cpp
  while (1)
  {
      cout << "\n1 ---> Teilflaeche,"
              " -1 ---> Ausschnittflaeche, 0 ---> Ende" ;
      cout << "\nBitte auswaehlen:     " ;
      cin  >> type ;
      if (!type) break ;

      if (area_p = new ClAreaNode)        // ... und das Verankern in der Liste
      {                                   // erledigt der ClAreaNode-Konstruktor
          area_p->input (type) ;
      }
      else
      {
        cout << "Sorry, kein Speicherplatz!\n" ;
        return ;
      }
  }

  for (area_p = ClAreaNode::get_head () ; area_p ;
                          area_p = area_p->get_next ())
  {
      a  += area_p->get_a()  ;
      sx += area_p->get_sx() ;
      sy += area_p->get_sy() ;
  }
  cout << "\nFlaeche (" << ClAreaNode::get_ninst ()
       << " Teilflaechen)      A = " << a << "\n" ;
  if (fabs (a) > 1.e-20)
  {
      cout << "Schwerpunkt-Koordinaten:    xS = " << sy / a << "\n" ;
      cout << "                            yS = " << sx / a << "\n" ;
  }

  while (ClAreaNode::get_head ()) delete ClAreaNode::get_head () ;
}
```

Ende des Programms sp3.cpp

♦ Wenn eine Klasse (wie hier **ClAreaNode**) die Listenverwaltung übernimmt, dann sollte sie die Liste auch in jeder Situation konsistent halten. Jedes neue Listenelement wird hier zwangsläufig in die Liste eingefügt (immer an der Spitze, was sicher noch flexibler realisiert werden könnte, aber kein **ClAreaNode**-Objekt kann der Registrierung entgehen).

Da ein beliebiges Listenelement "sterben kann", wurde dies bereits im Destruktor berücksichtigt. Es gehört zugegebenermaßen etwas Disziplin dazu, dies bereits zu programmieren, obwohl im Programm nur der Abbau der Liste "vom Kopf aus" realisiert ist (letzte Zeile der Funktion **main**). Aber die Klasse **ClAreaNode** ist auch für andere Situationen gerüstet.

♦ Die einfache Listenverwaltung mit dem "Head-Pointer" als statischem Daten-Element der Klasse hat natürlich ihre Grenzen: In einem Programm, das **ClAreaNode**-Objekte erzeugt, gehören immer alle Objekte zu einer einzigen Liste (es ist leicht vorstellbar, daß mehrere Listen mit Objekten dieses Typs sinnvoll wären).

Andererseits sollte der damit verbundene Vorteil nicht übersehen werden: In welcher Funktion auch immer **ClAreaNode**-Objekte erzeugt werden, sie sind immer in dieser Liste verzeichnet und überall verfügbar. Eine alternative Variante der Listenverwaltung wird im Abschnitt 5.5.3 behandelt.

4.5 Vererbung und Konvertierung

Im Abschnitt 4.4 wurde in der Header-Datei **sp3.h** eine Klasse **ClAreaNode** aus der Klasse **ClCommArea** (Header-Datei **geom1.h** im Abschnitt 4.2) abgeleitet:

```
class ClCommArea
{
        // Informationen über ein Teilfläche ...
}
class ClAreaNode : public ClCommArea
{
        // ... mit zusätzlichen Informationen für die Listenverwaltung
}
```

Während mit **ClCommArea**-Objekten nur die Member-Funktionen der Klasse **ClCommArea** aufgerufen werden können, kann man mit **ClAreaNode**-Objekten die Member-Funktionen beider Klassen aufrufen, weil diese nach den "Erbgesetzen" alle zur Klasse **ClAreaNode** gehören:

```
ClCommArea   commarea (20. , 4. , 5.) ;
ClAreaNode   areanode (10. , 2. , 3.) ;

double a1 = commarea.get_a () ;              // Korrekt
double a2 = areanode.get_a () ;              // Korrekt

ClCommArea *next1_p = commarea.get_next () ; // Falsch!!!
ClCommArea *next2_p = areanode.get_next () ; // Korrekt
```

Dies ist logisch: Eine "Fläche in einer Liste" **ist eine** "Fläche", deshalb kann man mit ihr alles machen, was man mit einer Fläche machen kann. Die umgekehrte Aussage gilt nicht, woher sollte in dem angeführten Beispiel das **ClCommArea**-Objekt den "Next-Pointer" nehmen? Diese Logik setzt sich fort in folgenden Operationen, auch wenn es auf den ersten Blick nicht so aussieht:

```
commarea = areanode ;                        // Korrekt
areanode = commarea ;                        // Falsch!!!
```

In der ersten Anweisung wird die Information über eine "Fläche in einer Liste" auf ein "gewöhnliches Flächen-Objekt" übertragen. Dabei verliert sie alle "Listen-Eigenschaften", bleibt aber immerhin eine Fläche. Genauso wird es vom Compiler realisiert. Aus dem Objekt **areanode** werden nur die Informationen übertragen, die **commarea** aufnehmen kann. der umgekehrte Weg ist nicht möglich, weil **commarea** an **areanode** gar nicht alle Informationen liefern kann, die dieses Objekt braucht.

> Einem Objekt einer Basisklasse kann mit dem Zuweisungsoperator ein Objekt einer von ihr abgeleiteten Klasse zugewiesen werden. Dabei werden nur genau die Werte der Daten-Elemente übertragen, die in der Basisklasse existieren. Die Konvertierung erfolgt automatisch (ein "Cast" ist nicht erforderlich).
>
> Eine Zuweisung eines Objektes einer Basisklasse an ein Objekt einer aus ihr abgeleiteten Klasse ist nicht erlaubt. Der Versuch einer solchen Zuweisung würde vom Compiler beanstandet werden.

Wesentlicher wichtiger ist, daß diese Zuweisungsmöglichkeiten auch für Pointer gelten, die auf Objekte einer Basisklasse bzw. auf Objekte von Klassen zeigen, die aus der Basisklasse abgeleitet sind. Hier sind die Regeln sogar noch großzügiger gefaßt. Besondere praktische Bedeutung hat die Zusammenfassung von speziellen Objekten in einer gemeinsamen Liste (oder einem Array) von Basisklassen-Pointern. Eine einfache Variante dieser Technik wird im Programm **sp4.cpp** demonstriert.

Die bisher vorgestellten Varianten des Programms zur Flächenberechnung verlangten vom Benutzer die Eingabe der Teilflächeninhalte. Das ist für Rechtecke sicher noch zumutbar, für Kreisflächen wird es schon lästig. Im Programm **sp4.cpp** wird ein Kreis bequemer eingegeben, indem man seinen Durchmesser und die Koordinaten des Mittelpunktes angibt. Dies wird folgendermaßen realisiert:

Aus der Klasse **ClAreaNode**, zu der eine Member-Funktion für die Eingabe einer allgemeinen Fläche gehört, wird eine Klasse **ClCircleNode** abgeleitet, die mit einer eigenen Member-Funktion für die Eingabe einer Kreisfläche ausgestattet wird. Daß diese den gleichen Namen bekommt wie die entsprechende Funktion in der Basisklasse, ist keine sonderlich gute Idee (wird nachfolgend noch diskutiert). Hier sollen diese Möglichkeit und die sich daraus ergebenden Konsequenzen diskutiert werden. Die Deklaration der abgeleiteten Klasse ist besonders einfach (infolge der nun schon mehrstufigen "Erbfolge" ist die Klasse trotzdem mit erheblicher Substanz ausgestattet):

Ausschnitt aus der Header-Datei sp4.h

```
class ClCircleNode : public ClAreaNode
{
   public:
      void input (int type) ;
} ;
```

Ende des Ausschnitts aus der Header-Datei sp4.h

Die Member-Funktion **ClCircleNode::input** wird in der Datei **sp4.cpp** definiert:

Ausschnitt aus der Datei sp4.cpp

```
const double const_pi = atan (1.) * 4. ;
void ClCircleNode::input (int type)
{
    double  x , y , d ;
    cout << "\nKreis-Durchmesser:            d = " ;
    cin  >> d  ;
    m_a  = const_pi * d * d / 4 ;
    if (type < 0) m_a = - m_a ;
    cout << "Mittelpunkt:            x = " ;
    cin  >> x ;
    cout << "            y = " ;
    cin  >> y ;
    m_point.set_x (x) ;
    m_point.set_y (y) ;
}
```

Ende des Ausschnitts aus der Datei sp4.cpp

◆ Man beachte, daß der Zugriff auf die von **ClCommArea** geerbte Member-Variable **m_a** nur möglich ist, weil sie in der Basisklasse **protected** deklariert wurde. Da (außer dem Konstruktor) keine Member-Funktion der Basisklasse diese Variable verändern kann, wäre sonst ihr Wert von den Funktionen der abgeleiteten Klassen nicht mehr manipulierbar.

Die gleiche Aussage gilt für das Setzen der Koordinaten des Mittelpunktes. Hierfür werden die **ClPoint**-Member-Funktionen **set_x** und **set_y** verwendet, die selbst **public** sind. Sie müssen aber mit einem **ClPoint**-Objekt aufgerufen werden, und das funktioniert nur, weil dieses (**m_point**) in **ClCommArea** als **protected** deklariert wurde.

◆ Die Klasse **ClCircleNode** besitzt zwei **Member-Funktionen** mit dem Namen **input**, eine von **ClAreaNode** geerbte und ein "Eigengewächs". Zugriffskonflikte signalisiert der Compiler nicht. Er verwendet die zum Typ des Objektes (bzw. Typ des Pointers) passende Member-Funktion (aber das ist noch nicht das letzte Wort in dieser Angelegenheit).

Ausschnitt aus der Funktion main in der Datei sp4.cpp

```cpp
void main ()
{
    int          type ;
    double       a = 0. , sx = 0. , sy = 0. ;
    ClAreaNode   *area_p  ;
    ClCircleNode *circle_p ;
    cout << "Schwerpunkt einer zusammengesetzten Flaeche\n" ;
    cout << "==========================================\n" ;
    while (1)
    {
        cout << "\n1 ---> Allgemeine Teilflaeche,"
             << " -1 ---> Ausschnittflaeche,"
             << "\n2 ---> Kreisflaeche,           "
             << " -2 ---> Kreisausschnitt,\n0 ---> Eingabe komplett"
             << "\nBitte auswaehlen:    " ;
        cin  >> type ;
        if (!type) break ;
        switch (type)
        {
          case  1:
          case -1: if (area_p = new ClAreaNode) area_p->input (type) ;
                break ;

          case  2:
          case -2: if (circle_p = new ClCircleNode) circle_p->input
                                                      (type) ;
                area_p = circle_p ;
                break ;
          default:  continue ;
        }
        if (!area_p)
        {
            cout << "Sorry, kein Speicherplatz!\n" ;
            return ;
        }
    }
    // Weiter wie in sp3.cpp ...
}
```

Ende des Ausschnitts aus der Funktion main (Datei sp4.cpp)

♦ Abhängig von der Eingabe durch den Benutzer wird (mit **new**) ein **ClAreaNode**-Objekt oder ein **ClCircleNode**-Objekt erzeugt. Dabei wird also entweder der **ClAreaNode**-Konstruktor oder der **ClCircleNode**-Konstruktor aufgerufen. Weil keine Argumente übergeben werden, sind es in beiden Fällen die Standard-Konstruktoren.

Beim Erzeugen eines **ClAreaNode**-Objekts wird der zur Klasse gehörende Konstruktor mit den vorgesehenen Default-Argumenten verwendet, der den **this**-Pointer (auf das gerade konstruierte Objekt) in der Liste verankert. Beim Erzeugen eines **ClCircleNode**-Objekts wird der vom Compiler spendierte Standard-Konstruktor aufgerufen (ein anderer Konstruktor ist für die Klasse nicht verfügbar). Aber dieser ruft selbst den Konstruktor der Basisklasse auf, und das ist wieder der **ClAreaNode**-Konstruktor, der auch den Pointer auf das **ClCircleNode**-Objekt in die Liste einbringt.

♦ Die Passage des Erzeugens eines **ClCircleNode**-Objekts wird noch einmal genauer betrachtet:

```
case  2:
case -2: if (circle_p = new ClCircleNode) circle_p->input (type) ;
         area_p = circle_p ;
```

Die abschließende Zuweisung des **ClCircleNode**-Pointers an die **ClAreaNode**-Pointer-Variable erfolgt nur für die nachfolgende Erfolgsabfrage der Speicherplatzanforderung, wäre ansonsten nicht erforderlich. Sie zeigt aber, daß eine solche Zuweisung ohne "Cast" möglich ist. Prinzipiell hätte bereits der vom **new**-Operator geliefert Pointer auf dieser Variablen abgelegt werden können, dann allerdings hätte man auch den Aufruf von **input** damit ausführen müssen, und dann wäre (entsprechend dem Typ des Pointers **area_p**) die Member-Funktion **input** aus der Klasse **ClAreaNode** aufgerufen worden.

♦ Nach der kompletten Eingabe existieren also nur noch **ClAreaNode**-Pointer (in der von dieser Klasse verwalteten verketteten Liste). Es können also auch nur noch Member-Funktionen dieser Klasse aufgerufen werden, aber das ist schließlich genau das, was in diesem Programm ablaufen soll.

Vorsicht, Falle!

Mit Pointern ist auch der umgekehrte Weg möglich, der mit den Objekten selbst vom Compiler beanstandet würde: Ein Pointer auf ein Basisklassen-Objekt kann in einen Pointer auf ein Objekt einer abgeleiteten Klasse konvertiert werden, allerdings nicht implizit, ein expliziter "Cast" ist anzugeben, z. B.:

```
circle_p = (ClCircleNode*) area_p ;
circle_p->input (2) ;
```

... würde wieder den Aufruf der **ClCircleNode**-Member-Funktion **input** bewirken. Aber solch eine Typumwandlung ist natürlich sehr gefährlich, weil sie auch mit Pointern funktioniert, die nie auf ein **ClCircleNode**-Objekt gezeigt haben, aber nun den Zugriff auf **public**-Elemente eines solchen Objekts ermöglicht, obwohl der Pointer auf ein Basisklassen-Objekt zeigt, das diese Elemente gar nicht besitzen muß. Außerdem ist ein "Pointer-Cast" natürlich mit beliebigen Typen möglich, der Compiler konvertiert problemlos auch einen **double**-Pointer in einen **ClCircleNode**-Pointer, um mit diesem dann eine Member-Funktion dieser Klasse aufzurufen ...

Die Syntax für die Pointer-Konvertierung in der vorstehenden "Vorsicht-Falle-Bemerkung" weicht übrigens zwingend von der im Abschnitt 1.4.1 vorgestellten C^{++}-Syntax für "Casts" ab. Generell gilt:

> Für das **Konvertieren von Pointern** muß in jedem Fall die C-Syntax verwendet werden, z. B.:
>
> ```
> circle_p = (ClCircleNode*) area_p ;
> ```

Wenn zu einer Klasse mehrere Member-Funktionen gleichen Namens gehören, die sich auch in Anzahl und Typ der Parameter nicht unterscheiden, dann wird bei einem Aufruf mit einem (Pointer auf ein) Objekt dieser Klasse immer die zur Klasse gehörende Member-Funktion verwendet. Allerdings können auch geerbte Member-Funktionen gezielt aufgerufen werden, indem man ihren kompletten Namen (mit Klasse und Gültigkeitsbereichsoperator) verwendet, z. B. würde mit dem Pointer auf ein **ClCircleNode**-Objekt durch den Aufruf

```
circle_p->ClAreaNode::input (type) ;
```

die **input**-Funktion der Klasse **ClAreaNode** angesprochen werden. Aber:

Vorsicht, Falle!

Es ist prinzipiell keine gute Idee, eine Funktion einer Basisklasse mit einer Funktion gleichen Namens in einer abgeleiteten Klasse zu "überdecken" (es sei denn, die Basisklassen-Funktion ist speziell dafür eingerichtet worden, was im folgenden Kapitel behandelt wird). Es kann zu erheblicher Konfusion führen, was in dem kleinen Programm **sp4.cpp** natürlich noch leicht zu überblicken ist. Schließlich zeigt auch nach der Anweisung

```
area_p = circle_p ;
```

der Pointer **area_p** auf dasselbe Objekt wie der Pointer **circle_p**. Daß mit den beiden Zeigern auf dasselbe Objekt ein Aufruf **area_p->input (type) ;** etwas völlig anderes bewirkt als ein Aufruf **circle_p->input (type) ;** ist kaum logisch zu erklären. Es ist (obwohl korrekt) eine potentielle Fehlerquelle in komplizierten Programmen.

Außerdem gibt es gar keinen Grund, den gleichen Namen zu verwenden. Wenn man in der abgeleiteten Klasse die Funktion z. B. **circle_input** nennt, ist eigentlich alles klar.

Auf die Frage, warum die Möglichkeit des "Überdeckens" einer ererbten Funktion, die offensichtlich nicht erforderlich, andererseits nicht unproblematisch ist, überhaupt erlaubt ist, gibt es eine durchaus einleuchtende Erklärung: Ein Programmierer, der eine Klasse aus einer anderen (nicht von ihm selbst geschriebenen) Klasse ableitet, ist beim Ergänzen von Member-Funktionen nicht gezwungen, "Ahnenforschung" entlang einer möglichweise langen Erbfolge nach eventuell bereits vergebenen Namen zu betreiben, wenn er die zusätzliche Member-Funktion nur mit Objekten (bzw. mit Pointern) der abgeleiteten Klasse verwenden will. Wenn eine Funktion des gleichen Namens geerbt wurde, wird sie überdeckt, und der Programmierer wird sie nicht vermissen, wenn er sie nicht kennt. Natürlich kann eine ererbte Funktion auch (gezielt oder versehentlich) überladen werden.

5   Polymorphismus

Elegant sah es schon aus, wie im Programm **sp4.cpp** (Abschnitt 4.5) die Eingabe unterschiedlicher Flächen programmiert war. Die entsprechende Member-Funktion hieß immer **input**, und in Abhängigkeit vom Typ des Pointers, mit dem sie aufgerufen wurde, organisierte der Compiler die Abarbeitung der einen bzw. anderen Funktion:

```
case  1:
case -1: if (area_p = new ClAreaNode) area_p->input (type) ;
         break ;
case  2:
case -2: if (circle_p = new ClCircleNode) circle_p->input (type) ;
```

Umso enttäuschender mag die Warnung gewesen sein, ein solches "Überdecken" einer geerbten Member-Funktion möglichst zu vermeiden. Auch wenn bereits im Abschnitt 4.5 Gründe für diese Warnung angeführt wurden, der Hauptgrund ist: Es gibt eine viel bessere Möglichkeit.

Zunächst soll aber noch auf ein anderes Problem aufmerksam gemacht werden: Es kann gute Gründe geben, in dem betrachteten Beispiel den **input**-Aufruf in eine Funktion zu verlegen (z. B., weil aufwendige andere Aktionen zusätzlich realisiert werden sollen, Sichern des Zustands vor der Eingabe, Eingabe von einer Datei, ...). Irgendwo in dieser Funktion (sie wird nachfolgend **input_area** genannt) muß aber auch der Aufruf der Member-Funktion **input** stehen, so daß das Argument **type** und der Pointer auf das Objekt verfügbar sein müssen. So könnte diese Funktion aussehen:

```
void input_area (ClAreaNode *a_p , int type)
{
    // ...
    a_p->input (type) ;
    // ...
}
```

Damit würden dann die Eingabeanweisungen in **sp4.cpp** folgendermaßen realisiert werden:

```
case  1:
case -1: if (area_p = new ClAreaNode) input_area (area_p , type) ;
         break ;
case  2:
case -2: if (circle_p = new ClCircleNode) input_area (circle_p , type) ;
```

Das funktioniert, weil auf der Position, auf der **input_area** einen **ClAreaNode**-Pointer erwartet, beim Aufruf auch ein **ClCircleNode**-Pointer verwendet werden darf, denn ein

Pointer auf ein Objekt einer abgeleiteten Klasse wird automatisch in einen Basisklassen-Pointer konvertiert (Abschnitt 4.5).

Aber natürlich wird nicht das gewünschte Ergebnis erzielt. Aus **input_area** wird immer die Member-Funktion **input** gerufen, die **ClAreaNode** von **ClCommArea** geerbt hat, weil der Compiler zur Übersetzungszeit nur den Typ des Parameters in der Kopfzeile von **input_area** sieht und danach die Entscheidung für die aufzurufende Funktion trifft. Erst zur Laufzeit des Programms entscheidet sich, über welchen Weg **input_area** aufgerufen wird, der Compiler muß aber vorher seine Entscheidung hinsichtlich des **input**-Aufrufs fällen.

Der erfahrene Programmierer sieht bei dem betrachteten Beispiel sofort die Möglichkeit, doch den gewünschten **input**-Aufruf herbeizuführen: Im Parameter **type** kommt die Information an, ob es eine "allgemeine Fläche" oder ein Kreis ist, eine entsprechende **switch**-Anweisung in **input_area**, eventuell Konvertieren des Pointers und gezielter Aufruf der jeweils gewünschten **input**-Funktion (mit Klasse und Gültigkeitsbereichsoperator) lösen das Problem. Das ist zwar aufwendig, aber es funktioniert. Wenn allerdings ein neuer Flächentyp (Rechteck, Dreieck, ...) hinzukommt, muß man im gesamten Programm nach den entsprechenden **switch**-Anweisungen suchen und sie erweitern.

Genau für dieses Problem, die Entscheidung, welche Funktion aufgerufen wird, erst zur Laufzeit des Programms in Abhängigkeit vom Typ eines Objekts zu bestimmen, bieten objektorientierte Programmiersprachen mit dem Polymorphismus die Unterstützung an, die bei konsequenter Nutzung den wohl gravierendsten Unterschied in der Konzeption der Programme im Vergleich mit den klassischen Programmiersprachen ausmacht. Gleichzeitig wird damit der größte Vorteil in der Vereinfachung der Wartung und der Erweiterbarkeit der Programme erzielt.

5.1 Virtuelle Member-Funktionen, späte Bindung

Um die Absicht, die hinter der bemerkenswerten Spracheigenschaft "Polymorphismus" steckt, ganz deutlich zu machen, wird noch einmal auf das eingangs beschriebene Beispiel zurückgegriffen. Beim Aufruf der Funktion **input_area** mit unterschiedlichen Pointer-Typen

```
input_area (area_p   , type) ;
input_area (circle_p , type) ;
```

soll der Aufruf der Funktion **input** in

```
void input_area (ClAreaNode *a_p , int type)
{   // ...
     a_p->input (type) ;        // ...
}
```

auf Member-Funktionen unterschiedlicher Klassen zielen. Der "deklarierte Typ" von **a_p** ist zweifelsfrei "**ClAreaNode**-Pointer". Nur dieser Typ ist zur Compile-Zeit bekannt, zur Laufzeit des Programms kann dort aber ein Pointer ankommen, der auf ein **ClCircleNode**-Objekt zeigt. Der Compiler soll nun die Entscheidung darüber, welche **input**-Funktion aufgerufen wird, auf die Laufzeit verschieben. Dies wird als "späte Bindung" bezeichnet.

Es wird auch gern so ausgedrückt: Polymorphismus ist die Fähigkeit, den Aufruf einer Funktion vom "Laufzeittyp" abhängig zu machen, der in diesem Fall "**ClAreaNode**-Pointer" oder "**ClCircleNode**-Pointer" sein kann. Der Begriff "Laufzeittyp" des Pointers ist immer mit dem Objekt verknüpft, auf das der Pointer zeigt, der "Laufzeittyp" kann durch Konvertierung nicht geändert werden. Damit ist klar, daß ein "Overhead" für die Realisierung des Polymorphismus erforderlich ist. Über alle impliziten und expliziten Typkonvertierungen hinweg muß die Information über den "Laufzeittyp" gerettet werden.

Darum braucht sich der Programmierer nicht zu kümmern, im Gegenteil, die Syntax zur Realisierung des Polymorphismus ist denkbar einfach:

> **Polymorphismus**
>
> wird vom Compiler für eine Member-Funktion organisiert, wenn ihrer Deklaration in der Basisklasse das Schlüsselwort **virtual** vorangestellt wird.
>
> Wenn in abgeleiteten Klassen eine in der Basisklasse als **virtual** deklarierte Member-Funktion redefiniert wird, dann ist auch sie "virtuell", auch wenn für sie das Schlüsselwort **virtual** nicht angegeben wird (es kann und sollte aber auch dort verwendet werden).
>
> **Bei "virtuellen Funktionen", die mit einem Pointer auf ein Objekt aufgerufen werden, entscheidet nicht der Typ des Pointers, sondern der Typ des Objekts, auf das der Pointer zeigt, aus welcher Klasse die abzuarbeitende Member-Funktion entnommen wird.**

Das Schlüsselwort **virtual** selbst bewirkt aus der Sicht des Programmierers zunächst nichts, für den Compiler ist es allerdings das Signal dafür, für die "virtuelle Member-Funktion" die "späte Bindung" bei Funktionsaufrufen zu realisieren. Man sollte es einmal ausprobieren: In der Deklaration der Klasse **ClCommArea** in der Datei **geom1.h** (Abschnitt 4.2) wird die Deklaration der Funktion **input** durch das Schlüsselwort ergänzt:

```
virtual void input (int type) ;
```

... und alle Programme **sp1.cpp** bis **sp4.cpp**, die diese Klasse direkt oder als Basisklasse für die Ableitung anderer Klassen benutzen, arbeiten ungeändert (zumindest äußerlich). Aber diese kleine Änderung eröffnet völlig neue Möglichkeiten. Wenn ein Pointer auf ein Objekt einer aus **ClCommArea** abgeleiteten Klasse zeigt, dann wird immer die **input**-Member-Funktion der abgeleiteten Klasse (vorausgesetzt, sie besitzt eine solche Funktion) aufgerufen, völlig unabhängig davon, welches "Cast"-Schicksal den Pointer auch ereilt hat. Im Programm **sp4.cpp** (Abschnitt 4.5) ist eine **ClCircleNode**-Pointer-Variable nicht mehr erforderlich. Das Erzeugen der Objekte und der Aufruf der **input**-Funktionen können folgendermaßen programmiert werden:

```
case  1:
case -1: if (area_p = new ClAreaNode)    area_p->input (type) ;
         break ;

case  2:
case -2: if (area_p = new ClCircleNode) area_p->input (type) ;
         break ;
```

Nur "flüchtig" entsteht (im unteren **case**-Zweig) ein Pointer auf ein **ClCircleNode**-Objekt, der Operator **new** liefert diesen ab. Er wird aber sofort in einen **ClAreaNode**-Pointer (implizit) konvertiert und auf der Variablen **area_p** abgelegt. Mit diesem **ClAreaNode**-Pointer wird die Member-Funktion **input** aufgerufen, abgearbeitet wird **ClCircleNode::input**.

Im oberen **case**-Zweig zeigt der Pointer auf ein **ClAreaNode**-Objekt. Weil in dieser Klasse die Funktion **input** nicht redefiniert wurde, wird die aus der Basisklasse **ClCommArea** geerbte Funktion aufgerufen.

Es fördert sicher das Verständnis für den Polymorphismus, wenn man sich verdeutlicht, wie er realisiert werden könnte.[1] Es gibt keine Vorschriften, wie ein Compiler dies tatsächlich organisiert, die nachfolgend beschriebene Möglichkeit dürfte jedoch typisch sein. Zunächst noch einmal die wesentlichen Schritte, die bei einem Funktionsaufruf mit "statischer Bindung" (ist die "klassische Variante", die so als Pendant zur "dynamischen" oder "späten Bindung" sehr sinnvoll bezeichnet werden kann) erforderlich sind:[2]

♦ Informationen über die Argumente des Funktionsaufrufs werden auf dem Stack abgelegt. Das sind Kopien der Werte von Variablen, Ergebnisse der Berechnung von Ausdrücken und Adressen (Pointer).

♦ Die Rücksprung-Adresse (wo geht es nach der Abarbeitung der Funktion weiter) wird gespeichert (gegebenenfalls auch auf dem Stack).

♦ Es wird ein Sprung ausgeführt zu der Adresse, ab der der Code der abzuarbeitenden Funktion gespeichert ist. Bei einer (nicht-virtuellen) Member-Funktion, die mit einem Pointer auf ein Objekt aufgerufen wird, entscheidet der **Typ des Pointers**, aus welcher Klasse die Funktion ausgewählt wird.

Die ersten beiden Punkte können beim Aufruf einer virtuellen Funktion auf die gleiche Weise erledigt werden, der letzte Punkt muß ganz anders abgearbeitet werden. Dafür hat der Compiler bereits Vorarbeit geleistet:

♦ Für jede Klasse, die mindestens eine virtuelle Funktion enthält, wird vom Compiler eine Tabelle ("V-Table") mit den Adressen angelegt, wo diese Funktionen gespeichert sind. Die Adressen zeigen auf die in der Klasse redefinierten Funktionen, anderenfalls auf die "Erbstücke" aus der Basisklasse.

♦ Jede Instanz einer Klasse mit virtuellen Funktionen enthält zusätzlich zu den anderen Daten (für den Programmierer nicht zugänglich) einen Pointer auf die "V-Table".

Der Aufruf einer virtuellen Member-Funktion mit einem Pointer auf ein Objekt kann vom Compiler damit so organisiert werden: In dem Objekt, auf das der Pointer zeigt (der Pointer-Typ bleibt unberücksichtigt), wird der Pointer auf die "V-Table" der Klasse gefunden, und in der "V-Table" findet sich die Adresse der abzuarbeitenden virtuellen Member-Funktion.

Dies klingt so einfach, daß es eigentlich erstaunlich ist, daß die dynamische (späte) Bindung in einer objektorientierten Programmiersprache nicht der Regelfall ist. Es können eigentlich nur der (geringe) Mehrbedarf an Speicherplatz und der (ebenfalls geringe) "Overhead" beim Funktionsaufruf als Gründe vermutet werden. Bei den typischerweise sehr vielen kleinen Funktionen in C^{++} könnte sich allerdings doch einiges summieren.

---

[1]Der an technischen Details weniger interessierte Leser darf allerdings die folgenden Ausführungen bis zum Ende dieses Abschnitts überspringen, ohne Probleme für das Verständnis der **Anwendung** dieser Spracheigenschaft zu befürchten. In den Vorlesungen und Praktika des Autors zu diesem Thema wurden diese Informationen von den Studenten aber regelmäßig eingefordert.

[2]Es wird hier das Modell verwendet, das im Anhang A von [Dank97] beschrieben wird. Natürlich ist ein Compiler-Bauer auch in dieser Hinsicht an keine Vorschrift gebunden.

5.2 Entwurf einer Klassen-Hierarchie

Weil der Weg der Vererbung immer von der Basisklasse zur abgeleiteten Klasse führt, ist der Programmierer leicht geneigt, auch gedanklich diesen Weg zu gehen (das Beispiel-Projekt "Berechnung ebener Flächen" mit den Programmen **sp1.cpp** bis **sp4.cpp** wurde bisher auch so entwickelt). Für den Entwurf einer Klassen-Hierarchie für ein Projekt ist dies durchaus nicht immer der beste Weg. Eine alternative Möglichkeit ist die Fragestellung: "Welche unterschiedlichen Klassen werden benötigt, welche Gemeinsamkeiten haben sie?" Dieser Weg soll nachfolgend bei einer Rekonstruktion der Klassen-Hierarchie für das Projekt "Berechnung ebener Flächen" beschritten werden.

Zunächst sollen die bisher gemachten Erfahrungen ausgewertet und die daraus resultierenden Wünsche an das Programm zusammengestellt werden (ob die Wünsche sofort oder erst in viel späteren Programmversionen berücksichtigt werden, sollte beim Entwurf der Klassen-Hierarchie nebensächlich sein):

♦ Es sollen (wie bisher) Flächen berechnet werden können, die sich (wie die nebenstehend skizzierte Fläche) aus elementaren Teilflächen zusammensetzen lassen. Dies dürfen auch Ausschnitte sein. Die skizzierte Fläche könnte man sich auf unterschiedliche Art zusammengesetzt denken: Es sind z. B. (wie darunter skizziert) zwei Rechtecke nebeneinander, aus denen ein Kreis ausgeschnitten ist. An Stelle der beiden nebeneinanderliegenden Rechtecke könnte man auch zwei übereinanderliegende Rechtecke sehen oder ein großes Rechteck, aus dem (rechts oben) ein kleines Rechteck ausgeschnitten ist.

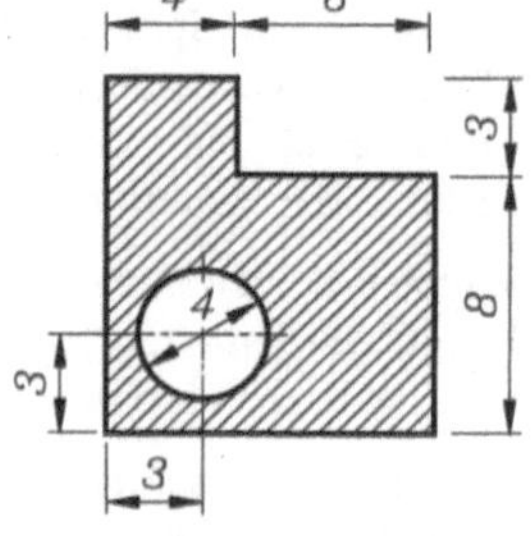

♦ Zunächst sollen nur Rechtecke und Kreise als Teilflächen zugelassen sein, aber der Entwurf der Klassen-Hierarchie sollte berücksichtigen, daß diese Palette beliebig erweitert werden kann (Dreiecke, Kreissektoren, allgemeine Polygone, ...). Nicht bewährt hat sich die einheitliche Schnittstelle für die Eingabe (Teilflächeninhalt und Schwerpunkt-Koordinaten). Für jeden Typ einer Teilfläche sollte eine "passende Eingabe" realisiert werden. Für die beiden Typen, die zunächst berücksichtigt werden sollen, wird folgendes festgelegt:

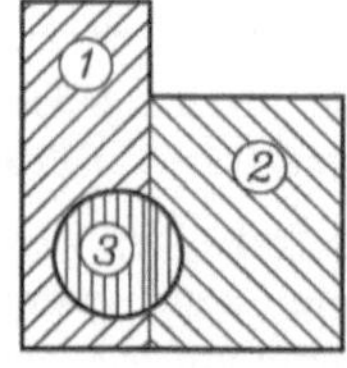

 ○ Kreise werden durch die Koordinaten ihres Mittelpunktes und ihren Durchmesser beschrieben.

 ○ Rechtecke werden durch die Koordinaten zweier Eckpunkte beschrieben, die einander diagonal gegenüberliegen müssen.

♦ Mit den Eingabewerten wird eine Teilfläche eines bestimmten Typs komplett beschrieben. Deshalb sollen diese im Programm (also typabhängig) verwaltet werden. Damit wird auch die Voraussetzung geschaffen, die Flächen graphisch darstellen zu können (mit den Koordinaten der Eckpunkte kann ein Rechteck gezeichnet werden, die in der Klasse **ClCommArea** bisher verwalteten Werte genügten dafür nicht).

♦ Die Teilflächen sollen (wie bisher) in einer verketteten Liste verwaltet werden.

Es werden also zwei Klassen deklariert, **ClCircle** für die Beschreibung eines Kreises (mit Mittelpunkt und Durchmesser) und **ClRectangle** für die Beschreibung eines Rechtecks (mit zwei Punkten, die zueinander diagonal liegen). Diese Klassen sollen die individuellen Daten der einzelnen Flächentypen enthalten. Ihre Gemeinsamkeiten werden in einer Basisklasse untergebracht, aus der beide Klassen abgeleitet werden.

Ein Kreis **ist eine** Fläche (oder ein Ausschnitt), die in einer verketteten Liste verwaltet werden soll. Die gleiche Aussage gilt für ein Rechteck. Es ist also naheliegend, eine Basisklasse **ClAreaBase** zu deklarieren, aus der sowohl **ClCircle** als auch **ClRectangle** abgeleitet werden, und diese mit folgenden Daten-Elementen auszustatten:

♦ Ein **int**-Wert **area_or_hole** soll mit dem Wert +1 anzeigen, daß eine Teilfläche vorliegt, der Wert −1 zeigt einen Ausschnitt an. Die Eigenschaft "Teilfläche oder Ausschnitt" haben sowohl Kreise als auch Rechtecke und alle weiteren Typen elementarer Flächen, die später berücksichtigt werden sollen.

♦ Jede Teilfläche beliebigen Typs soll als Knoten einer verketteten Liste verwaltet werden. Alle dafür erforderlichen Daten-Elemente und Member-Funktionen werden in der Basisklasse angesiedelt.

Es gibt durchaus noch mehr Gemeinsamkeiten, die garantiert für alle Flächentypen gelten und im Rahmen dieses Projekts auch ständig benötigt werden, z. B.: Eine beliebige Teilfläche hat einen Flächeninhalt und Schwerpunkt-Koordinaten. Die schwierige Frage, ob man dafür Daten-Elemente in der Basisklasse vorsehen sollte, findet keine allgemeingültige Antwort. Weil sie dennoch beantwortet werden muß, wird sie im nachfolgenden Abschnitt 5.2.1 diskutiert.

5.2.1 Redundanz in den Daten-Elementen einer Klasse

Wenn in der Basisklasse **ClAreaBase** ein Daten-Element für den Flächeninhalt **m_a** angesiedelt wird (einen Flächeninhalt zu haben, ist mit Sicherheit eine Eigenschaft aller abgeleiteten Klassen, außerdem wird er ständig benötigt), dann erbt jede abgeleitete Klasse dieses Daten-Element und enthält damit redundante Information, z. B.:

♦ Der Flächeninhalt eines Kreises kann jederzeit aus dem Durchmesser berechnet werden (und umgekehrt).

♦ Aus den Koordinaten zweier Eckpunkte, die zueinander diagonal sind, kann der Flächeninhalt eines Rechtecks berechnet werden. Hier gilt die Umkehrung der Aussage nicht.

Es gibt mehrere Argumente, die gegen redundante Informationen in Klassen sprechen (sie sind eher "prinzipieller Natur"), allerdings können auch (eher "pragmatische") Argumente dafür sprechen. Am betrachteten Beispiel läßt sich dies sehr schön verdeutlichen:

♦ Die Speicherplatz-Verschwendung ist ein eher schwaches Argument gegen redundante Information. Oft ist die erzielte Einsparung des Speicherplatzes für Daten geringer als der Mehrbedarf für den Programmcode.

♦ Das stärkste Argument gegen redundante Information ist die Verminderung der Wartungsfreundlichkeit des Programms. Sie ist eine geradezu klassische potentielle Fehlerquelle. Bei jeder Änderung einer Information muß man an die Konsistenz der redundanten Daten denken. Ändert sich nur eine der vier Koordinaten, die die beiden Eckpunkte eines Rechtecks beschreiben, dann müssen alle davon betroffenen Informationen (Flächeninhalt, Schwerpunkt-Koordinaten, ...) korrigiert werden.

♦ Das stärkste Argument für redundante Information heißt eigentlich immer "Geschwindigkeitsgewinn" durch Reduzierung des Aufwands für erforderliche Berechnungen. Gerade dieses Argument ist für das betrachtete Beispiel diskussionswürdig, weil z. B. alle Informationen, die über eine Teilfläche angefordert werden (Flächeninhalt, statische Momente, ...), die Berechnung des Flächeninhalts erfordern (vgl. Formeln in den Abschnitten 4.1 und 4.2). Wenn dieser einmal berechnet wurde, könnte er natürlich auch gespeichert werden.

Wenn in dem betrachteten Beispiel der Flächeninhalt gespeichert werden würde, gäbe es zwei sinnvolle Strategien, diesen Wert zu verwalten:

♦ Beim Erzeugen einer Instanz und danach immer dann, wenn Informationen geändert werden, die den Flächeninhalt beeinflussen, wird der Wert berechnet.

♦ Der Wert wird erst bei der ersten Anforderung berechnet. Das erfordert einen zusätzlichen "Uptodate"-Indikator, der abgefragt werden kann und z. B. mit dem Wert 0 initialisiert wird, nach der Berechnung des Flächeninhalts den Wert 1 annimmt und bei jeder Änderung von Daten, die den Flächeninhalt beeinflussen, auf 0 zurückgesetzt wird.

Für das betrachtete Beispiel ist noch ein anderes Argument zu beachten, das generell beim Entwurf einer Klassen-Hierarchie berücksichtigt werden sollte: Es ist nicht gut, wenn eine Basisklasse den abgeleiteten Klassen zuviele Daten-Elemente "aufdrängt" (man bedenke, daß die "erbende Klasse stets alles nehmen muß, was der Erblasser besitzt"). Dieses Argument spricht in doppelter Hinsicht gegen die Ansiedlung eines Daten-Elements "Flächeninhalt" in der Basisklasse: Jede abgeleitete Klasse müßte es übernehmen und wäre zwangsläufig der Gefahr ausgesetzt, die mit redundanten Informationen verbunden ist (die Gefahr wird dadurch, daß diese Informationen zum Teil eigene Daten und zum anderen Teil geerbte Daten sind, eher größer). Außerdem kann der Programmierer der abgeleiteten Klasse viel besser entscheiden, ob der Geschwindigkeitsgewinn bei den (aufwendigen oder weniger aufwendigen) Berechnungen tatsächlich das Halten eines redundanten Datenbestands rechtfertigt.

Für das Projekt "Berechnung ebener Flächen" wird entschieden: Die Basisklasse **ClAreaBase** enthält keine Daten-Elemente für den Flächeninhalt und die Schwerpunkt-Koordinaten.

Abschließend sei noch bemerkt, daß die Argumentation bei Member-Funktionen, die man in einer Basisklasse ansiedelt, ganz anders aussehen kann. Member-Funktionen "drängen sich nicht auf", ihr Code existiert nur einmal, und der Programmierer der abgeleiteten Klasse hat sie nicht (wie die Daten-Elemente) in seiner Klasse, sie stehen ihm allerdings zur Verfügung.[3]

---

[3]Aber auch hier kann man ausführlich (und geradezu philosophisch) diskutieren. In dem lesenswerten Buch [Meye95] führt der Autor das von ihm so genannte "Alle Vögel können fliegen, Pinguine sind Vögel, Pinguine können nicht fliegen, uh oh"-Problem an: Sollte (nur wegen der Pinguine) in einer Basisklasse **Bird** keine **fly**-Member-Funktion angesiedelt sein? Konsequenz: Für alle anderen Vogelarten, deren Klassen sich aus **Bird** ableiten, müßten eigene **fly**-Funktionen definiert werden. Sollte man eine "Zwischenebene einziehen" (Klassen **FlyingBird** und **NonFlyingBird**, beide aus **Bird** abgeleitet)? Oder sollte man die Pinguin-Klasse doch aus **Bird** ableiten und die **fly**-Funktion redefinieren, so daß für den Flugversuch eines Pinguins eine Fehlerausschrift generiert wird? Im Sinne der objektorientierten Programmierung würde die letztgenannte Variante allerdings nicht bedeuten, daß "Pinguine nicht fliegen können", sondern: "Pinguine können fliegen, aber es ist ein Fehler, wenn sie es tun."

5.2.2   Rein virtuelle Member-Funktionen, abstrakte Basisklassen

Die Entscheidung, in der Basisklasse **ClAreaBase** kein Daten-Element für den Flächeninhalt anzusiedeln, hat weitreichende Konsequenzen. Dann kann für diese Klasse natürlich auch keine Member-Funktion definiert werden, die den Flächeninhalt abliefert (wie **get_a** in der Klasse **ClCommArea**, vgl. Header-Datei **geom1.h** im Abschnitt 4.2). Nur die abgeleiteten Klassen besitzen die Informationen und die Fähigkeiten, den Flächeninhalt zu berechnen.

Andererseits ist es das Ziel, alle Teilflächen unterschiedlicher Typen in einer Liste zu verwalten, die ausschließlich **ClAreaBase**-Pointer enthält, so daß alle **get_a**-Aufrufe mit diesen Pointern ausgeführt werden. Das ist bei virtuellen Member-Funktionen unproblematisch, weil nicht der Typ des Pointers entscheidet, welche **get_a**-Funktion ausgeführt wird, sondern der Typ des Objekts, auf das der Pointer zeigt. Wenn also alle aus **ClAreaBase** abgeleiteten Klassen diese Funktion besitzen, ist die Welt wieder in Ordnung, aber:

♦ Es darf zwar **ClAreaBase**-Pointer geben, diese dürfen aber nicht auf ein **ClAreaBase**-Objekt zeigen. Es sollte gar keine **ClAreaBase**-Objekte geben.[4]

♦ Es sollte sichergestellt werden, daß **jede** aus **ClAreaBase** abgeleitete Klasse eine Member-Funktion **get_a** besitzt.

Die in C++ vorgesehene Syntax, um diese Forderungen zu realisieren, dient ausschließlich dem Zweck, dem Compiler die Möglichkeit zur Überprüfung zu geben, so daß nicht erst zur Laufzeit des Programms festgestellt wird, daß eine virtuelle Member-Funktion nicht existiert, die entsprechend dem Laufzeittyp eines Pointers in einer bestimmten Klasse existieren müßte.

Rein virtuelle Member-Funktionen, abstrakte Klassen

Eine virtuelle Member-Funktion, die nur in abgeleiteten Klassen eine sinnvolle Funktionalität hat, muß in der Basisklasse nicht definiert werden. Als "formaler Platzhalter" ist aber eine Deklaration erforderlich, die mit dem Zusatz **= 0** anzeigt, daß es eine **rein virtuelle Funktion** ist, z. B.:

```
virtual double get_a () = 0 ;
```

... deklariert in einer Basisklasse die rein virtuelle Member-Funktion **get_a**, für die es in dieser Klasse keine Implementation gibt.

Schon eine einzige rein virtuelle Member-Funktion macht aus einer Klasse eine **abstrakte Klasse**, die nicht instantiiert werden kann. Der Compiler achtet darauf, daß es keine Objekte abstrakter Klassen gibt.

Wenn also die Klasse **ClAreaBase** zur abstrakten Klasse gemacht wird, kann es immer noch **ClAreaBase**-Pointer geben, aber keine Objekte dieses Typs. Das Kriterium für den Compiler,

---

[4]Der Autor denkt bei der Formulierung, daß es zu einer Klasse keine Objekte geben sollte, an die Gesichter der Studenten, wenn er das in der Vorlesung sagt, und schiebt deshalb auch hier das beliebte (weil so verständliche) "Säugetier-Beispiel" ein: Es gibt Löwen, Pferde und Katzen, die brüllen, wiehern bzw. miauen. Was eigentlich macht ein Säugetier? Diese Frage ist falsch gestellt. "Säugetier" ist die Basisklasse (für die Klassen Löwe, Pferd, Katze, ...), für die es keine Instanzen gibt. Ein Objekt "Säugetier an sich" existiert nicht, kann damit keine Laute von sich geben, eine Funktion "Laut geben" kann für diese abstrakte Klasse nicht definiert werden.

das erfüllt sein muß, um Instanzen einer Klasse erzeugen zu lassen, ist die Vollständigkeit
der Definitionen für alle Member-Funktionen. Es gilt:

> Eine abgeleitete Klasse, die eine rein virtuelle Member-Funktion erbt, muß für diese
> Funktion eine Definition bereitstellen, um nicht selbst zu einer abstrakten Klasse zu
> werden.

Für das betrachtete Beispiel sind alle Member-Funktionen, die zu berechnende Werte
(Flächeninhalt, statische Momente) abliefern, und die Member-Funktion **input**, die die
Eingabe der Daten für eine spezielle Teilfläche organisiert, in der Basisklasse **ClBaseArea**
sinnvollerweise nur als rein virtuelle Funktionen zu deklarieren. Die Deklaration dieser
Klasse findet sich in der Datei **geom5.h**:

Ausschnitt aus der Header-Datei geom5.h

```cpp
enum  AreaOrHole  {HOLE = -1 , AREA = 1} ;
class ClAreaBase
{
   private:
      static ClAreaBase  *m_head_p ;
            ClAreaBase  *m_next_p ;              // ... für Verankerung in der Liste
   protected:
      AreaOrHole    m_area_or_hole ;            // ... Teilfläche oder Ausschnitt
   public:
      ClAreaBase  (AreaOrHole area_or_hole = AREA) ;
      virtual ~ClAreaBase () ;       // Gründe für das Schlüsselwort virtual
                                     // beim Destruktor siehe Programm sp6.cpp
      static ClAreaBase *get_head () { return  m_head_p  ; }
             ClAreaBase *get_next () { return  m_next_p  ; }
      virtual double get_a  () = 0 ;
      virtual double get_sx () = 0 ;
      virtual double get_sy () = 0 ;
      virtual void   input  (int type) = 0 ;
} ;
```

Ende des Ausschnitts aus der Header-Datei geom5.h

- Für die Verbesserung der Lesbarkeit der Programme wurde mit **enum** ein Aufzählungstyp
  AreaOrHole deklariert, für den nur die beiden Werte **AREA** und **HOLE** zulässig sind.
  In C++ entsteht (im Gegensatz zu C) durch die **enum**-Anweisung ein Datentyp, der (wie
  die vordeklarierten oder die mit **class** deklarierten Datentypen) danach ohne das Schlüsselwort **enum** verwendet werden darf.

- Daß der Destruktor ebenfalls mit dem Schlüsselwort **virtual** deklariert wurde, wird im
  Abschnitt 5.4.2 noch begründet. Zunächst soll nur daran erinnert werden, daß bei einer
  nicht-virtuellen Funktion der Compiler die Entscheidung (statisch) fällt, welche Funktion
  aufgerufen wird. Weil **ClAreaBase**-Pointer aber immer auf Objekte abgeleiteter Klassen
  zeigen, ist es sicher sinnvoll, den Destruktor der abgeleiteten Klasse "am Aufräumen zu
  beteiligen".

5.2.3 Eine erste Version der Klassen-Hierarchie

Nachfolgend ist symbolisch die erste Version der Klassen-Hierarchie dargestellt, die für das Projekt realisiert werden soll. Ein dicker Pfeil zeigt von einer abgeleiteten Klasse zur zugehörigen Basisklasse. Die "Schnittstelle der Klasse" wird jeweils durch die "Verbindungsröhren zur Außenwelt" symbolisiert (**public**-Members). Auf das in der Basisklasse **protected** deklarierte Daten-Elemente kann nur innerhalb der Klassen-Hierarchie frei zugegriffen werden. Das **static** deklarierte Daten-Element wurde außerhalb der Klasse dargestellt, um seine Gültigkeit für alle Objekte zu symbolisieren. Zugriffsmöglichkeit besteht nur für die Member-Funktionen der Klasse.

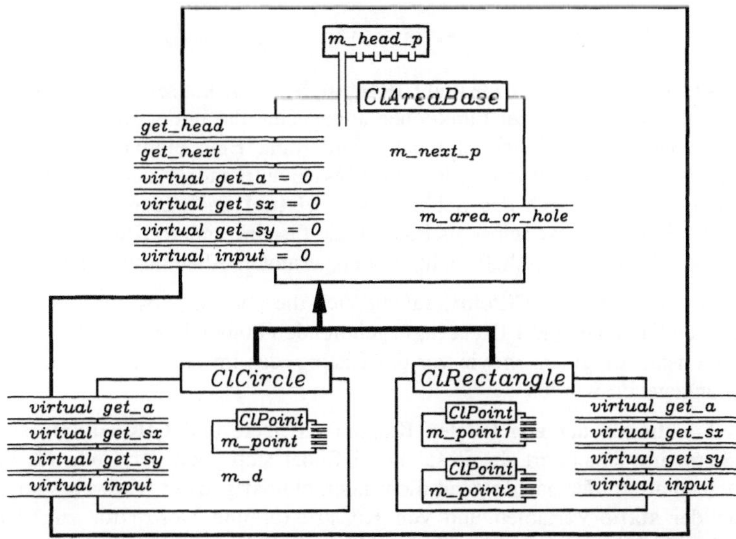

Schema der ersten Version der Klassen-Hierarchie: Aus der abstrakten Basisklasse ClAreaBase werden die beiden Klassen ClCircle und ClRectangle abgeleitet

Die Deklarationen der abgeleiteten Klassen findet man in der Header-Datei **geom5.h**:

```
                    Ausschnitt aus der Header-Datei geom5.h
class ClCircle : public ClAreaBase
{
    private:
        ClPoint     m_point ;       //      ... "hat einen" Mittelpunkt
        double      m_d      ;      //      ... und einen Durchmesser
    public:
        ClCircle (double d = 0. , double x = 0. , double y = 0. ,
                  int type = AREA) ;
        virtual double get_a  () ;
        virtual double get_sx () ;
        virtual double get_sy () ;
        virtual void   input  (int type) ;
} ;
```

```
class ClRectangle : public ClAreaBase
{
   private:
      ClPoint    m_point1 ;          //      Zwei Eckpunkte, die auf einer
      ClPoint    m_point2 ;          //      Diagonalen liegen
   public:
      ClRectangle (double x1 = 0. , double y1 = 0. ,
                   double x2 = 0. , double y2 = 0. , int type = AREA) ;
      virtual double get_a  () ;
      virtual double get_sx () ;
      virtual double get_sy () ;
      virtual void   input  (int type) ;
} ;
```


♦ In den Deklarationen von **ClCircle** und **ClRectangle** wurde konsequent das Schlüsselwort **virtual** bei allen Prototypen der Funktionen angegeben, die in der Basisklasse bereits als virtuell deklariert wurden. Dies ist nicht erforderlich: Eine einmal virtuell deklarierte Funktion ist bei Redefinition in abgeleiteten Klassen automatisch auch wieder virtuell. Es ist aber sinnvoll, dies durch das Schlüsselwort **virtual** noch einmal zu verdeutlichen. Wenn die abgeleitete Klasse selbst als Basisklasse für eine andere Klasse verwendet wird, muß man nach dieser Eigenschaft nicht "in der gesamten Ahnenreihe suchen".

♦ Die Deklaration der Klasse **ClPoint**, auf die sich die per Komposition ("has a") zu den beiden Klassen **ClCircle** und **ClRectangle** gehörenden Punkte beziehen, wurde nicht noch einmal aufgelistet. Es gilt nach wie vor das Listing, das im Abschnitt 4.2 (Header-Datei **geom1.h**) angegeben wurde.

Die Member-Funktionen der abgeleiteten Klassen **ClCircle** und **ClRectangle** sind in der Datei **geom5.cpp** implementiert. In dieser Datei findet sich auch der Code für die Basisklassen-Implementation, der nachfolgend nicht noch einmal gelistet wird. Es sind die durch Initialisierung der **static**-Variablen und von Konstruktor und Destruktor zu erledigenden Operationen für die Listenverkettung (wie im Abschnitt 4.4 in der Datei **sp3.cpp** gezeigt).


```
const double const_pi = atan (1.) * 4. ;
ClCircle::ClCircle    (double d , double x , double y , int type) :
         ClAreaBase (type > 0 ? AREA : HOLE) , m_point (x , y)
{
    m_d = d ;
}
double ClCircle::get_a  ()
{
    return m_d * m_d * const_pi / 4 * m_area_or_hole ;
}
double ClCircle::get_sx ()
{
    return get_a () * m_point.get_y() ;
}
double ClCircle::get_sy ()
{
    return get_a () * m_point.get_x() ;
}
```

```cpp
void ClCircle::input (int type)
{
    double  x , y ;
    cout << "\nDurchmesser des Kreises:         d = " ;
    cin  >> m_d ;
    m_area_or_hole = type > 0 ? AREA : HOLE ;
    cout << "Mittelpunkt:                  x = " ;
    cin  >> x ;
    cout << "                              y = " ;
    cin  >> y ;
    m_point.set_x (x) ;
    m_point.set_y (y) ;
}
ClRectangle::ClRectangle (double x1 , double y1 ,
                          double x2 , double y2 , int type) :
            ClAreaBase (type > 0 ? AREA : HOLE) , m_point1 (x1 , y1) ,
                                                  m_point2 (x2 , y2)
{ }
double ClRectangle::get_a ()
{
    double x1 = m_point1.get_x() ;
    double y1 = m_point1.get_y() ;
    double x2 = m_point2.get_x() ;
    double y2 = m_point2.get_y() ;
    return fabs ((x2 - x1) * (y2 - y1)) * m_area_or_hole ;
}
double ClRectangle::get_sx ()
{
    return get_a () * (m_point1.get_y() + m_point2.get_y()) / 2 ;
}
double ClRectangle::get_sy ()
{
    return get_a () * (m_point1.get_x() + m_point2.get_x()) / 2 ;
}
void ClRectangle::input (int type)
{
    double  x , y ;
    m_area_or_hole = type > 0 ? AREA : HOLE ;
    cout << "Rechteck, Punkt 1:            x1 = " ;
    cin  >> x ;
    cout << "                              y1 = " ;
    cin  >> y ;
    m_point1.set_x (x) ;
    m_point1.set_y (y) ;
    cout << "Punkt2 (diagonal zu Punkt 1): x2 = " ;
    cin  >> x ;
    cout << "                              y2 = " ;
    cin  >> y ;
    m_point2.set_x (x) ;
    m_point2.set_y (y) ;
}
```

Ende des Ausschnitts aus der Datei geom5.cpp

♦ Der Konstruktor von **ClCircle** erledigt fast alles, der Konstruktor von **ClRectangle** tatsächlich alles mit der Kopfzeile:

```
ClRectangle::ClRectangle (double x1 , double y1 ,
                          double x2 , double y2 , int type) :
        ClAreaBase (type > 0 ? AREA : HOLE) , m_point1 (x1 , y1) ,
                                              m_point2 (x2 , y2)
```

... sorgt dafür, daß die Konstruktoren von **ClAreaBase** und (zweimal) von **ClPoint** mit Argumenten aufgerufen werden, die dem Konstruktor von **ClRectangle** übergeben werden. Natürlich können diese nicht nur "weitergereicht", sondern auch in Ausdrücken verwendet werden (wie hier für das Argument des **ClAreaBase**-Konstruktors).

♦ Die Funktionen **get_a**, **get_sx** und **get_sy** verdeutlichen noch einmal das im Abschnitt 5.2.1 diskutierte Problem. Immer wieder muß der Flächeninhalt berechnet werden (hier realisiert durch **get_a**-Aufrufe aus den anderen Funktionen). Das ist der Preis, der gezahlt wird, um die Speicherung redundanter Information zu vermeiden.

Nachfolgend wird das Programm **sp5.cpp**, das die in **geom5.h** und **geom5.cpp** realisierte Klassen-Hierarchie benutzt, komplett gelistet, obwohl es sich gar nicht so wesentlich von den Vorgänger-Versionen unterscheidet. Es soll der Demonstration dienen, wie übersichtlich eine gute Klassen-Hierarchie unter Ausnutzung des Polymorphismus den Code macht und daß die für eine Erweiterung notwendigen Schritte geradezu vorgezeichnet sind.

Programm sp5.cpp

```
// Schwerpunkt einer zusammengesetzten Fläche

// Es wird mit der in geom5.h völlig neu deklarierten Klassen-Hierarchie gearbeitet. Damit
// wird der Polymorphismus demonstriert, indem die Pointer auf die Instanzen der abgeleiteten
// Klassen einer Pointer-Variablen der Basisklasse zugewiesen werden. Da die wesentlichen
// Funktionen der Basisklasse aber (rein) virtuell sind, wird jeweils die zum "Typ des Objekts,
// auf den der Pointer zeigt" passende Funktion der abgeleiteten Klasse verwendet.

#include <iostream.h>
#include "geom5.h"

void main ()
{
   int          type ;
   double       a = 0. , sx = 0. , sy = 0. ;
   ClAreaBase   *area_p ;

   cout << "Schwerpunkt einer zusammengesetzten Flaeche\n" ;
   cout << "==========================================\n" ;
   while (1)
   {
      cout << "\n1 ---> Rechteckflaeche,"
           << " -1 ---> Rechteckausschnitt,"
           << "\n2 ---> Kreisflaeche,    "
           << " -2 ---> Kreisausschnitt,\n0 ---> Eingabe komplett" ;
      cout << "\nBitte auswaehlen:    " ;
      cin >> type ;
      if (!type) break ;

      switch (type)
      {
         case  1:
         case -1: area_p = new ClRectangle ;
              break ;

         case  2:
         case -2: area_p = new ClCircle ;
              break ;
```

```
            default: continue ;
        }
        if (!area_p)
        {
            cout << "Sorry, kein Speicherplatz!\n" ;
            return ;
        }
        area_p->input (type) ;
    }
    for (area_p = ClAreaBase::get_head () ; area_p ;
                            area_p = area_p->get_next ())
    {
        a  += area_p->get_a()  ;
        sx += area_p->get_sx() ;
        sy += area_p->get_sy() ;
    }
    cout << "\nFlaeche                        A = " << a << "\n" ;
    if (fabs (a) > 1.e-20)
    {
        cout << "Schwerpunkt-Koordinaten:       xS = " << sy / a << "\n" ;
        cout << "                               yS = " << sx / a << "\n" ;
    }
    while (ClAreaBase::get_head ()) delete ClAreaBase::get_head () ;
}
```

Ende des Programms sp5.cpp

♦ Eine Pointer-Variable auf eine abgeleitete Klasse kommt im Programm **sp5.cpp** nicht
mehr vor. Die virtuellen Funktionen werden ausschließlich mit Basisklassen-Pointern
aufgerufen. Daß in jedem Fall die Member-Funktionen der gewünschten Klasse angesteuert werden, wird durch die dynamische (späte) Bindung der Funktionsaufrufe garantiert,
um die sich der Programmierer, der sie mit dem Schlüsselwort **virtual** (in der Basisklasse)
veranlaßt hat, nicht weiter zu kümmern braucht.

Unten links sind Eingabe-Dialog und Ergebnisse zu sehen für
die Berechnung der rechts dargestellten Fläche (die Koordinaten
beziehen sich auf das eingezeichnete Koordinatensystem).

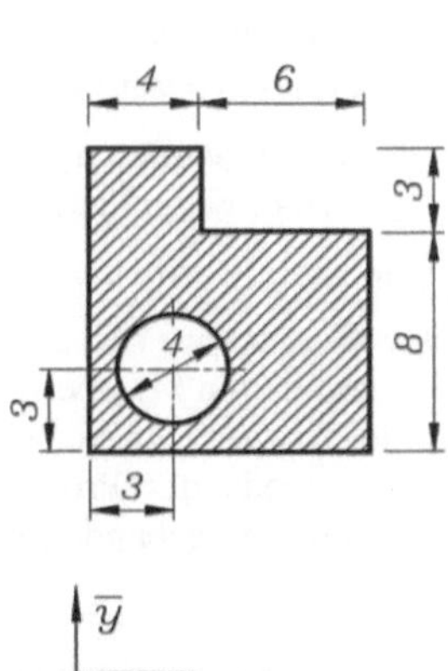

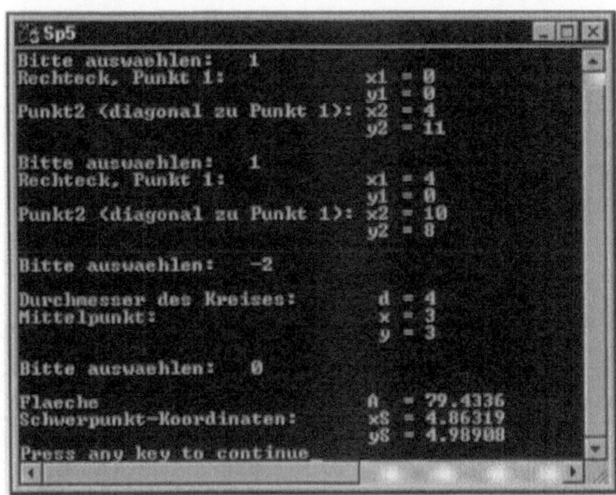

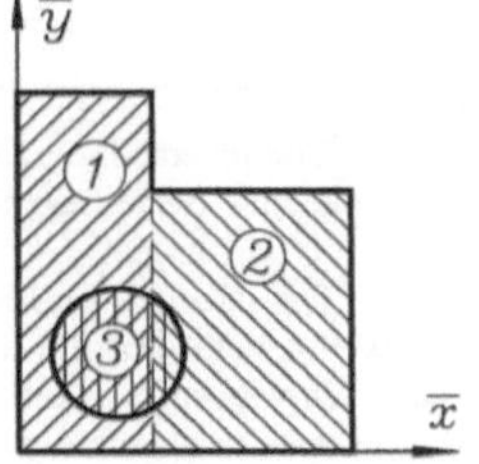

5.3 Polymorphismus, Schlüssel zur objektorientierten Programmierung

Es gibt keine Norm für die Wortwahl, aber es ist üblich, einer Programmiersprache erst dann das Attribut "objektorientiert" zukommen zu lassen, wenn sie den Polymorphismus unterstützt (eine Sprache, die nur die in den Kapiteln 2 bis 4 behandelten Eigenschaften hat, kann man wohl eher als "objektbasiert" bezeichnen).

In diesem Abschnitt soll an der Erweiterung des Programms **sp5.cpp** um "einen zusätzlichen Objekttyp" gezeigt werden, wie vorteilhaft der Polymorphismus gerade für die Erweiterung von Programmen ist. Da genau dies die typische Tätigkeit sowohl bei der Programmentwicklung als auch bei der -wartung ist, kann man daran die "Programmierer-Freundlichkeit" einer höheren Programmiersprache messen.

Der Leser sollte in den folgenden Abschnitten darauf achten, daß kein Eingriff in den Code der Klassen-Hierarchie (Dateien **geom5.h** und **geom5.cpp**) erforderlich ist. Der im Abschnitt 5.2.3 erreichte Stand ermöglicht das Berechnen von Flächen, die sich aus den "Objekten Rechteck bzw. Kreis" zusammensetzen lassen. Es soll nun ein weiteres Objekt (Dreieck) hinzugefügt werden. Der Schritt im folgenden Abschnitt ist nicht erforderlich und soll nur die "Unversehrtheit" des Codes auf dem bisher erreichten Stand noch unterstreichen.

5.3.1 Erzeugen einer Klassen-Bibliothek

Um zeigen zu können, daß man bei einer Erweiterung einer Klassen-Hierarchie den Quellcode der Member-Funktionen nicht benötigt, wird mit den Funktionen, die in der Datei **geom5.cpp** enthalten sind, eine Objectmodul-Bibliothek[5] erzeugt. Nachfolgend werden die Schritte beschrieben, die dafür mit der Entwicklungsumgebung von MS-Visual-C^{++} 5.0 erforderlich sind:[6]

♦ Es wird ein neues Projekt (**Datei I Neu I Projekte**) mit dem Projektnamen **geom5** erzeugt, als Projekttyp wird z. B. **Win32 Static Library** gewählt, abschließen mit **OK**.

♦ Die Datei **geom5.cpp** wird in das Projekt eingefügt (**Projekt I Dem Projekt hinzufügen I Dateien, geom5.cpp** auswählen), abschließen mit **OK**.

♦ Die Library wird erzeugt (z. B.: **Erstellen I geom5.lib erstellen**).

Das war es schon. Um eine Klassen-Bibliothek benutzen zu können, muß eine Library (mit den compilierten Member-Funktionen) verfügbar sein. Außerdem benötigt man den Quellcode der Header-Datei, in der sich die Deklarationen der Klassen befinden. Diese Datei muß in den Quellcode des Programms, das die Klassen-Bibliothek benutzt, (mit einer **include**-Anweisung) eingebunden werden.

---

[5]Compilierte Programme hießen schon lange vor der Erfindung der objektorientierten Programmierung "Objectmoduln". Beide Begriffe haben nichts miteinander zu tun.

[6]Das Arbeiten mit Libraries in der "Visual workbench" von MS-Visual-C^{++} 1.5 und mit UNIX-Archives ist im Kapitel 4 von [Dank97] ausführlich beschrieben, für das Arbeiten mit der IDE von Borland-C^{++} 5.0 und mit weiteren Entwicklungsumgebungen findet man Hinweise in den Dateien **readme.txt**, die über die im Abschnitt 1.2 angegebene Internet-Adresse kopiert werden können.

5.3.2 Programm-Erweiterung: Reales Objekt "Dreieck" und Klasse ClTriangle

Die Möglichkeit, auch Dreiecke als Teilflächen verwenden zu können, ist für ein Programm zur Berechnung ebener Flächen ein entscheidender Vorteil. Alle (stückweise) geradlinig begrenzten Flächen lassen sich durch Dreiecke zusammensetzen, und krummlinig berandete Flächen können (bei feiner Unterteilung gegebenenfalls beliebig genau) angenähert werden.

Ein Dreieck wird am einfachsten beschrieben durch die Angabe der Koordinaten der drei Eckpunkte. Die Formeln für den Flächeninhalt und die statischen Momente bezüglich der Achsen eines kartesischen Koordinatensystems lauten:

$$A = \frac{1}{2} \left| (x_2 - x_1)(y_3 - y_1) - (y_2 - y_1)(x_3 - x_1) \right| \;\; ;$$

$$S_x = \frac{A}{3}(y_1 + y_2 + y_3) \;\; ;$$

$$S_y = \frac{A}{3}(x_1 + x_2 + x_3)$$

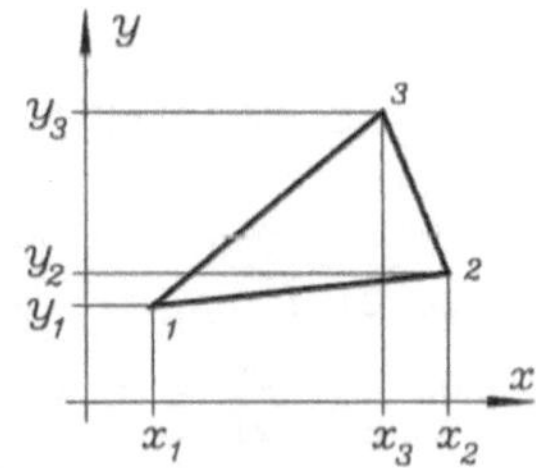

(die Absolutstriche in der Flächenformel machen diese unabhängig von der Reihenfolge der Punktnumerierung). Die Eigenschaften des **realen Objekts** "Dreieck" sind also folgendermaßen zu beschreiben: Sein **Zustand** ist gegeben durch die Koordinaten der drei Punkte, sein **Verhalten** auf Anfragen (nach Flächeninhalt oder den statischen Momenten) wird durch die angegebenen Formeln beschrieben. Der Zustand des Objekts wird durch drei Member-Variablen (vom Typ **ClPoint**) beschrieben, sein Verhalten durch die Member-Funktionen. Es werden (neben dem Konstruktor) drei **public**-Member-Funktionen für die Abfrage des Flächeninhalts und der statischen Momente definiert, eine für die Eingabe der Koordinaten.

Mit der abstrakten Basisklasse **ClAreaBase** (Abschnitt 5.2.2, Header-Datei **geom5.h**) steht eine Klasse zur Verfügung, die genau diese vier Member-Funktionen als rein virtuelle Funktionen deklariert. Die Klasse **ClTriangle** wird deshalb aus **ClAreaBase** abgeleitet:

Header-Datei triangle.h

```cpp
class ClTriangle : public ClAreaBase
{
   private:
      ClPoint    m_point1 ;                      // Drei Punkte beschreiben ein
      ClPoint    m_point2 ;                      // Dreieck
      ClPoint    m_point3 ;
      void input_point (int i , ClPoint &m_point) ;
   public:

      ClTriangle (double x1 = 0. , double y1 = 0. ,
                  double x2 = 0. , double y2 = 0. ,
                  double x3 = 0. , double y3 = 0. , int  type = AREA) ;

      virtual double get_a  () ;
      virtual double get_sx () ;
      virtual double get_sy () ;
      virtual void   input  (int type) ;
} ;
```

Ende der Header-Datei triangle.h

Weil die Eingabe der drei Punkte auf gleiche Weise erfolgt, wird eine Funktion **input_point** (**private**, nur innerhalb der Klasse zu benutzen) definiert, die aus **input** aufgerufen wird. Die Implementationen der Member-Funktionen stehen in einer gesonderten Datei **triangle.cpp**:

Datei triangle.cpp

```cpp
#include <iostream.h>
#include <math.h>
#include "geom5.h"                        // ... enthält Basisklassen-Deklarationen
#include "triangle.h"
ClTriangle::ClTriangle (double x1 , double y1 ,
                        double x2 , double y2 ,
                        double x3 , double y3 , int type) :
          ClAreaBase (type > 0 ? AREA : HOLE) , m_point1 (x1 , y1) ,
                                                m_point2 (x2 , y2) ,
                                                m_point3 (x3 , y3)
{ }
double ClTriangle::get_a ()
{
    double x1 = m_point1.get_x() ;
    double y1 = m_point1.get_y() ;
    double x2 = m_point2.get_x() ;
    double y2 = m_point2.get_y() ;
    double x3 = m_point3.get_x() ;
    double y3 = m_point3.get_y() ;
    return .5 * fabs ((x2 - x1) * (y3 - y1) -
                      (y2 - y1) * (x3 - x1)) * m_area_or_hole ;
}
double ClTriangle::get_sx ()
{
    return get_a () * (m_point1.get_y() + m_point2.get_y() +
                                  m_point3.get_y()) / 3 ;
}
double ClTriangle::get_sy ()
{
    return get_a () * (m_point1.get_x() + m_point2.get_x() +
                                  m_point3.get_x()) / 3 ;
}
void ClTriangle::input_point (int i , ClPoint &m_point)
{
    double  x , y ;
    cout << "Dreieck, Punkt " << i << ":              x" << i << " = " ;
    cin  >> x ;
    cout << "                              y" << i << " = " ;
    cin  >> y ;
    m_point.set_x (x) ;
    m_point.set_y (y) ;
}
void ClTriangle::input (int type)
{
    m_area_or_hole = type > 0 ? AREA : HOLE ;
    input_point (1 , m_point1) ;
    input_point (2 , m_point2) ;
    input_point (3 , m_point3) ;
}
```

Ende der Datei triangle.cpp

♦ Weil für die Deklaration der Klasse **ClTriangle** die Deklaration der Basisklasse bekannt sein muß, ist in **triangle.cpp** die **include**-Anweisung für die Datei **geom5.h** vor der **include**-Anweisung für die Datei **triangle.h** zu plazieren. Alternativ dazu hätte man natürlich die **include**-Anweisung, die die Basisklasse bekanntmacht, auch in der Header-Datei **triangle.h** unterbringen können. Dann sollte man jedoch Vorsichtsmaßnahmen treffen, die ein mehrfaches Einbinden verhindern.[7]

> Man beachte, daß die Erweiterung der im Abschnitt 5.2.3 erzeugten Klassen-Hierarchie um die Klasse **ClTriangle** ohne Eingriff in die Deklarationen der bereits existierenden Klassen und die Implementationen der existierenden Member-Funktionen erfolgte.
>
> Trotzdem ist die Klasse **ClTriangle** mit ihrer gesamten Funktionalität (durch Ableitung aus der Basisklasse **ClAreaBase**) in der Hierarchie verfügbar. Es muß nur ein Objekt erzeugt werden, auf das ein Basisklassen-Pointer zeigt.

Es ist sicher konsequent, die Datei **triangle.cpp** der im Abschnitt 5.3.1 erzeugten Klassen-Bibliothek hinzuzufügen (es wäre auch möglich, die Datei nur in das Projekt einzubauen, das die erweiterte Klassen-Hierarchie nutzen möchte).

Getestet wird die erweiterte Klassen-Hierarchie mit einem Programm, das aus **sp5.cpp** (Abschnitt 5.2.3) durch geringfügige Änderungen erzeugt wird. Die Eingabe wird um die zusätzliche Offerte "Dreieck" erweitert:

```
cout << "Schwerpunkt einer zusammengesetzten Flaeche\n" ;
cout << "=========================================\n" ;
cout << "\n1 ---> Rechteckflaeche, "
     << " -1 ---> Rechteckausschnitt, "
     << "\n2 ---> Kreisflaeche,   "
     << " -2 ---> Kreisausschnitt, "
     << "\n3 ---> Dreiecksflaeche, "
     << " -3 ---> Dreiecksausschnitt,\n0 ---> Eingabe komplett\n" ;
```

In der **switch**-Anweisung zum Erzeugen des gewünschten Objekts wird der zugehörige **case**-Zweig ergänzt:

```
switch (type)
{
    case  1:
    case -1: area_p = new ClRectangle ;
             break ;

    case  2:
    case -2: area_p = new ClCircle ;
             break ;

    case  3:
    case -3: area_p = new ClTriangle ;
             break ;

    default: continue ;
}
```

Das ist tatsächlich alles, was ergänzt werden muß. Auch die nachfolgenden Anweisungen zur Berechnung der Gesamtfläche und der Schwerpunkt-Koordinaten der Gesamtfläche brauchen

---

[7]Dafür können die üblichen Präprozessor-Anweisungen (Definition eines Symbols und Abfrage der Existenz dieses Symbols) benutzt werden, beschrieben z. B. im Abschnitt 8.8 in [Dank97].

nicht geändert zu werden. Trotzdem werden die Member-Funktionen der neuen Klasse aufgerufen, wenn ein Basisklassen-Pointer auf ein Objekt dieses Typs zeigt.

Um ein ausführbares Programm aus dem wie beschrieben erweiterten Programm (es bekommt den Namen **sp6.cpp**) erzeugen zu können, sollte die im Abschnitt 5.3.1 erzeugte Library um die aus **triangle.cpp** zu erzeugenden Objectmoduln ergänzt werden. Diese Library ist dann in das Projekt für das Programm **sp6.cpp** mit einzubeziehen, damit der Linker die benötigten Funktionen einbinden kann.

Eine Testrechnung wird mit der nachfolgend rechts dargestellten Fläche ausgeführt, die auf unterschiedliche Weise in Teilflächen zerlegt werden kann. Für den skizzierten Vorschlag (Rechteckfläche 45×50 mit rechts angefügtem Dreieck 2 und oben ausgeschnittenem Dreieck 3) mit dem gewählten Koordinatensystem zeigt der Bildschirm-Schnappschuß noch den Eingabe-Dialog für die beiden Dreiecke und die Ergebnisse.

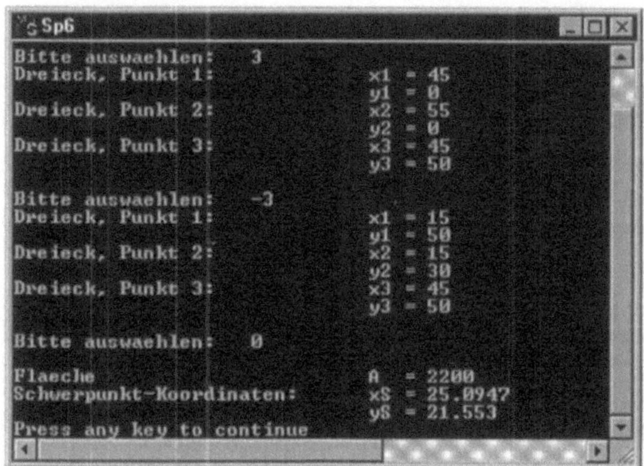

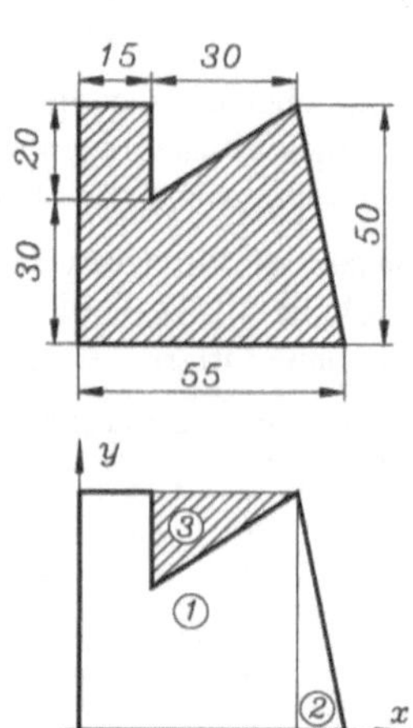

Das Programm **sp6.cpp** gibt Anlaß zu einer abschließenden Bemerkung, die sicher nicht als allgemeingültige Regel aufgefaßt werden darf, aber für den C++-Programmierer als Erinnerungsstütze dienen kann. C-Programmierer wissen: Eine **switch**-Anweisung kommt selten allein. Für C++-Programmierer gilt: Sie sollte es, wenn es möglich ist.

Der C-Programmierer, der in einer Eingabeschleife eine **switch**-Anweisung programmiert, wie sie im Programm **sp6.cpp** zur Behandlung der unterschiedlichen Flächentypen vorkommt, weiß, daß er sinnvollerweise überall dort, wo diese Flächen in seinem Programm verwendet werden, wieder einen ähnlichen Verteiler einsetzen wird. Der C++-Programmierer sollte bei einer solchen **switch**-Anweisung immer überlegen, ob ihm durch Verwendung des Polymorphismus weitere Anweisungen dieser Art erspart bleiben. Während der C-Programmierer die Typen seiner Objekte verwalten und immer wieder über einen Verteiler abfragen muß, wird bei der objektorientierten Programmierung der Typ des realen Objekts gewissermaßen an den Typ des Klassen-Objekts übergeben, und mit Hilfe des Polymorphismus kann die Auswertung des Typs auf die Laufzeit des Programms verschoben werden.

5.4 Der Sinn eines virtuellen Destruktors

5.4.1 Erlaubte und unerlaubte Verwendung des Schlüsselworts virtual

Es gibt einige Einschränkungen für den Gebrauch des Schlüsselworts **virtual**, die logische Begründungen haben. Ihre Einhaltung wird vom Compiler überwacht, deshalb stellen sie kaum eine ernsthafte Fehlerquelle dar.

> Virtuelle Member-Funktionen dürfen nicht **inline** deklariert werden.

Der Sinn von **inline**-Funktionen ist es, daß der Compiler am Ort des Funktionsaufrufs den gesamten Funktionscode einsetzt. Er muß also wissen, welche Funktion an dieser Stelle ausgeführt wird, genau das weiß er aber bei Funktionen mit später Bindung nicht.

> Statische Member-Funktionen (deklariert mit dem Schlüsselwort **static**, vgl. Abschnitt 4.4) können keine virtuellen Funktionen sein.

Auch für diese Einschränkung ist der Grund einleuchtend: Statische Member-Funktionen werden nicht mit einem Objekt (bzw. einem Pointer auf ein Objekt) aufgerufen, sondern mit dem Klassennamen, also kann der Pointer auch nicht auf Objekte unterschiedlicher Typen zeigen. Daß der Programmierer für den Aufruf einer statischen Member-Funktion auch ein Objekt benutzen darf, ändert an dieser Aussage nichts. Der Compiler beachtet nur den Typ des Objekts und behandelt den Aufruf in jedem Fall wie einen Aufruf mit dem entsprechenden Klassennamen.

> Konstruktoren können im Gegensatz zu Destruktoren nicht virtuell sein.

Ein Konstruktor wird noch nicht mit einem existierenden Objekt aufgerufen, das Objekt wird gerade konstruiert. Der Destruktor dagegen wird (automatisch) aufgerufen, wenn ein Objekt eines bestimmten Typs zerstört wird. Wenn nun z. B. **delete** mit einem Basisklassen-Pointer aufgerufen wird, um den belegten Speicherplatz freizugeben, dann wird der Destruktor der Basisklasse aufgerufen. Dieser Pointer kann aber durchaus auf ein Objekt einer abgeleiteten Klasse zeigen, deren Destruktor möglicherweise auch Aufräumarbeiten zu erledigen hätte. Wenn erreicht werden soll, daß in diesem Fall der Destruktor der abgeleiteten Klasse aufgerufen wird, muß der Destruktor der Basisklasse mit dem Schlüsselwort **virtual** versehen sein. Obwohl dieser Satz nachfolgend noch etwas abgeschwächt wird, macht man bei Beachtung folgender Aussage eigentlich nie etwas falsch:

> Konstruktoren können im Gegensatz zu Destruktoren nicht virtuell sein.

Da in C^{++} jede Klasse als Basisklasse verwendet werden kann, könnte man diese Aussage also sogar noch verschärfen und fordern, daß alle Destruktoren mit dem Schlüsselwort

virtual versehen werden sollten. Man sollte jedoch daran denken, daß die Realisierung der späten Bindung immer einen (wenn auch geringen) Overhead erzeugt.

Unter Beachtung der Aussage in der "Vorsicht-Falle-Bemerkung" am Ende des Abschnitts 4.5, daß es keine gute Idee ist, eine nicht-virtuelle Member-Funktion in einer abgeleiteten Klasse zu redefinieren, und unter Berücksichtigung der Tatsache, daß nur mit virtuellen Member-Funktionen der Polymorphismus realisiert werden kann, bei dem es sehr sinnvoll ist, Instanzen abgeleiteter Klassen mit Basisklassen-Pointern zu verwalten, kann die Aussage etwas abgeschwächt werden: Immer dann, wenn eine Klasse mindestens eine virtuelle Member-Funktion enthält, was sie zur Verwendung als Basisklasse geradezu prädestinert, sollte der Destruktor virtuell deklariert werden.

Vorsicht, Falle!

Es kommt relativ häufig vor, daß es für den (virtuell deklarierten) Destruktor in der Basisklasse nichts zu tun gibt. Weil er nicht **inline** deklariert werden kann, könnte man auf die Idee kommen, ihn (mit dem Zusatz = **0**) rein virtuell zu deklarieren. Der Compiler akzeptiert dies zwar, aber es funktioniert nicht.

Weil ein Destruktor-Aufruf für ein Objekt einer abgeleiteten Klasse immer auch den Destruktor der Basisklasse aktiviert, wird er auch für abstrakte Klassen benötigt, spätestens der Linker beschwert sich, wenn er nicht zu finden ist.

5.4.2 Polygonflächen, die Klasse ClPolygon

Obwohl man mit Dreiecken jede beliebige Polygonfläche zusammensetzen kann, ist es für den Programm-Benutzer bequemer und übersichtlicher, ein Polygon auch als solches einzugeben. Hier wird diese Möglichkeit auch deshalb realisiert, um die Notwendigkeit eines virtuell deklarierten Destruktors zu demonstrieren.

Zunächst wieder die Theorie: Für eine Fläche, die von einem geschlossenen Polygon begrenzt wird (die Skizze zeigt ein Polygon, das durch 6 Punkte definiert wird), können der Flächeninhalt und die statischen Momente nach folgenden Formeln berechnet werden:

$$A = \frac{1}{2} \sum_{i=1}^{n} \left(y_{i+1}\, x_i - y_i\, x_{i+1} \right) \; ;$$

$$S_x = \frac{1}{6} \sum_{i=1}^{n} \left(y_i + y_{i+1} \right) \left(y_{i+1}\, x_i - y_i\, x_{i+1} \right) \; ;$$

$$S_y = \frac{1}{6} \sum_{i=1}^{n} \left(x_i + x_{i+1} \right) \left(y_{i+1}\, x_i - y_i\, x_{i+1} \right)$$

(die Formeln werden in [Dank95] hergeleitet, der Programmierer darf aber auch einfach auf ihre Richtigkeit vertrauen). Für den Punkt **n+1**, dessen Koordinaten bei einem Polygon mit **n** Punkten in den Formeln benötigt wird, müssen die Koordinaten des Startpunktes (Punkt **1**) noch einmal verwendet werden. Eigentlich müßten die Punkte so numeriert werden, daß die Fläche beim Durchlaufen des Polygons immer links liegt, anderenfalls wird der Flächeninhalt negativ, und die statischen Momente haben falsche Vorzeichen. Im Programm kann man den Benutzer von der Einhaltung dieser Vorschrift befreien, indem bei negativem Ergebnis für den Flächeninhalt alle Vorzeichen der Ergebnisse geändert werden.

Mit der Deklaration der Klasse **ClPolygon** (siehe nachstehendes Listing der Datei **polygon.h**) und den zugehörigen Member-Funktionen sollen zwei Besonderheiten demonstriert werden:

♦ Die Anzahl der Polygonpunkte wird erst durch die Eingabe festgelegt. Deshalb wird in der Deklaration der Klasse nur ein Pointer auf ein **ClPoint**-Objekt vorgesehen. Wenn die Punkt-Anzahl bekannt ist, wird Speicherplatz für ein entsprechendes **ClPoint**-Array angefordert, und dieser muß beim "Ableben" der **ClPolygon**-Instanz freigegeben werden.

♦ Das im Abschnitt 5.2.1 diskutierte Problem "Redundanz in den Daten-Elementen einer Klasse" wurde bei den Klassen **ClCircle**, **ClRectangle** und **ClTriangle** stets so beantwortet: Redundanz wird unter Inkaufnahme der Neuberechnung der Ergebnisse bei jeder Anforderung der Werte vermieden. Wegen des erheblich größeren Aufwandes für die Auswertung der Polygon-Formeln (und zur Demonstration dieser Variante) wird für die Klasse **ClPolygon** entschieden, Member-Variablen für den Flächeninhalt und die beiden statischen Momente (und damit redundante Information) in der Klasse zu installieren. Von den im Abschnitt 5.2.1 diskutierten beiden Möglichkeiten "Neuberechnung bei Änderung des Zustandes (Punkt-Koordinaten)" und "Neuberechnung bei Anforderungen, wenn die Werte nicht 'uptodate' sind" wird die letztgenannte realisiert. Deshalb wird eine weitere Member-Variable vorgesehen: Ein **int**-Wert **m_ok** zeigt mit dem Wert **1** an, daß die gespeicherten Werte zu den Punkt-Koordinaten kompatibel sind (wird nach Neuberechnung gesetzt), der Wert **0** signalisiert (wird im Konstruktor gesetzt und gegebenenfalls immer dann, wenn sich eine Punkt-Koordinate ändert), daß eine Neuberechnung bei Anforderung eines Wertes ausgeführt werden muß.

Header-Datei polygon.h

```
class ClPolygon : public ClAreaBase
{
    private:
        int         m_npoints ;      // Anzahl der Polygon-Punkte
        ClPoint     *m_point_p ;     // Pointer auf das Array der Punkt-Koordinaten

        double      m_a  ;           // Flächeninhalt
        double      m_sx ;           // Statisches Moment S_x
        double      m_sy ;           // Statisches Moment S_y
        int         m_ok ;           // "Uptodate"-Indikator

        void        a_sx_sy () ;     // Berechnung von A, S_x und S_y

        ClPolygon            (const ClPolygon &pl) ;          // Siehe Abschnitt
        ClPolygon &operator= (const ClPolygon &rs) ;          // 5.4.3 !!!
    public:
        ClPolygon (ClPoint *point_p = NULL , int npoints = 0 ,
                                             int type    = AREA) ;
        virtual ~ClPolygon () ;
        virtual double get_a  () ;
        virtual double get_sx () ;
        virtual double get_sy () ;
        virtual void   input  (int type) ;
} ;
```

Ende der Header-Datei polygon.h

Die Member-Funktionen der Klasse **ClPolygon** sind in der Datei **polygon.cpp** implementiert:

Datei polygon.cpp

```cpp
#include <iostream.h>
#include <stdlib.h>              // ... für exit
#include <math.h>
#include "geom5.h"               // ... enthält Basisklassen-Deklarationen
#include "polygon.h"
ClPolygon::ClPolygon  (ClPoint *point_p , int npoints , int type) :
          ClAreaBase (type > 0 ? AREA : HOLE)
{
    if (npoints > 0 && point_p != NULL)
    {
        if (!(m_point_p = new ClPoint [npoints + 1]))
        {
            cout << "Sorry, kein Speicherplatz fuer Polygonpunkte!\n" ;
            exit (1) ;                          // ... hart, aber konsequent
        }
        for (int i = 0 ; i < npoints ; i++)
            *(m_point_p + i) = *(point_p + i) ;
        *(m_point_p + npoints) = *(point_p) ;
    }
    else  m_point_p = NULL ;
    if    (m_point_p) m_npoints = npoints ;
    else              m_npoints = 0 ;
    m_a  = 0. ;     m_sx = 0. ;      m_sy = 0. ;
    m_ok = 0  ;
}

ClPolygon::~ClPolygon ()        // ...   und damit dieser Destruktor auch dann aufgerufen
{                               //       wird, wenn das Polygon durch einen Pointer der
    delete [] m_point_p ;       //       Basisklasse repräsentiert wird, muß der
}                               //       Basisklassen-Destruktor virtuell sein.
void ClPolygon::a_sx_sy ()
{
    double ai , xi , yi , xip1 , yip1 ;
    m_a  = 0. ;     m_sx = 0. ;      m_sy = 0. ;
    for (int i = 0 ; i < m_npoints ; i++)
    {
        xi   = m_point_p[i  ].get_x () ;
        yi   = m_point_p[i  ].get_y () ;
        xip1 = m_point_p[i+1].get_x () ;
        yip1 = m_point_p[i+1].get_y () ;
        ai   = xi * yip1 - xip1 * yi ;
        m_a  += ai ;
        m_sx += (yi + yip1) * ai ;
        m_sy += (xi + xip1) * ai ;
    }
    if (m_a < 0.)
    {
        m_a = - m_a  ;  m_sx = - m_sx  ;  m_sy = - m_sy ;
    }
    m_a  = m_a  * m_area_or_hole / 2. ;
    m_sx = m_sx * m_area_or_hole / 6. ;
    m_sy = m_sy * m_area_or_hole / 6. ;
    m_ok = 1 ;
}
```

```cpp
double ClPolygon::get_a ()
{
    if (!m_ok) a_sx_sy () ;
    return  m_a ;
}
double ClPolygon::get_sx ()
{
    if (!m_ok) a_sx_sy () ;
    return  m_sx ;
}
double ClPolygon::get_sy ()
{
    if (!m_ok) a_sx_sy () ;
    return  m_sy ;
}
void ClPolygon::input (int type)
{
    double  x , y ;
    m_area_or_hole = type > 0 ? AREA : HOLE ;
    do {
        cout << "Anzahl der Polygonpunkte:      n = " ;
        cin  >> m_npoints ;
      } while (m_npoints < 3) ;
    delete [] m_point_p ;
    if (!(m_point_p = new ClPoint [m_npoints + 1]))
    {
        cout << "Sorry, kein Speicherplatz fuer Polygonpunkte!\n" ;
        exit (1) ;                                  // ... hart, aber konsequent
    }
    for (int i = 0 ; i < m_npoints ; i++)
    {
        cout << "Punkt " << i + 1 << ":                            x"
             << i + 1 << " = " ;
        cin  >> x ;
        cout << "                            y"
             << i + 1 << " = " ;
        cin  >> y ;
        m_point_p[i].set_x (x) ;
        m_point_p[i].set_y (y) ;
    }
    m_point_p[m_npoints].set_x (m_point_p[0].get_x ()) ;   // Letzter Punkt =
    m_point_p[m_npoints].set_y (m_point_p[0].get_y ()) ;   // erster Punkt
    m_ok = 0 ;
}
```

Ende der Datei polygon.cpp

♦ In der Member-Funktion **input** wird Speicherplatz für ein Array angefordert. Dieser liegt außerhalb des Speicherplatzes, der beim Konstruieren eines **ClPolygon**-Objektes bereitgestellt wird (dieses Problem wurde erstmals im Abschnitt 2.4 behandelt). Er wird deshalb nicht automatisch freigegeben, wenn des **ClPolygon**-Objekt "stirbt", sondern muß (sinnvollerweise im Destruktor) durch eine **delete**-Anweisung freigegeben werden. Damit der Destruktor der abgeleiteten Klasse auch dann aufgerufen wird, wenn ein Basisklassen-Pointer auf das "ablebende" Objekt zeigt, muß der Destruktor der Basisklasse virtuell deklariert sein (ist in **geom5.h** tatsächlich realisiert).

♦ Der "Uptodate"-Indikator **m_ok** muß mit sehr viel Sorgfalt immer auf dem richtigen Stand gehalten werden. Das ist in diesem kleinen Programm deshalb noch unkritisch, weil nach der Eingabe keine Änderungen der Polygonpunkte mehr möglich sind.

Weil ein Polygon das Dreieck als Sonderfall enthält, kann die Klasse **ClPolygon** die im Abschnitt 5.3.2 in das Projekt eingeführte Klasse **ClTriangle** ersetzen. Im Programm **sp6.cpp** sind nur die beiden Zeilen mit dem Angebot, ein Dreieck einzugeben, zu modifizieren, und der Bezeichner **ClTriangle** ist durch **ClPolygon** zu ersetzen.

Das so entstehende Programm **sp7.cpp** kann dann mit der Fläche getestet werden, die bereits im Abschnitt 5.3.2 berechnet wurde. Die nebenstehende Abbildung zeigt den gegenüber dem Programm **sp6.cpp** vereinfachten Eingabe-Dialog und die errechneten Ergebnisse. Natürlich sind auch einige Beispiele, die in den vorangegangenen Abschnitten behandelt wurden, mit diesem Programm etwas einfacher zu lösen.

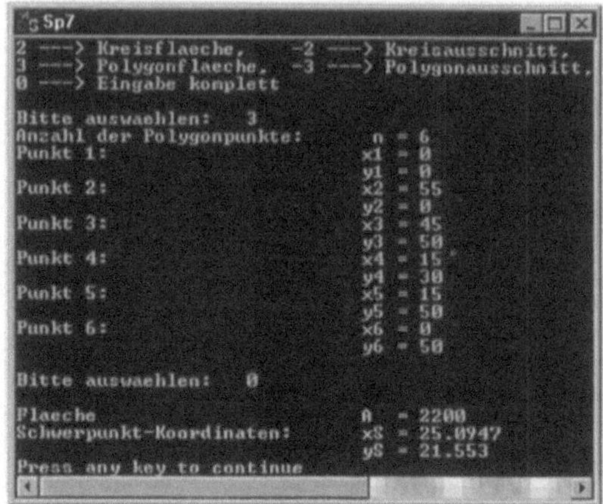

5.4.3 Wie vorsichtig sollte man eigentlich sein?

Der Leser, der die wiederholte Kritik an der Klasse **ClString** im Kapitel 3 aufmerksam verfolgt hat, wird sich nicht gewundert haben, daß in der Klassen-Deklaration von **ClPolygon** (Abschnitt 5.4.2) ein Copy-Konstruktor und eine Funktion für den Zuweisungsoperator vorgesehen wurden. Die gleiche Begründung, die für den virtuellen Destruktor in der Basisklasse spricht (im Destruktor der abgeleiteten Klasse muß Speicherplatz freigegeben werden), wurde in der Textbox am Ende des Abschnitts 3.4.2 als Indiz dafür genannt, daß diese beiden Member-Funktionen in der Klasse vorzusehen sind, um auch Kopien der außerhalb der Klasse liegenden Datenbereiche zu erzeugen.

Umso verwunderlicher ist es natürlich, daß die beiden Funktionen im **private**-Bereich stehen, so daß sie außerhalb der Klasse nicht nutzbar sind. Der Grund dafür ist einfach: Sie sollen und können auch nicht genutzt werden, denn der Programmierer war zu faul, sie zu schreiben.[8] Sie werden vom Programm **sp7.cpp** auch nicht benötigt. Wenn also ein anderer

---

[8]Der Autor gibt zu, daß er lange überlegt hat, ob er das zugeben sollte. Es ließen sich durchaus auch didaktische Gründe finden, die eine Demonstration dieser Möglichkeit sinnvoll erscheinen ließen, denn manchmal will man tatsächlich die ansonsten vom Compiler generierten Funktionen einfach nur sperren.

Aber die Realität sieht anders aus: Software wird eigentlich immer unter Zeitdruck geschrieben, und nun gibt es diese Situation: Die Member-Funktionen werden nicht benötigt, gehören aber auf jeden Fall zu einer sauberen Klassen-Deklaration. Ein anderer Benutzer könnte sie vermissen. Also schreibt man sie doch? Dann muß man sie auch testen. Da sie aber eigentlich (zur Zeit) nicht gebraucht werden, muß spezieller Testcode generiert werden (geschrieben und nicht getestet ist fast noch schlimmer als nicht geschrieben). Und nun einmal ehrlich: Wer macht das?

Programmierer die Klasse benutzen möchte, würde der Compiler jede Passage beanstanden, bei der der Zuweisungsoperator oder ein Copy-Konstruktor benötigt werden.

Aber die Vorsicht geht sogar noch deutlich weiter: Der Programmierer, dem der Quellcode der Klasse zur Verfügung steht, könnte die beiden **private**-Funktionen natürlich aus anderen Member-Funktionen (oder aus "befreundeten" Funktionen) aufrufen. Das würde der Compiler nicht bemängeln. Es gibt die Möglichkeit, sich vor der versehentlichen Benutzung einer nicht voll ausprogrammierten Funktion zu schützen, indem man sie z. B. so implementiert:

```
ClPolygon (const ClPolygon &pl)
{
     cout << "Fehler! Den Copy-Konstruktor gibt es nicht.\n" ;
     exit (1) ;
}
```

Das würde allerdings einen Laufzeit-Fehler erzeugen, und Laufzeit-Fehler haben bekanntlich die Tendenz haben, sich in der Testphase bedeckt zu halten, um bei der ersten ernsthaften Anwendung in aller Häßlichkeit zu erscheinen. Die gewählte Lösung ist noch einfacher und trotzdem besser: Die beiden Funktionen werden gar nicht implementiert! Dann würde sich bei dem versehentlichen Versuch ihrer Benutzung der Linker melden, weil er sie nicht findet.

Damit ist die Frage in der Überschrift zu diesem Abschnitt beantwortet. Die gewählte Lösung ist akzeptabel. In eine Falle zu tappen, die man selbst aufgestellt hat, ist besonders schmerzhaft. So kann nichts passieren. Tatsächlich "schläft" das verdrängte Problem durch mehrere Programmversionen, um sich dann im Abschnitt 6.6.6 doch plötzlich zu melden.

5.5   Kritik an der Klassen-Hierarchie

Nachdem mit der Vererbung und dem Polymorphismus die tragenden Säulen für den Entwurf von Klassen-Hierarchien behandelt und an Beispielen demonstriert wurden, sind wieder einmal einige grundsätzliche Bemerkungen zum objektorientierten Programmieren angebracht. Der erste Entwurf einer Klassen-Hierarchie für das Projekt "Berechnung ebener Flächen", der im Abschnitt 5.2.3 vorgestellt wurde, ist inzwischen etwas erweitert worden: Aus der abstrakten Basisklasse **ClAreaBase** wurden insgesamt vier Klassen abgeleitet (die Klasse **ClTriangle** wird in den folgenden Programmversionen nicht weiter berücksichtigt, so daß nur drei abgeleitete Klassen betrachtet werden). Die abgeleiteten Klassen enthalten nach den Regeln der Komposition **ClPoint**-Objekte. Die Deklarationen und Definitionen wurden konsequent unter Ausnutzung der Möglichkeiten, die der Polymorphismus bietet, realisiert. Es sieht eigentlich schon alles sehr elegant aus.

Umso überraschender mag es klingen, daß aus der Sicht der objektorientierten Programmierung doch noch massive Kritik fällig ist ("Objektorientiertes Programmieren ist mehr als das Einhalten der Regeln und Ausnutzen der Möglichkeiten einer objektorientierten Programmiersprache"). Drei wesentliche Kritikpunkte sollen in diesem Abschnitt noch beseitigt werden:

♦ Die abstrakte Basisklasse **ClAreaBase** repräsentiert eine Teilfläche und ist gewissermaßen "die Klammer" für die abgeleiteten Klassen. Diese repräsentieren spezielle Teilflächen (Kreis, Rechteck, Polygon). Daß die Basisklasse zusätzlich die Listenverwaltung übernimmt, "paßt einfach nicht" zu einem Objekt "Teilfläche". Eine Liste ist eigentlich ein spezielles Objekt und sollte auch dementsprechend im Programm repräsentiert sein.

♦ Ein Objekt "Gesamtfläche" kommt in den bisherigen Programm-Versionen gar nicht vor. Deshalb mußten die Berechnungen in **main** direkt codiert werden. Schließlich war auch für die "Aufräumarbeiten" (Zerstören aller Teilflächen-Objekte) in **main** zu sorgen (wäre eigentlich die Aufgabe eines Destruktors einer Klasse "Gesamtfläche").

♦ Die **input**-Funktion ist zwar ein typischer Vertreter für eine rein virtuelle Funktion, die nur in den abgeleiteten Klassen sinnvoll und angepaßt definiert werden kann, aber Eingabe-Funktionen sind in jedem Fall "wartungs-kritische" Kandidaten. Sie sollten deshalb nicht in einer Klassen-Hierarchie verstreut sein. Wenn z. B. eine echte Windows-Version des Programms erzeugt werden soll, muß an diesen Stellen radikal geändert werden.

Das Fazit dieser Kritik lautet: Aus der Basisklasse und allen abgeleiteten Klassen werden die **input**-Funktionen herausgenommen, aus der Basisklasse zusätzlich auch die gesamte Listenverwaltung. Es werden zwei neue Klassen deklariert: "Gesamtfläche" und "Verkettete Liste", wobei die "Gesamtfläche" eine Liste verwalten wird ("hat eine" Liste).

5.5.1 Die reduzierte Basisklasse und die daraus abgeleiteten Klassen

Im Vergleich mit der Basisklasse **ClAreaBase** (Abschnitt 5.2.2, Header-Datei **geom5.h**) ist die neue Basisklasse wesentlich "schlanker": Member-Variablen und Member-Funktionen, die der Listenverwaltung dienten, und die rein virtuelle Member-Funktion **input** fehlen. Die stark geänderte Klasse bekommt deshalb einen neuen Namen: **ClArea**. Im Gegensatz dazu unterscheiden sich die abgeleiteten Klassen von ihren in den Abschnitten 5.2.3 und 5.4.2 vorgestellten Vorgängern nur jeweils durch die fehlende **input**-Funktion. Die Deklarationen befinden sich in der Datei **geom8.h**, die nur ausschnittsweise gelistet wird:

Ausschnitt aus der Header-Datei geom8.h

```
class ClArea
{
    protected:
        AreaOrHole m_area_or_hole ;          // ... Teilfläche oder Ausschnitt
    public:
        ClArea    (AreaOrHole area_or_hole = AREA) ;
        virtual ~ClArea () ;
        virtual double get_a  () = 0 ;
        virtual double get_sx () = 0 ;
        virtual double get_sy () = 0 ;
} ;
class ClCircle : public ClArea
{
        // ...    wie die Deklaration der Klasse ClCircle in der Datei geom5.h (Abschnitt 5.2.3),
        //        es fehlt hier der Prototyp der rein virtuellen Funktion input
} ;

// Es folgen die Deklarationen der Klasse ClRectangle (wie in geom5.h, Abschnitt 5.2.3) und
// der Klasse ClPolygon (wie in polygon.h, Abschnitt 5.4.2), beide ohne die input-Funktion.
```

Ende des Ausschnitts aus der Header-Datei geom8.h

An den Implementationen der verbliebenen Member-Funktionen ändert sich nichts. Die hier nicht gelistete Datei **geom8.cpp** enthält die Member-Funktionen (einschließlich Konstruktoren und Destruktoren, jeweils ohne die Funktion **input**), die sich für die Klassen **ClCircle** und **ClRectangle** bereits in der Datei **geom5.cpp** (Abschnitt 5.2.3) befinden und für die Klasse **ClPolygon** in der Datei **polygon.cpp** (Abschnitt 5.4.2).

5.5.2 Die geänderten Eingabe-Funktionen

Weil an einer Stelle im Programm ohnehin ein Verteiler stehen muß (hier in **main**), kann er auch genutzt werden, um auf die unterschiedlichen Eingabe-Funktionen zu verzweigen. Dann kann innerhalb der jeweiligen Funktion das Objekt der entsprechenden Klasse erzeugt werden, und die Grundlage für die weitere Abarbeitung nach den Regeln des Polymorphismus ist gelegt.

In diesem Fall gibt es keinen Grund dafür, die Eingabe-Funktionen in einer Klasse anzusiedeln (diese Entscheidung wird bei der Windows-Programmierung in den Kapiteln 7 und 8 ganz anders ausfallen). Die Funktionen finden sich in der Datei **input8.cpp**, die nur auszugsweise gelistet wird:

Ausschnitt aus der Datei input8.cpp

```cpp
#include <iostream.h>
#include <stdlib.h>
#include "geom8.h"
#include "input8.h"
ClArea *input_circle (int type)
{
    double  d , x , y ;
    cout << "\nDurchmesser des Kreises:      d = " ;
    cin  >> d ;
    cout << "Mittelpunkt:                x = " ;
    cin  >> x ;
    cout << "                            y = " ;
    cin  >> y ;
    ClArea *area_p = new ClCircle (d , x , y , type) ;
    return area_p ;
}
```

// Es folgen die Definitionen der Funktionen **input_rectangle** und **input_polygon**.

Ende des Ausschnitts aus der Datei input8.cpp

♦ Eigentlich sollte man bestrebt sein, Eingabe-Funktionen so (wie im Beispiel **input_circle**) arbeiten zu lassen: Erst werden alle Informationen gesammelt (eventuell korrigiert, oder die Eingabe wird abgebrochen, beides ist allerdings hier nicht vorgesehen), und danach wird das Objekt gleich mit den korrekten Werten konstruiert.

♦ Die drei Eingabe-Funktionen erzeugen zwar unterschiedliche Objekte (Typen **ClCircle**, **ClRectangle** bzw. **ClPolygon**), liefern aber als Return-Wert jeweils einen Basisklassen-Pointer vom Typ **ClArea*** ab.

5.5.3 Eine "Listen- und Stack-Klasse"

Die Verwaltung einer verketteten Liste mit einem **static** deklarierten "Head-Pointer" (wie im Abschnitt 4.4 beschrieben und in der Klasse **ClAreaNode** realisiert) ist zwar besonders einfach zu programmieren, hat aber sehr enge Grenzen. So kann z. B. in den bisherigen Versionen des Programms "Berechnung ebener Flächen" nur genau eine zusammengesetzte Fläche verwaltet werden, weil es nur eine Liste gibt. Es soll nun eine Klasse entwickelt werden, mit der folgende Aufgaben erledigt werden können:

♦ Eine Instanz der Klasse soll eine einfach verkettete Liste repräsentieren. Durch mehrere Instanzen dieser Klasse können dann voneinander unabhängige Listen verwaltet werden.

♦ Jeder Listenknoten soll genau ein Daten-Element **m_elem** eines bestimmten Typs (nachfolgend als Typ **ELEM_TYPE** bezeichnet) aufnehmen können (alle Daten-Elemente in den Knoten haben den gleichen Typ).

♦ Folgende Operationen sollen ausgeführt werden können:

  ○ Einfügen eines Listenknotens am Kopf der Liste,

  ○ Einfügen eines Listenknotens am Ende der Liste,

  ○ Unterstützung beim Abarbeiten der Liste "vom Kopf aus",

  ○ Abfragen der Information, ob die Liste leer ist,

  ○ Abfragen der Anzahl der Listenknoten.

Das ist nicht sehr viel, aber im Rahmen des bearbeiteten Projekts ausreichend. Das geforderte "Einfügen eines Listenknotens am Ende" ist meistens das, was der Benutzer eines Programms erwartet: Zuletzt erzeugte (bzw. eingegebene) Elemente sollten z. B. bei Auflistungen auch am Ende erscheinen. Um das Einfügen am Ende effektiv realisieren zu können, wird neben dem "Head-Pointer" (Pointer auf den ersten Listenknoten) zusätzlich ein "Tail-Pointer" (Pointer auf den letzten Listenknoten) eingeführt, obwohl damit redundante Information verwaltet wird (der "Tail-Pointer" könnte jederzeit ermittelt werden, indem man sich bis zu dem Listenknoten vorarbeitet, der auf keinen weiteren verweist).

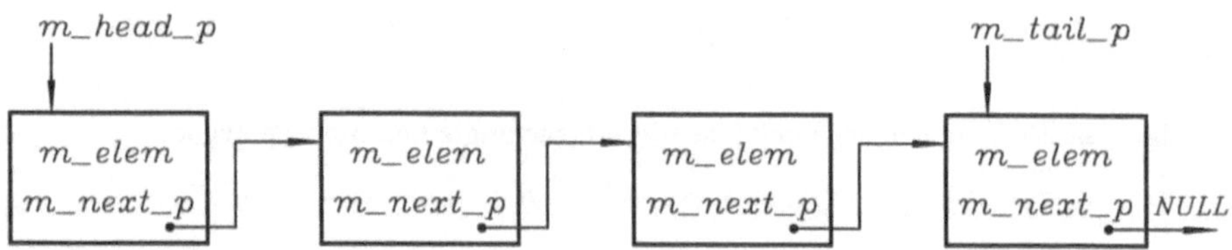

Die geforderte Unterstützung bei der Abarbeitung der Liste wird folgendermaßen realisiert: Es wird ein "Positions-Parameter" (vom speziellen Typ **POS**) definiert, mit dem man auf die Information in einem Listenknoten zugreifen kann. Dann genügen zwei Funktionen:

```
POS get_head () ;
```

... liefert den Positions-Parameter des ersten Listenknotens, und

```
ELEM_TYPE get_elem (POS &pos_p) ;
```

... liefert das Daten-Element, das in dem durch den übergebenen Positions-Parameter gekennzeichneten Listenknoten gespeichert ist, und verändert den Positions-Parameter gleichzeitig so, daß er auf den folgenden Listenknoten zeigt.[9] Der Positions-Parameter zeigt mit dem Wert **NULL** an, daß das Ende der Liste erreicht ist.

Der Typ des in einem Listenknoten zu speichernden Daten-Elements (für das aktuelle Projekt wird es ein **ClArea**-Pointer sein) muß irgendwie festgelegt werden. Am besten wäre es natürlich, wenn die zu schreibende Klasse für einen beliebigen Datentyp verwendbar wäre, denn dieser hat ja mit den eigentlichen Listen-Operationen nichts zu tun. Dies wird aufgeschoben bis zur Behandlung des Themas "Templates" im Abschnitt 6.2, wird aber schon dadurch vorbereitet, daß die Typ-Festlegung durch eine **typedef**-Anweisung erfolgt. Dafür kann eine andere "Verallgemeinerung" gleich mit erledigt werden:

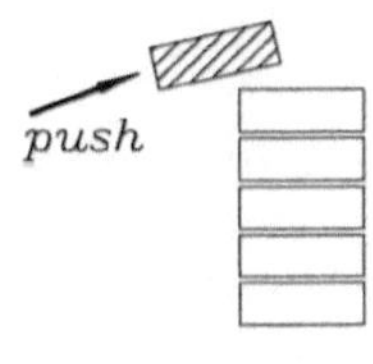

Eine Liste, die "am Kopf wachsen kann", darf man auch als "Stack" ("Daten-Stapel") ansehen, für den üblicherweise nur zwei Operationen definiert werden, mit **push** wird ein Daten-Element auf dem Stack abgelegt, mit **pop** wird der Wert des zuletzt abgelegten Daten-Elements abgeliefert, gleichzeitig wird dieses vom Stack entfernt. Die Operation **push**

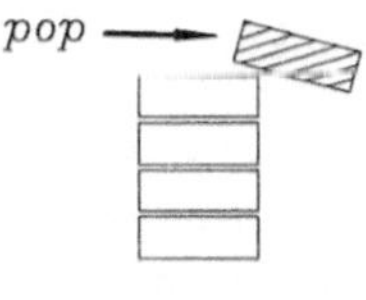

entspricht dem "Einfügen eines Listenknotens am Kopf", so daß nur die **pop**-Operation zusätzlich definiert werden muß, um die Liste auch als Stack verwenden zu können. Die Klasse erhält deshalb den Namen **ClStackList**, ihre Deklaration könnte so aussehen:

```
                        Header-Datei list8.h

#ifndef LIST_HEADER
#define LIST_HEADER
#include <stdlib.h>
#include "geom8.h"
typedef  void    *POS ;
typedef  ClArea *ELEM_TYPE ;
class ClStackList
{
    private:
        struct ClNode
        {
            ELEM_TYPE  m_elem   ;
            ClNode    *m_next_p ;
            ClNode (ELEM_TYPE elem , ClNode *next_p)
            {
                m_elem   = elem   ;
                m_next_p = next_p ;
            }
        } ;
        ClNode *m_head_p ;
        ClNode *m_tail_p ;
```

---

[9] Daß diese Strategie genau der Zugriffs-Strategie entspricht, die in der Klasse **CObList** aus den "Microsoft foundation classes" realisiert wurde, ist natürlich kein Zufall. Da ab Kapitel 8 mit dieser Klassen-Bibliothek gearbeitet wird, ist es für den Leser von Vorteil, wenn ihm diese Klasse, mit der eine doppelt verkettete Liste verwaltet werden kann, bereits vertraut vorkommt.

```
    public:
        ClStackList   ()
        {
            m_head_p = NULL ;
            m_tail_p = NULL ;
        }
        ~ClStackList () ;
        void        add_head    (ELEM_TYPE new_elem) ;
        void        add_tail    (ELEM_TYPE new_elem) ;
        POS         get_head    () { return (POS) m_head_p ; }
        ELEM_TYPE   get_elem    (POS &pos_p) ;
        int         is_empty    () { return m_head_p ? 0 : 1 ; }
        int         get_count   () ;
        void        push        (ELEM_TYPE new_elem) ;
        ELEM_TYPE   pop         () ;
} ;
#endif
```

Ende der Header-Datei list8.h

♦ Weil mehrere Header-Dateien zum Projekt gehören, wurde die übliche Vorsichtsmaßnahme mit Präprozessor-Anweisungen eingefügt, um doppeltes Einbinden zu vermeiden.

♦ Die beiden **typedef**-Anweisungen sind unterschiedlich begründet. **ELEM_TYPE** wird deklariert, um den Typ der zu speichernden Daten-Elemente an einer Stelle festzulegen und gegebenenfalls nur an dieser Stelle ändern zu müssen. Der Positions-Parameter **POS** ist tatsächlich ein Pointer, die Member-Funktion **get_elem** erwartet einen Referenz-Parameter (der übergebene Wert wird geändert). Da erhöht ein spezieller Typname erheblich die Übersicht.

♦ Ein Listenknoten soll jeweils durch eine Struktur vom Typ **ClNode** repräsentiert werden, die zwei Daten-Elemente enthält, **m_elem** und den "Next-Pointer" **m_next_p**. Zur Erinnerung: Strukturen unterscheiden sich in C++ von Klassen nur dadurch, daß die Daten per Voreinstellung **public** sind, es ist also nichts besonderes, daß die Struktur **ClNode** einen Konstruktor besitzt. Eine Besonderheit ist es dagegen, daß die Struktur innerhalb der Klasse **ClStackList** deklariert und damit nur innerhalb dieser Klasse sichtbar ist. Diese Möglichkeit wird noch nicht von allen Compilern unterstützt und könnte gegebenenfalls auch durch eine befreundete Klasse realisiert werden:

```
        class ClNode
        {
            private:
                ELEM_TYPE   m_elem    ;
                ClNode      *m_next_p ;
                ClNode (ELEM_TYPE elem , ClNode *next_p)
                {
                    m_elem   = elem   ;
                    m_next_p = next_p ;
                }
            friend class ClStackList ;
        } ;
```

Diese Klasse enthält (einschließlich Konstruktor) nur **private**-Elemente, so daß mit ihr niemand etwas anfangen kann, es sei denn, er ist ihr Freund. Das ist genauso restriktiv wie die Deklaration der Struktur **ClNode** innerhalb der Klasse **ClStackList**.

Die Member-Funktionen der Klasse **ClStackList** findet man in der Datei **list8.cpp**:

Datei list8.cpp

```cpp
#include <iostream.h>
#include "list8.h"
ClStackList::~ClStackList ()
{
    while (m_head_p)
    {
        ClNode  *old_head_p = m_head_p ;
        m_head_p = m_head_p->m_next_p   ;
        delete old_head_p ;
    }
}
void ClStackList::add_head (ELEM_TYPE new_elem)
{
    if (!(m_head_p = new ClNode (new_elem , m_head_p)))
    {
        cout << "Sorry, kein Speicherplatz fuer Listenknoten!\n" ;
        exit (1) ;                                  // ... hart, aber konsequent
    }
    if (!m_tail_p) m_tail_p = m_head_p ;
}
void ClStackList::add_tail (ELEM_TYPE new_elem)
{
    ClNode *new_node_p ;
    if (!(new_node_p = new ClNode (new_elem , NULL)))
    {
        cout << "Sorry, kein Speicherplatz fuer Listenknoten!\n" ;
        exit (1) ;                                  // ... hart, aber konsequent
    }
    if     (m_tail_p)  m_tail_p->m_next_p = new_node_p ;
    else               m_head_p           = new_node_p ;
    m_tail_p = new_node_p ;
}
ELEM_TYPE ClStackList::get_elem (POS &pos_p)
{
    if (!pos_p)
    {
        cout << "Zugriff auf nicht existierenden Listenknoten\n" ;
        exit (1) ;                                  // ... hart, aber konsequent
    }
    ClNode *old_pos_p = (ClNode*) pos_p     ;
    pos_p = (POS) old_pos_p->m_next_p   ;
    return old_pos_p->m_elem ;
}
int ClStackList::get_count ()
{
    int      n = 0 ;
    ClNode   *node_p = m_head_p ;
    while (node_p)
    {
        n++ ;
        node_p = node_p->m_next_p ;
    }
    return n ;
}
```

```
void ClStackList::push (ELEM_TYPE new_elem)
{
    add_head (new_elem) ;
}
ELEM_TYPE ClStackList::pop ()
{
    if (!m_head_p)
    {
        cout << "Zugriffsversuch auf leeren Stack\n" ;
        exit (1) ;                                    // ... hart, aber konsequent
    }
    ClNode *old_head_p = m_head_p ;
    ELEM_TYPE return_value = m_head_p->m_elem ;
    m_head_p = m_head_p->m_next_p ;

    delete old_head_p   ;
    return return_value ;
}
```

Ende der Datei list8.cpp

♦ Der Konstruktor der Klasse **ClStackList** wurde bereits in **list8.h inline** deklariert und initialisiert nur die beiden Pointer ("Head- und Tail-Pointer"), mit denen die Liste verwaltet wird, als NULL-Pointer (leere Liste). Der Destruktor baut die komplette Liste ab und gibt den Speicherplatz, der für die einzelnen Listenknoten reserviert wurde, wieder frei.

♦ Die Listen-Operation **add_head** (Einfügen eines neuen Listenknotens "am Kopf") und die Stack-Operation **push** haben identische Funktionalität. Weil für das Arbeiten mit einem Stack die Begriffe **push** und **pop** typisch sind, wurden beide als Member-Funktionen berücksichtigt.

♦ Die gesamte Implementation der Klasse in **list8.cpp** (und die Deklaration in **list8.h**) bezieht sich auf die Verwaltung von Daten-Elementen des symbolischen Typs **ELEM_TYPE**, der über eine **typedef**-Anweisung festgelegt wurde. Eine Änderung der **typedef**-Anweisung und neue Compilierung würde eine Listen- bzw. Stackverwaltung für einen anderen Datentyp ermöglichen (aber immer nur ein bestimmter Datentyp in einem Programm, mehr dazu im Abschnitt 6.2).

5.5.4 Eine Klasse für die Gesamtfläche

Eine Klasse, die die aus Teilflächen zusammengesetzte Gesamtfläche repräsentiert, sollte

♦ eine Liste verwalten ("hat eine" Liste), die Verweise auf sämtliche Teilflächen enthält, die zur Gesamtfläche gehören, und

♦ die Member-Funktionen besitzen, die diese Liste bearbeiten und die Operationen realisieren, die mit der Gesamtfläche ausgeführt werden können (Berechnung des Flächeninhalts, der statischen Momente, Zeichnen der Gesamtfläche).

In einer ersten Version der Klasse **ClCompArea** kann diese also so aussehen, wie man sie in der Datei **cmparea8.h** findet:

Header-Datei cmparea8.h

```
#ifndef COMPAREA_HEADER
#define COMPAREA_HEADER
#include "geom8.h"
#include "list8.h"
class ClCompArea
{
   private:
      ClStackList  m_list ;
   public:
      ClCompArea () {}
     ~ClCompArea () {}
         void insert_new_area (ClArea *new_area_p) ;
         void a_sx_sy          (double &a , double &sx , double &sy) ;
} ;
#endif
```

Ende der Header-Datei cmparea8.h

Mit **insert_new_area** wurde nur eine Member-Funktion deklariert, die die Liste verändern kann (wird nachfolgend so definiert, daß neue Teilflächen an das Ende der Liste geraten). Auch für die Abarbeitung der Liste ist nur die eine Funktion **a_sx_sy** vorgesehen, die allerdings die drei wesentlichen Ergebnisse (Gesamtfläche und die beiden statischen Momente) abliefern soll.

Die Funktionen sind implementiert in der Datei **cmparea8.cpp**:

Datei cmparea8.cpp

```
#include "cmparea8.h"
void ClCompArea::insert_new_area   (ClAreaBase *new_area_p)
{
     m_list.add_tail (new_area_p) ;
}
void ClCompArea::a_sx_sy (double &a , double &sx , double &sy)
{
     a  = 0. ;
     sx = 0. ;
     sy = 0. ;
     for (POS pos_p = m_list.get_head () ; pos_p ; )
     {
         ClAreaBase *area_p = m_list.get_elem (pos_p) ;
         a  += area_p->get_a()  ;
         sx += area_p->get_sx() ;
         sy += area_p->get_sy() ;
     }
}
```

Ende der Datei cmparea8.cpp

♦ Die Abarbeitung einer kompletten Liste vom Typ **ClStackList** erweist sich als ziemlich einfach: Im Kopf der **for**-Schleife wird der **POS**-Parameter des ersten Listenknotens besorgt, der in **get_elem** auf das jeweils folgende Element verändert wird. Der **POS**-Parameter dient auch als Schleifen-Begrenzer, weil er mit dem Wert NULL das Ende der Liste signalisiert.

5.5.5 Programm sp8.cpp mit der überarbeiteten Klassen-Hierarchie

Das nachfolgend gelistete Programm **sp8.cpp** arbeitet mit der im Abschnitt 5.5.1 vorgestellten reduzierten Basisklasse **ClArea** und den daraus abgeleiteten Klassen **ClCircle**, **ClRectangle** und **ClPolygon**, die keine **input**-Funktionen mehr enthalten. Die Eingabe erfolgt über die im Abschnitt 5.5.2 vorgestellten Eingabe-Funktionen, die nun aus **main** direkt aufgerufen werden. Für die Verwaltung und die Berechnung der Gesamtfläche wird ein Objekt der Klasse **ClCompArea** erzeugt, die im Abschnitt 5.5.4 vorgestellt wurde:

Programm sp8.cpp

```cpp
#include <iostream.h>
#include "geom8.h"
#include "list8.h"
#include "input8.h"
#include "cmparea8.h"
void main ()
{
    int         type ;
    double      a , sx , sy ;
    ClArea      *area_p ;
    ClCompArea  comparea ;
    cout << "Schwerpunkt einer zusammengesetzten Flaeche\n" ;
    cout << "===========================================\n" ;
    cout << "\n" << RECTANGLE << "---> Rechteckflaeche,"
         << " -" << RECTANGLE << "---> Rechteckausschnitt,"
         << "\n" << CIRCLE    << "---> Kreisflaeche,     "
         << " -" << CIRCLE    << "---> Kreisausschnitt,"
         << "\n" << POLYGON   << "---> Polygonflaeche,  "
         << " -" << POLYGON   << "---> Polygonausschnitt,"
         << "\n0 ---> Eingabe komplett\n" ;
    while (1)
    {
      cout << "\nBitte auswaehlen:    " ;
      cin  >> type ;
      if (!type) break ;
      switch (type)
      {
        case  RECTANGLE:
        case -RECTANGLE: area_p = input_rectangle (type) ;
                         break ;
        case  CIRCLE:
        case -CIRCLE:    area_p = input_circle (type) ;
                         break ;
        case  POLYGON:
        case -POLYGON:   area_p = input_polygon (type) ;
                         break ;
        default: continue ;
      }
      if (!area_p)
      {
        cout << "Sorry, kein Speicherplatz!\n" ;
        return ;
      }
      comparea.insert_new_area (area_p) ;
    }
    comparea.a_sx_sy (a , sx , sy) ;
```

```
cout << "\nFlaeche                       A   = " << a << "\n" ;
if (fabs (a) > 1.e-20)
{
    cout << "Schwerpunkt-Koordinaten:      xS = " << sy / a << "\n" ;
    cout << "                              yS = " << sx / a << "\n" ;
}
}
```

Ende des Programms sp8.cpp

♦ Die "Magic numbers" für die Identifizierung der Teilflächen wurden durch die mit

enum AreaType { RECTANGLE = 1 , CIRCLE = 2 , POLYGON = 3 } ;

in **geom8.h** definierten Konstanten ersetzt.

♦ Dem Objekt "Gesamtfläche" (Instanz der Klasse **ClCompArea**) werden in der Eingabeschleife die Teilflächen (**ClArea**-Pointer, die auf **ClCircle**-, **ClRectangle**- oder **ClPolygon**-Objekte zeigen können) zugeführt. Die Funktion **ClCompArea::a_sx_sy** besorgt die Ergebnisse für das Objekt.

Die Aufräumarbeiten, die in den Vorgänger-Versionen am Ende von **main** erforderlich waren, entfallen nun. Mit dem **ClCompArea**-Objekt stirbt auch das **ClStackList**-Objekt, das in ihm enthalten ist, und dessen Destruktor gibt den für alle Listenknoten angeforderten Speicherplatz wieder frei.

Nebenstehend ist symbolisch die Klasse **ClCompArea** ("Gesamtfläche") dargestellt, die ein Objekt der Klasse **ClStackList** enthält (durch einen dicken gestrichelt gezeichneten Pfeil wird die "HAT EIN(E)(N)"-Beziehung angedeutet). Daran wird deutlich, wie die einzelnen Probleme voneinander getrennt werden konnten:

Beim Implementieren der Klasse **ClStackList** brauchte sich der Programmierer nur um die Listen bzw. Stackverwaltung zu kümmern. Der gesamte Bezug zum Problem "Berechnung ebener Flächen" besteht im Typ des Daten-Elements **m_elem** in der Struktur **ClNode**, der an einer Stelle mittels **typedef**-Anweisung festgelegt wurde (und auch das nur, weil "Templates" erst später behandelt werden).

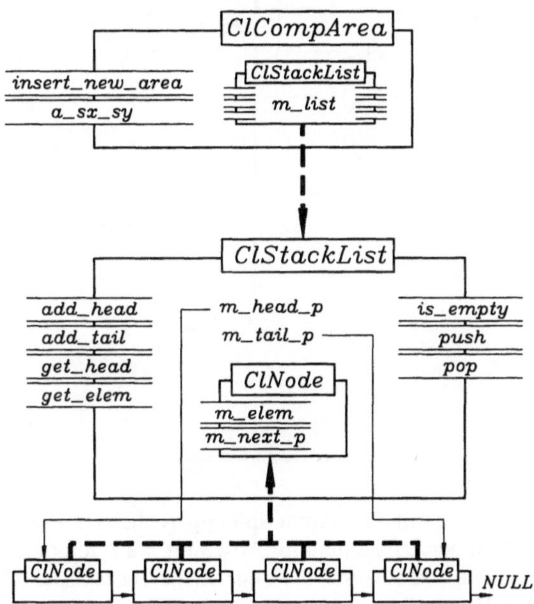

Beim Implementieren der Klasse **ClCompArea** wird nur die "Schnittstelle von **ClStackList**" (**public**-Member-Funktionen) benutzt. Die Listenverwaltung beschränkt sich auf "hat eine Liste" (und läßt sie bearbeiten). Noch stärker ist die Arbeit der Klasse **ClCompArea** von der

"Teilflächen-Problematik" abgekoppelt. Es ist nicht einmal von Interesse, welche Typen von Teilflächen es gibt (oder zukünftig geben wird). Eine Teilfläche wird als "abstraktes Gebilde" gesehen, das einen Flächeninhalt und statische Momente hat, die man abrufen kann. Konsequenterweise benutzt **ClCompArea** nur die Schnittstelle (rein virtuell deklarierte Member-Funktionen) der abstrakten Klasse **ClArea** und darf darauf vertrauen, daß für jeden denkbaren Typ einer Teilfläche die richtigen Ergebnisse geliefert werden.

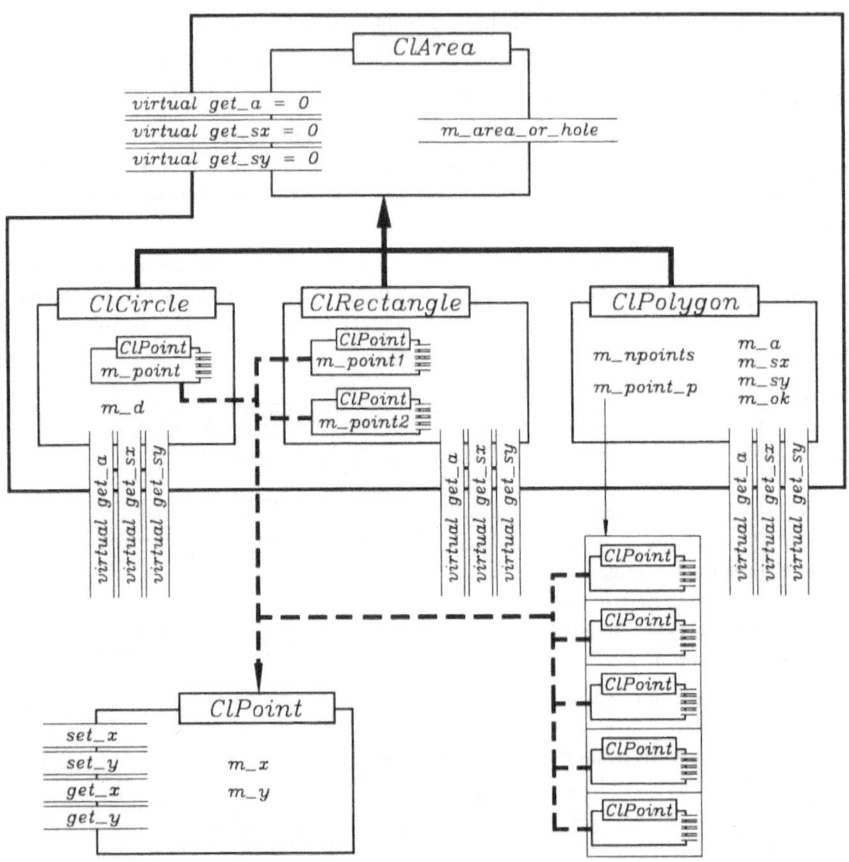

Oben ist die im Programm **sp8.cpp** realisierte Hierarchie der Teilflächen dargestellt. Wie bereits in der Darstellung im Abschnitt 5.2.3 zeigt ein dicker durchgezogener Pfeil von einer abgeleiteten Klasse auf die zugehörige Basisklasse. Während die beiden Klassen **ClCircle** und **ClRectangle** ein bzw. zwei **ClPoint**-Objekte nach den Regeln der Komposition einbinden, enthält die Klasse **ClPolygon** einen Pointer, der auf ein Array von **ClPoint**-Objekten zeigt. Auch die Klasse **ClPoint** ist in die symbolische Darstellung aufgenommen worden, der gestrichelte Pfeil kennzeichnet auch hier die "HAT EIN(E)(N)"-Beziehung. Man beachte, daß es in dieser Klassen-Hierarchie nur um einfache Geometrie geht. Das Gesamtflächen-Problem oder gar die Listenverwaltung kommen an dieser Stelle nicht vor.

6 Ergänzende und spezielle Themen

Weil in diesem Buch versucht wird, alle Probleme sofort an Beispielen zu verdeutlichen und sich einige Projekte sogar über mehrere Kapitel erstrecken, war es nicht immer möglich, die Themen genau den Kapitelüberschriften anzupassen. Einige Themen "paßten ganz einfach" zum Zustand eines Projekts und wurden dann auch dort (zumindest teilweise) behandelt, andere sind noch offen.

In diesem Kapitel soll "aufgeräumt" werden. Einige Themen, die bisher zu kurz kamen, werden noch einmal aufgegriffen. Schließlich werden auch die Besonderheiten der Programmiersprache C++ behandelt, die bisher ausgeklammert wurden.

6.1 Das Schlüsselwort const

Auf die (speziell im Vergleich mit der Programmiersprache C) besondere Bedeutung, die dem Schlüsselwort **const** in C++ zukommt, wurde schon in den Abschnitten 2.4 und 2.5 hingewiesen. Dies betrifft verschiedene Bereiche, die nachfolgend gesondert behandelt werden.

6.1.1 Konstanten-Definitionen

Die in der Programmiersprache C übliche Definition von Konstanten mit der Präprozessor-Anweisung **#define** ist eigentlich nur eine Vorschrift, Zeichenfolgen auf intelligente Art durch andere Zeichenfolgen zu ersetzen. Der Compiler bekommt die ursprüngliche Bezeichnung gar nicht zu sehen, aus seiner Sicht (und aus der Sicht eines Debuggers) existiert keine Konstante, die mit einem Namen identifiziert werden kann.

In C++ sollten prinzipiell alle Konstanten mit einem Namen, einem Typ und dem Schlüsselwort **const** definiert werden. Dabei sind sie zu initialisieren. Z. B. sollte an Stelle von

```
#define  PI  3.1416
```

die Konstanten-Definition

```
const double PI = 3.1416 ;
```

verwendet werden. Diese Empfehlung kann in dieser allgemeinen Form für das Arbeiten mit

C nicht gegeben werden, obwohl **const** dort auch verfügbar ist. Konstanten, die mit **const** erzeugt werden, unterscheiden sich in folgenden Eigenschaften doch recht markant in den beiden Programmiersprachen C bzw. C++:

◆ Eine definierte Konstante darf in C++ dort verwendet werden, wo ein konstanter Ausdruck erwartet wird. So sind z. B. Array-Definition in der Form

```
const int SIZE = 50 ;
double a [SIZE] [SIZE] , b [SIZE] ;
```

erlaubt, die ein C-Compiler beanstanden würde.

◆ Der Gültigkeitsbereich einer mit **const** definierten Konstanten ist in C++ auf die Übersetzungs-Einheit beschränkt. Damit ist es z. B. erlaubt, die Konstanten in Header-Dateien zu definieren, die von mehreren Übersetzungs-Einheiten eingebunden werden. Dies würde zwar in C vom Compiler toleriert werden müssen (er merkt es ja nicht), aber der Linker würde ein "mehrfach definiertes Symbol" beanstanden.

Damit unterscheidet sich das Verhalten von globalen Konstanten in C++ deutlich von globalen Variablen. Man betrachte das folgende kleine Programm:

Programm const1.cpp

```
#include <iostream.h>
void f () ;
const double con1 = 3.4 ;
      double var1 = 4.5 ;
void main ()
{
    cout << "Konstante con1:    " << con1 << endl ;
    cout << "Variable  var1:    " << var1 << endl ;
    f () ;
}
```

Ende des Programms const1.cpp

Die Funktion **f** ist in einer anderen Datei definiert, in der wie in der Datei **const1.cpp** eine globale Konstante und eine globale Variable definiert und initialisiert werden:

Datei const1a.cpp

```
#include <iostream.h>
const   double con1 = 3.4 ;
        double var1 = 4.5 ;
void f ()
{
    cout << "Funktion f:" << endl ;
    cout << "Konstante con1:    " << con1 << endl ;
    cout << "Variable  var1:    " << var1 << endl ;
}
```

Ende der Datei const1a.cpp

Der Compiler hat bei beiden Übersetzungs-Einheiten nichts zu bemängeln. Der Linker jedoch beschwert sich, allerdings nur über die Variable **var1**. Dies ist verständlich, denn der Sinn einer globalen Variablen ist ein gemeinsamer Speicherplatz, auf den aus allen Übersetzungs-

Einheiten heraus zugegriffen wird, der also nur einmal bereitgestellt und initialisiert werden kann. Die Lösung des Konflikts ist aus der Programmiersprache C bekannt: Mit dem Schlüsselwort **extern** wird signalisiert, daß irgendwo Speicherplatz bereitgestellt (und eventuell initialisiert) wird, hier wird nur deklariert.

Anders ist es in C⁺⁺ bei Konstanten: Hier wird eine in der Übersetzungs-Einheit gefundene Konstante in dieser Einheit mit dem Wert, den sie in ihr hat, verwendet. Das bedeutet, daß sie in unterschiedlichen Übersetzungs-Einheiten unterschiedliche Werte haben kann (sicher keine gute Idee, aber immerhin möglich). Bei ungeänderter Datei **const1.cpp** würde eine Datei **const1b.cpp** in der folgenden Form das Erzeugen eines ausführbaren Programms ohne Fehlermeldung ermöglichen:

Datei const1b.cpp

```
#include <iostream.h>
const  double con1 = 7.8 ;
extern double var1 ;

void f ()
{
    cout << "Funktion f:" << endl ;
    cout << "Konstante con1:    " << con1 << endl ;
    cout << "Variable  var1:    " << var1 << endl ;
}
```

Ende der Datei const1b.cpp

Die nebenstehende Ausgabe des aus den Dateien **const1.cpp** und **const1b.cpp** erzeugten Programms zeigt, daß in den beiden Übersetzungs-Einheiten tatsächlich unterschiedliche globale Konstanten (mit gleichen Namen) verwendet werden, während die globale Variable nur einmal existiert.

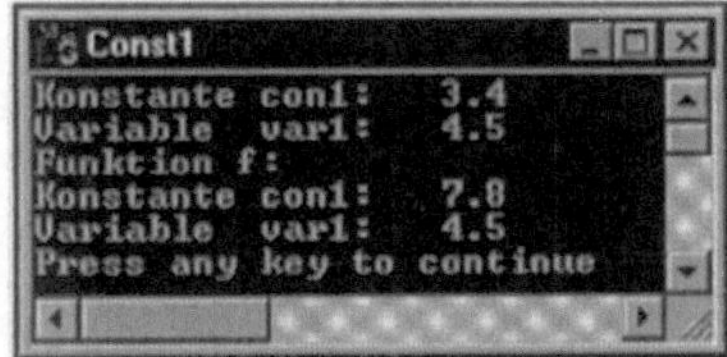

Das Schlüsselwort **extern** darf auch im Zusammenhang mit **const** verwendet werden, in der Bedeutung ähnlich wie für globale Variablen, in der Verwendung etwas anders. Es ist einerseits ein Hinweis darauf, daß die Konstante des deklarierten Typs mit diesem Namen "irgendwo definiert und initialisiert" (hier also nur deklariert und deshalb nicht initialisiert) wird. Andererseits muß (im Unterschied zu Variablen) das Schlüsselwort **extern** auch bei der Definition solcher Konstanten verwendet werden, um den ansonsten ja "nicht üblichen Export" zu signalisieren (die Unterscheidung zwischen Definition und Deklaration ist hier mit der Initialisierung verknüpft, die nur bei der Definition möglich ist).

Eine mit dem Schlüsselwort **extern** deklarierte Konstante ist allerdings nur eingeschränkt verwendbar. Weil der Compiler ihren Wert nicht kennt, darf sie dort nicht verwendet werden, wo ein konstanter Ausdruck erwartet wird (also z. B. nicht für die Anzahl der Elemente in einer Array-Definition). Es ist wohl prinzipiell keine gute Idee, Konstanten auf diese Weise zu verwenden. Empfehlung (für C⁺⁺) kann nur sein, eine globale Konstante in einer Header-Datei zu definieren und zu initialisieren, und die Header-Datei in alle Übersetzungs-Einheiten einzubinden, die die Konstante verwenden.

Jeder Versuch, den Wert einer Konstanten ändern zu wollen, wird vom Compiler als Fehler ausgewiesen, deshalb gilt der Grundsatz:

> **Konstanten müssen bei ihrer Definition initialisiert werden.**

♦ Das bedeutet, daß die Definition eines konstanten Klassen-Objekts nur sinnvoll ist, wenn es mit dem Konstruktor komplett initialisiert wird. Der Konstruktor ist die letzte Funktion, die ein Daten-Element eines konstanten Klassen-Objekts ändern kann.

Angenehm ist, daß für die Initialisierung einer Konstanten eines vordeklarierten Datentyps nicht zwingend eine Konstante angegeben werden muß. Das geht so weit, daß eine **Konstante** bei jeder Abarbeitung einer Funktion **einen anderen Wert** haben kann, z. B.:

```
void f (int n)
{
    const int k = n * 3 ;
    // ...
}
```

... ist durchaus erlaubt und bedeutet, daß die Konstante **k** jeweils in Abhängigkeit vom Parameter **n** ihren Wert erhält (und dann während ihrer Lebensdauer in der Funktion **f** beibehält). Dieser Wert kann also nicht bereits vom Compiler festgelegt werden.

Vorsicht, Falle!

Diese Variante des Initialisierens einer Konstanten läßt eine Hintertür zum dynamischen Erzeugen eines Arrays (ohne **new**) vermuten:

```
void f (int n)
{
    const   int size = n ;
    double a [size] ;          // Falsch!!!
    // ...
}
```

... wird allerdings vom Compiler bemängelt, der sauber unterscheidet zwischen Konstanten, denen er bereits einen festen Wert zuweisen kann (und solche Konstanten dürfen zur Array-Definition verwendet werden), und den Konstanten, die ihren Wert erst zur Laufzeit erhalten können.

Sehr nützlich kann es allerdings sein, einer Konstanten einen Wert durch Berechnung zuzuweisen, der auf diese Weise die höchstmögliche Genauigkeit bekommt. Eine (globale) Konstante für die Zahl π könnte man wegen

$$\tan 45° = \tan \pi/4 = 1$$

mit der Arcustangens-Funktion z. B. so definieren:

```
const double PI = 4. * atan (1.) ;
```

Auch eine solche Konstante bekommt ihren Wert natürlich erst zur Laufzeit. Die Vorstellung, daß der Compiler diesen Wert "ausrechnen" und der Konstanten zuweisen könnte, ist schon deshalb abwegig, weil die Funktion **atan** nicht zum Sprachumfang gehört. Es ist zwar wahrscheinlich, daß bei dieser Funktion die Standard-Header-Datei **math.h** eingebunden und die Funktion **atan** der Standard-Mathematik-Bibliothek entnommen wird, aber zwingend ist es nicht, und deshalb darf der Compiler hier keine "übermäßige Intelligenz" aufwenden.

6.1.2 Pointer und das Schlüsselwort const

Bereits im Abschnitt 2.4 wurde das Schlüsselwort **const** im Zusammenhang mit einem Pointer benutzt. Der Grund dafür war, den **lesenden** Zugriff auf einen String zu ermöglichen, der in einem Klassen-Objekt im **private**-Bereich mit einem Pointer in der Form

```
private:
    char *m_str_p ;
```

verwaltet wird. Eine **inline**-Member-Funktion

```
const char *get_string () { return m_str_p ; }
```

liefert diesen als **const-char**-Pointer ab, wodurch der schreibende Zugriff auf den Speicherbereich, der den String enthält, nicht ermöglicht wurde. Im Abschnitt 2.4 wurde nur registriert, daß die verfolgte Absicht damit erreicht wurde: Wenn der String, auf den der Return-Wert der Funktion **get_string** zeigt, nicht verändert wird (wie z. B. im Ausgabe-Stream der **cout**-Anweisung), hat der Compiler nichts zu bemängeln. Er achtet auch darauf, daß der Return-Wert keiner Variablen zugewiesen wird, so daß über diesen Umweg doch eine String-Manipulation möglich wäre, z. B.:

```
ClString string1 ("Dies ist ein Teststring") ;
char      *str_p ;
str_p = string1.get_string () ;          // Fehler!!!
```

Dagegen wäre folgendes erlaubt:

```
ClString string1 ("Dies ist ein Teststring") ;
const char *str_p = string1.get_string () ;
```

Man beachte, daß dies nur in einem Schritt möglich ist, denn einer Konstanten kann kein Wert zugewiesen werden. So ist es "Definition mit Initialisierung". Die gewünschte Sicherheit ist garantiert. Eine Anweisung wie

```
str_p [13] = 'R' ;          // Fehler!!!
```

ist nicht möglich.

Dem aufmerksamen Leser wird nicht entgangen sein, daß es sich weder beim Return-Wert der Member-Funktion **get_string** noch bei **const char *str_p** um einen "konstanten Pointer" handelt. Das folgende kleine Programm verdeutlicht dies noch einmal:

Programm const2.cpp

```
#include <iostream.h>
#include "clstrng1.h"
void main ()
{
    ClString string1 ("Dies ist ein Teststring") ;
    char *string2_p = "Dies ist ein anderer String" ;

    const char *str_p = string1.get_string () ;

    str_p++ ;
    cout << str_p << endl ;

    str_p = string2_p ;
    cout << str_p << endl ;
}
```

Ende des Programms const2.cpp

Von Konstanz kann also bei dem Wert für **str_p**
nicht die Rede sein, im Gegenteil: Die nebenstehende Ausgabe des Programms **const2.cpp**, das
unter Einbeziehung der Dateien **clstrng1.h** und
clstrng1.cpp aus dem Abschnitt 2.4 erzeugt
wurde, zeigt, daß die Operationen mit dem **const-
char**-Pointer **str_p** genau die Veränderungen
brachten, die nur eine Variable zuläßt.

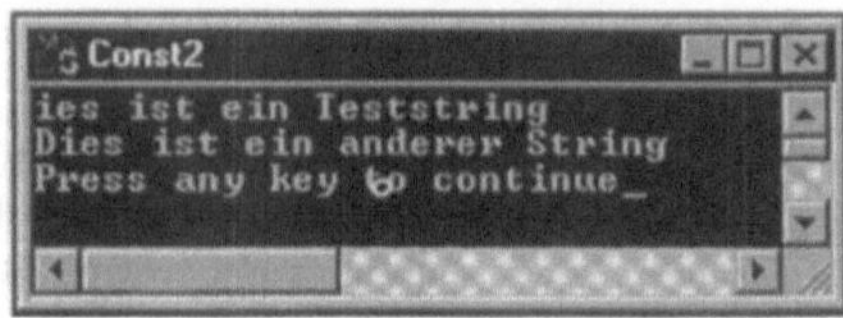

Genauso ist es: Der Pointer **str_p** ist keine Konstante, konstant ist nur der Inhalt des
Speicherbereichs, auf den der Pointer zeigt (genau das ist in diesem Fall beabsichtigt). Man
muß also sauber unterscheiden, denn auch der Wert des Pointers (die Adresse) kann mit
const festgeschrieben werden. Es kommt auf die Stellung des Schlüsselwortes an, z. B.:

```
const char *str1_p = "Teststring" ;        //      Konstante Daten
str1_p++ ;                                 //      Erlaubt
str1_p [0] = 'R' ;                         //      Fehler!!!

char *const str2_p = "Teststring" ;        //      Konstanter Pointer
str2_p [0] = 'R' ;                         //      Erlaubt
str2_p++ ;                                 //      Fehler!!!

const char *const str3_p = "Teststring" ;  //      Konstante    Daten,
                                           //      konstanter Pointer
```

Nur in der Variante in der letzten Zeile mit der zweimaligen Verwendung des Schlüssel-
wortes **const** sind sowohl der Pointer (die gespeicherte Adresse) als auch die Daten des
Speicherbereichs, auf den der Pointer zeigt, unveränderlich. Als "Eselsbrücke" mag gelten:
Wenn **const** vor **char** (oder einem anderen Typ) steht, dann sind die "Characters" (oder die
Daten des anderen Typs) unveränderlich, steht **const** vor dem Namen des Pointers, dann ist
dieser unveränderlich.

6.1.3 Konstante Member-Funktionen

Daß im Kopf einer Funktion ein Parameter mit dem Zusatz **const** versehen werden darf, ist
in C++ nicht anders als in C. Damit wird garantiert, daß der Wert des übergebenen Arguments
nicht geändert wird (übergeben werden dürfen Konstanten oder Variablen). In C++ gewinnt
diese Möglichkeit eine zusätzliche Bedeutung bei Referenz-Parametern. Wenn ein Klassen-
Objekt erwartet wird, das in der Funktion nicht verändert werden soll, so ist trotzdem die
Wert-Übergabe aus Effizienzgründen nicht zu empfehlen. Dies ist genau der Fall, der eine
Übergabe per Referenz mit dem Zusatz **const** nahelegt (dies wurde bereits ausführlich im
Abschnitt 1.4.2 diskutiert). In den Programmen der vorangegangenen Abschnitte gibt es
mehrere Beispiele dafür, z. B. wurde der Additions-Operator für die Klasse **ClString** mit
einer **friend**-Funktion mit folgendem Prototyp überladen:

```
friend ClString operator+ (const ClString &ls , const ClString &rs) ;
```

Damit dürfen als Operanden auch Konstanten verwendet werden. Das Beispiel-Programm
opover5.cpp aus dem Abschnitt 3.4.6, mit dem diese Funktion getestet wurde, hätte die
ClString-Objekte auch als Konstanten definieren dürfen:

```
void main
{
    const ClString string1 ("Dies ist ein Teststring") ;
    const ClString string2 (" mit einem Anhang") ;
    ClString string3 ;

    string3 = string1 + string2 ;
    // ...
}
```

In diesem Programmstück sind **string1** und **string2** Beispiele für konstante Klassen-Objekte, an denen nach dem Konstruieren nichts mehr verändert werden kann.

In C++ kann eine Konstante aber nicht nur als Argument eines Funktionsaufrufs, sondern auch als Objekt verwendet werden, mit dem eine Member-Funktion aufgerufen wird. Dabei kann es ein Problem geben, das wieder mit der ersten Version der Klasse **ClString** (Datei **clstrng1.h** im Abschnitt 2.4) demonstriert werden soll. Das kleine Programm **const3.cpp** verdeutlicht es:

Programm const3.cpp

```
#include "clstrng1.h"
#include <iostream.h>
void main ()
{
    const ClString string1 ("Dies ist ein Teststring") ;
    cout << "Der String '" << string1.get_string ()
         << "' hat "       << string1.get_length () << " Zeichen.\n" ;
}
```

Ende des Programms const3.cpp

In diesem Programm bemängelt der Compiler beide Funktionsaufrufe. Weder die Member-Funktion **ClString::get_string** noch die Member-Funktion **ClString::get_length** dürfen mit einem konstanten Objekt aufgerufen werden. Beide ändern das Objekt, mit dem sie aufgerufen werden, nicht. Aber das kann der Compiler an dieser Stelle nicht wissen, zumindest prinzipiell nicht. Hier handelt es sich in beiden Fällen um **inline**-Funktionen, die er komplett sieht, aber so genau will der Compiler schon deshalb nicht hinsehen, weil er im Regelfall ja nur die Prototypen der Member-Funktionen zu sehen bekommt.

Fazit: Es genügt nicht, daß eine Member-Funktion, die mit einem konstanten Objekt aufgerufen werden soll, dies tatsächlich nicht ändert, es muß dem Compiler (beim Prototyp und bei der Implementierung der Member-Funktion) auch sichtbar gemacht werden. Bei der Compilierung der Member-Funktion kann er dann die Einhaltung des Versprechens überprüfen.

Konstante Member-Funktionen

dürfen das Objekt, mit dem sie aufgerufen werden, nicht ändern. Der Compiler überprüft die Einhaltung dieser Regel, wenn an die Parameterleiste (hinter der schließenden Klammer) im Prototyp und bei der Implementation der Member-Funktion das Schlüsselwort **const** angehängt wird, und läßt nur für solche Funktionen einen Aufruf mit einem konstanten Objekt der Klasse zu.

Der Zusatz **const** bei der **inline**-Deklaration der Member-Funktionen der Klasse **ClString** beseitigt das Problem des Aufrufs mit einem konstanten Objekt. Dies kann direkt in der Datei **clstrng1.h** ergänzt werden, ohne daß die Kompatibilität zu den Programmen, die bereits diese Datei einbinden, gestört wird. Mit der geänderten Header-Datei **clstrng1.h** kann aus den Dateien **const3.cpp** und **clstrng1.cpp** ein ausführbares Programm erzeugt werden.

Header-Datei clstrng1.h (modifiziert)

```
#include <stdlib.h>
class ClString
{
   private:
        char *m_str_p ;                    // Pointer auf den String
        int   m_len   ;                    // Anzahl der Zeichen (ohne '\0')
   public:
        ClString (char *str_p = NULL) ;
        ~ClString () ;
        const char *get_string () const { return m_str_p ; }
        int         get_length () const { return m_len    ; }
} ;
```

Ende der (modifizierten) Header-Datei clstrng1.h

Es ist also sicher eine gute Idee, alle Member-Funktionen, die nur Informationen über den Zustand eines Objekts abliefern, ohne das Objekt zu verändern, mit dem Zusatz **const** zu konstanten Member-Funktionen zu machen, so daß sie auch mit konstanten Objekten aufgerufen werden können. Dabei können allerdings Probleme entstehen, wie am Beispiel des aktuellen Standes des Projekts "Berechnung ebener Flächen" demonstriert werden soll:

Die Klassen, die die Geometrie beschreiben, sind in der Header-Datei **geom8.h** deklariert, die Implementationen der Member-Funktionen findet man in der Datei **geom8.cpp** (Abschnitt 5.5.1). Die Klasse **ClPoint** enthält zwei **inline**-Member-Funktionen, die das Objekt, mit dem sie aufgerufen werden, nicht verändern. Eine Änderung ist unproblematisch:

Ausschnitt aus der Header-Datei geom8a.h

```
class ClPoint          // Basisklasse für die Speicherung eines 2D-Punktes, der mit
{                      // zwei double-Koordinaten beschrieben wird
   private:
        double m_x ;
        double m_y ;
   public:
        ClPoint (double x = 0. , double y = 0.)
        {
            m_x = x ;
            m_y = y ;
        }
        void    set_x  (double x) { m_x = x   ; }
        void    set_y  (double y) { m_y = y   ; }
        double  get_x  () const   { return m_x ; }
        double  get_y  () const   { return m_y ; }
} ;
```

Ende des Ausschnitts aus der Header-Datei geom8a.h

In der Klassen-Hierarchie der abstrakten Basisklasse **ClArea** und der daraus abgeleiteten Klassen **ClRectangle**, **ClCircle** und **ClPolygon** sind natürlich die virtuellen Member-Funktionen **get_a**, **get_sx** und **get_sy** Kandidaten für konstante Member-Funktionen. Dies wird nun schrittweise realisiert, und es kann dem Leser nur empfohlen werden, die Schritte einzeln nachzuvollziehen, um ein Verständnis für die dabei auftretenden Probleme zu erlangen.

Zunächst werden die drei virtuellen Member-Funktionen in der Basisklasse **ClArea** mit dem Zusatz **const** versehen:

Ausschnitt aus der Header-Datei geom8a.h

```cpp
class ClArea
{
    protected:
        AreaOrHole m_area_or_hole ;                  // ... Teilfläche oder Ausschnitt
    public:
        ClArea   (AreaOrHole area_or_hole = AREA) ;
        virtual ~ClArea () ;
        virtual double get_a  () const = 0 ;
        virtual double get_sx () const = 0 ;
        virtual double get_sy () const = 0 ;
} ;
```

Ende des Ausschnitts aus der Header-Datei geom8a.h

Ein Versuch, das Projekt neu zu compilieren, scheitert nun, wobei die Art der Fehlermeldungen interessant ist (hier wiedergegeben für das Arbeiten mit MS-Visual-C^{++} 5.0):

error: Instanz von abstrakter Klasse kann nicht erstellt werden.

Zur Erinnerung: Eine abgeleitete Klasse muß sämtliche geerbten rein virtuellen Funktionen definieren, um nicht selbst zur abstrakten Klasse zu werden. Genau das ist hier passiert: Die Definition der Funktion **ClRectangle::get_a** z. B. wird nicht als Definition für die virtuelle Funktion

```cpp
virtual double get_a () const = 0 ;
```

angesehen, wenn sie nicht auch den Zusatz **const** hat. Generell gilt:

> **Zwei Member-Funktionen mit ansonsten gleicher Signatur (gleiche Anzahl und gleiche Typen der Paramter) sind "ausreichend unterschiedlich", wenn eine von beiden mit dem Zusatz const versehen wird.**

♦ Es ist also durchaus möglich, eine nicht-konstante Member-Funktion mit einer anderen Member-Funktion gleichen Namens und gleichen Parametern zu überladen, wenn diese mit dem Zusatz **const** versehen wird. Der Compiler wählt dann zwischen beiden nach dem Typ des Objekts (Konstante oder Variable), mit dem die Funktion aufgerufen wird.

Wenn aber rein virtuelle **const**-Member-Funktionen in abgeleiteten Klassen definiert werden sollen (zwingend, wenn nicht auch die abgeleitete Klasse abstrakt sein soll), müssen sie auch dort den Zusatz **const** bekommen. In diesem Fall gilt das für alle drei virtuellen Funktionen in den drei abgeleiteten Klassen **ClRectangle**, **ClCircle** und **ClPolygon**. Die Deklaration der Klasse **ClRectangle** sieht dann beispielsweise so aus:

Ausschnitt aus der Header-Datei geom8a.h

```
class ClRectangle : public ClArea
{
   private:
      ClPoint    m_point1 ;                    // Zwei Eckpunkte, die auf einer
      ClPoint    m_point2 ;                    // Diagonalen liegen
   public:
      ClRectangle (double x1 = 0. , double y1 = 0. ,
                   double x2 = 0. , double y2 = 0. , int type = AREA) ;
      virtual double get_a  () const ;
      virtual double get_sx () const ;
      virtual double get_sy () const ;
} ;
```

Ende des Ausschnitts aus der Header-Datei geom8a.h

Der Zusatz **const** muß unbedingt auch bei der Implementation der Member-Funktionen stehen, anderenfalls würden Prototyp und Funktion als nicht zueinander gehörend aufgefaßt werden (siehe Bemerkung in der Text-Box auf der vorigen Seite), wie die Fehler-Ausschrift des Compilers beim Versuch einer Übersetzung beweist, z. B.:

error: Überladene Member-Funktion nicht in ClCircle gefunden.

Erst mit dem Zusatz **const** auch bei der Implementation wird die Member-Funktion als diejenige angesehen, deren Prototyp in der Klassen-Deklaration steht. Für die Member-Funktion **ClRectangle::get_a** sieht das z. B. so aus:

Ausschnitt aus der Datei geom8a.cpp

```
double ClRectangle::get_a () const
{
   double x1 = m_point1.get_x() ;
   double y1 = m_point1.get_y() ;
   double x2 = m_point2.get_x() ;
   double y2 = m_point2.get_y() ;
   return fabs ((x2 - x1) * (y2 - y1)) * m_area_or_hole ;
}
```

Ende des Ausschnitts aus der Datei geom8a.cpp

Damit sind für die Klassen **ClRectangle** und **ClCircle** die Probleme beseitigt, die Klasse **ClPolygon** zwingt noch einmal zu tieferem Nachdenken, zur Erinnerung: Weil die Berechnung des Flächeninhalts und der statischen Momente für ein Polygon recht aufwendig ist, wurde ein Indikator **m_ok** eingeführt, der angibt, ob die in der Klasse **private** gespeicherten Werte (**m_a**, **m_sx** und **m_sy**) aktuell sind, anderenfalls wird bei Anforderung (über **get_a**, **get_sx** oder **get_sy**) die **private**-Member-Funktion **a_sx_sy** aufgerufen, die die Werte aktualisiert.

Das bedeutet, daß ein Aufruf von z. B. **get_a** das Objekt, mit dem die Funktion aufgerufen wird, durchaus verändern kann. Die Hoffnung, daß der Compiler das nicht bemerkt, weil es (etwas versteckt) in der von **get_a** aufgerufenen Funktion **a_sx_sy** passiert, erfüllt sich nicht.

Zunächst wird die mit dem Zusatz **const** modifizierte Member-Funktion **ClPolygon::get_a** noch einmal gelistet:

Ausschnitt aus der Datei geom8a.cpp

```
double ClPolygon::get_a () const
{
    if (!m_ok) a_sx_sy () ;
    return  m_a ;
}
```

Ende des Ausschnitts aus der Datei geom8a.cpp

Der Compiler paßt auf:

> **error: a_sx_sy:** **this-Pointer kann nicht von 'const class ClPolygon' in 'class ClPolygon &' konvertiert werden. Durch die Konvertierung gehen Qualifizierer verloren.**

Diese Ausschrift deutet an, wie streng der Compiler die **const**-Forderung durchsetzt, und zeigt außerdem, wie er es macht. Der **this**-Pointer (Pointer, der auf das Objekt zeigt, mit dem eine Member-Funktion aufgerufen wird, vgl. Abschnitt 3.4.2) ist in **const**-Member-Funktionen selbst **const** deklariert (in aller Schärfe, vgl. Diskussion im Abschnitt 6.1.2, im betrachteten Beispiel als: **const ClPolygon *const this**). Und weil die Funktion **a_sx_sy** mit diesem **this**-Pointer aufgerufen wird, funktioniert dies nur, wenn auch **a_sx_sy** eine **const**-Member-Funktion ist.

Damit scheint die Angelegenheit festgefahren zu sein, denn der eigentliche Sinn der Funktion **a_sx_sy** ist ja gerade die Aktualisierung der Member-Daten. Weil dies aber eindeutig "Klassen-Interna" sind, die den Programmierer, der die Klasse benutzt, überhaupt nicht interessieren, gibt es eine Lösung des Problems (es gäbe natürlich ohnehin die Möglichkeit, die für **ClCircle** und **ClRectangle** praktiziert wird, auf eine Speicherung der Werte in der Klasse völlig zu verzichten und bei jeder Anforderung neu zu berechnen).

Die wohl eleganteste Lösung des Problems ist noch so jung (Empfehlung des ANSI/ISO-Standardisierungs-Komitees von 1993), daß viele Compiler damit noch nichts anfangen können: Das Schlüsselwort **mutable** bei Member-Daten bedeutet, daß diese auch von **const**-Member-Funktionen geändert werden können. Der MS-Visual-C++-Compiler in der Version 5.0 kennt dieses Schlüsselwort schon und gestattet damit folgende Deklaration der Klasse **ClPolygon**:

Ausschnitt aus der Header-Datei geom8a.h

```
class ClPolygon : public ClArea
{
   private:
      int           m_npoints ;        // Anzahl der Polygon-Punkte
      ClPoint       *m_point_p ;       // Pointer auf ein Array mit den
                                       // Koordinaten der Punkte

      mutable  double  m_a ;
      mutable  double  m_sx ;
      mutable  double  m_sy ;
      mutable  int     m_ok ;
      void       a_sx_sy () const ;
```

```
    public:
        ClPolygon (ClPoint *point_p = NULL , int npoints = 0 ,
                                             int type      = AREA) ;
        virtual ~ClPolygon () ;
        virtual double get_a  () const ;
        virtual double get_sx () const ;
        virtual double get_sy () const ;
} ;
```

Ende des Ausschnitts aus der Header-Datei geom8a.h

Damit sind alle Probleme gelöst: Die Member-Funktion **a_sx_sy** kann **const** deklariert werden, darf trotzdem die **mutable**-Daten ändern, und kann als **const**-Funktion von den anderen **const**-Member-Funktionen **get_a**, **get_sx** und **get_sy** aufgerufen werden.

Aber auch für ältere Compiler, die **mutable** noch nicht kennen, gibt es eine Lösung des Problems, die recht spitzfindig aussieht, das "Weg-Casten von Konstantheit". Wie oben erläutert, ist der **this**-Pointer das Problem, weil er bei **const**-Member-Funktionen selbst doppelt mit **const** deklariert wird. Bemerkenswerterweise ist ein "Cast" in der Form

(ClPolygon*) this

erlaubt, mit dem die "Konstantheit" beseitigt wird (der so konvertierte Pointer zeigt nicht mehr auf ein Objekt, das nicht verändert werden darf). So könnte also die Funktion **a_sx_sy** auch als **const**-Funktion geschrieben werden, ohne daß die von ihr zu ändernden Member-Daten **mutable** deklariert werden müssen:

Ausschnitt aus der Datei geom8a.cpp

```
/* Die folgende (in geom8a.cpp "heraus-kommentierte") Version von a_sx_sy muß verwendet
   werden, wenn der Compiler mutable nicht unterstützt:
void ClPolygon::a_sx_sy () const
{
    double a = 0. , sx = 0. , sy = 0. , ai , xi , yi , xip1 , yip1 ;
    for (int i = 0 ; i < m_npoints ; i++)
    {
        xi   = m_point_p[i  ].get_x () ;
        yi   = m_point_p[i  ].get_y () ;
        xip1 = m_point_p[i+1].get_x () ;
        yip1 = m_point_p[i+1].get_y () ;
        ai   = xi * yip1 - xip1 * yi ;
        a    += ai ;
        sx   += (yi + yip1) * ai ;
        sy   += (xi + xip1) * ai ;
    }
    if (a < 0.)
    {
        a  = - a  ;
        sx = - sx ;
        sy = - sy ;
    }
    ((ClPolygon*)this)->m_a  = a  * m_area_or_hole / 2. ;
    ((ClPolygon*)this)->m_sx = sx * m_area_or_hole / 6. ;
    ((ClPolygon*)this)->m_sy = sy * m_area_or_hole / 6. ;

    ((ClPolygon*)this)->m_ok = 1 ;
} */
```

Ende des Ausschnitts aus der Datei geom8a.cpp

6.2 Templates

Auch zu diesem Thema (wie zum Schlüsselwort **mutable** im Abschnitt 6.1.3) ist ein warnender Hinweis vorab angebracht: Die Unterstützung von Templates ist eine relativ junge Spracheigenschaft von C⁺⁺ und wird noch nicht von allen Compilern beherrscht. Der Leser sollte sich also vor dem Durcharbeiten dieses Abschnitts vergewissern, ob der von ihm genutzte Compiler mit Templates umgehen kann.

Templates

(als deutsche Ausdrücke sind gebräuchlich: Schablonen, Vorlagen, Muster) gestatten das Erzeugen von Klassen oder Funktionen auf der Basis von Typ-Parametern. Man kann Klassen oder Funktionen deklarieren, die mit unterschiedlichen Datentypen arbeiten.

Die Verwendung von Templates ist angezeigt, wenn das "Verhalten einer Klasse" (die Arbeit der Member-Funktionen) oder der "Algorithmus, den eine Funktion abarbeitet", weitgehend unabhängig sind von den Datentypen, mit denen gearbeitet wird.

Das bedeutet, daß z. B. eine Klasse wie die im Abschnitt 5.5.3 vorgestellte "Listen- und Stack-Klasse" **ClStackList** oder Sortier-Algorithmen typische Kandidaten für die Verwendung von Templates sind.

6.2.1 Funktions-Templates

Funktions-Templates sollen in diesem Abschnitt an zwei sehr einfachen Beispielen vorgestellt werden:

♦ Die bereits im Abschnitt 1.4.2 vorgestellte Funktion zum Tauschen zweier **int**-Werte in der Form

```
void swap (int &w1 , int &w2)
{
    int ws = w1 ;
    w1 = w2 ;
    w2 = ws ;
}
```

ist ein typischer Kandidat für ein Funktions-Template, denn es ist offensichtlich, daß überall dort, wo in dieser Funktions-Definition **int** steht, auch z. B. **double** stehen könnte.

♦ Ähnlich ist die Situation mit einer Funktion, die zwei **int**-Werte übernimmt und den kleineren von beiden als Return-Wert abliefern soll:

```
inline int min (int w1 , int w2)
{
    return w1 < w2 ? w1 : w2 ;
}
```

Die Empfehlung (Abschnitt 1.4.2), solche kleinen Funktionen als **inline**-Funktionen zu deklarieren (und nicht als Makros), hat gegenüber einer Makro-Deklaration entsprechend

```
#define min(w1,w2) ((w1) < (w2) ? (w1) : (w2))
```

den Vorteil, typsicherer (weil vom Compiler behandelt) zu sein, aber natürlich damit den Nachteil, auf die angegebenen Typen beschränkt zu sein. Genau dieser Nachteil der **inline**-Funktion wird mit einem Funktions-Template beseitigt.

Aus den beiden vorgestellten Funktionen Funktions-Templates zu machen, ist denkbar einfach: Es muß nur

```
template <class TYPE>
```

vorangestellt werden. Hierin ist **template** ein C++-Schlüsselwort, und mit **class TYPE** wird ein "symbolischer Typ" (hier mit dem Namen **TYPE**, es könnte ein beliebiger anderer Bezeichner sein) festgelegt, der in der nachfolgenden Funktions-Deklaration überall dort verwendet werden kann, wo sonst ein Typ-Bezeichner stehen darf (in den aufgeführten Beispielen wird also der Typ **int** dann durch den "Typ-Parameter" **TYPE** ersetzt). Folgendes sollte beachtet werden:

♦ Das Schlüsselwort **class**, das in den spitzen Klammern auftaucht, mag etwas verwirrend sein. Es deutet darauf hin, daß der symbolische Typ tatsächlich ein beliebiger Typ (also auch ein Klassenname) sein darf, selbstverständlich aber auch ein vordeklarierter Typ.

♦ Mit dem Schlüsselwort **template** (gefolgt von den spitzen Klammern) wird eine **Deklaration** eines Funktions-Templates eingeleitet, obwohl der gesamte Code der Funktion folgt. Für den Compiler ist dies tatsächlich nur ein Muster (Schablone) einer Funktion, die er erst übersetzen kann, wenn er irgendwo den Funktionsaufruf sieht, an dem zu erkennen ist, welcher Typ tatsächlich verarbeitet werden soll.

In der Datei **templ1.cpp** findet man die beiden Funktions-Templates für die besprochenen Funktionen **swap** und **min**:

Ausschnitt aus der Datei templ1.cpp

```
template <class TYPE> void swap (TYPE &w1 , TYPE &w2)
{
    TYPE  ws (w1) ;
    w1 = w2 ;
    w2 = ws ;
}
template <class TYPE> inline TYPE min (TYPE w1 , TYPE w2)
{
    return w1 < w2 ? w1 : w2 ;
}
```

Ende des Ausschnitts aus der Datei templ1.cpp

Der Compiler erzeugt **bei Bedarf** aus diesen Templates die benötigten Funktionen, was durchaus nicht in jedem Fall gelingen muß. Er orientiert sich dabei an den Typen, die beim Aufruf der Funktion verwendet werden (ähnlich wie bei überladenen Funktionen, nur daß der Compiler hier die Funktionen selbst erzeugt). Schon bei diesen einfachen Funktions-Templates kann z. B. folgendes schiefgehen:

♦ In der Funktion **swap** wird ein lokales Objekt **ws** erzeugt und mit dem als Referenz übergebenen Parameter des gleichen Typs initialisiert. Wenn **TYPE** also eine Klasse ist, muß ein geeigneter Copy-Konstruktor verfügbar sein. Im Abschnitt 3.3.1 wurde festgestellt, daß dieser zwar immer verfügbar, aber durchaus nicht immer geeignet ist. Eine ähnliche Aussage gilt für den Zuweisungsoperator (vgl. Abschnitt 3.4.2).

◆ Für die **inline**-Funktion **min** wird am Ort des Aufrufs der Funktions-Code eingesetzt. Das
  bedeutet, daß die Operation < für den entsprechenden Datentyp definiert sein muß.

Bei Verwendung vordeklarierter Datentypen ist bei diesen beiden Funktions-Templates keine
Überraschung zu erwarten, so daß sie mit dem folgenden Programm getestet werden können:

Ausschnitt aus der Datei templ1.cpp

```cpp
#include <iostream.h>
void main ()
{
    int     iwert1 = 100 , iwert2 = 200 ;
    double dwert1 = 6.8 , dwert2 = 9.7
    swap (iwert1 , iwert2) ;
    cout << "Nach Tausch:      iwert1 = " << iwert1
         <<               " ,    iwert2 = " << iwert2 << endl ;
    swap (dwert1 , dwert2) ;
    cout << "Nach Tausch:      dwert1 = " << dwert1
         <<               " ,    dwert2 = " << dwert2 << endl ;
    cout << "Minimum von iwert1 und iwert2:   "
         << min (iwert1 , iwert2) << endl ;
    cout << "Minimum von dwert1 und dwert2:   "
         << min (dwert1 , dwert2) << endl ;
    cout << "Minimum von iwert1 und dwert1:   "
         << min <double> (iwert1 , dwert1) << endl ;
}
```

Ende des Ausschnitts aus der Datei templ1.cpp

Die nebenstehende Ausgabe des Programms **templ1.cpp** zeigt, daß der Compiler sowohl mit **int**- als auch mit **double**-Argumenten umgehen kann: Bei einem Aufruf der Funktion **min** mit zwei **int**-Werten erzeugt er eine Funktion, die **int**-Werte als Parameter erwartet und einen **int**-Wert als Return-Wert abliefert, bei einem Aufruf mit zwei **double**-Werten hat auch der Return-Wert diesen Typ. Bei einem Aufruf in der Form

min (iwert1 , dwert1)

(ein **int**-Wert und ein **double**-Wert) allerdings weiß der Compiler nicht, was er machen soll
und meldet sich mit einer Aussschrift wie:

Vorlagenparameter 'TYPE' ist mehrdeutig, koennte 'double' sein oder 'int'

Hier kann und muß man ihm helfen. Die explizite Angabe des zu verwendenden Typs beim
Funktionsaufruf beseitigt die Zweifel. Mit

min <double> (iwert1, dwert1)

wird eine Funktion **min** erzeugt, die überall dort, wo im Funktions-Template **TYPE** steht,
double verwendet, und der **int**-Wert im Funktions-Aufruf wird mit einem "Cast" in **double**
verwandelt (der GNU-C^{++}-Compiler lehnt diese Syntax allerdings ab).

Der Aufruf der Funktionen mit Klassen-Objekten wird unter Verwendung der einfachen Klasse **ClPoint** demonstriert, wie sie z. B. in der Header-Datei **geom1.h** (Abschnitt 4.2) deklariert wurde. Definition von zwei Instanzen dieser Klasse und Aufruf der Funktion **swap** funktioniert problemlos, weil sowohl Copy-Konstruktor als auch Zuweisungsoperator (beide werden in **swap** benötigt) in geeigneter Weise vom Compiler spendiert werden.

Der Aufruf von **min** mit zwei Objekten der Klasse **ClPoint** mißlingt, und das ist auch gut so. Schließlich ist nirgends definiert, was man als Antwort auf die Frage erwartet, ob ein "**ClPoint**-Objekt kleiner ist als ein anderes **ClPoint**-Objekt". Der MS-Visual-C^{++}-Compiler (Version 5.0) beschwert sich mit der beeindruckenden Ausschrift:

Binaerer Operator '<' : 'class ClPoint' definiert diesen Operator oder eine Konvertierung in einen fuer den vordefinierten Operator geeigneten Typ nicht

Für einen Punkt, den man ja als Vektor interpretieren kann, ist allerdings durchaus eine sinnvolle Definition dieses Operators möglich. In der nachfolgend gelisteten Header-Datei **clpoint.h** ist die Deklaration der Klasse **ClPoint** mit dieser Ergänzung aufgelistet. Ein Punkt wird "als kleiner" angesehen, wenn er "näher am Nullpunkt" liegt, was aus der Sicht der Mathematik sicher auch die einzige sinnvolle Interpretation des Operators < für Punkte ist:

Ausschnitt aus der Header-Datei clpoint.h

```
class ClPoint         // Basisklasse für die Speicherung eines 2D-Punktes, der mit
{                     // zwei double-Koordinaten beschrieben wird
    private:
        double m_x ;
        double m_y ;
    public:
        ClPoint (double x = 0. , double y = 0.)
        {
            m_x = x ;
            m_y = y ;
        }
        void    set_x   (double x) { m_x = x    ; }
        void    set_y   (double y) { m_y = y    ; }
        double  get_x   ()         { return m_x ; }
        double  get_y   ()         { return m_y ; }
        int operator< (const ClPoint &rop)
        {
            return m_x * m_x + m_y * m_y <
                   rop.m_x * rop.m_x + rop.m_y * rop.m_y ? 1 : 0 ;
        }
} ;
```

Ende des Ausschnitts aus der Header-Datei clpoint.h

Zur Erinnerung (vgl. Abschnitt 3.4.1, wo die Technik des Überladens von Operatoren behandelt wurde): Der Operator < ist ein "binärer Operator", bei dem der Typ des linken Operanden entscheidet, in welcher Klasse nach einer geeigneten Funktion gesucht werden soll. Mit dem linken Operanden wird also die Member-Funktion aufgerufen (die Member-Daten dieses Objekts können direkt angeprochen werden, hier als **m_x** bzw. **m_y**), der rechte Operand wird als Argument übergeben (hier: Referenz-Parameter **&rop**, die Member-Daten dieses Objekts können also in diesem Fall als **rop.m_x** bzw. **rop.m_y** angesprochen werden).

Mit Instanzen dieser Klasse kann auch die Funktion **swap** aufgerufen werden, weil der Compiler nun in der Lage ist, alle Operationen zu realisieren:

Ausschnitt aus der Datei templ2.cpp

```
#include <iostream.h>
#include "clpoint.h"
void main ()
{
    ClPoint p1 (15. , 23.) , p2 (11. , 25.) ;
    swap (p1 , p2) ;
    cout << "p1 = (" << p1.get_x () << ", " << p1.get_y () << ")\n" ;
    cout << "p2 = (" << p2.get_x () << ", " << p2.get_y () << ")\n" ;
    ClPoint p3 = min (p1 , p2) ;
    cout << "p3 = (" << p3.get_x () << ", " << p3.get_y () << ")\n" ;
}
```

Ende des Ausschnitts aus der Datei templ2.cpp

6.2.2 Klassen-Templates

Die Syntax der Deklaration eines Klassen-Templates entspricht der Syntax der Deklaration von Funktions-Templates. Dies soll am Beispiel der "Listen- und Stack-Klasse", die im Abschnitt 5.5.3 für die Speicherung von **ClArea**-Pointern eingeführt wurde, demonstriert werden. Die Klasse wird als Template eingerichtet, so daß die Speicherung von **ClArea**-Pointern eine spezielle Anwendung ist:

Ausschnitt aus der Header-Datei list9.h

```
typedef void *POS ;
template <class ELEM_TYPE>
class ClStackList
{
    private:
        struct ClNode
        {
            ELEM_TYPE  m_elem    ;
            ClNode     *m_next_p ;
            ClNode (ELEM_TYPE elem , ClNode *next_p)
            {
                m_elem   = elem   ;
                m_next_p = next_p ;
            }
        } ;
        ClNode *m_head_p ;
        ClNode *m_tail_p ;
    public:
        ClStackList  ()
        {
            m_head_p = NULL ;
            m_tail_p = NULL ;
        }
```

```
        ~ClStackList () ;
        void        add_head    (ELEM_TYPE new_elem) ;
        void        add_tail    (ELEM_TYPE new_elem) ;
        POS         get_head    () { return (POS) m_head_p ; }
        ELEM_TYPE   get_elem    (POS &pos_p) ;
        int         is_empty    () { return m_head_p ? 0 : 1 ; }
        int         get_count   () ;
        void        push        (ELEM_TYPE new_elem) ;
        ELEM_TYPE   pop         () ;
} ;
```

Ende des Ausschnitts aus der Header-Datei list9.h

Ein Vergleich mit der speziellen Klassen-Deklaration in der Header-Datei **list8.h** (Abschnitt 5.5.3) zeigt, daß nur die dort vor der Deklaration stehende Anweisung

```
        typedef  ClArea *ELEM_TYPE ;
```

verschwunden ist. Die dafür vor der Deklaration der Klasse stehende Klausel

```
        template  <class ELEM_TYPE>
```

sieht eigentlich so aus, als würde sie die **typedef**-Anweisung nur ersetzen. Man sollte sich aber verdeutlichen, daß nun etwas ganz anderes vorliegt: **ELEM_TYPE** ist kein bekannter Typ (wie nach der **typedef**-Anweisung). Während im Abschnitt 5.5.3 die Klassen-Deklaration ein Muster war, nach dem "Instanzen erzeugt" werden konnten, ist ein Template gewissermaßen nur ein "Muster eines Musters". Erst dann, wenn ein Template instantiiert wird, ist der wahre Typ des symbolischen Typs **ELEM_TYPE** bekannt, dann erst ist eine mögliche Deklaration der Klasse verfügbar, nach deren Muster dann die Instanz erzeugt wird.

Das bedeutet, daß auch für alle Member-Funktionen des Klassen-Templates nur "Muster" bereitgestellt werden. Erst nach der Instantiierung der Klasse kann der Compiler daraus die zur speziellen Klassen-Deklaration passenden Funktionen erzeugen (und wird sich auf die Funktionen beschränken, die für die Instanz tatsächlich aufgerufen werden).

Bei den Member-Funktionen, die zu einem Klassen-Template[1] gehören, muß dies zweifach verdeutlicht werden: Jeder Member-Funktion ist ebenfalls

```
        template <class ELEM_TYPE>
```

voranzustellen, außerdem gehört zu den Klassen-Bezeichnungen, die mit dem Gültigkeitsbereichsoperator **::** den Funktionsnamen vorangestellt werden, ebenfalls noch einmal der symbolische Typ in spitzen Klammern, z. B.:

```
        template  <class ELEM_TYPE>
        void ClStackList<ELEM_TYPE>::add_head (ELEM_TYPE new_elem)
```

Ansonsten ändert sich gegenüber dem Listing von **list8.cpp** (Abschnitt 5.5.3) nichts, so daß hier nur zwei der geänderten Member-Funktionen gelistet werden:

---

[1]Zusammengesetzte Wörter sind in der deutschen Sprache schwierige Kandidaten (während einer Arbeitspause arbeitet man **nicht**, während der Frühstückspause frühstückt man aber, was macht man eigentlich während einer Denkpause?), trotzdem wird hier die Bezeichnung "Klassen-Template" (im Sinne von "Klassen-Muster") gegenüber "Template-Klasse" ganz bewußt bevorzugt. Dies soll deutlich machen, daß es ein "Muster (Schema) einer Klasse" ist und keine "Muster-Klasse". Natürlich könnte man in der in dieser Hinsicht unscharfen deutschen Sprache auch eine Muster-Klasse als "Muster einer Klasse" ansehen, ein "Muster-Schüler" ist ja auch das (ideale) Muster eines Schülers, aber ein Muster-Schüler ist auch immer ganz konkret ein Schüler, und ein Klassen-Template ist eben noch keine Klassen-Deklaration. Alles klar?

Ausschnitt aus der Datei list9.h

```cpp
template <class ELEM_TYPE> ClStackList<ELEM_TYPE>::~ClStackList ()
{
    while (m_head_p)
    {
        ClNode  *old_head_p = m_head_p ;
        m_head_p = m_head_p->m_next_p   ;
        delete old_head_p ;
    }
}
template  <class ELEM_TYPE>
void ClStackList<ELEM_TYPE>::add_head (ELEM_TYPE new_elem)
{
    if (!(m_head_p = new ClNode (new_elem , m_head_p)))
    {
        cout << "Sorry, kein Speicherplatz fuer Listenknoten!\n" ;
        exit (1) ;                       // ... hart, aber konsequent
    }
    if (!m_tail_p) m_tail_p = m_head_p ;
}
```

Ende des Ausschnitts aus der Datei list9.h

♦ Man beachte, daß beim Funktionsnamen des Destruktors (entsprechendes gilt für den Konstruktor) nicht noch einmal der Zusatz **<ELEM_TYPE>** geschrieben werden darf.

Das Programm **sp9.cpp**, das nun erzeugt werden soll, hat die gleiche Funktionalität wie **sp8.cpp** im Abschnitt 5.5. Der einzige Unterschied ist die Verwendung des Klassen-Templates für die "Listen- und Stack-Klasse" an Stelle der Klasse **ClStackList**, die in den Dateien **list8.h** und **list8.cpp** (Abschnitt 5.5.3) implementiert wurde. Wie im Abschnitt 5.5.4 wird die "Listen- und Stack-Klasse" in der "Klasse für die Gesamtfläche" **ClCompArea** instantiiert. Im nachfolgenden Listing ist der Unterschied durch Fettdruck hervorgehoben:

Ausschnitt aus der Header-Datei cmparea9.h

```cpp
class ClCompArea
{
    private:
        ClStackList  <ClArea*>  m_list ;
    public:
        ClCompArea () {}
       ~ClCompArea () {}
        void insert_new_area (ClArea *new_area_p) ;
        void a_sx_sy         (double &a , double &sx , double &sy) ;
} ;
```

Ende des Ausschnitts aus der Header-Datei cmparea9.h

♦ Im Vergleich mit der Deklaration der Klasse **ClCompArea** im Abschnitt 5.5.4, die ein Objekt der "Listen- und Stack-Klasse für **ClArea**-Pointer" in der Form

`ClStackList m_list ;`

zu einem Daten-Element der Klasse machte, wird hier (nach gleichen Regeln) ein Objekt eingesetzt, dessen Deklaration aus dem Klassen-Template der "allgemeinen Listen- und Stack-Klasse" durch Spezifizierung des Typ-Parameters als **ClArea**-Pointer hervorgeht:

```
ClStackList  <ClArea*>  m_list ;
```

... ist als "Instantiierung eines Klassen-Templates" für den Compiler eine Vorschrift, wie aus dem Template eine konkrete Klassen-Deklaration zu machen ist (und wieviel Speicherplatz dafür benötigt wird). Tatsächlich wird erst Speicherplatz bereitgestellt, wenn eine Instanz der Klasse **ClCompArea** erzeugt wird (hier in **main** in der Datei **sp9.cpp**).

♦ Aber der Compiler ist auch in anderer Hinsicht "vorgewarnt": Wenn es ein Objekt "geben kann", das nach dem **ClStackList**-Template bei Ersetzen des symbolischen Typs **ELEM_TYPE** durch den konkreten Typ **ClArea**-Pointer erzeugt wird, dann können auch die zu diesem Klassen-Template gehörenden Member-Funktionen erforderlich sein, die dann ebenfalls mit **ClArea**-Pointern umgehen müssen. In diesem Fall sind es die von **ClCompArea::insert_new_area** und **ClCompArea::a_sx_sy** aufgerufenen Funktionen (nur diese haben Zugriff auf das **private** zur Klasse gehörende **ClStackList**-Objekt). Diese beiden Funktionen könnten übrigens ohne jede Änderung aus **cmparea8.cpp** (Abschnitt 5.5.4) übernommen werden (die nachstehend beschriebene Änderung in **a_sx_sy** ist willkürlich).

Nur zur Demonstration, daß im gleichen Programm das Klassen-Template auch mit Spezifizierung eines anderen Typs verwendet werden kann, wird die Member-Funktion **ClCompArea::a_sx_sy** folgendermaßen geändert:

Ausschnitt aus der Datei cmparea9.cpp

```cpp
#include "geom8.h"
#include "list9.h"
#include "cmparea9.h"
void ClCompArea::a_sx_sy (double &a , double &sx , double &sy)
{
    ClStackList <double>  a_stack ;
    a  = 0. ;
    sx = 0. ;
    sy = 0. ;
    for (POS pos_p = m_list.get_head () ; pos_p ; )
    {
        ClArea *area_p = m_list.get_elem (pos_p) ;
        a_stack.push (area_p->get_a()) ;
        sx += area_p->get_sx() ;
        sy += area_p->get_sy() ;
    }
    while (!a_stack.is_empty ())
    {
        a += a_stack.pop () ;                  // ... räumt gleichzeitig den Stack ab
    }
}
```

Ende des Ausschnitts aus der Datei cmparea9.cpp

♦ In **ClCompArea::a_sx_sy** wird das Klassen-Template **ClStackList** mit dem konkreten Typ **double** für den symbolischen Typ **ELEM_TYPE** instantiiert. Das Objekt, das gemäß dieser Deklaration erzeugt wird, hat einen anderen Speicherbedarf als das in **ClCompArea** erzeugte Objekt mit **ClArea**-Pointern. Dementsprechend müssen auch andere Member-Funktionen für das **ClStackList<double>**-Objekt bereitgestellt werden, die der Compiler aus den Member-Funktions-Templates erzeugen muß.

◆ Das **ClStackList<double>**-Objekt in **ClCompArea::a_sx_sy** wird als Stack verwendet (nicht als Liste wie das **ClStackList<ClArea*>**-Objekt in der Klasse **ClCompArea**): Mit **push** werden die Teilflächen (**double**-Werte) "gestapelt" (**push** erzeugt jeweils einen neuen Stack-Knoten), in der **while**-Schleife werden die Teilflächen mit **pop** vom Stapel geholt (dabei wird jeweils ein Knoten zerstört) und addiert. Dies ist natürlich umständlicher als das unmittelbare Addieren, es ist nur zur Demonstration der Verwendung des Klassen-Templates hier so programmiert worden.

Das Programm **sp9.cpp** unterscheidet sich von dem im Abschnitt 5.5.5 gelisteten Programm **sp8.cpp** nur dadurch, daß die Header-Dateien **list9.h** und **cmparea9.h** an Stelle der Dateien **list8.h** und **cmparea8.h** eingebunden werden, es wird deshalb hier nicht gelistet. Seine Funktionalität ist ohnehin gleich mit der Vorgänger-Version.

6.2.3 Verallgemeinerungen, allgemeine Betrachtungen zu Templates

Folgende Verallgemeinerungen der Syntax, die in den Beispielen der Abschnitte 6.2.1 und 6.2.2 nicht genutzt wurden, sollten noch registriert werden:

◆ Die Klausel, mit der ein Template eingeleitet wird, darf in den spitzen Klammern eine Parameter-Liste enthalten (mehrere Parameter, durch Komma voneinander getrennt). Dies können mehrere Typ-Parameter sein, z. B.:

```
template <class TYPE1 , class TYPE2>
```

Es dürfen aber auch "Nicht-Typ-Parameter" verwendet werden wie z. B. in folgendem Klassen-Template:

```
template <class ELEM_TYPE , int n> class ClArray
    {
        private:
            ELEM_TYPE arr [n] ;
            // ...
    } ;
```

Instanzen dieses Klassen-Templates könnten z. B. mit folgenden Anweisungen erzeugt werden (**n** muß eine bei der Compilierung bekannte Konstante sein):

```
ClArray <double  , 100> double_array ;
ClArray <ClPoint ,  50> point_array ;
```

◆ Die spitzen Klammern (mit Inhalt) gehören gewissermaßen zum Namen des Klassen-Templates. Beim Instantiieren müssen dort die konkreten Typen bzw. Werte stehen. Wenn in den Deklarationen von Klassen- bzw. Funktions-Templates der Name verwendet wird, müssen dort (Ausnahmen: Name von Konstruktor und Destruktor) die symbolischen Typen bzw. Parameter stehen. Dies wurde schon im Abschnitt 6.2.2 für die Klassenbezeichnungen mit dem Gültigkeitsbereichsoperator vor den Member-Funktionen angedeutet, gilt aber wesentlich allgemeiner.

Die letzte Aussage soll noch an einem Beispiel demonstriert werden, das die Bezeichnung des Klassen-Templates an verschiedenen Stellen verwenden muß: Bereits im Abschnitt 5.5.3 wurde eine Variante der "Listen- und Stack-Klasse" unter Verwendung einer **friend**-Klasse vorgestellt, die dann verwendet werden muß, wenn der Compiler keine verschachtelten

Datentypen beherrscht (Deklaration einer Struktur **ClNode** innerhalb der Klasse **ClStackList**
wie in den Dateien **list8.h** bzw. **list9.h**). Diese Variante findet sich für das Arbeiten mit
Klassen-Templates in der Datei **list9a.h**:[2]

Ausschnitt aus der Datei list9a.h

```
typedef  void *POS ;
template <class ELEM_TYPE> class ClStackList ;
template <class ELEM_TYPE> class ClNode
{
   private:
       ELEM_TYPE           m_elem    ;
       ClNode<ELEM_TYPE> *m_next_p ;
       ClNode (ELEM_TYPE elem , ClNode<ELEM_TYPE> *next_p)
       {
           m_elem   = elem   ;
           m_next_p = next_p ;
       }
   friend class ClStackList<ELEM_TYPE> ;
} ;
template <class ELEM_TYPE> class ClStackList
{
   private:
       ClNode<ELEM_TYPE> *m_head_p ;
       ClNode<ELEM_TYPE> *m_tail_p ;
   public:
       ClStackList  ()
       {
           m_head_p = NULL ;
           m_tail_p = NULL ;
       }
       ~ClStackList () ;
       void        add_head (ELEM_TYPE new_elem) ;
       void        add_tail (ELEM_TYPE new_elem) ;
       POS         get_head () ;
       ELEM_TYPE   get_elem (POS &pos_p) ;
       int         is_empty () ;
       void        push     (ELEM_TYPE new_elem) ;
       ELEM_TYPE   pop       () ;
} ;
```

Ende des Ausschnitts aus der Datei list9a.h

♦ Beide Klassen (**ClNode** und **ClStackList**) wurden als Klassen-Templates eingerichtet,
  weil beide für beliebige symbolische Typen **ELEM_TYPE** verwendbar sein sollen.

♦ Die Deklaration des **ClNode**-Templates vor dem **ClStackList**-Template gestattet die
  Verwendung der **ClNode**-Pointer im **ClStackList**-Template. Andererseits wird im
  ClNode-Template bereits das (erst danach deklarierte) **ClStackList**-Template "zum Freund
  erklärt". Deshalb mußte noch davor mit der "Vorab-Deklaration"

---

[2]Es ist übrigens eher unwahrscheinlich, daß ein Compiler, der Templates unterstützt, nicht auch die
verschachtelten Datentypen beherrscht. Aber es ist auch durchaus nicht nachteilhaft, wenn man an Stelle der
verschachtelten Datentypen die Variante mit einer **friend**-Klasse bevorzugt.

```
          template <class ELEM_TYPE> class ClStackList ;
```

das **ClStackList**-Template als solches bekanntgemacht werden.

♦ Man beachte vor allem, wo überall der Zusatz **<ELEM_TYPE>** bei der Verwendung eines Klassennamens geschrieben werden muß: Sowohl bei der Typ-Bezeichnung für einen Pointer wie z. B. in der Zeile

```
          ClNode<ELEM_TYPE> *m_next_p ;
```

oder in der Kopfzeile des Konstruktors

```
          ClNode (ELEM_TYPE elem , ClNode<ELEM_TYPE> *next_p)
```

(nicht aber beim Konstruktornamen, der ja auch **ClNode** ist) als auch in der "Freundschafts-Erklärung"

```
          friend class ClStackList<ELEM_TYPE> ;
```

muß zusätzlich zum Klassennamen der symbolische Typ in spitzen Klammer angegeben werden.

Dies setzt sich in den Member-Funktionen konsequent fort, was hier nur an zwei Beispielen gezeigt werden soll:

Ausschnitt aus der Datei list9a.h

```
template <class ELEM_TYPE> ClStackList<ELEM_TYPE>::~ClStackList ()
{
    while (m_head_p)
    {
        ClNode<ELEM_TYPE>  *old_head_p = m_head_p ;
        m_head_p = m_head_p->m_next_p   ;
        delete old_head_p ;
    }
}
template  <class ELEM_TYPE>
void ClStackList<ELEM_TYPE>::add_head (ELEM_TYPE new_elem)
{
    if (!(m_head_p = new ClNode<ELEM_TYPE> (new_elem , m_head_p)))
    {
        cout << "Sorry, kein Speicherplatz fuer Listenknoten!\n" ;
        exit (1) ;                                    // ... hart, aber konsequent
    }
    if (!m_tail_p) m_tail_p = m_head_p ;
}
```

Ende des Ausschnitts aus der Datei list9a.h

Möglicherweise hat der Leser im Abschnitt 6.2 mehrfach den Eindruck gehabt, daß eine recht einfache Angelegenheit recht aufwendig beschrieben wurde. Es steckte eine Absicht dahinter. Aus der Sicht des Programmierers sind Templates zwar nützlich, aber "symbolische Typen" mögen ihm so selbstverständlich erscheinen wie die Parameter einer Funktion, die auch erst beim Funktionsaufruf konkrete Werte bekommen. Diese Meinung wird sicher unterstützt durch die besonders einfache (und wohl zweifelsfrei auch elegante) Syntax, mit der Templates realisiert werden können.

Was das allerdings für den Compiler bedeutet, interessiert den Programmierer wenig (die Probleme, die die Hersteller von Compilern haben, sollten für ihn auch nicht von Interesse sein). Allerdings können die Schwierigkeiten, das Beherrschen von Templates in einem Compiler zu realisieren, durchaus bis zum Programmierer vordringen, zumal keine Norm vorschreibt, wie die Realisierung im Compiler aussehen muß.

Wo liegt das Problem? Wenn ein Compiler ein Template sieht, kann er zunächst nur registrieren, daß es vorhanden ist, compileren kann er es (zumindest komplett) noch nicht. Erst eine Instanz (Funktionsaufruf bei einem Funktions-Template oder Definition eines Objektes bei einem Klassen-Template) macht ihm klar, was er zu übersetzen hat. Bei einem Klassen-Template allerdings kann an der Stelle, wo es instantiiert wird, zwar entschieden werden, welchen Speicherbedarf das Objekt (für die Daten) hat, es ist aber noch nicht bekannt, welche Member-Funktionen benötigt werden. Mit Sicherheit darf der Compiler annehmen, daß Konstruktor und Destruktor erforderlich sind, alles andere aber entscheidet sich möglicherweise an ganz anderen Stellen. Und bei der nächsten Instanz (mit gleichen oder anderen aktuellen Typen) kann alles wieder ganz anders sein.

Das behandelte Beispiel des Klassen-Templates **ClStackList** macht das Problem deutlich: Die in der Klasse **ClCompArea** angesiedelte Instanz

```
ClStackList <ClArea*> m_list ;
```

erfordert Member-Funktionen, was an ganz anderer Stelle (in den **ClCompArea**-Member-Funktionen) deutlich wird. Die in **ClCompArea::a_sx_sy** erzeugte Instanz

```
ClStackList <double> a_stack ;
```

braucht andere Member-Funktionen. Beide Instanzen benötigen allerdings z. B. einen **ClStackList**-Konstruktor, der jedoch nicht durch nur eine Funktion repräsentiert sein darf, weil unterschiedliche Datentypen verarbeitet werden müssen.

Wenn nun die Instanzen in verschiedenen Übersetzungseinheiten erzeugt und an Funktionen in noch anderen Übersetzungseinheiten weitergereicht werden, bleibt z. B. das Risiko, daß Member-Funktionen mehrfach (oder auch gar nicht) erzeugt werden. Eigentlich kann letztendlich erst der Linker entscheiden, ob alles, was er braucht, auch vorhanden ist.

Es bleibt auch die Frage, in welchem Dateityp (***.cpp** oder ***.h**) Templates angesiedelt werden sollten, denn der Compiler muß natürlich bei jeder Instantiierung das Template "sehen". Und an dieser Stelle ist der Programmierer im Regelfall doch in die Schwierigkeiten verwickelt, die der Compiler-Hersteller hatte. Für die Version 5.0 von MS-Visual-C++ gilt z. B. folgende Einschränkung: "Der Compiler kann kein Template instantiieren außerhalb des Moduls, in dem es definiert wurde."[3]

Weil sich diese Aussage tatsächlich auch auf die Member-Funktions-Templates bezieht, wurden im Gegensatz zur üblichen Aufteilung in Übersetzungseinheiten das Klassen-Template gemeinsam mit allen zugehörigen Member-Funktionen in der Datei **list9.h** angesiedelt (es gibt keine Datei **list9.cpp**), die inkludiert wird, wo auch immer das Template instantiiert wird. Und irgendwie ist das in sich auch logisch.

---

[3]Der Satz steht ziemlich versteckt in der Mitte des letzten Bandes der weit über 5000 Seiten dicken Dokumentation (in der Online-Dokumentation war er nicht zu finden) in einer Liste der "Microsoft Specific Differences from Other Implementations" mit dem Zusatz: "Note that this list will change in future versions of the compiler". Man hat den Eindruck, daß es dem Compiler-Hersteller peinlich ist. Eigentlich gibt es dafür keinen Grund. Daß sich allerdings bei Nicht-Beachtung der Compiler gar nicht meldet, sondern erst der Linker sich über fehlende Funktionen mokiert, ist ein (möglicherweise viel Zeit kostendes) Ärgernis.

6.3   Ausnahmebehandlung

Es geht in diesem Abschnitt um Situationen wie diese (entnommen aus der Datei **list8.cpp** im Abschnitt 5.5.3):

```
void ClStackList::add_head (ELEM_TYPE new_elem)
{
    if (!(m_head_p = new ClNode (new_elem , m_head_p)))
    {
        cout << "Sorry, kein Speicherplatz fuer Listenknoten!\n" ;
        exit (1) ;
    }
    if (!m_tail_p) m_tail_p = m_head_p ;
}
```

Panik ist angesagt, weil "irgendwo tief unten" eine Ausnahmesituation entstanden ist, die "vor Ort" nicht zufriedenstellend korrigiert werden kann. Natürlich sind allerhand "Heilungs-Versuche" auch "vor Ort" denkbar: Man könnte den Benutzer bitten, Speicherplatz zu beschaffen ("Schließen Sie andere Anwendungen!"), oder ein Angebot zur Selbsthilfe offerieren ("Soll ich den Papierkorb leeren?"), aber schließlich würde eine ganze Palette solcher Angebote letztendlich in einem Zweig enden, der erreicht wird, wenn alle angebotenen Maßnahmen erfolglos waren.

Der Programm-Abbruch ist in jedem Fall eine unbefriedigende (aber immerhin saubere) Lösung. Bei einer Fortsetzung des Programms müßten unbedingt die aufrufenden Funktionen informiert werden, daß etwas schiefgegangen ist. Dies wäre ein sehr mühsames Geschäft (wie tief mag die Aufrufkette sein?) und ist eigentlich kaum praktikabel (und Konstruktoren, die ja keinen Return-Wert haben, sind völlig hilflos). Aber eine Fortsetzung des Programms kann in sehr vielen Fällen durchaus sinnvoll sein. Vielleicht wollte der Benutzer nur einmal die Grenzen des Programms ausloten, hat festgestellt, daß sie mit seiner Anforderung offensichtlich überschritten wurden, und will es nun ganz bestimmt nicht wieder tun.

Es sollte also über mehrere Aufruf-Ebenen hinweg ein Rücksprung möglich sein, der ein Fortsetzen des Programms zum Beispiel auf der Ebene des Hauptmenü-Angebots gestattet. Es ist also ein "großer Sprung" (abweichend von dem normalen Ablauf) erforderlich, der gleichzeitig den Stack, der die auf dem "normalen Weg" angesammelten Daten enthält, zurücksetzt. Dem C-Programmierer stehen dafür die Bibliotheks-Funktionen **setjmp** und **longjmp** (Prototypen in **setjmp.h**) zur Verfügung.

In C++ ist eine saubere Lösung aufwendiger, weil der Speicherplatz auf dem Stack nicht einfach freigegeben werden sollte, ohne die Destruktoren der zu zerstörenden Objekte aufzurufen. Auch die Ausnahmebehandlung in C++ ist noch relativ jung, so daß nicht alle Compiler die nachfolgend beschriebenen Möglichkeiten unterstützen. In [Stro94] beschreibt der Autor die geradezu als "Glaubenskrieg" geführten Diskussionen im ANSI/ISO-Standardisierungskomitee um die Realisierung der Ausnahmebehandlung. Die Lösung, die schließlich favorisiert wurde, entspricht einem "Abbruch vor Ort und Rücksprung auf eine höhere Ebene" und ist für den Programmierer einfach zu realisieren.

Für das besonders häufige und heikle Problem des Speicherplatzmangels gibt es (wohl aus historischen Gründen, dieser kritische Fall sollte gelöst sein, bevor die "große Lösung" realisiert werden konnte) eine zusätzliche Behandlungsmöglichkeit, die vor der allgemeinen Ausnahmebehandlung (Abschnitt 6.3.2) im folgenden Abschnitt besprochen wird.

6.3.1 Nichterfüllbare Speicherplatzanforderung

Bei jeder Speicherplatzanforderung mit dem Operator **new** muß der Programmierer ein-kalkulieren, daß die Operation fehlschlägt. Dies wird signalisiert, indem der von **new** gelieferte Pointer, der im Erfolgsfall auf den angeforderten Speicherbereich zeigt, der NULL-Pointer ist. Dieses Signal ist eindeutig, und der Konstruktor für das zu erzeugende Objekt wird im Mißerfolgs-Fall nicht aufgerufen, so daß zumindest in dieser Hinsicht "alles sauber" ist. C⁺⁺-Compiler bieten zusätzlich mindestens eine der folgenden Möglichkeiten an:

♦ Der Operator **new** löst im Falle eines Mißerfolgs eine spezielle Ausnahme aus, die nach den Regeln, die im Abschnitt 6.3.2 besprochen werden, aufgefangen und bearbeitet werden kann.

♦ Auch in älteren C⁺⁺-Compilern kann man mit dem Aufruf einer Funktion

```
set_new_handler (my_new_handler) ;
```

bewirken, daß beim Fehlschlagen irgendeiner nachfolgenden **new**-Operation die Funktion **my_new_handler** aufgerufen wird. Diese könnte z. B. so aussehen:

```
void my_new_handler ()
{
    cout << "Sorry, kein Speicherplatz mehr!" ;
    exit (1) ;
}
```

Das ist zwar nicht komfortabler als die im Beispiel am Anfang des Abschnitts 6.3 vorgestellte Behandlung des Problems, entlastet aber den Programmierer von der Verpflichtung, nach jeder einzelnen **new**-Operation die Erfolgsabfrage zu programmieren.

♦ Die **set_new_handler**-Variante wird von einigen Compilern auf sehr sinnvolle Weise verfeinert. Beim Arbeiten mit MS-Visual-C⁺⁺ z. B. kann mit

```
_set_new_handler (my_special_new_handler) ;
```

ein "New-Handler" eingestellt werden (der Unterstrich, mit dem der Name beginnt, unterscheidet diese Funktion von der oben beschriebenen **set_new_handler**-Funktion), für den folgender Prototyp gilt:

```
int my_special_new_handler (size_t size) ;
```

Als Parameter empfängt dieser "New-Handler" die Byte-Anzahl der Speicherplatz-Anforderung, die gerade als Mißerfolg endete. Wichtiger ist, daß dieser "New-Handler" einen Return-Wert hat, mit dem dem Operator **new** signalisiert werden kann, ob er es noch einmal versuchen sollte. Man kann also in der Funktion, die hier (willkürlich) **my_special_new_handler** genannt wurde, "Speicherplatz-Beschaffungsmaßnahmen" einleiten. Wenn diese erfolgreich sind, sollte der Return-Wert 1 anzeigen, daß sich ein erneuter Versuch lohnt, anderenfalls könnte als Return-Wert eine 0 abgeliefert oder aber auch der sofortige Abbruch initiiert werden.

Das folgende für MS-Visual-C⁺⁺ geschriebene Programm **newhandl.cpp** zeigt, wie eine solche Strategie realisiert werden könnte. Der "Trick", beim Programmstart eine "Spei-cherreserve" anzulegen, die bei Bedarf freigegeben wird, ist nicht sehr einfallsreich, soll auch nur zur Demonstration des prinzipiellen Vorgehens dienen, andererseits ist es für den Benutzer angenehmer, wenn schon beim Programmstart das Anlegen der Speicherreserve zum "Fehlstart" führt. Ein Abbruch nach längerer Arbeit mit einem Programm (möglicherweise unter Verlust des mühsam erarbeiteten Zustands der Daten) ist in jedem Fall ärgerlicher. Und wenn das Freigeben der Speicherreserve auch noch signalisiert wird, kann der Programm-Benutzer Sicherungsmaßnahmen einleiten.

Programm newhandl.cpp

```cpp
#include <iostream.h>
#include <new.h>                          // ... für _set_new_handler
char       *reserve_p ;
const int reserve = 2097152 ;            // 2 MB
int my_special_new_handler (size_t size)
{
    if (reserve_p && reserve > size)      // Ausreichend Reserve vorhanden?
    {
        delete [] reserve_p ;
        cout << "Speicherreserve geopfert!\n" ;
        reserve_p = 0 ;
        return 1 ;                        // new sollte neuen Versuch starten
    }
    cout <<  "Sorry, Speicherplatz erschoepft,\n"
         << size  << " Byte konnten nicht mehr zugewiesen werden.\n" ;
    return 0 ;                            // new muß aufgeben
}
void main ()
{
    _set_new_handler (my_special_new_handler) ;    // ... MS-Visual-C++ !
    reserve_p = new char [reserve] ;               // Reserve anlegen!
    char *mb_block_p ;
    int  i = 0 ;
    while (1)
    {
        if (!(mb_block_p = new char [1048576])) break ;
        cout << ++i << ". MB-Block Speicherplatz allokiert\n" ;
    }
}
```

Ende des Programms newhandl.cpp

Der Pointer auf die Speicherreserve und die Größe dieses Speicherblocks wurden global vereinbart, weil an den "New-Handler" keine weiteren Argumente vermittelt werden können.

Der nebenstehende Bildschirm-Schnappschuß zeigt die Ausgabe des Programms auf einem Computer mit sehr wenig verfügbarem Speicherplatz (im Prinzip sieht die Ausgabe auf jedem System ähnlich aus, nur die "Erfolgsliste" ist möglicherweise wesentlich länger). Hier konnten fünf 1-MB-Blöcke

angelegt werden, dann hat der "New-Handler" die Speicherreserve (2 MB) opfern müssen, so daß noch zwei 1-MB-Blöcke angelegt werden konnten, dann mußte das Programm aufgeben.

6.3.2 Ausnahmebehandlung mit try, catch und throw

Die allgemeine Ausnahmebehandlung in C^{++} (relativ junge Eigenschaft der Sprache, die auch noch nicht von allen Compilern unterstützt wird) folgt folgender Strategie:

♦ Wenn in einer Funktion eine Situation eintritt, die sie nicht mehr selbst bewältigen kann, erzeugt sie gezielt mit **throw** eine Ausnahmesituation ("wirft eine Ausnahme auf"). Mit **throw** kann ein Objekt eines beliebigen Typs erzeugt werden, so daß die "aufgeworfene Ausnahme einen Typ hat".

♦ Das Schlüsselwort **throw** wirkt lokal ähnlich wie eine Return-Anweisung (die Arbeit der Funktion wird sofort beendet), die Steuerung wird jedoch nicht an die aufrufende Funktion zurückgegeben, sondern an die Funktion in der Aufrufkette, die sich in der Lage sieht, eine Ausnahme des entsprechenden Typs zu behandeln.

♦ Eine Funktion erklärt sich grundsätzlich dazu bereit, Ausnahmen zu behandeln, wenn sie einen sogenannten **try**-Block definiert. Dieser wird gebildet durch das Schlüsselwort **try**, gefolgt von einem geschweiften Klammerpaar. Alle **throw**-Anweisungen innerhalb des **try**-Blocks bzw. in Funktionen, die (bei beliebiger Aufruftiefe) aus dem **try**-Block aufgerufen werden, werden zunächst aufgefangen und auf "Behandelbarkeit" überprüft.

♦ Einem **try**-Block können beliebig viele **catch**-Behandlungsroutinen folgen, die jeweils eine Ausnahme eines bestimmten Typs behandeln können. Wird eine zum Typ der aufgeworfenen Ausnahme passende **catch**-Routine gefunden, so wird diese abgearbeitet. Danach wird mit der Anweisung hinter der letzten **catch**-Routine fortgesetzt.

♦ Wird keine zum Typ der **throw**-Anweisung passende **catch**-Routine hinter einem **try**-Block gefunden, so wird weiter nach einem umschließenden **try**-Block gesucht (gegebenenfalls bis **main** aufwärts), dessen **catch**-Routinen dann auf Tauglichkeit für die Behandlung der Ausnahme untersucht werden. Ist überhaupt keine passende Behandlungsroutine zu finden, wird schließlich die Laufzeitfunktion **terminate** aufgerufen, die als Standardaktion den Programmabbruch auslöst. Zwar kann (mit **set_terminate**) veranlaßt werden, daß **terminate** vor dem Abbruch noch eine spezielle (vom Programmierer zu schreibende) Funktion aufruft (vielleicht möchte man dem Programm-Benutzer noch ein paar tröstende Worte sagen), aber der Abbruch ist bei unbehandelten Ausnahmen letztendlich nicht zu vermeiden.

♦ Die eigentliche Besonderheit der geschilderten Ausnahmebehandlung liegt darin, daß der gesamte Stack, der zwischen dem **try**-Block, dem eine "passende" **catch**-Anweisung folgt, und der **throw**-Anweisung liegt, "sauber entladen" wird, indem für alle auf dem Stack erzeugten (und nun freizugebenden) Objekte die Destruktoren aufgerufen werden.

♦ Das Objekt, das von der **throw**-Anweisung erzeugt wird, bestimmt mit seinem Typ die **catch**-Behandlungsroutine, mit der die Ausnahme behandelt wird. Die **catch**-Routine kann darüber hinaus das empfangene Objekt auswerten (wenn es z. B. ein String ist, kann dieser für eine Ausschrift verwendet werden).

♦ Eine **catch**-Routine, die mit `catch (...)` eingeleitet wird, kann Ausnahmen beliebigen Typs behandeln. Sie ist allerdings nicht in der Lage, das übergebene Objekt auszuwerten.

In dem nachfolgend gelisteten Beispiel-Programm ist in **main** ein **try**-Block vorgesehen, in dem eine Funktion **f1** aufgerufen wird, die gegebenenfalls selbst eine Funktion **f2** aufruft. In diesen Funktionen werden Ausnahmen unterschiedlichen Typs aufgeworfen (beim Arbeiten mit dem GNU-C++-Compiler muß der Schalter **-fhandle-exceptions** angegeben werden):

Programm except1.cpp

```cpp
#include <iostream.h>
class ClDemoExcept                    // Klasse, für die nur zum Aufwerfen
{                                     // einer Ausnahme ein Objekt erzeugt wird
    private:
        int m_except_nr ;
    public:
        ClDemoExcept (int except_nr = 0)
        {
            m_except_nr = except_nr ;
        } ;
        void except_handling () const
        {
            cout << "Ausnahme " << m_except_nr
                 << " in ClDemoExcept::except_handling.\n" ;
        }
} ;
class ClInfo                          // Klasse, die nur informieren soll, wann
{                                     // Konstruktor bzw. Destruktor aufgerufen werden
    public:
        ClInfo () { cout << "Konstruktion eines ClInfo-Objekts.\n" ; }
        ~ClInfo () { cout << "Destruktion eines ClInfo-Objekts.\n"  ; }
} ;
void f2 ()
{
    cout<< "Funktion f2 wirft ClDemoExcept-Ausnahme auf.\n" ;
    throw ClDemoExcept (61279) ;
}
void f1 (int i)
{
    ClInfo info ;
    switch (i)
    {
        case 0:
          break ;
        case 1:
          cout<< "Funktion f2 wird aus f1 aufgerufen.\n" ;
          f2 () ;
          cout<< "Zurueck aus f2, wieder in f1.\n" ;
          break ;
        case 2:
          cout<< "Funktion f1 wirft String-Ausnahme auf.\n" ;
          throw "Fehler in Funktion f1!" ;
          break ;
        case 3:
          cout<< "Funktion f1 wirft int-Ausnahme auf.\n" ;
          throw 1 ;
          break ;
    }
}
```

```cpp
void main()
{
    for (int i = 0 ; i < 4 ; i++)
    {
        try
        {
            cout << "In main wird f1 im try-Block aufgerufen.\n" ;
            f1 (i) ;
        }
        catch (ClDemoExcept ex_obj)
        {
            cout << "ClDemoExcept-Ausnahme aufgefangen,\n" ;
            ex_obj.except_handling () ;
        }
        catch (char *str_p)
        {
            cout << "String-Ausnahme aufgefangen: " << str_p << endl ;
        }
        catch (...)
        {
            cout << "Allgemeine Ausnahme aufgefangen.\n" ;
        }
        cout << "Wieder in main (nach den Catch-Bloecken).\n" ;
    }
}
```

Ende des Programms except1.cpp

Die dem **try**-Block folgenden **catch**-Behandlungsroutinen werden (in der Reihenfolge, in der sie aufgeschrieben sind) bei einer aufgeworfenen Ausnahme darauf untersucht, ob "ihr Typ" zum Typ des von der **throw**-Anweisung erzeugten Objekts paßt. Weil (sinnvollerweise als letzte) eine **catch**-Routine für beliebige Typen vorgesehen ist, wird schließlich jede aufgeworfene Ausnahme behandelt.

Der **try**-Block in **main** wird in einer Schleife viermal abgearbeitet. Die aufgerufene Funktion **f1** erzeugt jeweils ein lokales **ClInfo**-Objekt, das durch Ausschriften im Konstruktor und im Destruktor seine Lebensdauer dokumentiert. Danach reagiert **f1** bei jedem Aufruf anders. Die Ausgabe des Programms **except1.cpp** zeigt ein komplettes Protokoll aller Aktionen. Es ist sinnvoll, diese Schritt für Schritt nachzuvollziehen und mit den jeweiligen Passagen im Programm zu vergleichen:

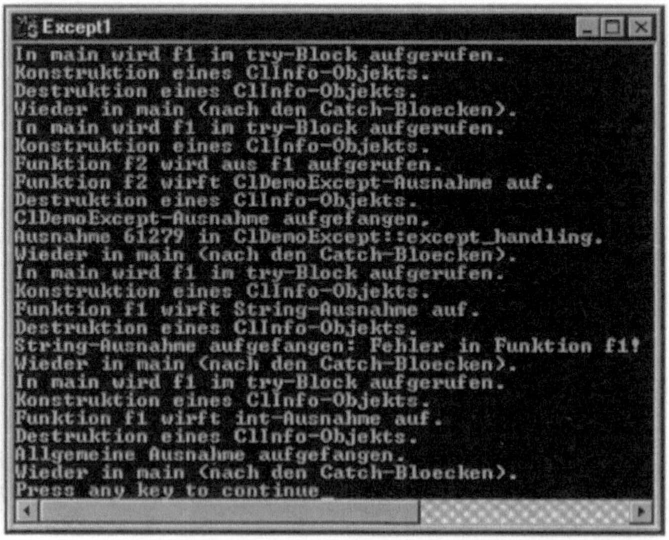

♦ Die ersten vier Zeilen der Programm-Ausschrift beziehen sich auf die erste Abarbeitung des **try**-Blocks, bei der **f1** keine Ausnahme aufwirft und die Steuerung "normal" an **main** zurückgibt. Sämtliche **catch**-Behandlungsroutinen werden übersprungen, es geht in **main** nach der letzten **catch**-Routine weiter.

♦ Die zweite Abarbeitung des **try**-Blocks mit dem Aufruf **f1(1)** ist besonders interessant: In **f1** wird (nach dem Erzeugen des **ClInfo**-Objekts) folgender Zweig abgearbeitet:

```
cout<< "Funktion f2 wird aus f1 aufgerufen.\n" ;
f2 () ;
cout<< "Zurueck aus f2, wieder in f1.\n" ;
```

In **f2** wird eine Ausnahme aufgeworfen, was dazu führt, daß die in **f1** nach dem **f2**-Aufruf stehende Anweisung

```
cout<< "Zurueck aus f2, wieder in f1.\n" ;
```

niemals erreicht wird, weil die Steuerung direkt aus **f2** an den **try**-Block (bzw. die entsprechende **catch**-Routine) in **main** weitergereicht wird. Trotzdem wird das **ClInfo**-Objekt in **f1** "sauber zerstört", wie die entsprechende Destruktor-Ausschrift beweist.

Die in **f2** aufgeworfene Ausnahme erzeugt mit der Anweisung

```
throw ClDemoExcept (61279) ;
```

ein Objekt der eigens zu diesem Zweck eingerichteten Klasse **ClDemoExcept** (einschließlich Konstruktor-Aufruf mit Übergabe eines **int**-Wertes). Dem Typ dieses Objekts entsprechend wird die **catch**-Behandlungsroutine

```
catch (ClDemoExcept ex_obj)
{
    cout << "ClDemoExcept-Ausnahme aufgefangen,\n" ;
    ex_obj.except_handling () ;
}
```

angesteuert, die ihrerseits das übergebene Objekt benutzt, um damit eine Member-Funktion der Klasse **ClDemoExcept** aufzurufen, die auf den bei der Konstruktion des Objekts übergebenen Wert zurückgreifen kann. So können "aus beliebigen Tiefen" beliebige Informationsmengen an die **catch**-Routinen vermittelt werden.

♦ Beim dritten Durchlauf des **try**-Blockes wird in **f1** die sicher am häufigsten verwendete Ausnahme aufgeworfen. Mit **throw** wird ein String erzeugt, der in der zugehörigen **catch**-Routine für eine Ausschrift benutzt wird.

♦ Beim vierten und letzten Durchlauf des **try**-Blockes wird in **f1** mit

```
throw 1 ;
```

eine Ausnahme mit einem **int**-Wert erzeugt, für den keine **catch**-Routine verfügbar ist. Deshalb greift sich die **catch**-Routine

```
catch (...)
{
    cout << "Allgemeine Ausnahme aufgefangen.\n" ;
}
```

diese Ausnahme, kann allerdings den übergebenen **int**-Wert nicht auswerten, weil sie gar nicht weiß, welcher (von keiner anderen Routine behandelter) Typ angeliefert wird. Wenn eine solche **catch**-Routine, die "alles, was sonst noch anfällt" bearbeitet, nicht vorhanden ist, sollte unbedingt eine eigene Abbruch-Routine, die aus **terminate** gerufen wird, installiert werden, um den (recht harten) Abbruch, der ansonsten von **terminate** eingeleitet wird, etwas abzumildern. Im Beispiel-Programm **except2.cpp**, das nachfolgend nur ausschnittsweise gelistet wird, ist dies zu sehen:

Ausschnitt aus der Datei except2.cpp

```
#include <iostream.h>
#include <stdlib.h>      // ... für exit
#include <eh.h>          // ... für set_terminate (nicht beim Arbeiten mit GNU-C⁺⁺)
                 // ... weiter wie im Programm except1.cpp
void my_terminate ()
{
    cout << "Unbehandelte Ausnahme, Abbruch!\n" ;
    exit (1) ;
}
void main()
{
    set_terminate (my_terminate) ;
    for (int i = 0 ; i < 4 ; i++)
    {
        try
        {
            cout << "In main wird f1 im try-Block aufgerufen.\n" ;
            f1 (i) ;
        }
        catch (ClDemoExcept ex_obj)
        {
            cout << "ClDemoExcept-Ausnahme aufgefangen,\n" ;
            ex_obj.except_handling () ;
        }
        catch (char *str_p)
        {
            cout << "String-Ausnahme aufgefangen: " << str_p << endl ;
        }
        // Eine catch-Routine für beliebige Ausnahmen ist nicht vorgesehen!
        cout << "Wieder in main (nach den Catch-Bloecken).\n" ;
    }
}
```

Ende des Ausschnitts aus der Datei except2.cpp

Die in C⁺⁺ vorgesehene Ausnahmebehandlung kann natürlich auch von Bibliotheks-Funktionen genutzt werden, die in entsprechenden Situationen Ausnahmen eines ganz bestimmten Typs aufwerfen. Wie am Beispiel des Programms **except1.cpp** mit der Ausnahme, für die eine spezielle Klasse eingerichtet worden ist, demonstriert wurde, kann eine beliebige Informationsmenge über die eingetretene Situation an die **catch**-Routine vermittelt werden. Dem Programmierer, der solche Bibliotheksfunktionen benutzt, bleibt es dann überlassen, ob und wie er auf die Ausnahmen reagieren will.

Ein Beispiel für diese Strategie der Ausnahmebehandlung liefern die "Microsoft foundation classes", die zu MS-Visual-C⁺⁺ gehören. Es werden verschiedene Klassen ausschließlich für das Erzeugen von Objekten für Ausnahmesituationen deklariert (z. B.: **CMemoryException**, **CArchiveException**, ...). Der Dokumentation der Klassen-Bibiliothek kann man entnehmen, welche Funktionen Ausnahmen dieser Typen aufwerfen.

6.4   Mehrfach-Vererbung

Wenn man ein Programm für die Verwaltung eines Fachbereichs einer Hochschule schreibt, dann kommen darin mit Sicherheit "Objekte" vom Typ "Student" und "Lehrender" vor, die natürlich als Klassen-Objekte verwaltet werden. Zunächst soll nur ein Unterschied betrachtet werden, der die Deklarationen der Klassen **ClStudent** und **ClTeacher** unterscheidet: In der Klasse **ClStudent** wird eine "Matrikel-Nummer" verwaltet, mit der der Student eindeutig zu identifizieren ist, und in der Klasse **ClTeacher** muß eine Konto-Nummer verwaltet werden, damit dem Lehrenden der Lohn für seine Bemühungen zukommen kann.

Im **public**-Bereich der beiden Klassen sollten also Member-Funktionen vorgesehen werden, mit denen man auf diese Informationen zugreifen kann, z. B. so:

```
class ClStudent
{
    public:
        const char *get_mat_number () ;
    // ...
}
class ClTeacher
{
    public:
        const char *get_account_number () ;
    // ...
}
```

(die Worte Matrikel-"Nummer" bzw. Konto-"Nummer" sollten nicht dazu verleiten, **int**-Variablen zu verwenden, es könnten Bindestriche, Buchstaben usw. darin vorkommen, unter Umständen ist die "Nummer" sogar größer als der darstellbare **int**-Bereich, empfehlenswert für beide Variablen ist z. B. der Typ **ClString** aus **clstrng9.h**, vgl. Abschnitt 3.4.6).

Ein "Tutor" ist ein Student, der auch mit Aufgaben in der Lehre betraut wird, der also alle Eigenschaften des Studenten und des Lehrenden hat (insbesondere auch eine Konto-Nummer für das Honorieren seiner Tätigkeit). Ein Tutor **ist ein** Student, und er **ist ein** Lehrender, es ist also naheliegend, eine Klasse **ClTutor** sowohl aus **ClStudent** als auch aus **ClTeacher** abzuleiten. Diese sogenannte "Mehrfach-Vererbung" ist in C^{++} möglich und syntaktisch ganz besonders einfach zu realisieren:

```
class ClTutor : public ClStudent, public ClTeacher
{
    // ...
}
```

... vererbt alle Daten und alle Member-Funktionen der Klassen **ClStudent** und **ClTeacher** an die Klasse **ClTutor**.

Das Beispiel (und es ließen sich beliebig viele andere Beispiele bringen) zeigt, daß die Mehrfach-Vererbung ganz offensichtlich ein wichtiger Beitrag zur Erfüllung des Anspruchs der objektorientierten Programmierung ist, die reale Welt im Programm adäquat nachbilden zu können. Trotzdem ist dieses Konzept in vielen objektorientierten Programmiersprachen (darunter so renommierten Vertretern wie **Smalltalk** und **Java**) aus guten Gründen nicht realisiert. Aus ebenso guten Gründen wurde die Mehrfach-Vererbung in C^{++} (erst nachträglich) aufgenommen.

Mehrfach-Vererbung ist sicher ein besonders geeignetes Thema, um einen der typischen "Glaubenskriege" der Informatik anzuzetteln. Daran sollte man sich grundsätzlich nicht beteiligen. Hier sollen deshalb nur die Möglichkeiten und die wesentlichen Probleme und Gefahren besprochen werden.[4]

Die elegante Syntax, mit der man mit einem Schlag (es dürfen beliebig viele Basisklassen angegeben werden) eine mächtige Klassen-Deklaration erzeugen kann, darf nicht darüber hinwegtäuschen, daß man sich in der Regel damit viele Probleme einhandelt. Am eingangs gegebenen Beispiel sollen einige diskutiert werden:

Ein Student hat einen Namen, ein Lehrender hat einen Namen. Die Namen werden mit Sicherheit in den Klassen **ClStudent** bzw. **ClTeacher** verwaltet, und das kann zu zwei Problemen führen:

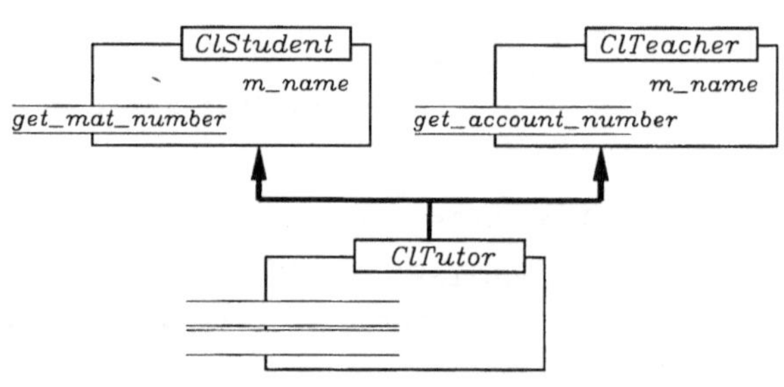

♦ In der Klasse **ClTutor** entsteht ein Konflikt, wenn Variablen in den Basisklassen gleiche Bezeichnungen haben. In der symbolischen Darstellung (rechts) haben sowohl die Klasse **ClStudent** als auch die Klasse **ClTeacher** eine Variable **ClString m_name**. Für den Compiler ist das doppelte Auftreten dieser Bezeichnung in der erbenden Klasse **ClTutor** zunächst nur ein potentieller Konflikt. Erst wenn die (doppelt vorhandene) Variable (z. B. in einer **ClTutor**-Member-Funktion) angesprochen wird, muß eindeutig entweder **ClStudent::m_name** oder **ClTeacher::m_name** geschrieben werden. Eine Member-Funktion in **ClTutor** wie

```
class ClTutor : public ClStudent, public ClTeacher
{
    public:
        const char *get_name () { return m_name ; }                // Fehler!!
    // ...
}
```

würde vom Compiler beanstandet werden ("ClTutor::m_name ist mehrdeutig").

♦ Aber ob ein Bezeichnungskonflikt entsteht oder nicht, ein Tutor hat nur einen Namen, und bei unterschiedlichen Bezeichnungen in den beiden Basisklassen ist eigentlich nur der Compiler zufrieden. Man könnte sich in der Klasse **ClTutor** darauf beschränken, nur eine der beiden geerbten Variablen zu verwenden. Das wäre natürlich eine höchst unbefriedigende Lösung.

---

[4]Natürlich hat der Leser eines Buches einen gewissen Anspruch darauf, auch die (subjektive) Meinung des Autors zu einem umstrittenen Thema zu erfahren. Hier ist sie: Ich habe in vielen Programmen die Mehrfach-Vererbung immer wieder eingesetzt, wenn ich glaubte, die reale Welt deutlich besser mit diesem Konzept in einer Klassen-Hierarchie abbilden zu können (und ich werde es weiter versuchen). Übriggeblieben ist bisher davon nichts. Immer stellte sich heraus, daß die Nachteile überwogen und daß schließlich auch ohne Mehrfach-Vererbung eine adäquate Abbildung der realen Welt in einer Klassen-Hierarchie möglich war. Aber das alles spricht nicht prinzipiell gegen das Konzept der Mehrfach-Vererbung.

Wenn ein **Bezeichnungskonflikt für Member-Funktionen** auftritt, ist dieser dadurch zu lösen, daß in der abgeleiteten Klasse die Funktion redefiniert wird (es sollte sich um virtuelle Funktionen handeln, daß das "Überdecken" nicht-virtueller Funktionen in der Regel keine gut Idee ist, wurde am Ende des Abschnitts 4.5 diskutiert). Wenn es z. B. sowohl in **ClStudent** als auch in **ClTeacher** die virtuelle Member-Funktion **virtual void set_name** geben sollte, dann läßt sich der Konflikt durch die Definition einer solchen Funktion für **ClTutor** problemlos beheben.

Zunächst könnte man meinen, die geschilderten Konflikte wären mit einer Verbesserung der Klassen-Hierarchie grundsätzlich zu beseitigen. Die Klassen **ClStudent** und **ClTeacher** sollten eine gemeinsame Basisklasse besitzen (diese Aussage gilt unabhängig vom Problem der hier diskutierten Mehrfach-Vererbung). Beide repräsentieren "Personen" und haben damit naturgemäß eine Menge von Gemeinsamkeiten (z. B. einen Namen), die in eine Basisklasse gehören.

Die nebenstehende Skizze deutet eine solche Klassen-Hierarchie an, bei der die Variable **ClString m_name** in die Basisklasse **ClPerson** verlegt wurde. Diese Klassen-Hierarchie ist zwar wesentlich besser, löst aber das bei der Mehrfach-Vererbung entstehende Problem nicht. Weil sowohl **ClStudent** als auch **ClTeacher** von **ClPerson** die Variable **m_name** erben, vererben auch beide Klassen diese Variable an **ClTutor** weiter, die sie also nach wie vor doppelt enthält.

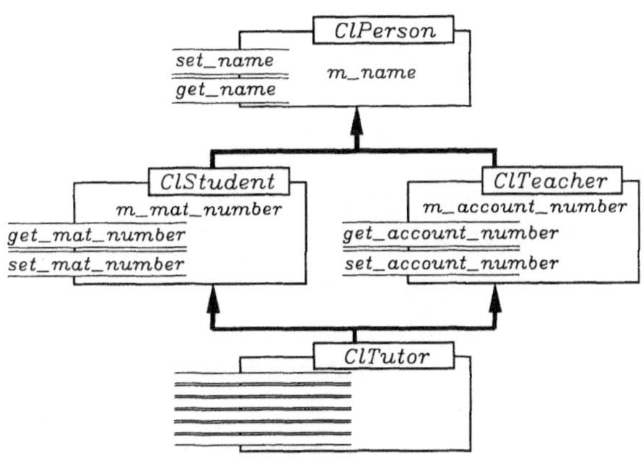

Aber mit der verbesserten Klassen-Hierarchie gibt es eine Lösung des Problems:

Virtuelle Basisklassen

entstehen dadurch, daß das Schlüsselwort **virtual** bei der Angabe einer Basisklasse in der Deklaration der abgeleiteten Klasse verwendet wird, z. B.:

```
class ClTeacher : virtual public ClPerson
{ // ...
}
```

Für die abgeleitete Klasse (im Beispiel: **ClTeacher**) ändert sich damit nichts. Wenn allerdings aus **ClTeacher** (und mindestens einer weiteren Klasse) nach den Regeln der Mehrfach-Verarbeitung eine neue Klasse abgeleitet wird, dann sorgt das Schlüsselwort **virtual** bei der Basisklasse dafür, daß Daten und Member-Funktionen, die auf verschiedenen Wegen gegebenenfalls mehrfach zur abgeleiteten Klasse kommen würden, dort nur einmal berücksichtigt werden.

In der Datei **tutor1.h** ist die Klassen-Hierarchie unter Ausnutzung der Möglichkeit der virtuellen Basisklasse realisiert. Das Schlüsselwort **virtual**[5] muß sowohl bei der Deklaration von **ClStudent** als auch bei der Deklaration von **ClTeacher** bei der gemeinsamen Basisklasse **ClPerson** stehen. In dieser sehr einfachen Version ist die Klasse **ClTutor** nur die "Summe ihrer beiden Basisklassen unter Vermeidung von Doppelungen":

Header-Datei tutor1.h

```
class ClPerson
{
    private:
      ClString m_name ;
    public:
      void          set_name (ClString name_p)  { m_name = name_p ; }
      const char *get_name ()                     { return  m_name  ; }
} ;

class ClStudent : virtual public ClPerson
{
    private:
      ClString m_mat_number ;
    public:
      const char *get_mat_number () { return m_mat_number ; }
      void  set_mat_number (ClString mat_number)
      {
          m_mat_number = mat_number ;
      }
} ;
class ClTeacher : virtual public ClPerson
{
    private:
      ClString m_account_number ;
    public:
      const char *get_account_number () { return m_account_number ; }
      void  set_account_number (ClString account_number)
      {
          m_account_number = account_number ;
      }
} ;
class ClTutor : public ClStudent , public ClTeacher
{
} ;
```

Ende der Header-Datei tutor1.h

Alle abgeleiteten Klassen (auch die Klasse **ClTutor**) besitzen in dieser Klassen-Hierarchie die Member-Variable **m_name**, die der gemeinsame "Uhrahn" **ClPerson** spendiert, jeweils einmal. Auch die von **ClPerson** vererbten Funktionen **set_name** und **get_name** sind in jeder

---

[5]In [Davi95] schreibt der Autor wörtlich: "Ich hasse diese Überladung des Begriffs virtuell, weil eine virtuelle Vererbung nichts mit virtuellen Funktionen zu tun". Man kann wohl S. R. Davis nur beipflichten, aber es ist wahrlich nicht die einzige Situation, bei der in C[++] Schlüsselworte bis an die Grenze der Belastbarkeit "überladen" wurden.

abgeleiteten Klasse genau einmal enthalten und können ohne Zugriffskonflikt auch für **ClTutor**-Objekte aufgerufen werden. Das folgende kleine Test-Programm zeigt, daß die nur durch Vererbung erzeugte Klasse **ClTutor** alle auf diesem Wege "eingesammelten" Daten und Member-Funktionen genau einmal (und deshalb konfliktfrei verwendbar) besitzt:

Programm tutor1.cpp

```
#include <iostream.h>
#include "clstrng9.h"
#include "tutor1.h"
void main ()
{
    ClTutor tutor ;
    tutor.set_name           ("Otto") ;
    tutor.set_mat_number     ("1234567") ;
    tutor.set_account_number ("23-7699-22") ;
    cout << "Der Tutor "                    << tutor.get_name           ()
         << " mit der Matrikel-Nummer " << tutor.get_mat_number     ()
         << " hat die Konto-Nummer "    << tutor.get_account_number ()
         << endl ;
}
```

Ende des Programms tutor1.cpp

Die Frage, warum die eigentlich recht elegante Lösung des diskutierten Problems mit virtuellen Basisklassen überhaupt der Angabe des Schlüsselworts **virtual** bedarf, ist nicht ganz einfach zu beantworten. Natürlich wäre es auch denkbar, daß eine objektorientierte Programmiersprache alle Basisklassen als virtuell ansieht, zumal es in der Praxis eine eher exotische Ausnahme ist, daß bei Mehrfach-Vererbung die mehrfach anfallenden Elemente erwünscht sind. Das behandelte Beispiel macht auch die eigentliche Problematik deutlich: Wenn die Klassen **ClStudent** und **ClTeacher** deklariert werden, ist es im allgemeinen noch nicht abzusehen, daß irgendwann durch das Problem der Ableitung einer weiteren Klasse nach den Regeln der Mehrfach-Vererbung diese beiden Klassen ihre Basisklasse als virtuell deklarieren sollten. Erst bei der Deklaration von **ClTutor** entsteht das Problem und ist nur lösbar, wenn an den bereits bestehenden Deklarationen anderer Klassen manipuliert wird.

Weil ein gewisser Mehraufwand mit der Behandlung virtueller Basisklassen immer verbunden ist, möchte man auch nicht unbedingt den Rat geben, gewissermaßen vorsichtshalber allen Basisklassen diesen Status zu geben. Das eigentliche Problem entsteht durch den "rhombusförmigen Vererbungsgraphen" (zwei Klassen erben von einer gemeinsamen Basisklasse und sind selbst gemeinsame Basisklassen einer durch Mehrfach-Vererbung erzeugten Klasse). Wenn (wie im betrachteten Beispiel) der gesamte Vererbungsgraph zu einem Zeitpunkt von einem Programmierer konzipiert wird, kann man durchaus alle Probleme sinnvoll lösen.

Man sollte jedoch auch ein anderes Problem bei der Mehrfach-Verarbeitung immer im Auge haben: Die klassische Baumstruktur der Vererbungshierarchie, die ohne Mehrfach-Verarbeitung immer entsteht, ist sicher nicht in der Lage, alle Beziehungen der realen Welt adäquat nachzubilden. Aber die Aufgabe der Baumstruktur macht die "Beziehungskiste" immer drastisch komplizierter (man denke an den Polymorphismus, bei dem man mit dem Pointer auf einen "Knoten" automatisch die gewünschten "Blätter" ansteuern konnte, das alles wird wesentlich unübersichtlicher). Diese Aussage soll nicht von der Benutzung der Mehrfach-Vererbung abraten, nur die Konsequenzen verdeutlichen.

6.5 Private Vererbung

In allen bisher behandelten Beispielen erbten die Klassen von ihren Basisklassen im **public**-Modus. Es gibt jedoch auch die **private**-Vererbung und die **protected**-Vererbung. Das "Schicksal" der Zugriffsmodi der vererbten Daten und Member-Funktionen läßt sich mit zwei Aussagen beschreiben:

- Die **private**-Elemente der Basisklasse haben **immer** (bei **private**-, **protected**- und **public**-Vererbung) auch in der abgeleiteten Klasse den Zugriffsmodus **private** (**private** bleibt **private**, in jedem Fall!).

- Die **protected**- und **public**-Elemente der Basisklasse behalten bei der **public**-Vererbung ihre Zugriffsmodi aus der Basisklasse, bei **protected**-Vererbung werden beide **protected**, bei **private**-Vererbung werden beide **private**.

Im Gegensatz zur **public**-Vererbung, bei der alle Zugriffsrechte unverändert weitergegeben werden, wird der Zugriff bei den beiden anderen Varianten also etwas restriktiver. Dies scheint zunächst nur ein unwesentlicher Unterschied zu sein. Der Schein trügt erheblich: Während bei "öffentlicher Vererbung" zwischen abgeleiteter Klasse und Basisklasse eine **"IST EIN(E)"**-Beziehung besteht (vgl. Abschnitt 4.3), kann bei "privater Vererbung" davon keine Rede mehr sein, weil sich die "öffentliche Schnittstelle" (**public**-Elemente) der Basisklasse in der abgeleiteten Klasse "der Öffentlichkeit entzieht" (weil sich die Eigenschaft **protected** erst bei weiterer Vererbung von **private** unterscheidet, bezieht sich die nachfolgende Diskussion nur auf die "private Vererbung").

> **Private Vererbung**
>
> beschränkt sich auf das **Vererben der Implementation**, die Schnittstelle der Klasse wird nicht mit vererbt.

Die Beziehung zwischen abgeleiteter Klasse und der Basisklasse kann bei **private**-Ableitung bestenfalls als **"BENUTZT EINE"** beschrieben werden. Das ist drastisch weniger als die **"IST EIN(E)"**-Beziehung der öffentlichen Vererbung, vor allen Dingen ist es keine Beziehung mehr, die die Beziehungen der Objekte der realen Welt abbildet. Es ist eigentlich nur eine Technik, die der Programmierer verwendet.

Die **private**-Vererbung ist also in vieler Hinsicht der Komposition (eine Klasse "enthält" ein Objekt einer anderen Klasse, vgl. Abschnitt 4.2) ähnlich. Weil die Komposition aber eine ganz eindeutige Beziehung (**"HAT EIN(E)(N)"**) zwischen den Klassen beschreibt, die eine Beziehung von Objekten der realen Welt ausdrückt, sollte sie unbedingt der **private**-Vererbung vorgezogen werden.

Die private Vererbung sollte überhaupt nur verwendet werden, wenn Daten-Elemente einer Klasse bei der Komposition nicht zugänglich sind oder (virtuelle) Element-Funktionen redefiniert werden müssen. Man kann die Einschränkung fast noch schärfer formulieren: In den meisten Fällen wäre es besser, die Basisklasse so zu ändern, daß sie auch bei Verwendung nach den Regeln der Komposition die gestellten Ansprüche erfüllt. Wenn das aber nicht möglich (z. B.: Quellcode ist nicht verfügbar) oder nicht wünschenswert ist (z. B. dann, wenn sie an anderen Stellen auch eingesetzt wird), dann bleibt die Möglichkeit der privaten Vererbung als Ausweg. Ein kleines Beispiel soll dies verdeutlichen:

Die Klasse **ClPoint**, die für die Beschreibung vieler geometrischer Objekte nach den Regeln der Komposition in anderen Klassen-Deklarationen auftaucht (Header-Datei **geom1.h** und Nachfolger), enthält zwei **private**-Daten-Elemente (Koordinaten des Punktes) und neben dem Konstruktor noch vier **public**-Member-Funktionen für den Zugriff auf die Daten. Wenn ein Programmierer aus Bequemlichkeit die Daten-Elemente **protected** deklariert und dafür die vier Zugriffs-Funktionen völlig weggelassen hätte, wäre die so geschriebene Klasse für die Komposition untauglich geworden:[6]

Ausschnitt aus der Datei private1.cpp

```cpp
class ClPoint
{
    protected:
        double m_x ;
        double m_y ;
    public:
        ClPoint (double x = 0. , double y = 0.)
        {
            m_x = x ;
            m_y = y ;
        }
} ;
class ClCircle : private ClPoint
{
    private:
        double      m_d ;
    public:
      ClCircle (double d = 0. , double x = 0. , double y = 0.) :
              ClPoint (x , y)
        {
            m_d = d ;
        }
        double get_d () { return m_d ; }
        double get_x () { return m_x ; }
        double get_y () { return m_y ; }
} ;
```

Ende des Ausschnitts aus der Datei private1.cpp

Die Verwendung eines **ClPoint**-Objekts in einer Klasse **ClCircle**, wie es in der Header-Datei **geom5.h** (Abschnitt 5.2.3) nach den Regeln der Komposition in der Form

```cpp
private:
    ClPoint    m_point   ;
    double     m_d       ;
```

realisiert wurde, scheidet nun aus, denn man könnte (via Konstruktor) den Punkt-Koordinaten zwar noch Werte zukommen lassen, käme aber nie wieder an sie heran. Die private Ableitung der Klasse **ClCircle** aus der Klasse **ClPoint** ist (wie gezeigt) hier eine Chance, **ClPoint** für die Speicherung der Punkt-Koordinaten trotzdem zu verwenden.

---

[6]Eigentlich sollte man eine solche Klasse dann auch nicht verwenden. Leider sieht die Praxis häufig anders aus: Man kommt an einer sehr wichtigen Klasse nicht vorbei, obwohl ein Daten-Element nicht öffentlich zugänglich ist, auf das man aber aus einer abgeleiteten Klassen zugreifen kann.

6.6   Arbeiten mit Dateien

Die Deklarationen und Definitionen, die für das Arbeiten mit Dateien erforderlich sind, werden über die Header-Datei **fstream.h** eingebunden. Da die wichtigsten Klassen, die in **fstream.h** deklariert werden, aus Basisklassen abgeleitet sind, die in **iostream.h** deklariert werden, wird diese Datei von **fstream.h** inkludiert. Wenn also (für das Arbeiten mit Dateien) **fstream.h** in ein Programm eingebunden werden muß, kann auf das zusätzliche Einbinden von **iostream.h** verzichtet werden.

6.6.1   Datei öffnen, Manövrieren in der Datei, Datei schließen

Die Strategie der Arbeit mit Dateien ist dem Vorgehen bei der C-Programmierung sehr ähnlich: Eine zu bearbeitende Datei muß "geöffnet" werden, es folgen die Lese- bzw. Schreib-Aktionen, und schließlich wird die Datei wieder "geschlossen". In C^{++} kann dies alles jedoch konsequent objektorientiert ablaufen:

♦ Für die Arbeit mit Dateien stehen die Klassen **ifstream** (für das Lesen), **ofstream** (für das Schreiben) und **fstream** (für Lesen und Schreiben) zur Verfügung. Sie sind aus den Klassen **istream**, **ostream** bzw. **iostream** abgeleitet, so daß alle für das Arbeiten mit den Standard-I/O-Objekten vorgesehenen Member-Funktionen (und natürlich noch wesentlich mehr) verfügbar sind.

♦ Im Gegensatz zu den Standard-I/O-Objekten **cout**, **cin**, **cerr** und **clog**, die vordefiniert sind, müssen die für das Arbeiten mit Dateien zu verwendenden Objekte vom Programmierer definiert werden (Erzeugen einer Instanz der entsprechenden Klasse mit einem frei festzulegenden Namen). Mit dem Erzeugen einer Instanz einer der Klassen **ifstream**, **ofstream** oder **fstream** wird diese nicht zwangsläufig mit einer bestimmten Datei verbunden. Dies kann entweder durch den Aufruf der Member-Funktion **open**, allerdings auch beim Definieren des Objekts mit einem speziellen Konstruktor realisiert werden. Das nachfolgend gelistete Programm **file1.cpp** realisiert die zweite Variante.

Mit der Member-Funktion **close** kann eine Datei geschlossen werden, und das definierte Objekt kann gegebenenfalls mit erneutem Aufruf von **open** mit einer anderen Datei verknüpft werden. Im Regelfall verzichtet der Programmierer auf einen Aufruf von **close**, weil die von **close** zu leistende Arbeit auch vom Destruktor der Klasse erledigt wird. Dieser wird bekanntlich automatisch aktiv, wenn die Instanz ihre Existenz aufgibt, spätestens also beim Programm-Ende.

♦ Eine konsequente Unterscheidung zwischen "Sequentiellen Files" und "Direct-Access-Files" wie in anderen höheren Programmiersprachen kennt C^{++} nicht. Alle Dateien können sequentiell geschrieben und gelesen werden, trotzdem kann man sich "relativ frei bewegen" und exakt einzelne Positionen ansteuern (dabei ist man nicht wie in anderen Sprachen auf feste oder variable "Record-Längen" festgelegt). Hilfreich ist die Vorstellung eines Magnetbandes, das sich an einem "Lese-Schreib-Kopf" vorbeibewegt. Die Anfangsposition in der Datei hat die "Adresse 0", jedes Byte in der Datei ist gegebenenfalls über eine positive ganze Zahl als "Adresse" erreichbar.

♦ In der Klasse **ios** ("Urahn" aller hier besprochenen Klassen) finden sich zahlreiche (**public** deklarierte) "Bit-Flags", die für das Arbeiten mit den Member-Funktionen nützlich sind.

Sie können, wenn dies sinnvoll ist, mit dem "bitweisen logischen Oder" | kombiniert werden. Im nachfolgenden Beispiel-Programm wird dies beim Aufruf des Konstruktors mit dem zweiten Argument demonstriert, das entsprechend

```
ios::in | ios::nocreate
```

das Flag **ios::in** (Datei öffnen für Eingabe) mit dem Flag **ios::nocreate** (nur bereits existierende Datei öffnen) verbindet.

♦ Für das Registrieren eines Mißerfolgs einer Datei-Operation dienen mehrere "Error-Flags", die einzeln oder pauschal abgefragt werden können (sollte natürlich immer geschehen). Das nachfolgende Programm demonstriert die Verwendung der Member-Funktion **good()** für eine solche Abfrage.

Datei file1.cpp

```cpp
// Öffnen einer Datei, Lesen der Datei, Datei schließen

// Das Programm ermittelt die Byte-Anzahl einer Datei. Demonstriert werden

// *   das Öffnen einer Datei mit Hilfe des Konstruktors und die Überprüfung, ob die Aktion
//     erfolgreich war,

// *   die istream-Member-Funktionen seekg und tellg.

#include <fstream.h>              // ... erübrigt das Einbinden von iostream.h
void main ()
{
    char file_name[] = "file1.cpp" ;
    // Definieren einer Instanz (hier gewählter Name: file) der Klasse ifstream, durch den
    // Konstruktor wird eine Datei mit dem Namen file_name geöffnet (wenn existent):
    ifstream file (file_name , ios::in | ios::nocreate) ;
    // ... öffnet Datei zum Lesen, erzeugt Fehler, wenn Datei nicht existiert

    if (!file.good ())                // ...   fragt ab, ob ein Fehler-Bit gesetzt wurde
    {
        cout << "Fehler beim Oeffnen der Datei " << file_name << endl ;
        return ;
    }
    file.seekg (0 , ios::end) ;       // ...  bewegt imaginären Lesekopf an das
                                      //      Datei-Ende
    cout << "Anzahl der Zeichen: " << file.tellg () << endl ;
                                      // ...  gibt aktuelle Position des Lesekopfes aus
}
```

Ende der Datei file1.cpp

♦ Der Name der zu öffnenden Datei (hier: **file1.cpp**) ist natürlich willkürlich.[7] Es muß auch keine ASCII-Datei sein, eine Binär-Datei wird auch akzeptiert.

---

[7]Wenn man nicht den kompletten Pfad angibt, muß die Datei in dem Verzeichnis stehen, aus dem das Programm gestartet wird. Bei der Angabe eines kompletten Pfadnamens muß unter DOS und MS-Windows unbedingt beachtet werden, daß der "Backslash" eine spezielle Bedeutung in C-Strings hat und doppelt codiert werden muß, also z. B.:

```
char file_name[] = "c:\\cppexes\\file1.exe" ;
```

♦ Dem verwendeten Konstruktor **ifstream::ifstream** kann noch eine drittes Argument übergeben werden, mit dem der "Share-Modus" (Zugriffsrechte anderer Prozesse auf die geöffnete Datei) festgelegt wird. Hierfür kann in der Regel das Default-Argument akzeptiert werden.

♦ Die Funktion **ios::good** prüft alle Fehler-Bits und gibt nur dann einen Wert ungleich Null zurück, wenn kein Fehler-Bit gesetzt wurde.

♦ Die Funktion **istream::seekg** bewegt den imaginären Lesekopf auf die angegebene Position. Sie kann mit der absoluten Position (ein Argument) aufgerufen werden, z. B.:

```
file.seekg (17) ;
```

... steuert Byte-Position 17 (**streampos**-Wert, entweder **long** oder **int**) an. Beim Aufruf mit zwei Argumenten ist das erste Argument (**streampos**-Wert) ein Offset, für das zweite Argument kann einer der in **ios public** definierten Werte angegeben werden:

```
ios::beg    -->    Datei-Anfang,
ios::end    -->    Datei-Ende,
ios::cur    -->    aktuelle Position des imaginären Lesekopfes.
```

Beispiel:

```
file.seekg (-10 , ios::end) ;
```

... postiert den imaginären Lese-Schreib-Kopf 10 Positionen vor dem Datei-Ende.

♦ Die Member-Funktion **istream::tellg** liefert die aktuelle Position des imaginären Lese-Schreib-Kopfes als **streampos**-Wert (**int** oder **long**) ab.

6.6.2 Lesen und Schreiben von Text-Dateien

Nachdem eine Datei geöffnet wurde, steht ein Objekt zur Verfügung, das mit dieser Datei verknüpft ist. Das Übertragen von Werten aus dem Programm in die Datei und umgekehrt kann z. B. folgendermaßen realisiert werden:

♦ Wenn die Datei zum Schreiben geöffnet wurde, kann man im gleichen Stil ("Ausgabe-strom") wie auf das Standard-Objekt **cout** (vgl. Abschnitt 3.4.9) mit Hilfe des überladenen Operators << Daten übertragen. Wenn die Datei für das Lesen geöffnet wurde, dient der überladene Operator >> (wie bei dem Standard-Objekt **cin**) dazu, Werte aus der Datei auf Variablen des Programms zu übertragen ("einzulesen"). Als **Delimiter** ("Begrenzer") eines Wertes werden Leerzeichen, TAB-Zeichen und "Newline"-Zeichen akzeptiert.

♦ In der Klasse **ios** wird der Operator **!** ("Negations-Operator") überladen. Dies ermöglicht die Abfrage des Erfolgs einer Operation mit Objekten von Klassen, die aus **ios** abgeleitet sind. Auch die Operationen mit den überladenen Operatoren << bzw. >> können auf diese Weise überprüft werden.

♦ Von den zahlreichen in der Erbfolge erworbenen Member-Funktionen kann für das Lesen von einer Datei die **istream**-Member-Funktion **getline** recht nützlich sein, die (per Voreinstellung, auch das ist durch Angabe eines zusätzlichen Arguments änderbar) eine Zeile (auch mit Leerzeichen) bis einschließlich des "Newline"-Zeichens liest und einen String (ohne das "Newline"-Zeichen, dafür mit der begrenzenden "ASCII-Null") abliefert.

Die wichtigsten Funktionen für das Lesen und Schreiben von Text-Dateien werden an dem Projekt "Berechnung ebener Flächen" demonstriert, das mit der zusätzlichen Funktionalität ausgestattet wird, sein komplettes Berechnungsmodell in einer Datei abzulegen und bei einem späteren Programmlauf wieder einzulesen. Das Projekt wird mit dem Stand des Programms **sp8.cpp** wieder aufgenommen, der am Ende des Kapitels 5 erreicht wurde, damit ab sofort auch die Leser wieder "mitspielen" können, deren Compiler mit Schlüsselworten wie **mutable** oder **template** noch nichts anfangen können.

Zur Erinnerung: Mit dem Programm **sp8.cpp** können Flächen berechnet werden, die sich aus Rechtecken, Kreisen und Polygonen zusammensetzen lassen. Für die skizzierte Fläche zeigt der Bildschirm-Schnappschuß einen Ausschnitt aus dem Eingabe-Dialog: Die Fläche wird als Polygon (Indikator: 3) mit 6 Punkten aufgefaßt, aus dem ein Kreis (Kreisausschnitt hat den Indikator −2) und ein Rechteck (Rechteckausschnitt hat den Indikator −1) ausgeschnitten werden. Das Polygon wird durch die Anzahl und die Koordinaten seiner Eckpunkte definiert, ein Kreis mit Durchmesser und Mittelpunkt. Für das Rechteck müssen die Koordinaten von zwei zueinander diagonalen Eckpunkten eingegeben werden.

Mit dem erweiterten Programm **sp8asc.cpp** soll nun zunächst erreicht werden, daß das komplette Berechnungsmodell in einer Datei **areas.dat** abgelegt wird, die für das skizzierte Problem folgenden Inhalt haben wird:

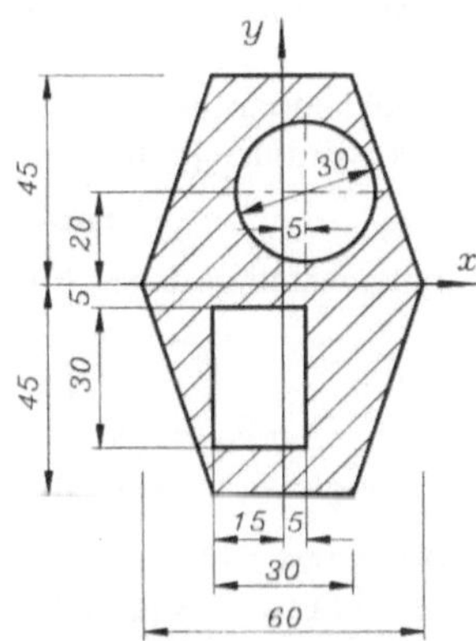

Datei areas.dat

```
Berechnungsmodell fuer Programm Sp8asc
3 6 30 0 15 45 -15 45 -30 0 -15 -45 15 -45
-2 30 5 20
-1 -15 -35 5 -5
```

Ende der Datei areas.dat

Man erkennt, daß in jeweils einer Zeile eine Teilfläche beschrieben wird, beginnend mit dem Indikator (negativ für Ausschnitte), danach folgen exakt die Informationen, die auch über den Eingabe-Dialog abgefordert werden, so daß die gesamte Information über das Berechnungsmodell gespeichert ist. Zunächst wird nun diskutiert, wie diese Datei vom Programm **sp8asc.cpp** erzeugt wird.

6.6.3 Schreiben einer Text-Datei im Programm sp8asc.cpp

In der Deklaration der Klasse **ClCompArea**, die in einer verketteten Liste alle Teilflächen
verwaltet, wird der Prototyp einer zusätzliche Member-Funktion **file_save** ergänzt:

`int file_save (char *file_name) ;`

Die Implementation dieser Funktion findet man in der Datei **cmpa8asc.cpp**:

Ausschnitt aus der Datei cmpa8asc.cpp

```
#include <fstream.h>
int ClCompArea::file_save (char *file_name)
{
    ofstream file (file_name , ios::out | ios::trunc) ;
    if (!file) return 0 ;                      // ... gleichwertig mit: if (!file.good ())
    file << "Berechnungsmodell fuer Programm Sp8asc\n" ;
    for (POS pos_p = m_list.get_head () ; pos_p ; )
    {
        ClArea *area_p = m_list.get_elem (pos_p) ;
        area_p->file_save (file) ;
    }
    return 1 ;
}
```

Ende des Ausschnitts aus der Datei cmpa8asc.cpp

♦ Die Funktion **ClCompArea::file_save** erwartet als Parameter den Namen der Datei, die
  geschrieben werden soll und erzeugt ein Objekt **file** (Name ist natürlich willkürlich) der
  Klasse **ofstream** ("Output-File-Stream"). In der Zeile

`ofstream file (file_name , ios::out | ios::trunc) ;`

  werden dem **ofstream**-Konstruktor der Name der zu schreibenden Datei und zwei (mit
  dem "bitweisen logischen Oder" verknüpfte Flags) übergeben. Das Flag **ios::out** bedeutet:
  "Datei öffnen für die Ausgabe", ist das Default-Argument, muß aber mit angegeben
  werden, wenn weitere Flags verwendet werden. Das Flag **ios::trunc** gibt an, daß eine
  eventuell bereits existierende Datei gleichen Namens gelöscht werden soll. Wenn man
  diese Konsequenz nicht möchte, kann man alternativ das Flag **ios::noreplace** angeben.
  Dann wird bei bereits existierender Datei ein Fehlerflag gesetzt.

♦ Eine erste Verwendung des überladenen !-Operators wird in der Zeile

`if (!file) return 0 ;`   // ... gleichwertig mit: if (!file.good ())

  gezeigt (der Negationsoperator **!** darf also auch auf **ofstream**-Objekte angewendet
  werden). Wenn die Datei mit dem angegebenen Namen unter Beachtung der Flags nicht
  geöffnet werden konnte (es existiert z. B. eine schreibgeschützte Datei gleichen Namens),
  wird abgebrochen.

♦ Mit der Zeile

`file << "Berechnungsmodell fuer Programm Sp8asc\n" ;`

  soll demonstriert werden, daß das erzeugte **ofstream**-Objekt **file** so verwendet werden
  kann wie das vordefinierte Objekt **cout**. Weil Datei-Operationen allerdings immer

fehlschlagen können (Speicherplatzmangel), wäre auch hier eine vorsichtigere Formulierung durchaus angebracht, z. B.:

```
if (!(file << "Berechnungsmodell fuer Programm Sp8asc\n")) return 0 ;
```

♦ Die **for**-Schleife in **ClCompArea::file_save** arbeitet schließlich die gesamte verkettete Liste der Teilflächen ab (das wurde ausführlich in den Abschnitten 5.5.3 und 5.5.4 behandelt). Hier ist nur der Aufruf von

```
area_p->file_save (file) ;
```

interessant, mit dem jeweils eine Zeile der Datei (Information über eine Teilfläche) geschrieben wird.

Natürlich ist die Funktion, mit der sich eine spezielle Teilfläche in die Datei einbringt, ein Kandidat für eine weitere rein virtuelle Funktion in der Basisklasse **ClArea**, deren Deklaration im **public**-Bereich um folgende Zeile ergänzt wird (Datei **geom8asc.h**):

```
virtual void file_save (ostream &ostr_obj) = 0 ;
```

Die Funktion erwartet also eine Referenz auf ein **ostream**-Objekt (Datei, die ergänzt werden soll) und wird nur für die aus **ClArea** abgeleiteten Klassen implementiert (die Erläuterung, warum hier die Typ-Bezeichnung **ostream** an Stelle von **ofstream** verwendet wird, findet sich weiter unten). Die Klassen-Deklarationen von **ClCircle**, **ClRectangle** und **ClPolygon** werden also (ebenfalls in **geom8asc.h**) jeweils um folgende Zeile ergänzt:

```
virtual void file_save (ostream &ostr_obj) ;
```

Die Implementationen dieser drei Funktionen findet man in der Datei **geom8asc.cpp**:

Ausschnitt aus der Datei geom8asc.cpp

```
void ClCircle::file_save (ostream &ostr_obj)
{
    ostr_obj << 2 * m_area_or_hole << ' ' << m_d          << ' '
             << m_point.get_x()      << ' ' << m_point.get_y() << endl ;
}
void ClRectangle::file_save (ostream &ostr_obj)
{
    ostr_obj << m_area_or_hole    << ' '
             << m_point1.get_x() << ' ' << m_point1.get_y() << ' '
             << m_point2.get_x() << ' ' << m_point2.get_y() << endl ;
}
void ClPolygon::file_save (ostream &ostr_obj)
{
    ostr_obj << 3 * m_area_or_hole << ' ' << m_npoints ;
    for (int i = 0 ; i < m_npoints ; i++)
    {
        ostr_obj << ' ' << m_point_p[i].get_x ()
                 << ' ' << m_point_p[i].get_y () ;
    }
    ostr_obj << endl ;
}
```

Ende des Ausschnitts aus der Datei geom8asc.cpp

♦ Die Klasse **ostream** ist die Basisklasse der Klasse **ofstream**, für die in der Funktion **ClCompArea::file_save** das Objekt **file** erzeugt wird. Eine Funktion, die wie z. B. **ClPolygon::file_save** ein Basisklassen-Objekt erwartet, kann natürlich mit einem Objekt einer abgeleiteten Klasse aufgerufen werden (vgl. Abschnitt 4.5: "Vererbung und Konvertierung"). Sie kann mit dem Objekt dann aber nur Operationen ausführen, die für die Basisklasse definiert sind. Diese Bedingung ist für sämtliche Operationen, die in **ClCircle::file_save, ClRectangle::file_save** und **ClPolygon::file_save** ausgeführt werden, erfüllt.

Daß die Operationen in den drei gelisteten Member-Funktionen exakt so aussehen wie die Operationen, die bisher mit dem vordefinierten Objekt **cout** ausgeführt wurden, ist natürlich kein Zufall. Das Objekt **cout** ist eine Instanz der Klasse **ostream_withassign**, die wie **ofstream** von **ostream** abgeleitet ist. Beide haben also den größten Teil ihrer Fähigkeiten von **ostream** geerbt. Deshalb können die Member-Funktionen, die ein **ostream**-Objekt erwarten, auch mit dem Objekt **cout** aufgerufen werden. Das sollte man einmal ausprobieren: In der Funktion **ClCompArea::file_save** (Datei **cmpa8asc.cpp**) wird die **for**-Schleife entsprechend

```
for (POS pos_p = m_list.get_head () ; pos_p ; )
{
    ClArea *area_p = m_list.get_elem (pos_p) ;
    area_p->file_save (file) ;
    area_p->file_save (cout) ;
}
```

um eine Zeile erweitert, und schon erscheint die Ausgabe der Funktionen **ClCircle::file_save**, **ClRectangle::file_save** und **ClPolygon::file_save** zusätzlich auf dem Bildschirm.

Das Schreiben der Datei mit der kompletten Information über das Berechnungsmodell kann nun schon getestet werden, indem in **main** (realisiert in der Datei **sp8asc.cpp**) als letzte Programmzeile

```
comparea.file_save ("areas.dat") ;
```

eingefügt wird (an dem "hard coded" Namen der Datei sollte man sich nicht stören, ein ordentlicher Dialog über gewünschte Dateinamen sollte der Windows-Programmierung vorbehalten bleiben).

6.6.4 Lesen einer Text-Datei im Programm sp8asc.cpp

Zunächst sollte registriert werden, daß die vom Programm **sp8asc.cpp** geschriebene Datei (Abschnitt 6.6.3) exakt die Informationen enthält, die über die Teilflächen auch beim Eingabe-Dialog erfragt werden. Es ist also möglich, sie im Eingabe-Dialog (zu einem beliebigen Zeitpunkt) zusätzlich einzulesen. Andererseits müssen die von der Datei gelesenen Informationen (einer Zeile) auch so verarbeitet werden wie die Informationen über eine Teilfläche beim Eingabe-Dialog. Dafür wird die Klasse **ClCompArea** um die Member-Funktion **file_input** erweitert.

In der Deklaration der Klasse **ClCompArea** (Datei **cmpa8asc.h**) wird die Zeile

```
int file_input (char *file_name) ;
```

ergänzt. Die Funktion erwartet also den Namen der zu lesenden Datei als String. Der Return-Wert soll Erfolg oder Mißerfolg der Aktion signalisieren.

Die Implementation der Funktion **ClCompArea::file_input** findet man in der Datei **cmpa8asc.cpp**:

Ausschnitt aus der Datei cmpa8asc.cpp

```cpp
#include <fstream.h>
int ClCompArea::file_input (char *file_name)
{
    char    line[80] ;
    int     type      ;
    ClArea *area_p    ;
    ifstream file (file_name , ios::in | ios::nocreate) ;
    if (!file) return 0 ;
    if (!file.getline (line , 80)) return 0 ;          // ...   liest eine Zeile
    while (1)
    {
        if (!(file >> type)) break ;                   // ...   liest einen Wert
        switch (type)                                  // ...   und weiß also, was
        {                                              //       es werden soll
            case  1:
            case -1: area_p = new ClRectangle ;
                     break ;
            case  2:
            case -2: area_p = new ClCircle ;
                     break ;
            case  3:
            case -3: area_p = new ClPolygon ;
                     break ;
            default: return 0 ;
        }
        if (!area_p) return 0 ;
        if (area_p->file_input (file , type))          // ...   liest Information
        {                                              //       über eine
            insert_new_area (area_p) ;                 //       Teilfläche
        }
        else
        {
            delete area_p ;
            return 0 ;
        }
    }
    return 1 ;
}
```

Ende des Ausschnitts aus der Datei cmpa8asc.cpp

♦ Mit der Zeile

```cpp
        ifstream file (file_name , ios::in | ios::nocreate) ;
```

wird ein Objekt **file** der Klasse **ifstream** ("Input-File-Stream") erzeugt. Das Flag (vgl. Diskussion zum Erzeugen eines **ofstream**-Objekts im Abschnitt 6.6.3) **ios::in** bedeutet "Datei öffnen für Eingabe", das Flag **ios::nocreate** sorgt dafür, daß die Datei existieren muß (anderenfalls wird ein Fehlerflag gesetzt, und die nachfolgende Abfrage **if (!file)** würde das Fehlschlagen des Öffnens ausweisen).

♦ Nach erfolgreichem Öffnen der Datei wird die erste Zeile, die keine für das Berechnungs-modell relevanten Informationen enthält, gelesen. Die Information in einer solchen Zeile könnte durchaus genutzt werden, z. B. für den Test, ob es sich tatsächlich um eine Datei handelt, die vom Programm **sp8asc.cpp** geschrieben wurde. Die in der Zeile

```
if (!file.getline (line , 80)) return 0 ;
```

verwendete Funktion **istream::getline** liest bis zum nächsten "Newline"-Zeichen (einschließlich), in diesem Fall allerdings maximal 80 Zeichen.

♦ In der anschließenden **while**-Schleife wird zunächst mit

```
if (!(file >> type)) break ;    // ... liest einen Wert
```

der erste Wert einer Zeile gelesen, der den Typ der in der Zeile gespeicherten Teilfläche kennzeichnet. Damit kann eine Instanz der entsprechenden Klasse erzeugt werden.

♦ Der Rest ist abhängig vom Typ der Klasse, für die gerade eine Instanz erzeugt wurde, und damit ein Kandidat für den Polymorphismus. In der Zeile

```
if (area_p->file_input (file , type))
```

wird die in **ClArea** rein virtuell deklarierte Member-Funktion **file_input** angesprochen, so daß die in den abgeleiteten Klassen (**ClCircle**, **ClRectangle** und **ClPolygon**) definierten Member-Funktionen mit diesem Namen aufgerufen werden.

Die Deklaration der Klasse **ClArea** (in der Datei **geom8asc.h**) enthält also die Zeile

```
virtual int file_input (ifstream &file , int type) = 0 ;
```

und in den (in der gleichen Datei zu findenden) Deklarationen der Klassen **ClCircle**, **ClRectangle** und **ClPolygon** ist jeweils die Zeile

```
virtual int file_input (ifstream &file , int type) ;
```

zu finden. Die Member-Funktionen erwarten als Parameter das **ifstream**-Objekt, von dem gelesen werden soll. Der von der Datei bereits gelesene Wert **type** wird ebenfalls übergeben, weil in ihm (mit dem Vorzeichen) noch die im Klassen-Objekt abzuspeichernde Information "Teilfläche oder Ausschnitt" steckt. Der Return-Wert soll Erfolg oder Mißerfolg der Lese-Operation signalisieren.

Die Implementationen dieser drei Funktionen findet man in der Datei **geom8asc.cpp**:

```
                    Ausschnitt aus der Datei geom8asc.cpp
int ClPolygon::file_input (ifstream &file , int type)
{
    double x , y ;
    if (!(file >> m_npoints)) return 0 ;
    if (m_npoints < 3)        return 0 ;
    if (!(m_point_p = new ClPoint [m_npoints + 1])) return 0 ;
    m_area_or_hole = type > 0 ? AREA : HOLE ;
    for (int i = 0 ; i < m_npoints ; i++)
    {
        if (!(file >> x >> y)) return 0 ;
        m_point_p[i].set_x (x) ;
        m_point_p[i].set_y (y) ;
    }
    m_point_p[m_npoints].set_x (m_point_p[0].get_x()) ;
    m_point_p[m_npoints].set_y (m_point_p[0].get_y()) ;
    return 1 ;
}
```

```cpp
int ClRectangle::file_input (ifstream &file , int type)
{
    double x1 , y1 , x2 , y2 ;
    if (!(file >> x1 >> y1 >> x2 >> y2)) return 0 ;
    m_area_or_hole = type > 0 ? AREA : HOLE ;
    m_point1.set_x (x1) ;
    m_point1.set_y (y1) ;
    m_point2.set_x (x2) ;
    m_point2.set_y (y2) ;
    return 1 ;
}
int ClCircle::file_input (ifstream &file , int type)
{
    double x , y ;
    if (!(file >> m_d >> x >> y)) return 0 ;
    m_area_or_hole = type > 0 ? AREA : HOLE ;
    m_point.set_x (x) ;
    m_point.set_y (y) ;
    return 1 ;
}
```

Ende des Ausschnitts aus der Datei geom8asc.cpp

Das Programm **sp8asc.cpp** wird nachfolgend nur in Auszügen gelistet:

Ausschnitt aus der Datei sp8asc.cpp

```cpp
// Als Erweiterung gegenüber der Version sp8.cpp wird das komplette Berechnungsmodell bei
// Beendigung des Programms auf die ASCII-Datei areas.dat geschrieben. Im Menü wurde
// das Angebot ergänzt, eine Datei areas.dat (zusätzlich zur Tastatur-Eingabe) einzulesen ...
void main ()
{
    // ...
        << "\n4 ---> Eingabe von Datei 'areas.dat'"
        << "\n0 ---> Eingabe komplett\n" ;
    // ...
        switch (type)
        {
            // ...
            case  4: if (comparea.file_input ("areas.dat"))
                    {
                        cout << "Datei 'areas.dat' gelesen\n" ;
                    }
                    else
                    {
                        cout << "Fehler beim Lesen der Datei 'areas.dat'\n" ;
                    }
                    continue ;
        }
    // ...
    comparea.file_save ("areas.dat") ;
}
```

Ende des Ausschnitts aus der Datei sp8asc.cpp

Mit dem Programm **sp8asc.cpp** können z. B. folgende Berechnungen ausgeführt werden. Die nachfolgend links dargestellte Fläche wird in einem ersten Programmlauf als Kreis mit Rechteckausschnitt behandelt (der Bildschirm-Schnappschuß rechts zeigt den Eingabe-Dialog und die Ergebnisse)

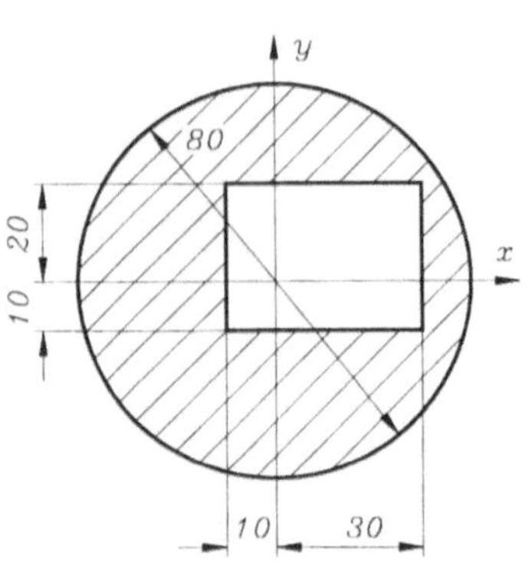

Bei dem Programmlauf wird automatisch die Datei **areas.dat** erzeugt, die das Berechnungsmodell für die oben dargestellten Fläche enthält. In einem folgenden Programmlauf soll die unten links skizzierte Fläche berechnet werden, die zusätzlich einen dreieckigen Ausschnitt hat. Nach dem Programmstart wird zunächst (Menüangebot: **4**) die Datei **areas.dat** eingelesen, anschließend wird der zusätzliche Ausschnitt als 3-Punkte-Polygon (Menüangebot: **−3**) eingegeben. Unten rechts sind der Eingabe-Dialog und die Ergebnisse zu sehen.

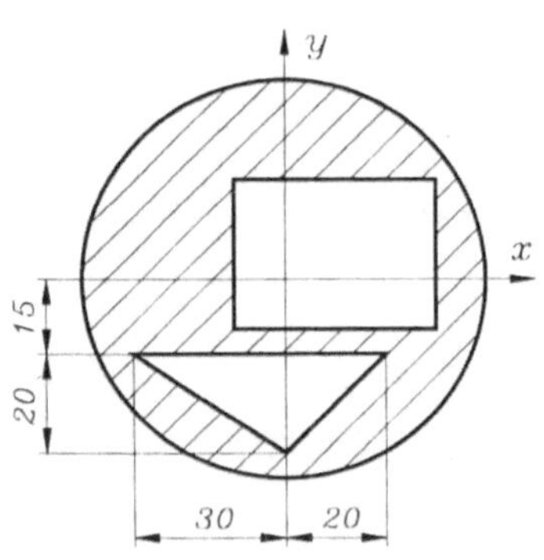

6.6.5 ASCII-Dateien oder Binär-Dateien?

Das Ablegen eines Berechnungsmodells oder allgemeiner das Sichern des Zustands aller relevanten Daten eines Programmlaufs in einer ASCII-Datei hat zweifellos Vorteile:

- Die Datei kann mit **type** unter DOS bzw. **cat** unter UNIX gelesen werden, sie kann sogar von einem Betriebssystem zu einem anderen übertragen und dort in ein Programm eingelesen werden.[8]

- Die Datei kann in einen Editor (gegebenenfalls auch in ein Textverarbeitungssystem) geladen und bearbeitet (verändert) werden.

Die Nachteile von ASCII-Dateien belasten fast ausschließlich den Programmierer. Er muß sich um jeden abzulegenden Wert kümmern und beim Einlesen die Werte auch wieder korrekt zuordnen. Das in den Abschnitten 6.6.3 und 6.6.4 demonstrierte Beispiel verdeutlicht das Problem: Jedes Daten-Element eines Klassen-Objekts muß auf die Datei geschrieben und beim Einlesen den Variablen auch wieder zugewiesen werden. Jede Änderung der Datenstruktur einer Klasse erfordert Änderungen an den Member-Funktionen, die mit Dateien arbeiten.

Ein weiteres Problem wurde bisher noch nicht diskutiert. Zahlenwerte werden normalerweise im Dezimalsystem in der Datei abgelegt (das kann durch Manipulatoren beeinflußt werden, siehe Abschnitt 3.4.9). Auf jeden Fall werden z. B. **double**-Werte irgendwie konvertiert und finden sich nicht in ihrer internen Darstellung in der Datei wieder. Dabei sind Rundungsfehler (wie auch beim Wiedereinlesen) unvermeidlich. Die Anzahl der Stellen, die für die Darstellung in der Datei verwendet werden, kann zwar vom Programmierer beeinflußt werden, aber "einmal hin und zurück" führt in der Regel zu einem geänderten Wert. Das ist zwar für die wenigsten Applikationen ein nennenswertes Problem, ärgerlich bleibt, daß die unerwünschten Änderungen mit nicht unerheblichem Aufwand (Konvertierung) erzeugt werden.

Speziell für den Programmierer erscheint es verlockend, das Angebot zu nutzen, das mit den Member-Funktionen **ostream::write** und **istream::read** offeriert wird. Beiden Funktionen müssen zwei Argumente übergeben werden, ein **char**-Pointer (wird als Anfangsadresse eines Speicherbereichs interpretiert) und die Byte-Anzahl, die geschrieben oder gelesen werden soll. Es gibt weder eine Konvertierung (weniger Aufwand, keine Rundungsfehler) noch eine Sonderbehandlung für das "Newline"-Zeichen, es gibt nur "Bitmuster" (in beiden Richtungen). Die Funktionen **write** und **read** sind also ideal für das Arbeiten mit binären Dateien.

Ganz besonders vorteilhaft für den Programmierer ist es, daß kompakt gespeicherte Datenmengen (Arrays, Strukturen) durch eine Anweisung geschrieben bzw. gelesen werden. Das Schreiben aller Daten eines **ClRectangle**-Klassen-Objekts mit einer Member-Funktion

```
void ClRectangle::binfile_save (ostream &ostr_obj)
{
    ostr_obj.write ((char*) this , sizeof (ClRectangle)) ;
}
```

---

[8]Der einzige Unterschied zwischen Text-Dateien unter DOS und UNIX (Verwendung des gleichen Zeichensatzes vorausgesetzt) ist die Darstellung des Zeilensprungs (vgl. z. B. Diskussion im Abschnitt 6.1 in [Dank97]), aber das ist in der Regel wenig störend.

ist nicht nur einfacher zu programmieren als das Schreiben jedes einzelnen Daten-Elements, es hat außerdem den erheblichen Vorteil, daß diese Funktion bei einer Änderung der Klasse nicht geändert werden muß, denn die mit **sizeof** ermittelte Byte-Anzahl des Klassen-Objekts korrespondiert natürlich immer mit der aktuellen Klassen-Implementation. Man beachte, daß als erstes Argument immer ein **char**-Pointer übergeben werden muß, so daß in der Regel ein "Cast" erforderlich ist.

Aber es werden auch einige Fallstricke ausgelegt, die der Programmierer unbedingt beachten muß, z. B. existiert auch hier die bereits mehrfach diskutierte Gefahr bei Operationen, die mit kompletten Klassen-Objekten ausgeführt werden (Copy-Konstruktor, Zuweisungsoperator):

Vorsicht, Falle!

Wenn mit **ostream:write** ein komplettes Klassen-Objekt auf eine Datei geschrieben wird, werden auch sämtliche Pointer mit abgelegt, die bei einem Wieder-Einlesen mit **istream::read** (in einem anderen Programmlauf oder gar einem anderen Programm) kaum einen sinnvollen Wert darstellen können.

Die außerhalb der Klasse liegenden Datenbereiche, auf die die Pointer zeigen, müssen in jedem Fall gesondert gesichert werden.

Es gibt weitere Besonderheiten, die im Zusammenhang mit den beiden genannten Funktionen zu beachten sind. Sie werden im folgenden Abschnitt am konkreten Beispiel behandelt.

6.6.6 Schreiben und Lesen einer Binär-Datei im Programm sp8bin.cpp

Das gleiche Ziel, das mit dem Programm **sp8asc.cpp** (Abschnitte 6.6.3 und 6.6.4) mit dem Schreiben und Lesen einer Text-Datei erreicht wurde, soll nun mit einer Binär-Datei erreicht werden. Dabei werden alle charakteristischen Probleme beim Arbeiten mit solchen Dateien deutlich. Einige Vorbetrachtungen sind unbedingt erforderlich:

Wenn die geschriebene Datei nicht nach ganz festen Regeln erzeugt werden kann (feste Anzahl von Datenbereichen mit jeweils eindeutigen Längen, das allerdings ist eine seltene Ausnahme), müssen Informationen über die Struktur der Datei mit abgelegt werden. Das Berechnungsmodell in den Programmen zur "Berechnung ebener Flächen" mit einer verketteten Liste von Pointern auf Klassen-Objekte unterschiedlichen Typs (und unterschiedlicher Größe) ist ein typisches Beispiel dafür, daß nur mit zusätzlichen Informationen das in der Datei abgelegte Modell beim Einlesen wieder hergestellt werden kann. Die nachfolgende Skizze zeigt die einfachste Möglichkeit:

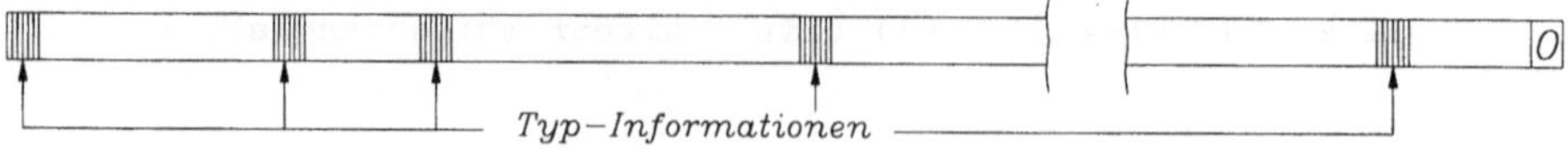

Vor jedem zu schreibenden Klassen-Objekt wird eine Typ-Information abgelegt, die beim Einlesen zuerst gelesen wird. Danach sind der Typ des Objekts und damit die zu lesende Byte-Anzahl bekannt. Nach dem Lesen des Bereichs steht der Lese-Schreib-Kopf auf der

Position der nächsten Typ-Information. Mit einem Ende-Indikator auf der Position der Typ-Information (hier: "Typ 0") wird das Ende der Datei signalisiert. Eine solche Datei ist allerdings nur "sequentiell lesbar".

Hier soll eine wesentlich komfortablere Variante demonstriert werden. Obwohl dies für den Zweck des Programms nicht unbedingt erforderlich ist, wird diese Variante realisiert, um alle wichtigen Operationen zeigen zu können, die beim Arbeiten mit Binär-Dateien üblicherweise ausgeführt werden. In der Datei wird am Beginn ein "Inhaltsverzeichnis" ("Index") angelegt, mit dem man in beliebiger Reihenfolge gezielt auf die Informationen zugreifen kann. Die nachfolgende Skizze verdeutlicht die zu realisierende Dateistruktur:

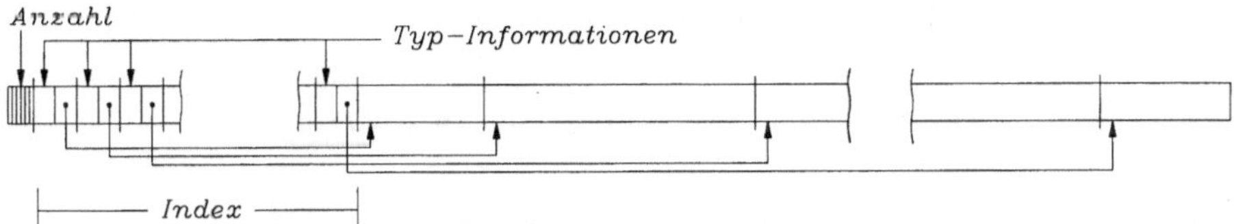

An der Spitze der Datei steht die Anzahl der abgelegten Klassen-Objekte, die der Anzahl der Index-Einträge entspricht. Ein Index-Eintrag enthält jeweils zwei Informationen, den Typ des Klassen-Objekts und die Adresse in der Datei, ab der die Information abgelegt ist.

Die Ausgangsbasis für das zu schreibende Programm **sp8bin.cpp** ist wieder der Zustand des Projekts "Berechnung ebener Flächen", der mit der Version **sp8.cpp** am Ende des Kapitels 5 erreicht wurde.

In der Deklaration der Klasse **ClCompArea** (Header-Datei **cmpa8bin.h**), die in einer verketteten Liste alle Teilflächen verwaltet, werden die Prototypen der zusätzlichen Member-Funktionen **binfile_save** und **binfile_input** ergänzt:

```
                        Header-Datei cmpa8bin.h

#ifndef COMPAREA_HEADER
#define COMPAREA_HEADER

#include "geom8bin.h"
#include "list8bin.h"

typedef struct { AreaType type ; streampos file_pos ; } index ;

class ClCompArea
{
    private:
        ClStackList   m_list ;
    public:
        ClCompArea () {}
        ~ClCompArea () {}
        void insert_new_area (ClArea *new_area_p) ;
        void a_sx_sy         (double &a , double &sx , double &sy) ;
        int  binfile_save    (char *file_name) ;
        int  binfile_input   (char *file_name) ;
} ;

#endif

                     Ende der Header-Datei cmpa8bin.h
```

Zusätzlich wurde in dieser Header-Datei ein Struktur-Typ **index** deklariert. Mit diesem Typ soll ein Index-Eintrag beschrieben werden, **AreaType** ist der Typ der in **geom8bin.h** definierten Konstanten (**RECTANGLE, CIRCLE, POLYGON**), die die Typen der im Programm verwalteten Klassen kennzeichnen, **streampos** ist der in der Standard-Header-Datei **fstream.h** deklarierte Typ für die Adressen im Eingabe- bzw. Ausgabestrom (in der Regel **long** oder **int**).

Die Implementationen der Funktionen **binfile_save** und **binfile_input** findet man in der Datei **cmpa8bin.cpp**. Sie werden nacheinander besprochen, zunächst **binfile_save**:

Ausschnitt aus der Datei cmpa8bin.cpp

```cpp
int ClCompArea::binfile_save (char *file_name)
{
   int i = 0 ;
   ofstream file (file_name , ios::out | ios::binary) ;
   if (!file) return 0 ;
   int n_areas = m_list.get_count () ;
   file.write ((char*) &n_areas , sizeof (int)) ;
   index *index_p = new index [n_areas] ;
   if (!index_p) return 0 ;
   file.seekp (n_areas * sizeof (index) , ios::cur) ;
   for (POS pos_p = m_list.get_head () ; pos_p ; )
   {
       ClArea *area_p = m_list.get_elem (pos_p) ;
       (index_p + i  )->type     = area_p->get_type () ;
       (index_p + i++)->file_pos = file.tellp () ;

       area_p->binfile_save (file)   ;
   }
   file.seekp (sizeof (int) , ios::beg) ;
   file.write ((char*) index_p , n_areas * sizeof (index)) ;
   delete [] index_p ;
   return 1 ;
}
```

Ende des Ausschnitts aus der Datei cmpa8bin.cpp

♦ Die Funktion **ClCompArea::binfile_save** erwartet als Parameter den Namen der Datei, die geschrieben werden soll, und erzeugt ein Objekt **file** der Klasse **ofstream** ("Output-File-Stream"). Zusätzlich zu dem bereits im Abschnitt 6.6.3 beschriebenen Flag **ios::out** wird dem **ofstream**-Konstruktor das Flag **ios::binary** übergeben (der GNU-C++-Compiler erwartet **ios::bin**), das den Binär-Modus für das Schreiben der Datei einstellt.

♦ Mit dem (in den Vorgänger-Versionen bisher nicht verwendeten) Aufruf der Member-Funktion der "Listen- und Stack-Klasse" **get_count** () wird die Anzahl der in der verketteten Liste verwalteten Objekte ermittelt, die sofort mit

```cpp
file.write ((char*) &n_areas , sizeof (int)) ;
```

in die Binär-Datei geschrieben wird (erster Wert der Datei). Man beachte, daß auch beim Schreiben eines einzelnen Wertes ein nach **char*** "ge-casteter" Pointer zu übergeben ist.

♦ Es wird Speicherplatz für das Array **index_p** angefordert (wird innerhalb der Funktion wieder freigegeben), weil der Index erst geschrieben werden kann, wenn alle Adressen, die er enthalten soll, bekannt sind. Deshalb muß der "Lese-Schreib-Kopf" bis zu der Position vorrücken, ab der das erste Klassen-Objekt abgelegt werden soll:

```
file.seekp (n_areas * sizeof (index) , ios::cur) ;
```

... bewegt den "Lese-Schreib-Kopf", startet an der aktuellen Position (zweites Argument **ios::cur**, das ist die Postion hinter dem ersten bereits geschriebenen Wert) und bewegt sich (erstes Argument) um die Byte-Anzahl, die für den Index benötigt wird.

♦ In der **for**-Schleife wird die verkettete Liste der Teilflächen abgearbeitet (vgl. Abschnitte 5.5.3 und 5.5.4): Im Index werden die Typ-Information (**area_p–>get_type**, wird noch gesondert diskutiert) und die aktuelle Position des Lese-Schreib-Kopfes registriert. Letztere wird mit der Member-Funktion **ostream::tellp** erfragt, die einen Return-Wert vom Typ **streampos** liefert (**int** oder **long**). Schließlich wird das Klassen-Objekt mit

```
area_p->binfile_save (file) ;
```

(wird auch noch gesondert diskutiert) in die Datei geschrieben. Der Lese-Schreib-Kopf steht nach dieser Aktion auf der Position für das Schreiben des nächsten Klassen-Objekts.

♦ Schließlich muß noch der Index geschrieben werden: Der Lese-Schreib-Kopf wird mit

```
file.seekp (sizeof (int) , ios::beg) ;
```

auf die Position in der Datei zurückgesetzt, die als Anfang für den Index vorgesehen ist (**ios::beg** bedeutet "Adresse ab Datei-Anfang", die Adresse ist **sizeof (int)**, weil ein **int**-Wert, die Anzahl der Objekte **n_areas**, vor dem Index steht). Mit der Zeile

```
file.write ((char*) index_p , n_areas * sizeof (index)) ;
```

wird auf einen Schlag das komplette Array der **index**-Strukturen geschrieben.

Die Funktion, mit der sich eine spezielle Teilfläche in die Datei einbringt, ist natürlich ein Kandidat für eine weitere rein virtuelle Funktion in der Basisklasse **ClArea**, deren Deklaration im **public**-Bereich um folgende Zeile ergänzt wird (Datei **geom8bin.h**):

```
virtual void binfile_save (ofstream &file) = 0 ;
```

Die Funktion erwartet also eine Referenz auf ein **ofstream**-Objekt (Datei, auf die geschrieben werden soll) und wird nur für die aus **ClArea** abgeleiteten Klassen implementiert. Die Klassen-Deklarationen von **ClCircle**, **ClRectangle** und **ClPolygon** werden also (ebenfalls in **geom8bin.h**) jeweils um folgende Zeile ergänzt:

```
virtual void binfile_save (ofstream &file) ;
```

Die Implementationen der Funktionen findet man in der Datei **geom8bin.cpp**:

Ausschnitt aus der Datei geom8bin.cpp

```
void ClCircle::binfile_save (ofstream &file)
{
    file.write ((char*) this , sizeof (ClCircle)) ;
}
void ClPolygon::binfile_save (ofstream &file)
{
    file.write ((char*) this , sizeof (ClPolygon)) ;
    file.write ((char*) m_point_p ,
                (m_npoints + 1) * sizeof (ClPoint)) ;
}
```

Ende des Ausschnitts aus der Datei geom8bin.cpp

◆ Die Funktion **ClRectangle::binfile_save** wurde bereits im Abschnitt 6.6.5 gelistet. Man beachte, daß in **ClPolygon::binfile_save** auch die außerhalb des Klassen-Objekts angesiedelten Punkt-Koordinaten ausgegeben werden, auch hier wird mit einer Anweisung das gesamte Array von **ClPoint**-Objekten geschrieben.

Eine spezielle Diskussion ist noch das Eintragen der Typen der Klassen-Objekte in den Index (Funktion **ClCompArea::binfile_save**) wert. In der verketteten Liste werden die **ClArea**-Pointer verwaltet, das sind Basisklassen-Pointer (auf eine abstrakte Klasse), die aber auf Objekte abgeleiteter Klassen zeigen. Die Frage, ob und wie man ermitteln kann, welchen Typ diese Objekte tatsächlich (zur Laufzeit des Programms!) haben, ist ein in der C^{++}-Historie besonders intensiv diskutiertes Problem gewesen. Im Abschnitt 6.7 wird darauf noch einmal eingegangen. Hier wurde (die kompliziert erscheinende, aber wohl einzig saubere) Lösung gewählt:

Nur der Compiler hat vorgesorgt, zur Laufzeit den aktuellen Typ ermitteln zu können (zur Erinnerung: "V-Tables", das Thema wurde am Ende des Abschnitts 5.1 diskutiert, es soll in diesem Abschnitt noch ein zweites Mal auftauchen). Wenn mit dem Basisklassen-Pointer eine virtuelle Funktion aufgerufen wird, die in der Basisklasse nicht implementiert ist, dann wird die Funktion der abgeleiteten Klasse aufgerufen, die dem "Laufzeittyp" des Pointers entspricht (das ist schließlich der Sinn des Polymorphismus), und die Member-Funktion der abgeleiteten Klasse weiß natürlich, zu welcher Klasse sie gehört. Das steckt also auch hinter der Programmzeile (in **ClCompArea::binfile_save**)

```
(index_p + i)->type = area_p->get_type () ;
```

mit dem Pointer **area_p** auf die abstrakte Basisklasse **ClArea**, in der die rein virtuelle Funktion (Datei **geom8bin.h**)

```
virtual AreaType get_type () = 0 ;
```

deklariert ist. In den Deklarationen der aus **ClArea** abgeleiteten Klassen **ClCircle**, **ClRectangle** und **ClPolygon** (ebenfalls Datei **geom8bin.h**) findet man die Prototypen

```
virtual AreaType get_type () ;
```

und die Definitionen der Funktionen befinden sich in **geom8bin.cpp**:


```
AreaType ClCircle::get_type    () { return CIRCLE    ; }
AreaType ClRectangle::get_type () { return RECTANGLE ; }
AreaType ClPolygon::get_type   () { return POLYGON   ; }
```


Möglicherweise ist eine Wiederholung einer Bemerkung aus dem Abschnitt 5.4.1 erforderlich, denn diese kleinen Member-Funktionen würde man schon gern **inline** deklarieren. Das geht für die virtuellen Funktionen nicht, denn der Compiler weiß ja noch gar nicht, welche Funktion zur Laufzeit tatsächlich aufgerufen werden soll.

Das Einlesen einer Binär-Datei, die mit **ClCompArea::binfile_save** geschrieben wurde, wird mit **ClCompArea::binfile_input** realisiert. Die Implementation dieser Funktion befindet sich in der Datei **cmpa8bin.cpp**:

Ausschnitt aus der Datei cmpa8bin.cpp

```cpp
int ClCompArea::binfile_input (char *file_name)
{
    int     n_areas , i ;
    ClArea *area_p ;
    ifstream file (file_name , ios::in | ios::binary | ios::nocreate) ;
    if (!file) return 0 ;
    if (!(file.read ((char*) &n_areas , sizeof (int)))) return 0 ;
    index *index_p = new index [n_areas] ;
    if (!index_p) return 0 ;
    if (!(file.read   ((char*) index_p ,
                        n_areas * sizeof (index)))) goto Fehler ;
    for (i = 0 ; i < n_areas ; i++)
    {
        switch ((index_p + i)->type)
        {
            case  RECTANGLE:
            case -RECTANGLE: area_p = new ClRectangle ;
                             break ;

            case  CIRCLE:
            case -CIRCLE:    area_p = new ClCircle ;
                             break ;

            case  POLYGON:
            case -POLYGON:   area_p = new ClPolygon ;
                             break ;

            default: goto Fehler ;
        }
        if (!area_p) goto Fehler ;
        file.seekg ((index_p + i)->file_pos , ios::beg) ;
        if (area_p->binfile_input (file))
        {
            insert_new_area (area_p) ;
        }
        else
        {
            delete area_p ;
            goto Fehler ;
        }
    }
    return 1 ;
    Fehler:    delete [] index_p ;
               return 0 ;
}
```

Ende des Ausschnitts aus der Datei cmpa8bin.cpp

Weil die **read**-Funktion (außer der Transportrichtung der Daten) der **write**-Funktion entspricht, ist die Funktion **ClCompArea::binfile_input** weitgehend selbsterklärend, deshalb nur in Stichworten: Erzeugen eines **ifstream**-Objekts **file** für "Binary-Input", Einlesen der Objekt-Anzahl **n_areas**, Anforderung von Speicherplatz (ab **index_p**) für den Index (weil dieser Speicherplatz noch in der Funktion wieder freigegeben wird, sind alle nachfolgenden Lese-Anweisungen für den Nicht-Erfolgsfall mit einem Sprung zur Marke **Fehler** versehen, die **goto**-Anweisungen sind also verzeihlich), Index einlesen.

In der **for**-Schleife wird der gesamte Index abgearbeitet: In Abhängigkeit von der Typ-Information wird ein passendes Klassen-Objekt erzeugt. Die Positions-Information im Index wird benutzt, um mit der Funktion **istream::seekg** die zugehörige File-Position anzusteuern.

Das Einlesen der Daten für die Klassen-Objekte ist natürlich wieder ein Kandidat für den Polymorphismus. In der Deklaration der abstrakten Klasse **ClArea** (Datei **geom8bin.h**) ist die rein virtuelle Funktion

```
virtual void binfile_input (ifstream &file) = 0 ;
```

vorgesehen. Sie wird nur für die aus **ClArea** abgeleiteten Klassen implementiert. Die Klassen-Deklarationen von **ClCircle**, **ClRectangle** und **ClPolygon** werden also (ebenfalls in **geom8bin.h**) jeweils um folgende Zeile ergänzt:

```
virtual void binfile_input (ifstream &file) ;
```

Die Implementierung der Funktionen ist beinahe so einfach wie die Implementatierung der entsprechenden Funktionen für das Schreiben der Klassen-Objekte, aber es existiert eine besonders hinterhältig aufgestellte Falle:

Vorsicht, Falle!

Beim Schreiben eines Klassen-Objekts auf eine Datei mit einer Anweisung wie in **ClRectangle::binfile_save**

```
file.write ((char*) this , sizeof (ClRectangle)) ;
```

liefert der **sizeof**-Operator den gesamten Speicherbedarf eines Objekts vom Typ **ClRectangle**. Wenn Polymorphismus im Spiel ist, gehört dazu ein Pointer auf die "V-Table" (vgl. Abschnitt 5.1).

Wenn der Speicherbedarf dafür vom **sizeof**-Operator mitgezählt wird, ist der "V-Table-Pointer" auch mit gespeichert und wird dann mit einer Anweisung wie

```
file.read ((char*) this , sizeof (ClRectangle)) ;
```

auch mit eingelesen, kann aber wohl kaum einen vernünftigen Wert haben. Da der Programmierer weder an den Pointer noch an die "V-Table" selbst herankommt, bleibt nur ein Trick. In den Funktionen in der Datei **geom8bin.cpp** wird immer erst ein lokales Objekt erzeugt, auf das gelesen wird, anschließend wird das komplette Objekt mit dem Zuweisungsoperator auf das tatsächliche Objekt übertragen. Dabei wird natürlich der (sinnlose) "V-Table-Pointer" nicht mit übernommen.

Das sieht in der Datei **geom8bin.cpp** so aus:

Ausschnitt aus der Datei geom8bin.cpp

```
int ClCircle::binfile_input (ifstream &file)
{
   ClCircle circle ;
   if (!(file.read ((char*) &circle , sizeof (ClCircle)))) return 0 ;
   *this = circle ;
   return 1 ;
}
```

```
int ClRectangle::binfile_input (ifstream &file)
{
   ClRectangle rect ;
   if (!(file.read ((char*) &rect , sizeof (ClRectangle)))) return 0 ;
   *this = rect ;
    return 1 ;
}
int ClPolygon::binfile_input (ifstream &file)
{
   ClPolygon polygon ;
   if (!(file.read ((char*) &polygon , sizeof (ClPolygon)))) return 0 ;
   polygon.m_point_p = NULL ;
   *this = polygon ;
   if (!(m_point_p = new ClPoint [m_npoints + 1])) return 0 ;
   if (!file.read ((char*) m_point_p ,
                   (m_npoints + 1) * sizeof (ClPoint))) return 0 ;
   return 1 ;
}
```

Ende des Ausschnitts aus der Datei geom8bin.cpp

Und nun wacht plötzlich ein Problem auf, das bei der Deklaration der Klasse **ClPolygon** (Abschnitt 5.4.2) in ein "künstliches Koma" versetzt wurde. Es wurde ausführlich im Abschnitt 5.4.3 diskutiert: Der vom Compiler im Bedarfsfall spendierte Zuweisungsoperator ist in der Regel nicht ausreichend, wenn (wie in **ClPolygon**) ein Pointer zur Klasse gehört, der auf einen Daten-Bereich außerhalb der Klasse zeigt. Vor der für diesen Fall dringend gegebenen Empfehlung (Abschnitt 3.4.2), für die Klasse einen Copy-Konstruktor und den Zuweisungsoperator zu schreiben, hatte sich der Programmierer im Abschnitt 5.4.2 "gedrückt", aber immerhin zur Vorsicht die beiden Member-Funktionen deklariert, nur nicht implementiert.

Prompt meldet sich nun beim Erzeugen des ausführbaren Programms der Linker und mahnt den Zuweisungsoperator an. Wenn man die Funktion **ClPolygon::binfile_input** analysiert, kann man zu dem Schluß kommen, daß die beiden Anweisungen

```
polygon.m_point_p = NULL ;
*this = polygon ;
```

geradezu dazu herausfordern, sich mit dem vom Compiler erzeugten Zuweisungsoperator zufrieden zu geben. Aber der Leser, der diesem Buch bis hierher gefolgt ist, wird sicher nicht so fahrlässig handeln. Es werden also (endlich) Zuweisungsoperator und Copy-Konstruktor geschrieben. Beide befinden sich in der Datei **geom8bin.cpp** und werden hier nicht gelistet, weil in den Abschnitten 3.3.2 und 3.4.2 Beispiele für diese Member-Funktionen gegeben wurden.

Auch die Funktion **main** (Datei **sp8bin.cpp**) wird hier nicht gelistet, weil sie nach der gleichen Strategie geschrieben wurde wie im Programm **sp8asc.cpp** im Abschnitt 6.6.4. Beide Programme unterscheiden sich nur in der Art der Datei, die mit dem Berechnungsmodell angelegt wird. Auch die Testrechnung, die am Ende des Abschnitts 6.6.4 angegeben wurde, kann mit dem Programm **sp8bin.cpp** ausgeführt werden.

6.7 RTTI, Typ-Ermittlung zur Laufzeit

Es ist durchaus auch ein Vorteil, daß die Diskussion um diese Spracheigenschaft, die vom ANSI/ISO-Standardisierungskomitee 1993 abgesegnet wurde, teilweise geradezu groteske Züge annahm: **RTTI** hat sich als Begriff verselbständigt ("**R**un-**T**ime **T**ype Information") und darf wohl auch in der deutschsprachigen Literatur verwendet werden. Die Diskussion über RTTI zieht sich zum Teil bis in die Manuals der C^{++}-Compiler, die RTTI realisiert haben.[9]

Um das Problem zu verdeutlichen, wird eine Diskussion noch einmal aufgegriffen, die bereits im Abschnitt 4.5 unter der Überschrift "Vererbung und Konvertierung" geführt wurde: Ein Pointer auf ein Objekt einer abgeleiteten Klasse kann (ohne "Cast") einer Pointer-Variablen der Basisklasse zugewiesen werden (der Polymorphismus lebt geradezu von dieser Variante). Der umgekehrte Weg ist prinzipiell auch möglich (allerdings ist ein expliziter "Cast" unbedingt erforderlich), aber natürlich recht gefährlich (wurde in einer "Vorsicht-Falle-Bemerkung" im Abschnitt 4.5 besprochen).

Aus der Sicht des Polymorphismus kann die Gefahr, die mit dem sogenannten "Downcast" (Konvertierung eines Pointers in einen Pointer auf ein Objekt einer abgeleiteten Klasse) verbunden ist, bei sorgfältigem Umgang sehr viel geringer sein, z. B.: Im Projekt "Berechnung ebener Flächen" werden **ClRectangle**-, **ClCircle**- und **ClPolygon**-Objekte in einer Liste von **ClArea**-Pointern verwaltet (**ClArea** ist die gemeinsame abstrakte Basisklasse). Es spricht nun überhaupt nichts dagegen, einen **ClArea**-Pointer aus dieser Liste in einen **ClPolygon**-Pointer umzuwandeln, **wenn man sicher ist, daß er tatsächlich auf ein ClPolygon-Objekt zeigt**. Genau das weiß man allerdings erst zur Laufzeit des Programms. Für eine solche Umwandlung gibt es den ...

Operator dynamic_cast:

Mit der Operation

```
dynamic_cast <ClDerived*> (base_p)
```

wird ein Basisklassen-Pointer **base_p** <u>sicher</u> in einen Pointer auf eine (aus dieser Basisklasse) abgeleitete Klasse **ClDerived** umgewandelt. Die Konvertierung wird nur ausgeführt, wenn **ClDerived** tatsächlich aus einer Basisklasse abgeleitet wurde, die dem Typ des Pointers **base_p** entspricht, ansonsten wird von **dynamic_cast** der NULL-Pointer abgeliefert.

♦ Die in dieser Textbox beschriebene Fähigkeit von **dynamic_cast** ist die eigentlich wichtige RTTI-Eigenschaft dieses Operators. Daß auch noch andere Umwandlungen damit möglich sind, wird nicht weiter betrachtet.

♦ Der Vorteil des Operators **dynamic_cast** (vor allen Dingen im Vergleich mit dem noch zu besprechenden Operator **typeid**) ist, daß Prüfung und Umwandlung als eine Operation programmiert werden können. So kann es nicht passieren, daß man prüft, ob ein **ClArea-**

---

[9]Nachdem RTTI in der Version 4.0 von MS-Visual-C^{++} realisiert wurde, konnte man kurz danach im "Visual C^{++} developers journal" lesen: "Run time type checking flies directly into the teeth of classic object-oriented programming." (J. W. Stout, Febr. 1997).

Pointer auf ein **ClPolygon**-Objekt zeigt, um ihn dann versehentlich doch in einen **ClCircle**-Pointer zu konvertieren (was sicher kaum sinnvoll sein kann).

Als Beispiel soll das Projekt "Berechnung ebener Flächen" dienen, in dem unterschiedliche Teilflächen (Rechtecke, Kreise, Polygone) in einer **ClArea**-Pointer-Liste verwaltet werden. Wenn man aus dieser Liste z. B. alle Polygone herausziehen und in einer **ClPolygon**-Pointer-Liste verwalten will, benötigt man die Information, welche **ClArea**-Pointer auf **ClPolygon**-Objekte zeigen. Dies wird an der im Abschnitt 6.2.2 vorgestellen "Template-Version"[10] des Projekts gezeigt, weil die "Listen- und Stack-Klasse" **ClStackList** für unterschiedliche Listen benötigt wird. In der Klasse **ClCompArea** (Verwaltung der Gesamtfläche) wird neben der **ClArea**-Pointer-Liste noch eine **ClPolygon**-Pointer-Liste angesiedelt:

```
        private:
            ClStackList <ClArea*>    m_list      ;
            ClStackList <ClPolygon*> m_polygons ;
```

Das Übertragen aller Pointer, die auf **ClPolygon**-Objekte zeigen, in die Polygon-Liste könnte z. B. so programmiert werden:

```
    void ClCompArea::extract_polygons ()
    {
        for (POS pos_p = m_list.get_head () ; pos_p ; )
        {
            ClArea *area_p = m_list.get_elem (pos_p) ;

            ClPolygon *polygon_p = dynamic_cast <ClPolygon*> (area_p) ;
            if (polygon_p) m_polygons.add_tail (polygon_p) ;
        }
    }
```

Mit dem **dynamic_cast**-Operator wird versucht, den **ClArea**-Pointer **area_p** in einen **ClPolygon**-Pointer umzuwandeln. Wenn diese Umwandlung erfolgreich war (es wurde nicht der NULL-Pointer abgeliefert), wird der **ClPolygon**-Pointer in die Polygon-Liste eingetragen.

Was spricht für diese Art der Verwendung von **dynamic_cast**? Die (potentiell gefährliche) "Downcast"-Operation wird in diesem Fall garantiert nur ausgeführt, wenn ein solcher "Cast" sinnvoll ist (**ClPolygon**-Pointer zeigen auf **ClPolygon**-Objekte). Außerdem ist **dynamic_cast** ein geradezu zurückhaltender Operator (Datenschützer hätten ihre Freude daran). Er liefert ja nicht den Typ des Objekts, sondern nur die Anwort auf die Frage, ob es ein ganz bestimmter (in der Anfrage zu formulierender) Typ ist.

Die Argumente der Vertreter der "reinen Lehre" der objektorientierten Programmierung gegen die Verwendung von RTTI sind geprägt von der (richtigen) Annahme, daß diese Operationen nicht erforderlich sind: Der Programmierer sollte nie wissen müssen, welchen Typ ein Objekt hat, denn es sollte ausschließlich von den virtuellen Member-Funktionen bearbeitet werden und über diese Informationen liefern ("object is as object does").

Es ist auch in diesem Buch nicht das erste Mal, daß der Typ der Objekte erfragt wurde. Im Abschnitt 6.6.6 wurden bereits schon einmal Typ-Informationen benötigt (für den Index des Berechnungsmodells, das auf eine Binär-Datei geschrieben wurde). Dort wurde der "polymorphe" Weg für die Informations-Beschaffung gewählt, der allerdings einen höheren Program-

---

[10]Daß an dieser Stelle wieder die Leser ausgegrenzt werden, deren Compiler noch keine Templates unterstützt, ist kaum zu befürchten. Ein Compiler, der mit RTTI umgehen kann, beherrscht sicherlich auch Templates.

mieraufwand erforderte: Eine rein virtuelle Funktion wurde in der Basisklasse **ClArea** angesiedelt, und in allen abgeleiteten Klassen mußten Implementationen für diese Funktion bereitgestellt werden.

Es gibt noch einen zweiten RTTI-Operator, den ...

Operator typeid:

Mit der Operation

```
const type_info &t = typeid (type_or_object) ;
```

wird eine Referenz auf ein Objekt der **type_info**-Klasse (hier frei gewählter Name: **t**) abgeliefert, die Typ-Informationen enthält. Der Operator **typeid** erwartet in runden Klammern eine Typ-Bezeichnung (Klassenname wie **ClCircle** oder vordeklarierter Typ wie **int**) oder den Namen eines Objekts. Die Deklaration der Klasse **type_info** befindet sich in der Header-Datei **typeinfo.h**, die bei Benutzung von **typeid** zu inkludieren ist.

In der Klasse **type_info** sind die Operatoren **==** und **!=** überladen, so daß Typ-Vergleiche möglich sind. Eine Member-Funktion **type_info::name** liefert einen **const-char**-Pointer auf den Typnamen ab, z. B.:

```
ClArea *area_p = new ClCircle ;
const type_info &t (*area_p)    ;
cout << "Pointer area_p zeigt auf Objekt vom Typ " << t.name() ;
```

liefert (MS-Visual-C++ 5.0) die Ausschrift **Pointer area_p zeigt auf Objekt vom Typ class ClCircle** (könnte in der Testphase eines Programms ganz nützlich sein).

Es ist empfehlenswert, den Operator **typeid** noch zurückhaltender einzusetzen als den Operator **dynamic_cast**. Obwohl es manchmal verführerisch sein kann, so zu programmieren (und es wird auch noch der Grund diskutiert, warum es so ist), soll das nachfolgende Beispiel eher abschreckenden Charakter haben. Im Programm **sp8bin.cpp** (Berechnung ebener Flächen mit Schreiben einer Binär-Datei, erzeugt im Abschnitt 6.6.6) wurden die Typ-Informationen auf "polymorphem Wege" beschafft (virtuelle Member-Funktionen, extra dafür geschrieben). In der Datei **cmpa8bin.cpp** findet man ("herauskommentiert") den "Sündenfall", der die verlockend einfache Alternative zeigt:

Ausschnitt aus der Datei cmpa8bin.cpp

```
#include <typeinfo.h>
int ClCompArea::get_type (ClArea *area_p)
{
  if      (typeid (*area_p) == typeid (ClRectangle)) return RECTANGLE ;
  else if (typeid (*area_p) == typeid (ClCircle))    return CIRCLE    ;
  else if (typeid (*area_p) == typeid (ClPolygon))   return POLYGON   ;
  else                                               return 0         ;
}
```

Ende des Ausschnitts aus der Datei cmpa8bin.cpp

Der (vermeintliche) Vorteil liegt auf der Hand: Man benötigt die Typ-Informationen in der Klasse **ClCompArea** und beschafft sie sich einfach. Die Deklaration der rein virtuellen Member-Funktion in **ClArea** und ihre Implementationen in allen aus **ClArea** abgeleiteten

Klassen sind überflüssig. Aber: Wenn eine zusätzliche Klasse (z. B.: **ClSector**) aus **ClArea** abgeleitet wird, muß die Funktion **get_type** (in **ClCompArea**!!) erweitert werden. Denkt man daran? Genau die Vermeidung dieses Problems ist ein Grundanliegen der objektorientierten Programmierung (wenn es eine rein virtuelle Member-Funktion **get_type** in **ClArea** gibt, **muß** man sie zwingend auch für **ClSector** schreiben, man kann es nicht vergessen). Diese Member-Funktion **ClCompArea::get_type** ist ein Sündenfall, das ist nicht zu bestreiten.[11] Daß es aber Situationen geben kann, in denen man froh ist, eine komplizierte Klassen-Hierarchie unberührt lassen zu können, um (wie im Beispiel) gewissermaßen "von außen" auf Laufzeit-Informationen zuzugreifen, ist auch nicht zu bestreiten.

Nachzutragen bleibt noch, daß manche Compiler RTTI (obwohl realisiert) noch als etwas exotisches ansehen und das Setzen eines speziellen Schalters fordern (MS-Visual-C^{++} z. B.: **/GR**), wenn **dynamic_cast** oder **typeid** verwendet werden.

6.8   Namensbereiche

Das Problem soll am konkreten Beispiel verdeutlicht werden: In den "Microsoft foundation classes" gibt es eine Klasse **CPoint** (verwaltet einen Punkt, der durch zwei **int**-Werte beschrieben wird). Es kann keine Namenskollision mit der in diesem Buch regelmäßig verwendeten Klasse **ClPoint** (verwaltet einen Punkt, der mit zwei **double**- Koordinaten beschrieben wird) geben, weil (vorausschauend) ein anderer Name gewählt wurde. Aber darauf kann man nicht vertrauen. Im "globalen Namensraum" sind bei größeren Software-Produkten Namenskollisionen recht wahrscheinlich, besonders bei Einbeziehung mehrerer Bibliotheken.

Es ist auch eine ziemlich junge C^{++}-Spracheigenschaft (und deshalb noch nicht in allen Compilern realisiert), solchen Kollisionen durch Einführen von "Namensbereichen" ("Namespaces") zu begegnen, so daß z. B. die Bezeichnung einer Funktion oder einer Klasse auf einen begrenzten Gültigkeitsbereich beschränkt wird. Nachfolgend wird folgende Situation diskutiert: Man möchte mit den "Microsoft foundation classes" (MFC) arbeiten, hat aber selbst eine Klasse **CPoint** deklariert und kollidiert mit der MFC-Klasse gleichen Namens. Man fügt also die eigene Klasse in einen speziellen Namensbereich ein. Die Syntax dafür ist recht einfach. Mit

```
namespace myspace
{
    class CPoint { /* Deklaration ... */ } ;
}
```

wird der Klassenname in einen Namensbereich **myspace** eingefügt und kollidiert nun nicht mehr mit einem Namen **CPoint** im globalen Namensraum. Der Zugriff ist z. B. über das Präfix **myspace** mit dem Gültigkeitsbereichsoperator **::** möglich:

---

[11]Auch hier soll dem Leser die (subjektive) Meinung des Autors nicht vorenthalten werden. Sollte es eine nicht zwingend notwendige, nicht ganz ungefährliche und zum Mißbrauch verführende Spracheigenschaft überhaupt geben? Bezüglich RTTI wird diese Frage von mir eindeutig mit "ja" beantwortet. Daß ein (wenn auch nicht zwingender) Bedarf dafür besteht, beweist die Tatsache, daß fast jede größere Klassen-Bibliothek einen eigenen Mechanismus dafür implementiert hatte. Und wenn man alle Spracheigenschaften streichen wollte, die man auch mißbräuchlich verwenden kann, bliebe von der schönen Sprache C^{++} nicht viel übrig.

```
myspace::CPoint p1 ;
CPoint          p2 ;
```

... definiert ein Objekt **p1** entsprechend der Deklaration im Namensbereich **myspace** und ein Objekt **p2** entsprechend einer **CPoint**-Deklaration im globalen Namensraum.

Wenn ein Bezeichner aus einem bestimmten Namensbereich häufiger gebraucht wird, kann er mit einer "**using**-Deklaration" in den aktuellen Gültigkeitsbereich übernommen werden, z. B.:

```
using myspace::CPoint ;
CPoint   p3 ;
::CPoint p4 ;
CPoint   p5 ;
```

... definiert Objekte **p3** und **p5** entsprechend der Deklaration im Namensbereich **myspace**. Die **using**-Deklaration bewirkt, daß im gesamten Gültigkeitsbereich (z. B. in einer Funktion oder in einer Datei) bei Verwendung des Bezeichners **CPoint** stets **myspace::CPoint** gemeint ist. Trotzdem ist der Bezeichner aus dem globalen Namensraum (hier demonstriert mit der dafür vorgesehenen Syntax **::CPoint**) noch zugänglich, **p4** ist ein Objekt entsprechend der **CPoint**-Deklaration im globalen Namensraum.

Schließlich gibt es noch die Möglichkeit, die Restriktionen, die durch einen Namensbereich gegeben sind, mit einer "**using**-Direktive" der Form

```
using namespace myspace ;
```

wieder aufzuheben. Man beachte, daß dies etwas grundsätzlich anderes ist als die oben beschriebene **using**-Deklaration. Die als Beispiel gegebene **using**-Direktive würde z. B. dann, wenn im globalen Namensraum die MFC-Klasse **CPoint** deklariert ist und im Namensbereich **myspace** eine Klasse gleichen Namens deklariert wird (wie in dem hier betrachteten Beispiel), zu einem Konflikt führen, den der Compiler signalisiert.

Die **using**-Direktive ist recht nützlich, wenn man keine Namenskollisionen befürchten muß. Wenn man also die durch den Namensbereich **myspace** abgegrenzte **CPoint**-Deklaration in Programmen benutzen möchte, die MFC nicht verwenden (wie alle bisher in diesem Buch gelisteten Programme), kann man sich mit einer Zeile von allen Restriktionen befreien.

Es gibt noch eine Reihe von Besonderheiten, die zum Thema "Namensbereiche" besprochen werden könnten, die aber nicht so wichtig sind, daß sie hier mit Beispielen demonstriert werden, deshalb nur einige Bemerkungen in Stichworten:

♦ Namensbereiche können erweitert werden. Wenn ein weiterer Namensbereiche mit der Bezeichnung eines bereits existierenden Namensbereichs angelegt wird, so gelten beide als ein Namensbereich.

♦ Namensbereiche können geschachtelt werden. Innerhalb eines Namensbereichs **A** kann ein Namensbereich **B** liegen. Gegebenenfalls wird ein Bezeichner wie **CArea**, der im inneren Namensbereich **B** liegt, über **A::B::CArea** identifiziert.

♦ Die Syntax, mit der ein Bezeichner aus einem speziellen Namensbereich angesprochen wird, ist nicht zufällig identisch mit der Syntax, mit der z. B. eine Member-Funktion aus einer Basisklasse identifiziert wird, wenn in der abgeleiteten Klasse eine Member-Funktion gleichen Namens existiert. Es ist also nur konsequent, daß auch dafür die **using**-Deklaration (mit gleicher Syntax und gleicher Wirkungsweise) verwendet werden darf.

6.9   Objektorientierte Programmierung, eine kurze Zusammenfassung

Es ist in diesem Buch versucht worden, die Aspekte der objektorientierten Programmierung möglichst nicht mit den Eigenschaften der Programmiersprache C++ zu vermischen. Es ist durchaus möglich (aber mühsam), mit der Programmiersprache C weitgehend objektorientiert zu arbeiten, es ist allerdings auch möglich (und durchaus nicht schwierig), als C++-Programmierer alle Regeln des objektorientierten Programmierens zu ignorieren. C++ bietet hervorragende Unterstützung für die objektorientierte Programmierung, erzwingt sie aber nicht.

Die Unterstützung, die C++ für das objektorientierte Programmieren anbietet, kann grob in vier (natürlich eng untereinander verzahnte) Bereiche aufgegliedert werden:

◆ Der Begriff der **Klasse** erlaubt es, die in allen höheren Programmiersprachen mögliche "prozedurale Abstraktion" (es interessiert den Programmierer nicht, wie **sqrt** die Wurzel tatsächlich zieht) und die meist weniger ausgeprägte Daten-Abstraktion (in C muß man die Komponenten einer Struktur beim Namen nennen) zu einer Abstraktion einer neuen Qualität zusammenzufassen. Mit der Klasse (als Datentyp, der vom Programmierer deklariert wird) können Daten gekapselt werden. Nur die Frage "Was kann ein Objekt einer Klasse?" ist bei der Benutzung der Klasse (über ihre Schnittstelle) relevant, um die Frage "Wie macht sie das?" muß sich nur der mit der Implementierung einer Klasse befaßte Programmierer kümmern.

◆ Die **Vererbung** gestattet die Abbildung von Beziehungen zwischen den Klassen. Eine Basisklasse kann als Generalisierung die gemeinsamen Eigenschaften von abgeleiteten Klassen haben, die abgeleiteten Klassen sind Spezialisierungen der Basisklasse im Sinne von Erweiterungen. Vererbt werden Code und Daten einer Basisklasse (alle abgeleiteten Klassen haben und können das, was die Basisklasse hat und kann), bei "öffentlicher Vererbung" auch die Schnittstelle der Basisklasse. Eine wichtige Besonderheit stellt die Vererbung einer Schnittstelle dar, zu der in der (abstrakten) Basisklasse keine Implementation existiert. Diese Eigenschaft ist eng verknüpft mit dem folgenden Stichwort.

◆ Der **Polymorphismus** gestattet es, mit einer Anweisung auf verschiedene Funktionen zu zielen, die zu unterschiedlichen Klassen gehören. Eine gemeinsame Basisklasse ("Säugetier") spendiert eine Schnittstelle ("Gib Laut"), die von allen abgeleiteten Klassen ("Hund", "Katze", ...) geerbt wird. Die Objekte, die für die abgeleiteten Klassen erzeugt werden ("Bello", "Rex", "Mieze", "Pussy") werden bequem in einer Liste von Basisklassen-Objekten ("Säugetier 1", "Säugetier 2", ...) verwaltet. Erst zur Laufzeit des Programms entscheidet sich (weder der Programmierer noch der Compiler können wissen, ob "Säugetier 3" ein Hund oder eine Katze sein wird), welche Member-Funktion tatsächlich abgearbeitet wird (und wenn "Säugetier 3" ein Katze ist, sagt die passende Member-Funktion "miau"). Und wenn ein C-Programmierer das realisieren soll, denkt er an **switch**-Anweisungen, während der C++-Programmierer die Sache mit den "V-Tables" (Abschnitt 5.1) schon wieder vergessen haben kann. Die gemeinsame Schnittstelle braucht in der (dann abstrakten) Basisklasse nicht einmal implementiert zu sein (was sollte ein Säugetier auf die Aufforderung "Gib Laut" erwidern?).

◆ Das **Überladen** von Funktionen und Operatoren verbessert die Lesbarkeit der Programme, wenn es vom Programmierer in diesem Sinne verwendet wird (ist allerdings wie andere Spracheigenschaften auch bei unangemessener Verwendung eine gute Möglichkeit zum Erreichen des Gegenteils).

7 Windows-Programmierung mit MFC

Der Rest des Buches beschäftigt sich mit der Windows-Programmierung, und damit ist (leider) zwangsläufig die System-Unabhängigkeit vorbei. In den Kapiteln 7 und 8 werden Programme erzeugt, die unter MS-Windows 3.1, Windows 95 und Windows NT laufen.

Weil Windows-Programmierung mit C^{++} nur effektiv sein kann, wenn man mit einer leistungsfähigen (und damit zwangsläufig umfangreichen) Klassen-Bibliothek arbeitet, muß auch hier eine Auswahl getroffen werden. Es werden die "Microsoft foundation classes" (MFC) verwendet[1], und damit liegt auch die Entwicklungsumgebung fest, mit der gearbeitet wird. Es ist MS-Visual-C^{++}, wobei versucht wird, unabhängig von den drei gegenwärtig am meisten benutzten Versionen zu arbeiten. Wenn (wie besonders im Kapitel 8) auf Besonderheiten der Entwicklungsumgebung eingegangen wird, bezieht sich das jeweils auf die Version 5.0 unter Windows 95 bzw. Windows NT. Leser, die mit der Version 4.0 arbeiten, werden kaum Schwierigkeiten haben, die Angaben für diese Version umzusetzen. Etwas mehr Phantasie ist gefordert, wenn man mit der Version 1.5 (unter Windows 3.1) arbeitet, aber grundsätzlich gibt es auch damit keine Probleme.

7.1 Besonderheiten der Windows-Programmierung

Alle Programme, die bisher in diesem Buch vorgestellt wurden, waren keine "echten Windows-Programme", auch wenn sie z. B. als "Windows console application" erzeugt wurden und in einem Fenster abliefen. Diese Programme kennen zwei Zustände: Sie arbeiten einen Algorithmus ab, oder sie warten auf eine (ganz bestimmte) Eingabe. Das machen Windows-Programme eigentlich auch, aber bei den Reaktionen auf Eingaben müssen sie deutlich flexibler sein. Deshalb spricht man davon, daß Windows-Programme "auf Botschaften (Messages) reagieren" müssen ("Event driven programming model"), und die können ganz anderer Art sein als bei Nicht-Windows-Programmen (z. B.: "Größe des Fensters hat sich geändert").

---

[1] Diese Entscheidung stellt keine Wertung dar. Ich betrachte ohnehin jeden Versuch eines "Rankings" so komplexer Software-Produkte, wie es Entwicklungssysteme mit Klassen-Bibliotheken zwangsläufig sind, mit Skepsis. Wer hat sich schon in mehr als ein System so tief eingearbeitet und ist dabei auf die unterschiedlichen Strategien, die man in unterschiedlichen Systemen verfolgen müßte, bereitwillig eingegangen, daß er eine Wertung abgeben kann?

Ereignisse ("Events") werden dem Windows-Programm also durch Botschaften signalisiert. Die Botschaften werden durch ganze Zahlen identifiziert, für die Konstanten mit sinnvollen Namen existieren. Es gibt weit über hundert verschiedene Botschaften, z. B.

♦ das Drücken einer Taste der Tastatur (Botschaft WM_CHAR, WM_ steht in allen Bezeichnern für "Windows Message"),

♦ Maus-Botschaften wie WM_MOUSEMOVE (Mouse wurde bewegt), WM_LBUTTON-DOWN (linke Maustaste wurde gedrückt) usw.,

♦ WM_COMMAND, ausgelöst z. B. durch Auswahl eines Menü-Angebots, Drücken eines Toolbar-Buttons oder ein "Child window" (Information an sein "Parent window"),

♦ Botschaften, die das Fenster selbst betreffen (WM_CREATE beim Erzeugen, WM_QUIT beim Schließen eines Fensters, WM_PAINT, wenn es eine "Auffrischung" benötigt, weil verdeckte Teile wieder frei sind, usw.).

Eine Botschaft wird in einer Struktur vom Typ **MSG** verwaltet, die eine Reihe von Zusatzinformationen enthält, z. B. einen Identifikator des Fensters, für das die Botschaft bestimmt ist, die aktuellen Cursor-Koordinaten, für die WM_CHAR-Botschaft die Information, welche Taste gedrückt wurde, und bei WM_COMMAND-Botschaften die Information, welches Kommando (z. B.: Identifikator eines Menü-Angebots) ausgeführt werden soll.

Ein auffälliger (aber eher formaler) Unterschied zu einem Nicht-Windows-Programm in C bzw. C++ ist, daß das Hauptprogramm eines echten Windows-Programms **WinMain** (exakt in dieser Schreibweise) heißt. In **WinMain** wird das Hauptfenster des Programms erzeugt, danach betreibt **WinMain** eine Endlos-Schleife, die Botschaften von Windows entgegennimmt und erst endet, wenn eine spezielle Botschaft (WM_QUIT, Arbeit des Programms beenden) eintrifft. Die in **WinMain** entgegengenommenen Botschaften werden an eine spezielle Funktion, die "Fenster-Funktion", weitergeleitet, die sie schließlich bearbeitet.

Die wesentliche Arbeit in Windows-Programmen wird in Fenster-Funktionen erledigt, die als sogenannte **"Call back functions" nicht aus dem Anwenderprogramm**, sondern immer von Windows aufgerufen werden. Auch **WinMain** darf die empfangenen Botschaften nicht direkt an die Fenster-Funktion weitergeben, der "Dienstweg" über Windows muß eingehalten werden. Dies ist ein besonders markanter Unterschied zur "klassischen Programmierung":

> In einem Windows-Programm muß für jedes Fenster eine Funktion existieren ("Fenster-Funktion"), die nicht direkt von einer anderen Funktion des Programms aufgerufen werden darf. Sie bearbeitet die Botschaften, die an das Fenster gesendet werden.

Es existiert in jedem Windows-Programm mindestens eine Fenster-Funktion, die Botschaften entgegennimmt und entscheidet, ob sie eine Aktion (Aufruf eines "Message handlers") einleiten oder die Botschaft ignorieren will (in diesem Fall wird die Botschaft an den Standard-"Message handler" **DefWindowProc** weitergeleitet, der sie in der Regel aber auch nur ignoriert). Der C-Programmierer muß sich um diese Aktionen selbst kümmern (vgl. z. B. [Dank97]), indem in jeder Fenster-Funktion eine **switch**-Anweisung die ankommenden Botschaften auf die "Message handler" verteilt, der C++-Programmierer kann z. B. auf die umfangreiche Hilfe der "Microsoft foundation classes" zurückgreifen.

7.2   Windows-C++-Programmierung mit "Microsoft foundation classes"

In den ersten Jahren der Windows-Programmierung wurden die meisten Programme in C geschrieben. Dem C-Programmierer wurde eine große Anzahl von Funktionen im sogenannten Windows-API ("Applications programming interface") bereitgestellt. Sehr schnell zeigte sich jedoch, daß die Philosophie der objektorientierten Programmierung in ganz besonderem Maße für die Windows-Programmierung geeignet ist. Für ein effektives Arbeiten mit C++ ist allerdings eine leistungsfähige Klassen-Bibliothek erforderlich (natürlich kann man auch C++-Programmierung mit dem Windows-API betreiben, aber das wäre wahrlich nicht im Sinne der objektorientierten Programmierung). Die gegenwärtig am weitesten verbreiteten Klassen-Bibliotheken für die Windows-Programmierung sind Microsofts MFC ("Microsoft foundation classes") und Borlands OWL ("Object Windows library"). Hier werden die MFC verwendet.

Die "Microsoft foundation classes" bieten dem Programmierer das "objektorientierte Interface" für die Windows-Programmierung. Für den Umsteiger, der vorher Windows-C-Programmierung mit dem Windows-API betrieben hat, erweist es sich als erheblicher Vorteil, daß er viele vertraute Bezeichnungen wiederfindet (ein Rechteck, das mit der Funktion **Rectangle** gezeichnet wurde, die ein "Handle auf einen Device context" erwartete, wird nun mit der Member-Funktion **CDC::Rectangle** gezeichnet, und der "Device Context" wird durch das Objekt repräsentiert, mit dem die Funktion aufgerufen wird). Tatsächlich ist vieles aus dem Windows-API nur in Klassen "verpackt" worden (Original-Ton des Microsoft-Manuals: "wrapped"), aber die Verpackung erleichtert dem Programmierer die Arbeit wesentlich.

Weil außerdem versucht wurde, alles das in den MFC "zu verstecken", was der Programmierer nicht unbedingt sehen muß, weil ohnehin in weiten Passagen in jedem Windows-Programm ähnlicher Code steckt, werden die selbst zu schreibenden Anteile deutlich geringer. Daß zu dem "versteckten Code" sogar die Funktion **WinMain** gehört, verwundert den Umsteiger von der C-Programmierung weniger, weil er selbst den Code für diese Funktion von einem Windows-C-Programm zum nächsten annähernd unverändert übernehmen konnte. Weil zu MS-Visual-C++ aber auch der MFC-Quellcode gehört, kann sich der interessierte Programmierer jederzeit ansehen, was alles von den MFC für sein spezielles Programm spendiert wurde.

Im folgenden Abschnitt wird man feststellen, daß das Gerüst, das noch geschrieben werden muß, angenehm klein ist, weil die Klassen, für die Objekte zwingend erzeugt werden müssen, den größten Teil ihrer Funktionalität von Basisklassen der MFC erben. In diesem Kapitel wird das Programmgerüst noch "von Hand" erzeugt. Das hat nicht nur didaktische Gründe, denn es ist ein durchaus gangbarer Weg, "nur" die Vorteile zu nutzen, die durch das Verwenden der MFC gegeben sind.

Die Alternative dazu ist die im Kapitel 8 vorgestellte Verwendung von "Assistenten" des Entwicklungssystems, mit denen unter anderem auch noch das Programmgerüst automatisch erstellt werden kann. Dies hat den wahrlich nicht zu unterschätzenden Vorteil, daß damit (zum "Nulltarif") eine Menge zusätzlicher Funktionalität sofort vorhanden ist. Andererseits ist man gezwungen, die von den "Assistenten" erzeugte Programm-Architektur zu akzeptieren. Der Leser sollte in der Lage sein, die wichtige (und immer am Anfang stehende) Entscheidung selbst treffen zu können, ob er die Dienste von "Assistenten" in Anspruch nehmen möchte. Der Autor kann (und nun doch auch aus didaktischen Gründen) die Durcharbeitung der beiden Kapitel (in der "natürlichen" Reihenfolge) nur empfehlen.

7.3   Das minimale Programmgerüst eines MFC-Programms

Das Programm **minimfc.cpp**, das in diesem Abschnitt entwickelt wird, bringt nur ein leeres
Fenster auf den Bildschirm, das allerdings bewegt, verkleinert, vergrößert und geschlossen
werden kann, weil die "Fensterklasse" diese Funktionalität von einer MFC-Fensterklasse erbt.
Das sehr kleine Programm wird in allen Details ausführlich erläutert.

Ein C++-Windows-Programm auf MFC-Basis muß mindestens zwei Klassen deklarieren und
je ein Objekt dieser Klassen erzeugen:

♦ Ein Objekt der **Applikationsklasse** repräsentiert das eigentliche Anwendungs-Programm.
  Die Applikationsklasse (hier wird der Name **CMiniMfcApp**[2] gewählt) muß aus der
  Basisklasse **CWinApp** abgeleitet werden.

♦ Ein Objekt einer **Fensterklasse** für das Hauptfenster wird im nachfolgenden Programm als
  Instanz der Klasse erzeugt, der der Name **CMainFrame** gegeben wird. Diese wird aus der
  MFC-Klasse **CFrameWnd** abgeleitet, dies ist eine von mehreren verfügbaren Basis-
  klassen, die dafür geeignet wären.

Nachfolgend wird die Header-Datei gelistet, die die beiden Klassen-Deklarationen enthält:

Header-Datei minimfc.h

```
#include <afxwin.h>
class CMiniMfcApp : public CWinApp
{
    public:
        virtual BOOL InitInstance () ;
} ;
class CMainFrame : public CFrameWnd
{
    public:
        CMainFrame () ;
} ;
```

Ende der Header-Datei minimfc.h

♦ MFC-Programme müssen die Header-Datei **afxwin.h** einbinden. Es ist eine Datei mit
  mehreren tausend Zeilen, die selbst noch andere große Dateien inkludiert (z. B. auch die
  Riesen-Datei **windows.h**, die dem Windows-C-Programmierer vertraut sein dürfte).

♦ Die Applikationsklasse **CMiniMfcApp** erbt alles, was unbedingt erforderlich ist, von
  CWinApp. Die virtuelle Member-Funktion **InitInstance** sollte grundsätzlich von der
  Applikationsklasse des Programms überladen werden, weil sie in der **CWinApp**-Version
  kein Fenster erzeugt (sie macht übrigens überhaupt nichts, wie man sich in **appcore.cpp**
  überzeugen kann, den Quellcode findet man bei MS-Visual-C++, Version 5.0, auf der
  Installations-CD im Directory \DEVSTUDIO\Vc\Mfc\Src). **InitInstance** ist der geeignete
  Ort, um Parameter der Applikation zu initialisieren (wird im nachfolgend gelisteten
  Programm **minimfc.cpp** nicht genutzt) und um das Hauptfenster zu erzeugen und auf den

---

[2]Die Namen werden hier absichtlich schon so gewählt, wie sie vom "Anwendungs-Assistenten" (beschrieben
im Kapitel 8) automatisch generiert werden: Für ein Projekt **MiniMfc** wird eine Applikationsklasse **CMiniMfcApp**
erzeugt.

Bildschirm zu bringen (ein Windows-Programm kann bekanntlich in mehreren "Instanzen" parallel laufen, **InitInstance** wird beim Start jeder Instanz des Programms aufgerufen).

♦ Die Klasse **CMainFrame** (hier abgeleitet aus der Klasse **CFrameWnd**, die selbst aus **CWnd** abgeleitet wird), ist durch ihre "Ahnenreihe" ausgesprochen üppig ausgestattet, so daß für sie hier nur ein Konstruktor vorgesehen wird.

Die Implementationen der beiden Member-Funktionen findet man in der Datei **minimfc.cpp**:

Datei minimfc.cpp

```
#include "minimfc.h"

CMiniMfcApp   theApp ;                    // Globales Objekt
BOOL CMiniMfcApp::InitInstance ()         // ... wird aus WinMain aufgerufen
{
    m_pMainWnd = new CMainFrame ;
    m_pMainWnd->ShowWindow (m_nCmdShow) ;
    return TRUE ;
}
CMainFrame::CMainFrame ()                 // Konstruktor der Hauptfensterklasse
{
    Create (NULL , "Programm MINIMFC") ;
}
```

Ende der Datei minimfc.cpp

♦ Vom Typ der Applikationsklasse (hier: **CMiniMfcApp**) wird <u>genau eine</u> globale Instanz ("the one and only") erzeugt (hier: **theApp**, zur Namenswahl vgl. Fußnote auf der vorigen Seite). Zur Erinnerung: Globale Instanzen werden vor der Abarbeitung des Hauptprogramms erzeugt (vgl. Abschnitt 2.3.2), so daß der Konstruktor von **CWinApp** die ersten Aktionen des Programms ausführt, z. B. werden verschiedene Windows-Variablen initialisiert, insbesondere wird einer globalen Variablen der Pointer auf die Instanz **theApp** zugewiesen (ist im **CWinApp**-Konstruktor als **this**-Pointer verfügbar). Auf diesen Pointer kann bei Bedarf (wird in diesem Programm nicht explizit genutzt) mit der ebenfalls globalen Funktion **AfxGetApp** zugegriffen werden.

♦ Anschließend startet die Funktion **WinMain**, die auf die Member-Funktionen der Applikationsklasse **CMiniMfcApp** zugreifen kann, indem sie über **AfxGetApp** den Pointer auf das bereits erzeugte **theApp** ermittelt (bis auf die überladene Member-Funktion **InitInstance** sind dies in diesem Fall ausschliesslich die von **CWinApp** geerbten Funktionen). Nach dem Aufruf von **InitInstance** ruft **WinMain** die Funktion **CWinApp::Run**, die die im Abschnitt 7.1 erwähnte Schleife betreibt, die die Botschaften entgegennimmt.

♦ Aus **WinMain** wird also die virtuelle Funktion **InitInstance** aufgerufen, die in **CMiniMfcApp** überladen wurde, so daß **CMiniMfcApp:InitInstance** abgearbeitet wird. Mit

```
m_pMainWnd = new CMainFrame ;
```

wird zunächst ein Objekt der Fensterklasse **CMainFrame** erzeugt. Da für diese Klasse ein Konstruktor bereitgestellt wurde, wird dieser abgearbeitet und kreiert mit seiner einzigen Anweisung (siehe Beschreibung weiter unten)

```
Create (NULL , "Programm MINIMFC") ;
```

ein Fenster (ohne es auf den Bildschirm zu bringen). Der von **new** gelieferte Pointer auf das Fenster-Objekt wird in der Variablen **m_pMainWnd** abgelegt, die **CMiniMfcApp** von **CWinApp** erbt (in der Version 5.0 ist diese Variable in die Klasse **CWinThread** verlegt worden, diese ist Basisklasse von **CWinApp**). Weil **m_pMainWnd** eine **public**-Variable ist, kann aus der abgeleiteten Klasse direkt auf sie zugegriffen werden.

Mit dem Pointer **m_pMainWnd** kann man auf alle (geerbten) Member-Funktionen der Fensterklasse zugreifen, hier wird nur die Funktion **ShowWindow** aufgerufen, die das Fenster auf den Bildschirm bringt. Das Argument **m_nCmdShow**, mit dem **ShowWindow** aufgerufen wird, wurde von **CWinApp** geerbt, ist dort **public** deklariert, und deshalb kann direkt auf diese Variable zugegriffen werden. Sie hat in **WinMain** einen Wert bekommen, der bestimmt, wie das Fenster dargestellt werden soll (z. B. "normal", "minimiert" usw., die möglichen Werte entnimmt man z. B. der Online-Hilfe).

♦ Die Member-Funktion **Create**, die im Konstruktor **CMainFrame::CMainFrame** aufgerufen wird, ist von **CFrameWnd** geerbt worden. Von insgesamt 8 Argumenten, die **Create** übernehmen kann, sind die letzten 6 mit Default-Werten vorbelegt. In diesem Programm wurden nur die beiden "Pflicht-Argumente" übergeben: Für das erste Argument, den Namen der Fensterklasse (String), wird auch der NULL-Pointer akzeptiert, dann wählt **Create** eine Fensterklasse, die "am besten zu den übergebenen Argumenten paßt". Das zweite Argument legt die Fenster-Überschrift fest.

Das Erzeugen eines ausführbaren Programms wird hier kurz für das Arbeiten mit der integrierten Entwicklungsumgebung von MS-Visual-C^{++} (Version 5.0) beschrieben (Hinweise für das Arbeiten mit anderen Versionen findet man in den Dateien, die man über die im Abschnitt 1.2 angegebene Internet-Adresse beziehen kann).

Wenn man den Quellcode selbst schreiben möchte, könnte man im "Developer studio" folgendermaßen vorgehen:[3]

♦ Erzeugen eines neuen Projekts (**Datei | Neu | Projekte**), **Win32 Application** wählen (Achtung, das ist neu, bis einschließlich Kapitel 6 mußte immer **Win32 Console Application** gewählt werden), Einstellen des **Pfad**s, unter dem das Projekt-Directory angelegt werden soll, Eingeben eines **Projektname**ns (z. B.: **Minimfc**), **OK**.

♦ **Datei | Neu | Dateien**, **C/C++-Header-Datei** wählen, **Dateiname**n eingeben (**minimfc**, Extension wird automatisch hinzugefügt), **OK**, Quelltext der Header-Datei (Deklarationen der Klassen) eingeben.

♦ **Datei | Neu | Dateien**, **C/C++-Quellcodedatei** wählen, **Dateiname**n eingeben (**minimfc**, Extension wird automatisch hinzugefügt), **OK**, Quelltext der Implementations-Datei (Implementationen der Member-Funktionen) eingeben.

♦ **Projekt | Einstellungen... | Allgemein**, (Achtung, neu!) unter **Microsoft Foundation Classes** die Einstellung ändern in **MFC in einer gemeinsam genutzten DLL verwenden**, **OK**.

♦ **Erstellen | Alles neu erstellen**. Bei Fehlern, die der Compiler anzeigt, landet man nach Doppelklick auf die Fehlerausschrift direkt in der Programmzeile, in der der Fehler

---

[3]Hier werden die Menü-Kommandos gelistet. Man achte darauf, welche Menü-Angebote "Shortcuts" offerieren oder ein Symbol anzeigen, das man auf einem Toolbar-Button wiederfindet. Damit geht es schneller.

erkannt wurde. In diesem Fall wird nach Korrektur des Fehlers **Erstellen | Minimfc.exe erstellen** gewählt, und der Compilier-Vorgang wird wiederholt.

♦ Wenn der Compiler keine Fehler findet, wird automatisch der Linker aufgerufen, der das ausführbare Programm erstellt. Mit **Erstellen | Ausführen von Minimfc.exe** wird das Programm gestartet. Es zeigt ein leeres Fenster mit der (über **Create** festgelegten) Überschrift. Die nebenstehende Abbildung zeigt, daß der Button für das Menü (in der linken oberen Ecke) bereits funktioniert.

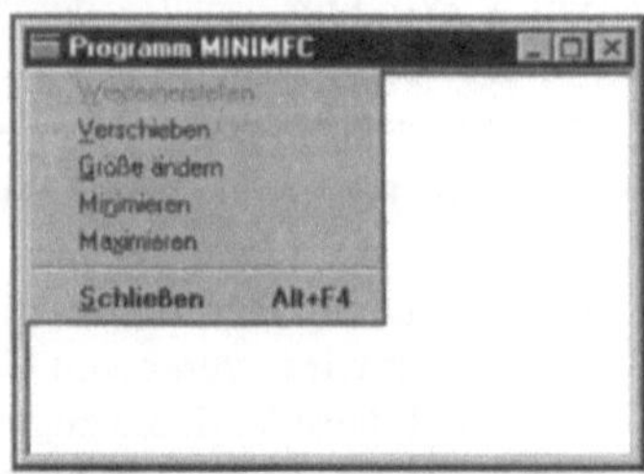

Ein leeres Fenster, das aber als solches schon funktioniert

Wenn man den Quellcode nicht selbst schreiben möchte, weil man ihn über die im Abschnitt 1.2 angegebene Internet-Adresse besorgt hat, kann man die entsprechenden oben angegebenen Passagen auslassen, muß dann aber die Dateien (mindestens die Datei **minimfc.cpp**) in das Projekt einfügen: **Projekt | Dem Projekt hinzufügen | Dateien**, in der sich öffnenden Dialog-Box werden die Dateien ausgewählt (eventuell mehrere Dateien "einsammeln" wie unter Windows), **OK**.

7.4   Bearbeiten von Botschaften, Beispiel: WM_PAINT

7.4.1   "Message maps"

Die Programmiersprache C++ bietet mit dem Konzept der virtuellen Funktionen eigentlich genau die Technik an, die eine elegante Lösung für das Bearbeiten von Botschaften erlaubt: In den Basisklassen werden für die Bearbeitung aller Botschaften virtuelle Member-Funktionen definiert, die die Botschaften dann bearbeiten (gegebenenfalls ignorieren), wenn sie nicht von entsprechenden Member-Funktionen der abgeleiteten Klassen überlagert sind. Der Programmierer schreibt also für genau die Botschaften, die sein Programm bearbeiten soll, die Behandlungsroutinen als Member-Funktionen der abgeleiteten Klassen.

Bis auf die letzte Aussage ("Programmierer schreibt für die Botschaften, die sein Programm behandeln soll, eigene Member-Funktionen") wird diese schöne (von der Programmiersprache C++ unterstützte) Strategie in den "Microsoft foundation classes" leider nicht verfolgt. Der Grund ist der "Overhead", der beim Arbeiten mit virtuellen Funktionen unvermeidlich ist, um einem Aufruf die jeweils richtige Member-Funktion zuzuordnen. Bei der Unzahl von Botschaften, die ständig gesendet werden, würde dies zweifellos zu einem beträchtlichen Geschwindigkeitsverlust führen.

Die Zuordnung der Botschaften zu ihren Behandlungsroutinen erfolgt über ein sehr feinsinniges Konzept mit sogenannten **"Message maps"**, die in den Klassen angesiedelt sein müssen, in denen die Botschaften bearbeitet werden sollen. Glücklicherweise stellt MS-Visual-C++ geeignete Makros zur Verfügung, mit denen die entsprechenden Eintragungen in den Klassen vom Präprozessor generiert werden. Der Programmierer braucht nur die Verwendung dieser Makros zu kennen und darf darauf vertrauen, daß der entsprechende C++-Code in geeigneter Weise erzeugt wird und auch funktioniert.

Das nachfolgende Beispiel-Programm, eine weitere Version des "Hello, World"-Klassikers, demonstriert diese Technik[4] am Beispiel der Bearbeitung der Botschaft WM_PAINT (diese besonders wichtige Botschaft nimmt eine Sonderstellung ein), zunächst das Listing der gegenüber dem minimalen Programmgerüst aus dem Abschnitt 7.3 nur unwesentlich erweiterten Header-Datei:

Header-Datei hllw1mfc.h

```
#include <afxwin.h>
class CHllw1MfcApp : public CWinApp
{
    public:
        virtual BOOL InitInstance () ;
} ;
class CMainFrame : public CFrameWnd
{
    public:
        CMainFrame () ;
    protected:
        afx_msg void OnPaint () ;
        DECLARE_MESSAGE_MAP   ()      // Makros nicht durch Semikolon abschließen!
} ;
```

Ende der Header-Datei hllw1mfc.h

Die Fensterklasse, für die die Botschaft bestimmt ist (hier: **CMainFrame**), muß für die Bearbeitung eingerichtet werden. Das betrifft die Deklaration (siehe oben) und die Implementation, die man in der Datei **hllw1mfc.cpp** findet:

Datei hllw1mfc.cpp

```
#include "hllw1mfc.h"
CHllw1MfcApp  theApp ;
BOOL CHllw1MfcApp::InitInstance ()
{
    m_pMainWnd = new CMainFrame ;
    m_pMainWnd->ShowWindow (m_nCmdShow) ;
    m_pMainWnd->UpdateWindow () ;
    return TRUE ;
}
// Von den drei folgenden Makros wird der Code für die Zuordnung der Botschaften
// zu ihren Behandlungsroutinen (hier nur für die Botschaft WM_PAINT) erzeugt:
BEGIN_MESSAGE_MAP (CMainFrame , CFrameWnd)
    ON_WM_PAINT ()
END_MESSAGE_MAP ()
```

---

[4]Hier wird nur die Realisierung des "Routings" mit "Message maps" mit Hilfe der verfügbaren Makros beschrieben. Der Leser, den es interessiert, wie dies nun tatsächlich funktioniert, hat mehrere Möglichkeiten, tiefer in diese Materie einzudringen: Die Makros sind in der Header-Datei **afxwin.h** zu besichtigen, der Code in der Member-Funktion **wincore.cpp** (gehört alles zum Lieferumfang von MS-Visual-C[++]). Außerdem kann man sich den vom Präprozessor erzeugten Code ansehen (Compiler-Schalter /E). Das alles ist ziemlich mühsam. Eine recht kurze Darstellung der Arbeitsweise der "Message maps" findet man z. B. in [Pros96].

```
CMainFrame::CMainFrame ()
{
    Create (NULL , "Programm HLLW1MFC") ;
}
void CMainFrame::OnPaint ()
{
    CPaintDC    dc (this) ;
    CRect            rect  ;
    GetClientRect (&rect) ;
    dc.DrawText ("Hello MFC-World!" , -1 , &rect ,
                 DT_SINGLELINE | DT_CENTER | DT_VCENTER) ;
}
```

Ende der Datei hllw1mfc.cpp

Das Programm **hllw1mfc.cpp** demonstriert den Weg einer Botschaft (hier: WM_PAINT, "Inhalt des Fensters muß aktualisiert werden") zu ihrem "Message handler" (Behandlungsroutine, hier die Member-Funktion **CMainFrame::OnPaint**). An vier Stellen müssen dafür Eintragungen vorgesehen werden:

♦ Die Member-Funktion, die die Botschaft bearbeiten soll (hier: **OnPaint**) muß in der abgeleiteten Fensterklasse (hier: **CMainFrame**), deklariert werden:

afx_msg void OnPaint () ;

... im **protected**-Bereich der Klassen-Deklaration (weitere Erläuterungen siehe unten).

♦ Das Makro (ebenfalls im **protected**-Bereich der Klassen-Deklaration)

DECLARE_MESSAGE_MAP ()

erzeugt die Deklarationen für die über Makros generierten Member-Funktionen. Es muß genau einmal eingetragen werden, wenn Botschaften ihren Behandlungsroutinen zugeordnet werden sollen (also praktisch immer).

♦ Die Implementation der "Message maps" (es werden Member-Funktionen und Daten erzeugt) ist immer von den beiden Makros **BEGIN_MESSAGE_MAP** und **END_MESSAGE_MAP** eingerahmt. Weil hier nur eine Botschaft bearbeitet werden soll, steht zwischen beiden Makros nur ein weiteres Makro:

```
BEGIN_MESSAGE_MAP (CMainFrame , CFrameWindow)
    ON_WM_PAINT ()
END_MESSAGE_MAP
```

♦ Schließlich muß die "Message handler"-Funktion (hier: **CMainFrame::OnPaint**) implementiert werden. Die Implementation wird im Abschnitt 7.4.2 behandelt.

Der tatsächlich von den Makros erzeugte Code ist für den Programmierer weitgehend uninteressant. Er muß die vier oben genannten Punkte beachten, die noch einiger ergänzender Bemerkungen bedürfen:

♦ Zur Behandlung der WM_PAINT-Botschaft **muß** eine Member-Funktion **OnPaint** verwendet werden, die keine Argumente übernimmt. Welche Member-Funktion zu welcher Botschaft gehört und welche Argumente übergeben werden, muß man dem Handbuch oder der Online-Hilfe entnehmen.

♦ Das **afx_msg** vor der Deklaration der Member-Funktion hat keine nennenswerte Funktionalität, dient dem Programmierer als Erinnerung dafür, daß der Aufruf der

Funktion über die "Message maps" erfolgt, wird vom Präprozessor ersatzlos entfernt und könnte auch im Programm gleich weggelassen werden (der "Anwendungs-Assistent" erzeugt das **afx_msg** automatisch, deshalb wurde es auch hier verwendet).

♦ Für die meisten **WM_**-Botschaften gilt folgende Namenszuordnung: Der Name der Behandlungsroutine (Message handler) entsteht durch Ersetzen von **WM_** durch **On**, die nachfolgenden Großbuchstaben werden bis auf die Anfangsbuchstaben von Worten durch Kleinbuchstaben ersetzt, z. B.: Zur Botschaft WM_PAINT gehört die Funktion **OnPaint**, zur Botschaft WM_RBUTTONDOWN gehört die Funktion **OnRButtonDown**.

Im Zweifelsfall sollte man schon deshalb im Handbuch oder der Online-Hilfe nachsehen, weil man sich über die ankommenden Parameter informieren muß. Diese werden in einer adäquaten Form, die zur Botschaft paßt, übergeben.

♦ Man beachte, daß die Makrozeilen NICHT durch ein Semikolon abgeschlossen werden.

♦ Die beiden Argumente des Makros **BEGIN_MESSAGE_MAP** identifizieren die Klasse, für die die Behandlungsroutinen geschrieben werden, und deren Basisklasse. Damit wird eine Strategie des Durchsuchens der Klassen nach Behandlungsroutinen für Botschaften sichtbar: Wenn in einer "Message map" einer Klasse kein Eintrag gefunden wird, kann die "Message map" der Basisklasse durchsucht werden, die gegebenenfalls wieder auf ihre Basisklasse verweist.

♦ Zwischen **BEGIN_MESSAGE_MAP** und **END_MESSAGE_MAP** stehen Makros, jeweils eins für eine zu behandelnde Botschaft. Für die meisten **WM_**-Botschaften gilt, daß der Makroname durch Voranstellen von **ON_** gebildet wird und daß die Makros keine Argumente erwarten, zur Botschaft WM_PAINT gehört also das Makro **ON_WM_PAINT** (). Diese Aussage gilt z. B. nicht für die WM_COMMAND-Botschaft, mit der in Abhängigkeit von Identifikatoren unterschiedliche Behandlungsroutinen angesteuert werden sollen. Das dazu gehörende Makro **ON_COMMAND** verarbeitet zwei Argumente (Identifikator und anzusteuernde Member-Funktion).

Im Vergleich mit dem Programm **minimfc.cpp** aus dem Abschnitt 7.3 findet man auch in der Funktion **InitInstance** der Applikationsklasse eine kleine Ergänzung:

```
m_pMainWnd->UpdateWindow () ;
```

... schickt an das Fenster die Botschaft WM_PAINT, so daß das Neuzeichnen des Fenster-Inhalts bereits beim Programmstart ausgelöst wird.

7.4.2 Der "Device context"

Weil Windows eine graphische Oberfläche hat, wird auch auszugebender Text wie Graphik behandelt. Der Programmierer wird durch zahlreiche Funktionen für die Ausgabe unterstützt, die im sogenannten **GDI** ("Graphics device interface") zusammengefaßt sind. Das GDI gestattet eine weitgehend geräteunabhängige Codierung der Graphik-Ausgabe, indem zwischen Programm und Gerätetreiber ein **"Device context"** gelegt wird.

In den "Microsoft foundation classes" ist die ganz besonders üppig ausgestattete Klasse **CDC** für die Verwaltung der "Device context"-Daten und die Realisierung der Operationen (weit über 100 Member-Funktionen) verfügbar. Mit der Konstruktion eines **CDC**-Objektes (oder einer Instanz einer von **CDC** abgeleiteten Klasse) ist ein kompletter "Device context" verfügbar, der für alle denkbaren Zeichenattribute (Farben, "Zeichenstift"-Positionen, Füllmuster, "Clipping"-Gebiete usw.) sinnvolle Default-Werte festlegt, mit denen sofort die Zeichenaktionen ausgeführt werden können. Der Programmierer muß (über **CDC**-Member-Funktionen) nur die Argumente ändern, die von den Voreinstellungen abweichen sollen.

Die Botschaft WM_PAINT nimmt unter den zahlreichen Windows-Botschaften eine gewisse Sonderstellung ein (wird z. B. ausgelöst, wenn sich die Größe des Fensters geändert hat, wenn verdeckte Teile des Fensters wieder sichtbar werden, beim "Scrollen" des Fensters mit den Bildlaufleisten usw.). Deshalb existiert (ausschließlich für die Bearbeitung der Botschaft WM_PAINT in der Behandlungsroutine **OnPaint**) eine spezielle Klasse **CPaintDC**, die von **CDC** abgeleitet ist. In **OnPaint** wird also im Regelfall ein **CPaintDC**-Objekt erzeugt, wie z. B. im Programm **hllw1mfc.cpp** aus dem Abschnitt 7.4.1:

```
void CMainFrame::OnPaint ()
{
    CPaintDC    dc (this)   ;
    CRect           rect    ;
    GetClientRect (&rect)   ;
    dc.DrawText ("Hello, MFC-World!" , &rect ,
                DT_SINGLELINE | DT_CENTER | DT_VCENTER) ;
}
```

♦ Der Konstruktor von **CPaintDC** erwartet (zwingend) einen Pointer auf das Fenster-Objekt, für das der "Device context" bereitgestellt werden soll. Dies ist das **CMainFrame**-Objekt, mit dem **OnPaint** aufgerufen wird, deshalb wird der **this**-Pointer übergeben.

♦ Mit dem **CPaintDC**-Objekt (hier gewählter Name: **dc**) können nun alle **CDC**-Funktionen genutzt werden. In diesem Fall wird nur die **CDC**-Member-Funktion **DrawText** aufgerufen, mit der ein Text in einen anzugebenden Rechteck-Bereich geschrieben wird.

♦ Das erste Argument, das an **DrawText** übergeben wird, ist der auszugebende Text, das zweite Argument kennzeichnet den Rechteck-Bereich (Pointer auf ein **CRect**-Objekt), das letzte Argument ist eine Kombination von Bit-Flags, die die Art der Ausgabe bestimmen, hier: "Eine Zeile, horizontal und vertikal in der Mitte des Rechtecks". Weitere Informationen liefern das Manual oder die Online-Hilfe.[5]

♦ Die MFC-Klasse **CRect** verwaltet einen Rechteck-Bereich, der durch vier **int**-Werte beschrieben wird (**left, top, right, bottom**). Die von **CWnd** geerbte Member-Funktion **GetClientRect** erwartet einen Pointer auf ein solches Objekt und liefert die Eck-Koordinaten der "Netto-Zeichenfläche" des Fensters ("Client area", tatsächlicher Zeichenbereich ohne Fensterrand, Bildlaufleisten usw.). Weil das Koordinatensystem in der linken oberen Ecke der "Client area" liegt (positive Achsen nach rechts bzw. unten zeigend), werden für **top** und **left** jeweils **0** abgeliefert.

---

[5]Es ist gewiß ganz lehrreich, das Manual oder die Online-Hilfe zu konsultieren: **CDC::DrawText** ist eine überladene Funktion, die vier bzw. drei Parameter erwartet. Bei vier Parametern muß Parameter 1 ein String sein, bei drei Parametern (wie hier verwendet) ein Objekt der MFC-Klasse **CString**. Die Klasse **CString** arbeitet ähnlich wie die Klasse **ClString**, die in den Kapiteln 2 und 3 dieses Buchs entwickelt wurde. Daß auf der Position, auf der ein **CString**-Objekt erwartet wird, trotzdem ein normaler C-String angeliefert werden darf, liegt daran, daß die Klasse **CString** (wie **ClString**, vgl. Abschnitt 3.4.3) einen Konstruktor hat, der nur ein Argument mit genau diesem Typ erwartet. Dieser übernimmt die Konvertierung.

Der nebenstehende Bildschirm-Schnappschuß zeigt die Ausgabe des Programms **hllw1mfc.cpp**. Bei jeder Änderung der Größe des Fensters wird die Botschaft WM_PAINT ausgelöst, die von **CMainFrame::OnPaint** den gesamten Fenster-Inhalt neu zeichnen läßt. Weil jeweils mit **CWnd::GetClientRect** die aktuellen Abmessungen der Zeichenfläche eingeholt werden, kann **CDC::DrawText** in die Mitte dieses Rechtecks zeichnen.

7.4.3 Farben, GDI-Objekte, zeichnende CDC-Funktionen

Wenn in der Funktion **OnPaint** ein "Device context" durch Konstruktion eines **CPaintDC**-Objektes erzeugt wird, beziehen sich zunächst alle Koordinaten-Angaben auf ein Koordinatensystem mit dem Ursprung in der linken oberen Ecke der "Client area". Die Achsen sind nach rechts bzw. nach unten gerichtet, die Koordinaten-Einheit ist "Pixel". In diesem Abschnitt wird ausschließlich mit diesem Koordinatensystem gearbeitet.

Das Zusammenspiel der zeichnenden **CDC**-Funktionen mit den im "Device context" gespeicherten Informationen und deren Modifikationen (ebenfalls durch **CDC**-Funktionen) soll an einigen einfachen Zeichenaktionen demonstriert werden (realisiert jeweils als Erweiterung der Funktion **CMainFrame::OnPaint** des Programms **hllw1mfc.cpp** aus dem Abschnitt 7.4.2). Mit dem **CPaintDC**-Objekt **dc** wird z. B. von

```
dc.Rectangle (&rect) ;
```

ein "gefülltes Rechteck" gezeichnet (**rect** ist ein **CRect**-Objekt oder eine **RECT**-Struktur). Dafür werden zwei voreingestellte **"GDI-Objekte"** verwendet, ein "Pen" (zeichnet schwarze durchgezogene Linie, ein Pixel breit) für das Zeichnen des Randes und ein "Brush" (Füllmuster, Voreinstellung ist eine weiße Fläche) für das Ausfüllen des Rechtecks.

Wenn nun ein von den Voreinstellungen abweichendes GDI-Objekt benutzt werden soll, muß es erzeugt und in den "Device context" eingesetzt werden. Dabei wird das vorher eingesetzte GDI-Objekt "verdrängt". Dies ist die einzige Möglichkeit der Änderung, denn der "Device context" muß immer komplett sein, um alle Ausgabeaktionen ausführen zu können. Das "eingesetzte GDI-Objekt" wird für alle nachfolgenden Aktionen verwendet, kann selbst also auch wieder nur "verdrängt" werden.

Bevor dies an Beispielen gezeigt werden kann, sind noch einige Bemerkungen zum Thema "Farben" erforderlich. Farben werden durch einen Wert vom Typ **COLORREF** festgelegt. Dies ist ein 4-Byte-Wert, von dem nur 3 Bytes genutzt werden, jeweils ein Byte für Rot-, Grün- und Blau-Anteil. Da mit einem Byte der Zahlenbereich **0...255** darstellbar ist, können so theoretisch 256^3 verschiedene Farben "gemischt" werden. Windows akzeptiert sie alle, verwendet aber die passendste auf dem Ausgabegerät darstellbare für die Ausgabe. Der Programmierer kann für das "Mischen" ein Makro benutzen. Mit

```
RGB (red , green , blue)
```

wird der **COLORREF**-Wert erzeugt, für **red**, **green** und **blue** sind ganze Zahlen aus dem Bereich **0...255** anzugeben, einige Beispiele:

```
RGB (   0 ,   0 ,   0)    --->   schwarz
RGB (   0 ,   0 , 255)    --->   blau
RGB (   0 , 255 ,   0)    --->   grün
RGB (   0 , 255 , 255)    --->   cyan
RGB (255 ,   0 ,   0)     --->   rot
RGB (255 ,   0 , 255)     --->   magenta
RGB (255 , 255 ,   0)     --->   gelb
RGB (255 , 255 , 255)     --->   weiß
RGB (128 ,  64 ,   0)     --->   braun
```

Die immer wieder vorkommende Aktion des Erzeugens und Einsetzens eines GDI-Objektes in den "Device context" wird hier am Beispiel eines "Brush"-Objektes erläutert. Folgende Schritte sind aber allgemein typisch auch für andere GDI-Objekte:

♦ **Das GDI-Objekt wird erzeugt.** Das kann in einem Schritt erfolgen, indem dem Konstruktor der Klasse alle Attribute übergeben werden. Bei GDI-Objekten, die kompliziert in der Beschreibung sind (wie z. B. **CFont**-Objekte, die einen Schriftfont repräsentieren), muß mindestens noch eine Member-Funktion zur kompletten Festlegung der Eigenschaften aufgerufen werden.

Ein "Brush" (Füllmuster) wird durch ein Objekt der Klasse **CBrush** repräsentiert. Diese besitzt einen mehrfach überladenen Konstruktor, so daß z. B. Schraffuren oder Bitmaps als Füllmuster festgelegt werden können. In der einfachsten Variante wird nur ein **COLORREF**-Argument übergeben, damit wird eine einfarbige Fläche ("Solid brush") als Füllmuster festgelegt:

```
CBrush cyanbrush (RGB (0 , 255 , 255)) ;
```

... erzeugt ein **CBrush**-Objekt für einfarbige gleichmäßige Flächenfüllung.

♦ **Das GDI-Objekt wird in den "Device context" eingesetzt.** Dafür eignet sich die mehrfach überladene Funktion **CDC::SelectObject**, die beliebige GDI-Objekte einsetzen kann. Als Argument wird ein Pointer auf das GDI-Objekt übergeben:

```
CBrush *oldbrush_p = dc.SelectObject (&cyanbrush) ;
```

... setzt **cyanbrush** in den "Device context" ein und liefert als Return-Wert einen Pointer auf das "verdrängte Objekt", der hier als **oldbrush_p** gespeichert wird.

♦ **Die nachfolgenden Zeichenaktionen verwenden das eingesetzte GDI-Objekt:**

```
dc.Rectangle (&rect) ;
```

... zeichnet z. B. ein "gefülltes Rechteck" mit "**cyanbrush**-Füllung".

♦ **Das GDI-Objekt muß wieder gelöscht werden und ist vorher vom "Device context" zu trennen.** Ein Objekt (wie hier am Beispiel demonstriert), das lokal in einer Funktion (auf dem Stack) erzeugt wird, wird beim Verlassen der Funktion automatisch gelöscht. Es kann nur vom "Device context" durch "Verdrängung" gelöst werden:

```
dc.SelectObject (oldbrush_p) ;
```

... ist die wohl beste Variante, **cyanbrush** wieder vom "Device context" zu trennen, indem der Zustand wiederhergestellt wird, der vor der gesamten Aktion bestand.

Wenn diese vier Zeilen im Programm **hllw1mfc.cpp** in **CMainFrame::OnPaint** nach dem Ermitteln der "Client area" mit **GetClientArea** eingefügt werden, beschreibt **rect** die gesamte Zeichenfläche des Fensters, das also dann farbig ausgefüllt wird. Der Rand des Rechtecks wird nach wie vor mit dem schwarzen "Standard-Pen" gezeichnet.

Die Ausgabe des Textes wird von einem geänderten "Brush" nicht beeinflußt. Er wird weiterhin mit den Standardwerten (schwarze Schrift auf weißem Hintergrund) ausgegeben, weil die Text-Attribute gesondert verwaltet werden. Dies kann z. B. mit

```
SetBkColor    (RGB (255 ,   0 ,   0)) ;    // ... setzt Hintergrundfarbe
SetTextColor (RGB (255 , 255 , 255)) ;    // ... setzt Textfarbe
```

geändert werden. Der Text wird danach weiß auf rotem Hintergrund geschrieben.

Das GDI-Objekt "Pen" wird durch ein Objekt der Klasse **CPen** repräsentiert. Auch der Konstruktor dieser Klasse ist mehrfach überladen, die wichtigste Variante wird mit drei Argumenten aufgerufen, z. B. erzeugt

```
CPen bluepen (PS_SOLID , 5 , RGB (0 , 0 , 255)) ;
```

einen "Zeichenstift", der eine durchgezogene, 5 Pixel breite blaue Linie zeichnet. Nur für den Fall der 1 Pixel breiten Linie sind neben **PS_SOLID** noch andere Linientypen zulässig, nur für diesen Fall sind für das erste Argument z. B. auch folgende Werte erlaubt: **PS_DASH** für das Zeichnen einer gestrichelten Linie, **PS_DOT** (Pünktchen), **PS_DASHDOT** oder **PS_DASHDOTDOT**.

Die Zwischenräume bei den Linientypen (außer bei **PS_SOLID**, da gibt es keine Zwischenräume) werden mit der Farbe ausgefüllt, die man mit **CDC::SetBkColor** setzen kann (Voreinstellung ist "weiß"). Dies gilt für den (voreingestellten) "Hintergrund-Modus" **OPAQUE**, der mit der Funktion **CDC::SetBkMode** auf **TRANSPARENT** umgestellt werden kann. Dann behalten die Zwischenräume die Farbe, die sie vorher hatten.

Im Programm **hllw2mfc.cpp** ist gegenüber dem Programm **hllw1mfc.cpp** (Abschnitt 7.4.1) nur die Funktion **CMainFrame::OnPaint** erweitert worden:

Ausschnitt aus der Datei hllw2mfc.cpp

```
void CMainFrame::OnPaint ()
{
    CPaintDC    dc (this)  ;
    CRect             rect  ;
    GetClientRect (&rect) ;
    CBrush cyanbrush (RGB (0 , 255 , 255)) ;
    CBrush *oldbrush_p = dc.SelectObject (&cyanbrush) ;
    dc.Rectangle      (&rect) ;                                    // 1
    CBrush yellowbrush (RGB (255 , 255 , 0)) ;
    dc.SelectObject      (&yellowbrush) ;
    CPen bluepen         (PS_SOLID , 5 , RGB (0 , 0 , 255)) ;
    CPen *oldpen_p = dc.SelectObject (&bluepen) ;
    dc.Ellipse (rect.right / 6        ,   rect.bottom / 6 ,        // 2
                (rect.right * 5) / 6 , (rect.bottom * 5) / 6) ;

    dc.SelectObject (oldpen_p) ;
    dc.MoveTo        (10 , 10)  ;                                  // 3
    dc.LineTo        (rect.right - 10 , 10) ;                      // 4

    CPen dashpen    (PS_DASH    , 1 , RGB (255 , 0 , 0)) ;         // 5
    CPen dotpen     (PS_DOT     , 1 , RGB (255 , 0 , 0)) ;
    CPen dashdotpen (PS_DASHDOT , 1 , RGB (255 , 0 , 0)) ;

    dc.SetBkMode      (TRANSPARENT) ;                             // 6

    dc.SelectObject (&dashpen) ;
    dc.LineTo        (rect.right - 10 , rect.bottom - 10) ;
    dc.SelectObject (&dotpen) ;
```

```
dc.LineTo          (10 , rect.bottom - 10) ;
dc.SelectObject    (&dashdotpen) ;
dc.LineTo          (10 , 10) ;
dc.SetBkMode       (OPAQUE) ;                                        // 7
dc.SetBkColor      (RGB (255 ,    0 ,    0)) ;
dc.SetTextColor    (RGB (255 , 255 , 255)) ;
dc.DrawText        (" Hello MFC-World! " , &rect ,
                    DT_SINGLELINE | DT_CENTER | DT_VCENTER) ;
dc.SelectObject    (oldbrush_p) ;
dc.SelectObject    (old_pen)    ;
}
```

Ende des Ausschnitts aus der Datei hllw2mfc.cpp

Die nebenstehende Abbildung zeigt das mit dieser Funktion **OnPaint** gefüllte Hauptfenster, so daß die Auswirkungen der oben gelisteten Anweisungen zu sehen sind (Farben müssen "erahnt" werden).

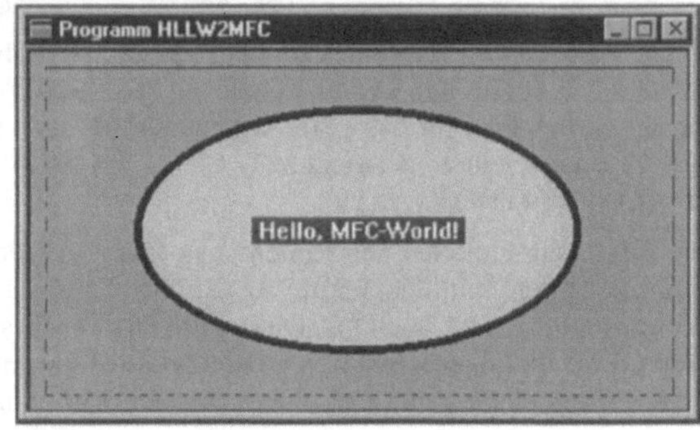

Einige (im Listing numerierte) Anweisungen wurden bisher noch nicht behandelt, andere müssen noch etwas ausführlicher erläutert werden. Dies geschieht nachfolgend in der angegebenen Reihenfolge:

♦ Die Funktion **CDC::Rectangle** ist überladen. Neben der als **//1** demonstrierten Variante steht noch eine Funktion mit folgendem Prototyp zur Verfügung:

```
BOOL Rectangle (int left , int top , int right , int bottom) ;
```

(der Datentyp **BOOL** kann die Werte **TRUE** (1) oder **FALSE** (0) annehmen).

♦ Die Funktion zum Zeichnen einer Ellipse **CDC::Ellipse** steht mit den gleichen beiden Aufruf-Varianten zur Verfügung wie **CDC::Rectangle**. Der übergebene Pointer auf das Rechteck bzw. die vier Koordinatenangaben beschreiben das "umschließende Rechteck" der Ellipse. In Zeile **//2** wird die letztgenannte Variante (vier Koordinaten) verwendet.

♦ Die beiden "Klassiker" der Graphik-Programmierung stehen als **CDC::MoveTo** bzw. **CDC::LineTo** zur Verfügung. Sie erwarten (z. B. Zeilen **//3** und **//4**) zwei Koordinaten (**int**-Werte) oder ein **CPoint**-Objekt (auch eine **POINT**-Struktur wird akzeptiert). **MoveTo** führt keine sichtbare Zeichenaktion aus (der "imaginäre Zeichenstift" wird zu dem angegebenen Punkt bewegt, der damit zum Startpunkt der nachfolgenden **LineTo**-Aktion wird). **LineTo** zeichnet eine gerade Linie vom eingestellten Startpunkt (vorangegangene **MoveTo**- oder **LineTo**-Aktion) zu dem durch die Argumente festgelegten Punkt.

♦ Mit Zeile **//5** und den beiden folgenden Zeilen werden drei rote "Pens" erzeugt, die unterschiedliche Linientypen erzeugen. Wenn der Linientyp nicht **PS_SOLID** ist, kann die Linie nur 1 Pixel breit sein.

♦ Mit der Programmzeile **//6**

```
dc.SetBkMode (TRANSPARENT) ;
```

wird der "Hintergrund-Modus" eingestellt. Dies bewirkt, daß für die nachfolgenden

Zeichenaktionen (drei gerade Linien mit unterschiedlichen Linientypen) die Zwischenräume nicht mit der eingestellten Hintergrundfarbe ausgefüllt werden (diese hätte zu diesem Zeitpunkt noch die Voreinstellung "Weiß"). Die mit den roten "Zeichenstiften" gezeichneten unterbrochenen Linien lassen also in den Zwischenräumen die vom Zeichnen des gefüllten Rechtecks hinterlassene Farbe "Cyan" unverändert.

♦ In der Programmzeile //7 wird der Hintergrund-Modus, der auch die Textausgabe beeinflußt, wieder auf **OPAQUE** eingestellt (**TRANSPARENT** und **OPAQUE** sind die einzigen sinnvollen Argumente für den Aufruf von **CDC::SetBkMode**). Damit wird die anschließend auf "rot" eingestellte IIintergrundfarbe für die Textausgabe wirksam.

Man beachte, daß alle genannten "zeichnenden" **CDC**-Funktionen ausschließlich **int**-Werte entgegennehmen (auch in **CRect**- oder **CPoint**-Objekten gibt es nur **int** Werte). Da Windows 3.1 mit 2-Byte-**int**-Werten arbeitet (Windows 95 und Windows NT benutzen 4-Byte-**int**-Werte), kann eine leichtsinnige Anweisung wie (Ende der Linie 3% vor dem rechten Rand)

Vorsicht, Falle!

```
dc.LineTo ((rect.right * 97) / 100 , 10) ;
```

selbst bei nicht gerade hochauflösenden Bildschirmen sehr unangenehme Folgen haben.

7.5   Koordinatensysteme

Zur Erinnerung: Das "Graphics Device Interface" (GDI) stellt die Funktionen für alle Zeichenaktionen zur Verfügung. Die Ausgabe bezieht sich dabei nicht direkt auf ein physikalisches Gerät, sondern auf einen "Device context", der das "Gerät" (z. B.: "Client area" eines Windows, Drucker, ...) repräsentiert. Für den Programmierer ist ein Objekt der Klasse **CDC** oder einer daraus abgeleiteten Klasse der "Vermittler" zum Ausgabegerät. In diesem Objekt sind alle Eigenschaften und Attribute des Ausgabegerätes gespeichert bzw. beim Erzeugen des Objekts mit sinnvollen Werten (Farben, Linientypen, Koordinatensystem, Schriftfont, ...) vorbelegt worden.

Für die Interpretation der an die **CDC**-Member-Funktionen übergebenen Koordinaten wurde im Abschnitt 7.4 das Standard-Koordinatensystem **MM_TEXT** verwendet mit dem Koordinatenursprung in der linken oberen Ecke der Zeichenfläche und nach rechts bzw. unten gerichteten positiven Koordianten, Koordinaten-Einheiten sind bei der Darstellung auf dem Bildschirm "Pixel". Tatsächlich werden "Geräte-Einheiten" verwendet, die auf anderen Ausgabegeräten andere Abmessungen der Darstellung ergeben.

Das GDI stellt 8 Koordinatensysteme zur Verfügung. Sie haben alle zunächst ihren Ursprung in der linken oberen Ecke der Zeichenfläche, dieser kann jedoch an einen beliebigen anderen Punkt verschoben werden. Die Koordinatensysteme können in 3 Gruppen eingeteilt werden:

♦ Das bereits bekannte **MM_TEXT** nimmt eine Sonderstellung ein: Die **logischen Koordinaten**, die der Programmierer beim Aufruf der "zeichnenden CDC-Funktionen" angibt, sind mit den **physikalischen Koordinaten** (Geräte-Einheiten, z. B. Bildschirm-Pixel) identisch. Die positiven Richtungen der Koordinaten (nach rechts bzw. nach unten) lassen sich nicht ändern.

♦ Die Koordinatensysteme der 2. Gruppe interpretieren die Werte der **logischen Koordinaten** als feste Längenangaben, Windows rechnet diese (anhand der bekannten Gerätedaten) in die entsprechenden Geräte-Einheiten um (eine Strecke von 60 mm hat dann auf einem Bildschirm beliebiger Auflösung und auch auf Druckern jeweils genau diese Länge). Folgende Koordinatensysteme mit den angegeben logischen Einheiten sind verfügbar:

MM_LOENGLISH	mit 0.01 Inch,	**MM_HIENGLISH**	mit 0.001 Inch,
MM_LOMETRIC	mit 0.1 mm,	**MM_HIMETRIC**	mit 0.01 mm,
MM_TWIPS	mit 1/1440 Inch		

(das merkwürdige Wort "TWIPS" steht für "Twentieth of a Point", und ein "Point" ist mit 1/72 Inch die im Druckgewerbe übliche Maßeinheit für Schriftgrößen). Für diese 5 Koordinatensysteme zeigen die positiven Koordinatenachsen nach rechts bzw. nach oben.

Vorsicht, Falle!

Wenn man im Programm nur die Standard-Einstellung von MM_TEXT auf eines dieser Systeme ändert, sieht man von seiner Zeichnung wahrscheinlich nichts mehr, weil das Koordinatensystem nach wie vor in der linken oberen Ecke liegt. Man muß also entweder ausschließlich negative y-Koordinaten verwenden (keine gute Idee) oder den Koordinaten-Ursprung verschieben.

♦ Die 3. Gruppe bilden die "skalierbaren" Koordinatensysteme **MM_ISOTROPIC** bzw. **MM_ANISOTROPIC**, bei denen der Programmierer festlegt, in welchem Verhältnis die logischen zu den physikalischen Koordinaten stehen. Dafür sind zwei **CDC**-Funktionen verfügbar: Mit **SetWindowExt** werden die Abmessungen eines Rechtecks in logischen Koordinaten festgelegt, mit **SetViewportExt** die entsprechenden Abmessungen in Geräte-Koordinaten. Damit sind für beide Richtungen Skalierungsfaktoren gegeben, mit denen die verwendeten logischen Koordinaten in Geräte-Koordinaten umgerechnet werden sollen.

Mit dem Koordinatensystem **MM_ANISOTROPIC** wird für beide Koordinaten so verfahren, für das Koordinatensystem **MM_ISOTROPIC** wird jedoch nur einer der beiden Skalierungsfaktoren für die Umrechnung in beiden Richtungen verwendet, so daß in beiden Richtungen gleichartig skaliert wird (es wird automatisch der Faktor gewählt, bei dem der mit **SetWindowExt** definierte Bereich garantiert in dem mit **SetViewportExt** definierten Bereich darstellbar ist, so daß dieser gegebenenfalls in einer Richtung nicht voll genutzt wird).

Das gewünschte Koordinatensystem wird mit der Funktion **CDC::SetMapMode** eingestellt, der nur ein Argument übergeben wird (die oben verwendeten Namen für die Koordinatensysteme entsprechen den dafür definierten Konstanten, man sollte sie als Argumente verwenden).

Für die Verschiebung des Koordinaten-Ursprungs sind die Funktionen **CDC::SetViewportOrg** (arbeitet mit Geräte-Koordinaten) und **CDC::SetWindowOrg** (arbeitet mit logischen Koordinaten) verfügbar.

Diese Palette von Koordinatensystemen scheint alle Bedürfnisse abzudecken. Da für die beiden Systeme **MM_ISOTROPIC** bzw. **MM_ANISOTROPIC** über die Vorzeichen der Argumente von **SetViewportExt** auch noch die Richtungen der Koordinatenachsen festgelegt werden können, sieht es so aus, als müßten damit selbst die Ingenieure und Naturwissenschaftler mit ihren immer etwas anspruchsvolleren Problemen gut bedient werden können: Ein Weg-Zeit-Diagramm z. B. mit unterschiedlichen Dimensionen auf beiden Achsen wird mit **MM_ANISOTROPIC** dargestellt, für technische Zeichnungen mit Längenabmessungen in beiden Richtungen bietet sich **MM_ISOTROPIC** an.

Spätestens hier wird ein besonders gravierender Mangel deutlich: **Alle Koordinatensysteme arbeiten ausschließlich mit int-Werten.** Für alle als **double**-Werte vorliegenden Problemparameter muß eine Transformation auf einen **int**-Bereich vom Programmierer vorgeschaltet werden, wobei sich bei MS-Visual-C^{++} in der Version 1.5 für Windows 3.1 die Begrenzung der in nur zwei Byte gespeicherten **int**-Werte auf den Bereich $-32768 \ldots +32767$ als geradezu kritisch erweisen kann. Ausgesprochen lästig ist es in jedem Fall.

Solch einen Mangel sollte der C^{++}-Programmierer grundsätzlich beseitigen.[6] Deshalb wird im folgenden Abschnitt eine Klasse vorgestellt, die mit dem GDI Zeichenaktionen ausführt, die mit **double**-Koordinaten beschrieben werden, und das "Mapping" des darzustellenden Bereichs auf den physikalischen Ausgabebereich mit einer Strategie realisiert, die für den Programmierer besonders bequem ist.

7.5.1 ClGI, eine Klasse für spezielle Koordinaten

Die Klasse **ClGI**, die in diesem Abschnitt entwickelt werden soll, wird für die "Client area" eines Windows ein spezielles Koordinatensystem verwenden, das mit **double**-Werten arbeitet.[7] Der Leser sollte nicht unbedingt den Ehrgeiz haben, die mathematischen Beziehungen, die hinter der Implementation stecken, nachempfinden zu wollen. Die gegebenen Erläuterungen beschränken sich auf die bisher noch nicht behandelten Funktionen aus dem Windows-GDI.

Es wird ein Koordinatensystem definiert, das folgende Eigenschaften hat (im folgenden werden diese Koordinaten als "User coordinates" bezeichnet):

♦ Für die "Client area" ("Netto-Zeichenfläche" des Fensters) werden die Koordinaten für zwei Punkte P_1 und P_2 vorgegeben. P_1 ist stets die **linke untere**, P_2 die **rechte obere Ecke** eines rechteckigen Zeichenbereichs. Zunächst darf angenommen werden, daß diese beiden Punkte mit den entsprechenden Ecken der "Client area" identisch sind (tatsächlich gilt dies nur für "anisotrope Skalierung ohne Rand").

---

[6]Diese Aussage gilt natürlich nur, wenn der Mangel tatsächlich empfunden wird. Es gibt durchaus Probleme, bei denen man sehr gut mit **int**-Koordinaten auskommt. Aber die gelegentlich zu hörende Begründung, daß es doch sinnvoll sei, Graphik nur mit **int**-Koordinaten zu betreiben, weil schließlich doch nur "ganze Pixel" adressiert werden können, will ich einfach nicht gelten lassen. Mit diesem Argument könnte man auch **double** und **int** abschaffen, schließlich sind es nur Bitmuster.

[7]Dies ist eine stark eingeschränkte Version aus einer Klassen-Bibliothek, die ich über das Internet bereits vor einigen Jahren verfügbar gemacht habe. Weitere Hinweise auf diese Klassen-Bibliothek werden im Abschnitt 7.7 gegeben.

♦ Die beiden Punkte P_1 und P_2 werden mit **double**-Werten definiert, es dürfen vier völlig beliebige Koordinaten angegeben werden. Der Ursprung des so definierten Koordinatensystems ("User coordinates") kann durchaus auch außerhalb der "Client area" liegen.

♦ Da die Koordinatenachsen natürlich immer so gerichtet sind, daß sie von kleineren zu größeren Werten zeigen, können mit den Koordinaten der beiden Definitions-Punkte P_1 und P_2 alle vier Kombinationen der Koordinaten-Richtungen realisiert werden.

Die nebenstehende Abbildung zeigt vier typische Möglichkeiten, wie das Koordinatensystem liegen kann. Man beachte besonders die Variante oben rechts: Für beide Punkte P_1 und P_2 wurden ausschließlich positive Koordinaten angegeben, so daß der Ursprung des x_u-y_u-Koordinatensystems außerhalb der "Client area" liegen muß. Weil beide P_1-Koordinaten größere Werte haben als die entsprechenden P_2-Koordinaten, zeigen die Achsen nach links bzw. nach unten.

Die skizzierten Varianten deuten den einfachsten Fall an, die **anisotrope Skalierung**, bei der beide Koordinatenachsen unabhängig voneinander skaliert werden. Dies ist für viele (vor allem technische)

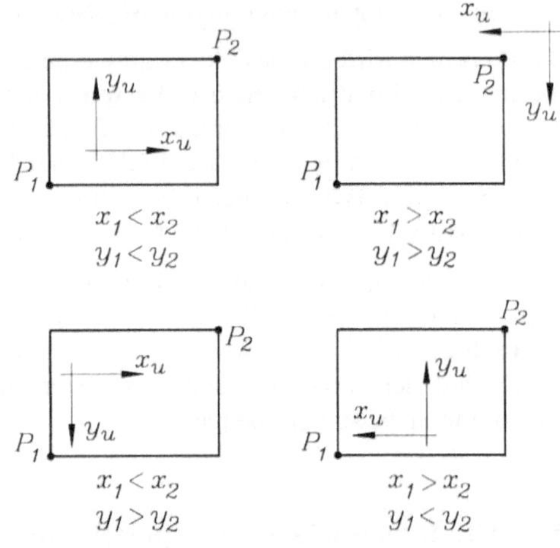

Probleme sinnvoll. Wenn die unterschiedliche Verzerrung nicht gewünscht wird (z. B. für die Darstellung geometrischer Figuren, "ein Kreis soll ein Kreis bleiben"), muß in den beiden Koordinatenrichtungen mit den gleichen Skalierungsfaktoren gearbeitet werden. Dann bleibt in der Regel in einer Richtung ein Teil der "Client area" ungenutzt.

Die nebenstehende Abbildung zeigt, wie das realisiert werden soll. Die beiden Punkte P_1 und P_2, die das Koordinatensystem definieren, werden modifiziert zu P_1' bzw. P_2', so daß die "ungünstigere Richtung" voll ausgefüllt wird, in der jeweils anderen Richtung liegen die modifizierten

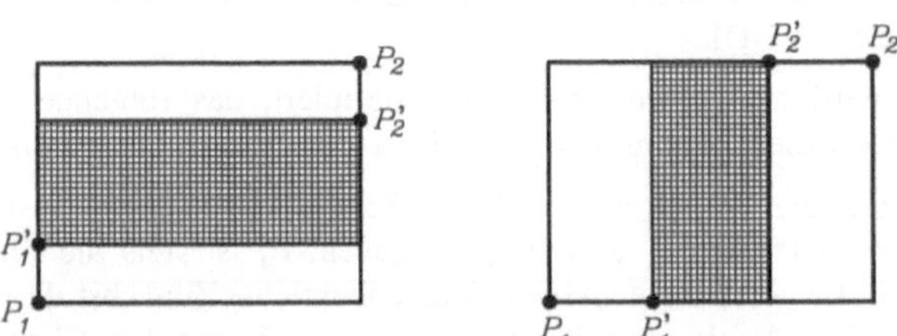

Mögliche Lagen des Zeichenbereichs bei isotroper Skalierung

Punkte in gleichen Abständen von den Eckpunkten (das zu zeichnende Bild liegt in der Mitte der "Client area").

Folgende Strategie wird verfolgt: Der Konstruktor der Klasse **ClGI** erwartet einen Pointer auf den "Device context" (speichert ihn) und einen Pointer auf das Window, in das gezeichnet werden soll. Mit dem Window-Pointer werden die Abmessungen der "Client area" ermittelt und ebenfalls gespeichert. Es wird das Standard-Windows-Koordinatensystem **MM_TEXT** eingestellt.

Eine Member-Funktion **u_set_coords_a** (Festlegen der "User coordinates" mit anisotroper Skalierung) übernimmt vier **double**-Werte (Koordinaten der beiden Punkte P_1 und P_2) und speichert sie. Die Member-Funktion **u_set_coords_i** ("User coordinates" mit isotroper Skalierung) rechnet die Koordinaten der beiden Punkte um und speichert P_1' und P_2'. Beiden Funktionen kann (optional) ein fünfter **double**-Wert **margp** angeboten werden, mit dem ein "Rand eingestellt werden kann" (Angabe wird als "Prozent" der kleineren bzw. ungünstigeren Fensterabmessung interpretiert, die Koordinaten der beiden Punkte werden vor dem Speichern also noch einmal modifiziert). In diesem Fall (nebenstehende Abbildung) werden die Punkte P_1'' und P_2'' gespeichert.

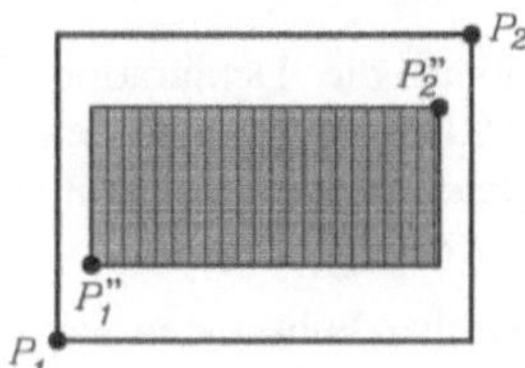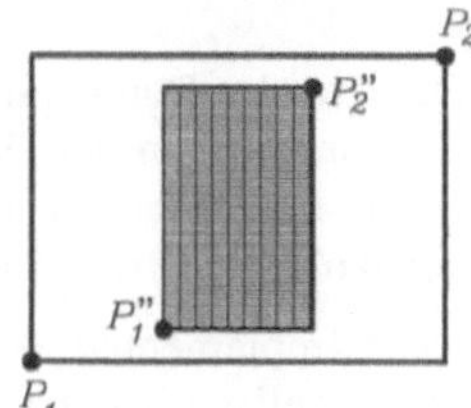

Isotrope Skalierung "mit Rand"

Die "zeichnenden **ClGI**-Funktionen" (ihre Namen beginnen auch mit **u_**) erwarten **double**-Werte ("User coordinates") als Koordinaten, die mit den gespeicherten Werten von der Funktion **ClGI::xyu2w** auf **MM_TEXT**-Koordinaten umgerechnet werden, mit denen die passenden **CDC**-Funktionen aufgerufen werden. Da also mit den **ClGI**-Funktionen immer im **MM_TEXT**-Modus gearbeitet wird, sollte dieser (im **ClGI**-Konstruktor eingestellte Modus) nicht verändert bzw. bei Veränderung vor dem Aufruf der nächsten **ClGI**-Funktion wieder eingestellt werden. Die Deklaration der Klasse **ClGI** mit zunächst fünf "zeichnenden Member-Funktionen" befindet sich in der Datei **clgi1.h**:

Header-Datei clgi1.h

```
#ifndef GI_HEADER
#define GI_HEADER

#include <afxwin.h>
#include "point.h"

class ClGI
{
  private:
    CDC       *m_dc_p  ;              // Pointer auf "Device context"
    int       m_nvppdh ,
              m_nvppdv ;              // Maximale Geräte-Koordinaten
    double    m_p1xwin ,
              m_p1ywin ,
              m_p2xwin ,
              m_p2ywin ;             // "User coordinates" der Eckpunkte
  public:
    ClGI (CWnd *wnd_p , CDC *dc_p) ;
    CDC *get_cdc () { return m_dc_p ; }
    void u_set_coords_a (double p1xu , double p1yu ,
                         double p2xu , double p2yu ,
                                       double margp = 0.) ;
    void u_set_coords_i (double p1xu , double p1yu ,
                         double p2xu , double p2yu ,
                                       double margp = 0.) ;
    void u_line        (double   xu , double   yu) ;
    void u_move        (double   xu , double   yu) ;
```

```cpp
   void u_circle      (double   xc  , double   yc  , double r) ;
   void u_rectangle  (double   xu1 , double   yu1 ,
                       double   xu2 , double   yu2) ;
   void u_polygon     (int npoints , ClPoint *points_p) ;

   int  xyu2w         (double xu , double yu , int *xw_p , int *yw_p) ;
} ;
#endif
```

Ende Header-Datei clgi1.h

♦ Die Header-Datei **point.h** enthält die Deklaration der Klasse **ClPoint**, wie sie ab
  Abschnitt 4.2 in der Header-Datei **geom1.h** und allen Nachfolgern verwendet wurde. Sie
  wurde in eine eigene Header-Datei ausgelagert, weil sie sowohl hier als auch in nachfolgenden Geometrie-Klassen genutzt wird.

Von den Implementationen der Member-Funktionen werden nachfolgend nur exemplarische
Beispiele gelistet. Sie befinden sich in der Datei **clgi1.cpp**:

Ausschnitt aus der Datei clgi1.cpp

```cpp
#include <math.h>
#include "clgi1.h"
const double const_eps_gi = 1.e-12 ;
ClGI::ClGI (CWnd *wnd_p , CDC *dc_p)              // Konstruktor
{
   CRect  rect  ;
   wnd_p->GetClientRect (&rect) ;

   m_dc_p  = dc_p ;

   m_dc_p->SetMapMode (MM_TEXT) ;                // ... für alle Zeichen-Aktionen
   m_nvppdh = rect.right  ;
   m_nvppdv = rect.bottom ;
   m_p1xwin = 0.          ;
   m_p1ywin = 0.          ;
   m_p2xwin = m_nvppdh ;
   m_p2ywin = m_nvppdv ;
}
void ClGI::u_set_coords_i (double p1xu , double p1yu ,
                           double p2xu , double p2yu , double margp)
{
   double  marginx , marginy ;
   double  distx = fabs (p1xu - p2xu) * (1. + margp / 50.) ;
   double  disty = fabs (p1yu - p2yu) * (1. + margp / 50.) ;
   if (distx > const_eps_gi && disty > const_eps_gi)
   {
      if (distx / m_nvppdh > disty / m_nvppdv)
      {
         marginx = (p2xu - p1xu) * margp / 100. ;
         marginy = (((distx + 2. * fabs (marginx)) * m_nvppdv)
                                  / m_nvppdh - disty) / 2. ;
         if (p1yu > p2yu) marginy = - marginy ;
      }
      else
      {
         marginy = (p2yu - p1yu) * margp / 100. ;
         marginx = (((disty + 2. * fabs (marginy)) * m_nvppdh)
                                  / m_nvppdv - distx) / 2. ;
```

```
                 if (p1xu > p2xu) marginx = - marginx ;
          }

       m_p1xwin = p1xu - marginx ;
       m_p1ywin = p1yu - marginy ;
       m_p2xwin = p2xu + marginx ;
       m_p2ywin = p2yu + marginy ;
    }
}
int ClGI::xyu2w (double xu , double yu , int *xw_p , int *yw_p)
{
    double  xs , ys ;
    xs = ((xu - m_p1xwin) * m_nvppdh) / (m_p2xwin - m_p1xwin) ;
    ys = ((yu - m_p1ywin) * m_nvppdv) / (m_p2ywin - m_p1ywin) ;
    if (xs < double (INT_MAX) &&
        xs > double (INT_MIN) &&
        (ys > double (m_nvppdv) - double (INT_MAX)) &&
        (ys < double (m_nvppdv) - double (INT_MIN)))
    {
        *xw_p = (int) xs ;
        *yw_p = (int) (m_nvppdv - ys) ;
        // ... weil das Standard-"User"-Koordinatensystem eine aufwärts zeigende y-Achse hat
        return 1 ;
    }
    else return 0 ;
}
```

Ende des Ausschnitts aus der Datei clgi1.cpp

Die beiden Funktionen **ClGI::u_set_coords_i** (Definition isotrop skalierender "User coordinates") und **ClGI::xyu2w** (Umrechnung der "User coordinates" in die **MM_TEXT**-Koordinaten) bilden den "mathematischen Kern" der Arbeit der Klasse **ClGI**. Sie wurden hier zur Information gelistet, der Leser braucht die Algorithmen nicht nachzuvollziehen.

♦ Im Konstruktor **ClGI::ClGI** werden die Abmessungen der "Client area" des Windows ermittelt und gespeichert. Die **double**-Koordinaten der beiden Punkte P_1 und P_2, die die "User coordinates" definieren, werden so initialisiert, daß zunächst "Geräte-Einheiten gleich 'User'-Einheiten" gilt.

♦ Erst mit dem Aufruf von **ClGI::u_set_coords_i** (**ClGI::u_set_coords_a** für anisotrope Skalierung, wurde hier nicht gelistet) werden sinnvolle "User coordinates" festgelegt.

Die Implementation der "zeichnenden **ClGI**-Funktionen" ist nun recht einfach (Umrechnung der Koordinaten mit **ClGI::xyu2w** und Aufruf der passenden **CDC**-Member-Funktion), gelistet wird nachfolgend exemplarisch nur **ClGI::u_line** (Zeichnen einer geraden Linie):

Ausschnitt aus der Datei clgi1.cpp

```
void ClGI::u_line (double xu , double yu)
{
    int  xs , ys ;
    if (xyu2w (xu , yu , &xs , &ys))          // Umrechnung der Koordinaten
    {
        if (m_dc_p) m_dc_p->LineTo (xs , ys) ; // Zeichnen mit CDC-Funktion
    }
}
```

Ende des Ausschnitts aus der Datei clgi1.cpp

Die Klasse **ClGI** wird mit dem kleinen Beispiel-Programm **funct1.cpp** (Zeichnen einer speziellen mathematischen Funktion) getestet, von dem nachfolgend nur die Funktion **CMainFrame::OnPaint** gelistet wird, weil sich der Rest des Programms nicht von den Programmen **hllw1mfc.cpp** und **hllw2mfc.cpp** aus dem Abschnitt 7.4 unterscheidet:

Ausschnitt aus der Datei funct1.cpp

```
void CMainFrame::OnPaint ()
{
    CPaintDC    dc (this) ;
    ClGI        gi (this , &dc) ;
    gi.u_set_coords_i (0. , - 3.5 , 11. , 5. , 10.) ;
    gi.u_move ( 0.  , -3.5) ;                          // Koordinatenachsen
    gi.u_line ( 0.  ,  5. ) ;
    gi.u_line (-0.1 ,  4.5) ;
    gi.u_move ( 0.  ,  5. ) ;
    gi.u_line ( 0.1 ,  4.5) ;
    gi.u_move ( 0.  ,  0. ) ;
    gi.u_line (11.  ,  0. ) ;
    gi.u_line (10.5 ,  0.1) ;
    gi.u_move (11.  ,  0. ) ;
    gi.u_line (10.5 , -0.1) ;

    gi.u_move ( 0.  ,  4. ) ;                          // Startpunkt für Funktionsgraph
    for (double x = 0.05 ; x <= 10. ; x += 0.05)
    {
        gi.u_line (x , 4. * exp (-.2 * x) * cos (3. * x)) ;
    }
}
```

Ende des Ausschnitts aus der Datei funct1.cpp

Diese "hard coded" mit Zahlenwerten programmierten Zeichenaktionen sind wahrlich kein Beispiel für guten Programmier-Stil, und das Zeichnen der Koordinatenachsen für einen speziellen Fall widerspricht natürlich den Prinzipien der objektorientierten Programmierung, aber das kleine Programm soll ja nur die Arbeitsweise der Klasse **ClGI** verdeutlichen:

♦ Es wird ein **ClGI**-Objekt **gi** konstruiert, dem Konstruktor werden der Pointer auf das Hauptfenster (**this**-Pointer) und der Pointer auf den "Device context" übergeben. Mit

$$\texttt{gi.u\_set\_coords\_i (0. , - 3.5 , 11. , 5. , 10.) ;}$$

werden isotrop skalierte "User coordinates" eingestellt, die einen Bereich abdecken, der durch die Punkte (0. ; −3.5) links unten und (11. ; 5.) rechts oben begrenzt wird. In der "ungünstigeren Fensterabmessung" wird an beiden Seiten jeweils ein Rand von 10% dieser Fensterabmessung vorgesehen, in der anderen Richtung sind die Ränder in der Regel etwas breiter.

♦ Danach können die **ClGI**-Funktionen **u_line** und **u_move** mit **double**-Werten aus diesem Bereich aufgerufen werden. Es werden zunächst zwei Koordinatenachsen mit Pfeilspitzen gezeichnet, schließlich wird die Funktion

$$y = 4\,e^{-\frac{x}{5}} \cos 3x$$

als Polygonzug mit 200 Geradenstücken angenähert.

Die beiden nachfolgenden Bilder zeigen, wie die Darstellung in einem relativ breiten Fenster (links) aussieht, während rechts die Fensterbreite die "ungünstigere Abmessung" ist, so daß dort die "10%-Ränder" eingehalten werden, oben und unten gibt es dagegen breitere Ränder:

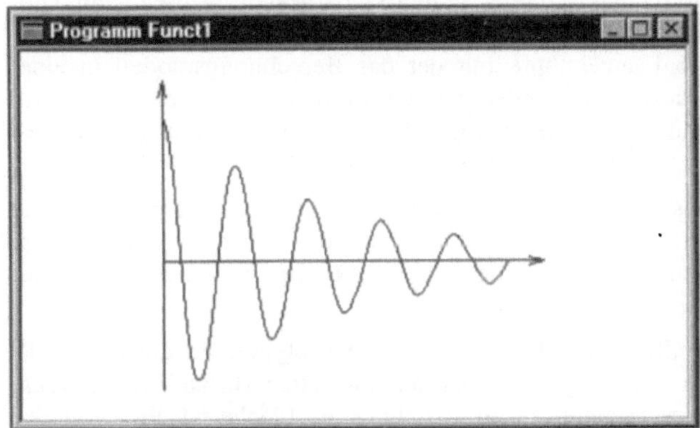

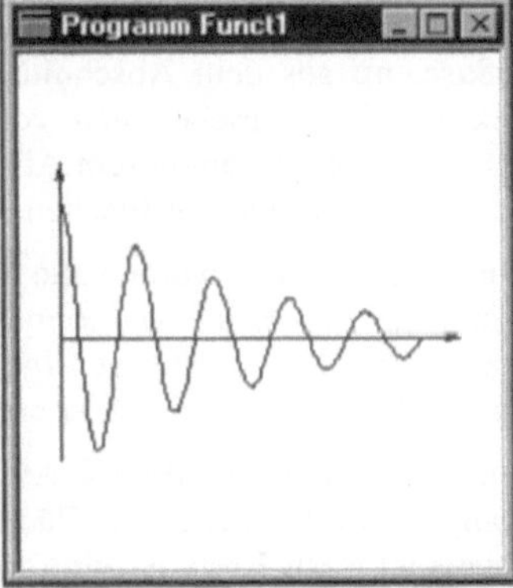

Isotrope Skalierung

Die "Proportionen bleiben erhalten", bei isotroper Skalierung wird als Preis dafür eine der beiden Abmessungen in der Regel nicht voll ausgenutzt. Wie das bei anisotroper Skalierung aussieht, kann man sich durch Abänderung eines Buchstabens in **CMainFrame::OnPaint** vorführen lassen. Wenn man die "User coordinates" mit dem Funktionsaufruf

```
gi.u_set_coords_a (0. , - 3.5 , 11. , 5. , 10.) ;
```

definiert, werden die Fensterabmessungen in beiden Richtungen jeweils voll ausgenutzt, was zwangsläufig zu Verzerrungen führt:

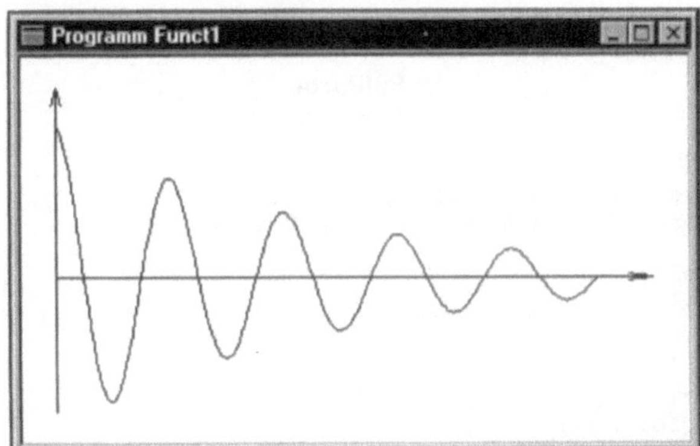

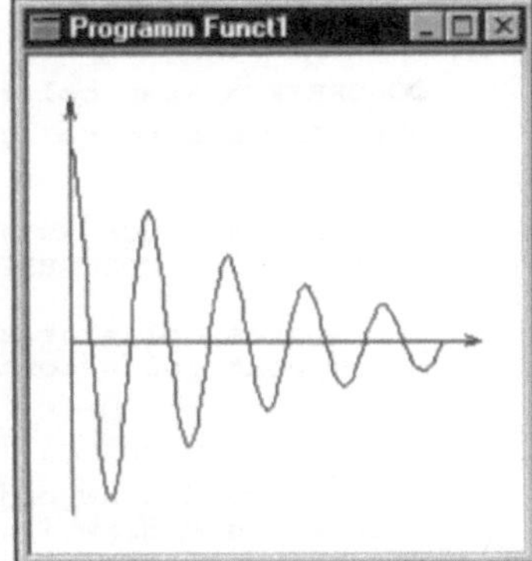

Anisotrope Skalierung

Die Möglichkeit, die Richtungen der Koordinatenachsen durch die Modifikation der Reihenfolge der an **ClGI::u_set_coords_i** bzw. **ClGI::u_set_coords_a** übergebenen Koordinaten zu beeinflussen, wird im Abschnitt 7.6 mit dem Programm **funct2.cpp** demonstriert.

7.5.2　Programm sp8draw.cpp, Zeichnen der ebenen Flächen

Für das im Kapitel 4 begonnene Projekt "Berechnung ebener Flächen" soll ein Programm geschrieben werden, mit dem das Berechnungsmodell graphisch dargestellt werden kann. Um nicht auch gleich den Eingabe-Dialog neu programmieren zu müssen, wird an die Version **sp8asc.cpp** aus dem Abschnitt 6.6.4 angeknüpft, mit der das Berechnungsmodell in eine Text-Datei geschrieben und von dort auch wieder gelesen werden kann. Das Programm **sp8draw.cpp**, das in diesem Abschnitt entwickelt wird, soll eine von **sp8asc.cpp** geschriebene Datei lesen und die Flächen im Hauptfenster darstellen.

Zur Vereinfachung werden alle Klassen-Deklarationen (Teilflächen, Gesamtfläche, verkettete Liste) aus den Header-Dateien der Version aus dem Abschnitt 6.6.4 in einer neuen Datei **areas.h** und die zugehörigen Implementationen in der Datei **areas.cpp** zusammengefaßt und wie nachfolgend beschrieben ergänzt.

Zur Erinnerung: Die drei Klassen **ClCircle**, **ClRectangle** und **ClPolygon** für die Beschreibung unterschiedlicher Teilflächen wurden jeweils aus der abstrakten Basisklasse **ClArea** abgeleitet ("ein Kreis **ist eine** Fläche"). Jetzt gilt zusätzlich: "Eine Fläche **ist ein** Graphik-Objekt". Deshalb wird eine neue Klasse **ClGraphObj** deklariert, die als "Mutter aller Teilflächen" gelten darf. Es ist natürlich der sinnvollste Weg, die Basisklasse **ClArea** selbst aus **ClGraphObj** abzuleiten, dann haben alle aus ihr abgeleiteten Klassen automatisch auch **ClGraphObj** "in der Ahnenreihe". In der Datei **areas.h** findet man die Deklaration der Klasse **ClGraphObj**:

Ausschnitt aus der Header-Datei areas.h

```cpp
#include <afxwin.h>
#include "ClGI1.h"
// ...
class ClGraphObj
{
   protected:
      COLORREF m_area_col ;                  // Füllfarbe
      COLORREF m_cont_col ;                  // Konturfarbe
   public:
      ClGraphObj   (COLORREF area_col = RGB (255 , 0 , 0) ,
                    COLORREF cont_col = RGB ( 0 , 0 , 0))
      {
          m_area_col = area_col ;
          m_cont_col = cont_col ;
      }
      virtual ~ClGraphObj () {}
              void draw_obj (ClGI &gi)      ;
      virtual void draw_it  (ClGI &gi) = 0 ;
      virtual void get_area_min_max (double &xmin , double &ymin ,
                                     double &xmax , double &ymax) = 0 ;
} ;
class ClArea : public ClGraphObj
{
   // ...
}
```

Ende des Ausschnitts aus der Header-Datei areas.h

♦ Als gemeinsame Eigenschaften aller Graphik-Objekte wurden zunächst nur zwei Farben vorgesehen, eine Farbe für die Darstellung der Randkontur und ein Farbe zum Ausfüllen der Fläche. Sie werden im **protected**-Bereich der Klasse angesiedelt, so daß aus den Member-Funktionen der abgeleiteten Klassen direkt darauf zugegriffen werden kann. Der Konstruktor der Klasse **ClGraphObj** sieht als Default-Werte der beiden Farben "Rot" für die Füllfarbe und "Schwarz" für die Randkontur vor.

♦ Die Funktion **draw_obj** (Zeichnen des Objekts) kann natürlich nur die formellen Dinge erledigen, für die eigentliche Zeichenaktion ist die Funktion **draw_it** vorgesehen. Die beiden Funktionen **draw_it** und **get_area_min_max** (Abliefern der Extremwerte der Koordinaten) müssen rein virtuell deklariert werden, weil nur in den abgeleiteten Klassen die nötigen Informationen verfügbar sind.

Die Implementationen der Funktion **ClGraphObj::draw_obj** und der Funktionen **draw_it** und **get area_min_max** für die aus **ClGraphObj** abgeleiteten Klassen befinden sich in der Datei **areas.cpp**. Von den beiden letztgenannten Funktionen werden nachfolgend exemplarisch nur die zur Klasse **ClCircle** gehörenden gelistet:

Ausschnitt aus der Datei areas.cpp

```cpp
void ClGraphObj::draw_obj (ClGI &gi)
{
    CDC  *dc_p = gi.get_cdc () ;
    CPen pen (PS_SOLID , 1 , m_cont_col) ;
    CPen *oldpen_p = dc_p->SelectObject (&pen) ;
    CBrush  brush (m_area_col)  ;
    CBrush *oldbrush_p = dc_p->SelectObject (&brush) ;
    draw_it (gi) ;
    dc_p->SelectObject (oldpen_p)   ;
    dc_p->SelectObject (oldbrush_p) ;
}
ClArea::ClArea (AreaOrHole area_or_hole) :
        ClGraphObj (area_or_hole > 0 ? RGB (255 ,   0 ,   0)
                                     : RGB (  0 , 255 , 255))
{
    m_area_or_hole = area_or_hole > 0 ? AREA : HOLE ;
}
void ClCircle::get_area_min_max (double &xmin , double &ymin ,
                                 double &xmax , double &ymax)
{
    xmin = m_point.get_x() - m_d / 2 ;
    ymin = m_point.get_y() - m_d / 2 ;
    xmax = m_point.get_x() + m_d / 2 ;
    ymax = m_point.get_y() + m_d / 2 ;
}
void ClCircle::draw_it (ClGI &gi)
{
    gi.u_circle (m_point.get_x () , m_point.get_y () , m_d / 2) ;
}
```

Ende des Ausschnitts aus der Datei areas.cpp

♦ Die Funktion **ClGraphObj::draw_obj** erzeugt die GDI-Objekte für das Zeichnen der Kontur und das Ausfüllen der Fläche, setzt sie in den "Device context" ein und "verdrängt" sie nach der Zeichenaktion auch wieder.

◆ Der **ClArea**-Konstruktor ruft den Konstruktor seiner Basisklasse **ClGraphObj** explizit
  auf, um die Füllfarbe davon abhängig zu machen, ob es eine Teilfläche ("Rot") oder ein
  Ausschnitt ("Cyan") ist.

◆ Die eigentliche Zeichenaktion findet in der (in **ClGraphObj** rein virtuell deklarierten)
  Funktion **draw_it** statt. In **ClCircle::draw_it** wird nur die **ClGI**-Member-Funktion
  u_circle aufgerufen, die die Mittelpunktkoordinaten des Kreises und seinen Radius (alles
  als **double**-Werte) erwartet. Das Prinzip der Arbeit der **ClGI**-Funktionen wurde im
  Abschnitt 7.5.1 erläutert. Weil für Rechtecke und Polygone grundsätzlich die gleiche
  Strategie verwendet wird, soll auch hier nur **ClGI::u_circle** exemplarisch gelistet werden:

Ausschnitt aus der Datei clgi1.cpp

```
void ClGI::u_circle (double xc , double yc , double r)
{
    int  xw1 , yw1 , xw2 , yw2 ;
    int  ir , ixc , iyc ;
    if (xyu2w (xc , yc , &ixc , &iyc) &&
        xyu2w (xc + r , yc + r , &xw2 , &yw2))
      {
        ir = (abs (xw2 - ixc) + abs (yw2 - iyc)) / 2 ;
        xw1 = ixc - ir ;
        yw1 = iyc - ir ;
        xw2 = ixc + ir ;
        yw2 = iyc + ir ;
        m_dc_p->Ellipse (min (xw1 , xw2)     , min (yw1 , yw2)     ,
                         max (xw1 , xw2) + 1 , max (yw1 , yw2) + 1) ;
      }
}
```

Ende des Ausschnitts aus der Datei clgi1.cpp

◆ In **ClGI:u_circle** werden zwei Punkte ("User coordinates") in das Windows-Koordinaten-
  system MM_TEXT transformiert, so daß der Radius (in Geräte-Koordinaten) bekannt ist.
  Der Kreis wird schließlich mit der Funktion **CDC::Ellipse** gezeichnet.

Die Klasse **ClCompArea**, die die Liste aller Teilflächen verwaltet und die Member-
Funktionen für das Bearbeiten der Gesamtfläche bereitstellt, wird um die Member-Funktionen
get_min_max und **draw_areas** erweitert, ihre Deklaration befindet sich in **areas.h**:

Ausschnitt aus der Header-Datei areas.h

```
class ClCompArea
{
  private:
     ClStackList  m_list ;
  public:
       void insert_new_area (ClArea *new_area_p) ;
       void a_sx_sy         (double &a , double &sx , double &sy) ;
       int  file_save       (char *file_name) ;
       int  file_input      (char *file_name) ;
       int  get_min_max     (double &xmin , double &ymin ,
                             double &xmax , double &ymax) ;
       void draw_areas      (ClGI &gi) ;
} ;
```

Ende des Ausschnitts aus der Header-Datei areas.h

Die Implementationen der beiden zusätzlichen Funktionen **ClCompArea::get_min_max** und **ClCompArea::draw_areas** bestehen im wesentlichen aus einer Schleife über alle Teilflächen und dem Aufruf der entsprechenden virtuellen Member-Funktion:

Ausschnitt aus der Datei areas.cpp

```cpp
int ClCompArea::get_min_max (double &xmin , double &ymin ,
                             double &xmax , double &ymax)
{
    double  xmn , ymn , xmx , ymx ;
    int     first = 1 ;
    if (m_list.is_empty ()) return 0 ;
    for (POS pos_p = m_list.get_head () ; pos_p ; )
    {
        ClArea *area_p = m_list.get_elem (pos_p) ;
        if (first)
        {
            area_p->get_area_min_max (xmin , ymin , xmax , ymax) ;
            first = 0 ;
        }
        else
        {
            area_p->get_area_min_max (xmn , ymn , xmx , ymx) ;
            if (xmn < xmin) xmin = xmn ;
            if (ymn < ymin) ymin = ymn ;
            if (xmx > xmax) xmax = xmx ;
            if (ymx > ymax) ymax = ymx ;
        }
    }
    return 1 ;
}
void ClCompArea::draw_areas (ClGI &gi)
{
    for (POS pos_p = m_list.get_head () ; pos_p ; )
    {
        ClArea *area_p = m_list.get_elem (pos_p) ;
        area_p->draw_obj (gi) ;
    }
}
```

Ende des Ausschnitts aus der Datei areas.cpp

Mit den nun leistungsfähigeren Klassen wird das MFC-Programm **sp8draw.cpp** recht kurz und übersichtlich. In der Hauptfenster-Klasse wird ein **ClCompArea**-Objekt angesiedelt:

Ausschnitt aus der Header-Datei sp8draw.h

```cpp
class CMainFrame : public CFrameWnd
{
    public:
        CMainFrame () ;
    protected:
        ClCompArea m_comparea ;
        afx_msg void OnPaint () ;
        DECLARE_MESSAGE_MAP  ()
} ;
```

Ende des Ausschnitts aus der Header-Datei sp8draw.h

Entsprechend ergeben sich auch nur in den Implementationen der Member-Funktionen der Klasse **CMainFrame** Änderungen gegenüber den MFC-Programmen aus den zurückliegenden Abschnitten. Im **CMainFrame**-Konstruktor wird mit **ClCompArea::file_input** (Listing siehe Abschnitt 6.6.4) das Berechnungsmodell von einer Datei **areas.dat** gelesen. In der Funktion **CMainFrame::OnPaint** werden die extremen Koordinaten der Fläche ermittelt, mit der Funktion **ClGI::u_set_coords_i** (Listing im Abschnitt 7.5.1) werden diese im **ClGI**-Objekt (mit "10% Rand" und isotroper Skalierung) als Grenzen der "Client area" eingestellt. Schließlich wird das Modell mit **ClCompArea::draw_areas** gezeichnet:

Ausschnitt aus der Datei sp8draw.cpp

```
CMainFrame::CMainFrame ()
{
    Create (NULL , "Programm Sp8Draw") ;
    if (!m_comparea.file_input ("areas.dat"))
    {
        MessageBox ("Fehler beim Lesen der Datei 'areas.dat'" ,
                    "Sorry") ;
    }
}
void CMainFrame::OnPaint ()
{
    double    xmin , ymin , xmax , ymax ;
    CPaintDC  dc (this) ;
    ClGI      gi (this , &dc) ;
    m_comparea.get_min_max (xmin , ymin , xmax , ymax) ;
    gi.u_set_coords_i       (xmin , ymin , xmax , ymax , 10.) ;
    m_comparea.draw_areas   (gi) ;
}
```

Ende des Ausschnitts aus der Datei sp8draw.cpp

Wenn die Datei **areas.dat** nicht zu finden ist, wird mit der von **CWnd** geerbten Funktion **MessageBox** eine Information ausgegeben (nebenstehende Abbildung). Hier wurde die einfachste Variante mit nur einem Button verwendet, weitere Informationen über diese sehr nützliche Funktion siehe

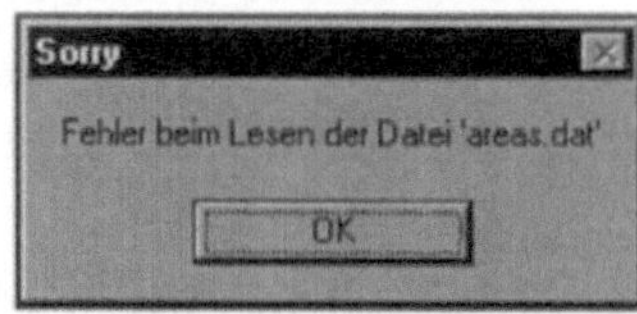

Manuals oder Online-Hilfe (es sind maximal drei unterschiedliche Buttons möglich, über den Return-Wert von **MessageBox** - hier nicht ausgewertet - wird signalisiert, welcher Button gedrückt wurde).

Wenn die Datei **areas.dat** gefunden wird, stellt das Programm die Flächen graphisch dar. Links ist das Berechnungsmodell zu sehen, das am Ende des Abschnitts 6.6.4 in einer Datei gesichert wurde, das rechts zu sehende Bild zeigt das Beispiel aus dem Abschnitt 6.6.2.

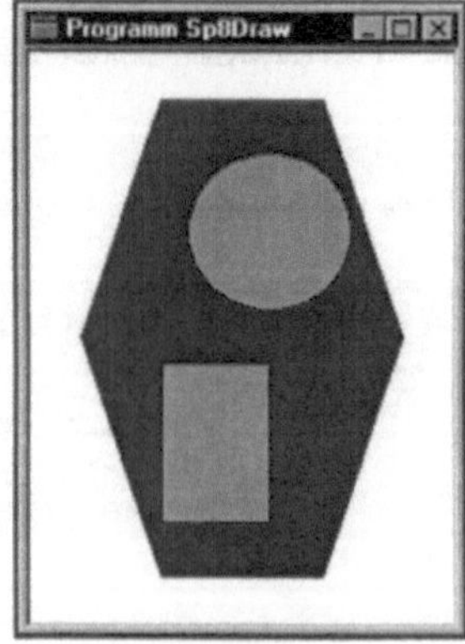

7.6 Ressourcen

Ressourcen sind Graphiken und Texte, die das Erscheinungsbild eines Windows-Programms weitgehend bestimmen, aber in speziellen Dateien (separat vom eigentlichen Quellcode des Programms) abgelegt werden. So kann die Benutzer-Schnittstelle auf recht einfache Weise geändert werden. Das markanteste Beispiel dafür ist sicherlich, daß durch konsequentes Arbeiten mit String-Ressourcen[7] beim Übertragen eines Programms in eine andere Sprache nicht in den Quellcode eingegriffen werden muß.

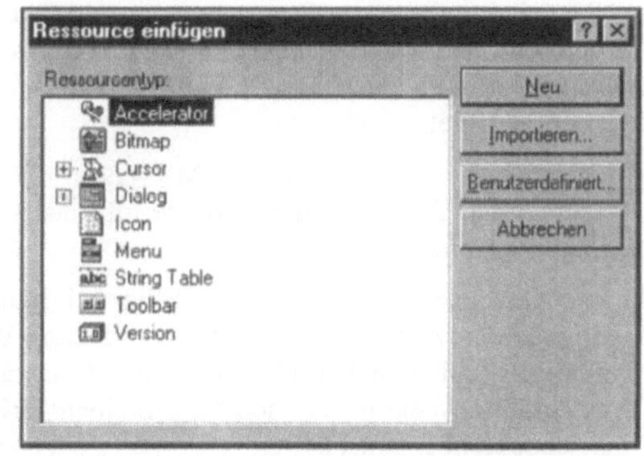

Die nebenstehende Abbildung zeigt die Dialog-Box, die vor dem Start des Ressourcen-Editors von MS-Visual-C++ 5.0 erscheint. Man erkennt die verschiedenen Typen von Ressourcen, die erzeugt werden können.

In diesem Abschnitt sollen die beiden wichtigsten Ressourcen, Menüs und Dialog-Boxen, behandelt werden (nebenbei fällt eine "String Table" an). Sie werden durch Text-Dateien definiert, die man mit einem beliebigen Text-Editor erzeugen kann. Es ist jedoch empfehlenswert, auf die Hilfe eines Ressourcen-Editors zurückzugreifen, mit dem die Ressource nach dem "Wysiwyg"-Prinzip erstellt werden kann ("What you see is what you get"). Der Ressourcen-Editor erzeugt automatisch die Text-Datei. Hier wird folgender Weg beschritten: Die Ressourcen werden mit einem Ressourcen-Editor erzeugt, danach wird die entstandene Text-Datei gezeigt, die weitgehend selbsterklärend ist, so daß auch der Leser eine Ressourcen-Datei erstellen kann, dem nur ein Text-Editor zur Verfügung steht.

7.6.1 Ein Menü für das Programm funct1.cpp

Das Programm **funct1.cpp**, das im Abschnitt 7.5.1 entwickelt wurde, soll mit einem Menü ausgestattet werden, das die Angebote **Datei**, **Koordinaten** und **Farbe** offerieren soll ("Hauptmenü"). Wenn das Angebot **Farbe** gewählt wird, soll sich unmittelbar eine Dialog-Box öffnen (wird im Abschnitt 7.6.4 mit dem Programm **funct3.cpp** realisiert, hier soll nur schon die Offerte vorgesehen werden), **Datei** und **Koordinaten** sollen dagegen als "Popup"-Menüs eingerichtet werden (bei Wahl des Angebots öffnet sich ein Untermenü):

♦ Wenn das Angebot **Datei** gewählt wird, soll das sich öffnende Popup-Menü nur die eine Auswahlmöglichkeit **Ende** anbieten. Natürlich könnte in diesem Fall **Ende** auch gleich (an Stelle von **Datei**) das Hauptmenü-Angebot sein, aber es ist üblich (wenn auch nicht sehr sinnvoll), daß in Programmen das Angebot **Ende** unter **Datei** zu finden ist.

---

[7]Zur Schreibweise: **Resource** (mit einem s) ist englisch, **Ressource** (mit ss) ist deutsch nach der alten Rechtschreibregel, und wie es nach der Rechtschreibreform geschrieben wird (ich finde sie so überflüssig wie einen Kropf), interessiert mich nicht, weil ich das Manuskript dieses Buches vor deren Inkrafttreten abliefern will (und der Termindruck, den die Reform für mich schafft, ist der einzige Vorteil, den ich erkennen kann).

♦ Die Wahl des Angebots **Koordinaten** soll 4 Optionen anbieten: **Rechts/Oben** (x-Achse zeigt nach rechts, y-Achse zeigt nach oben), **Rechts/Unten**, **Isotrop** (gleiche Skalierung in beiden Richtungen) und **Anisotrop** (Skalierung beider Richtungen unabhängig voneinander).

Die nebenstehende Abbildung zeigt das Menü, das dem Hauptfenster des Programms hinzugefügt werden soll. Nach Wahl des Angebots **Koordinaten** hat sich gerade das Popup-Menü mit den vier Offerten geöffnet.

Mit dem Ressourcen-Editor von MS-Visual-C++ 5.0 könnte man diese Menü-Ressource folgendermaßen erzeugen:

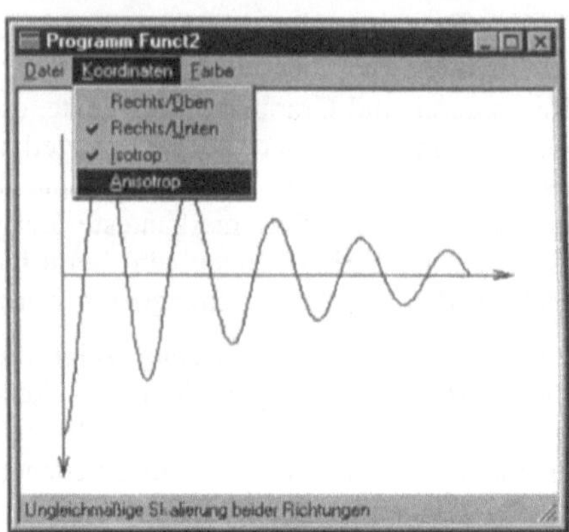

Fenster mit Popup-Menü und Statuszeile

♦ Im "Developer studio" wird **Einfügen | Ressource...** gewählt, es öffnet sich die am Beginn des Abschnitts 7.6 gezeigte Dialog-Box. Es werden **Menu** und danach **Neu**[8] gewählt, und man befindet sich im "Menü-Editor". Hier geht es ziemlich "intelligent" weiter: Man beginnt einfach zu schreiben: **&Datei**. Es öffnet sich automatisch die Box "Menübefehl Eigenschaften" ("Property page" in der englischen Version), der geschriebene Text erscheint im Feld **Beschriftung:**, gleichzeitig ("Wysiwyg") im Editor-Feld, wobei das Zeichen **&** dort nicht erscheint, dafür ist das unmittelbar folgende Zeichen unterstrichen. Alle Voreinstellungen (auch das Häkchen bei **Popup**) werden akzeptiert, nach Drücken der Return-Taste verschwindet die Box.

♦ Man kann nun jeweils durch Doppelklick auf eines der zu sehenden leeren Menüfelder die Box "Menübefehl Eigenschaften" öffnen. Wenn man dies für das leere Menüfeld unterhalb des Feldes **Datei** ausführt, ist das Kästchen **Popup** nicht mit einem Häkchen versehen, weil der Editor annimmt, daß die Auswahl dieses Angebots einen Befehl auslösen soll (natürlich könnte es auch wieder ein Popup-Menü sein). Im Feld **Beschriftung** wird **&Ende** eingetragen, danach im Feld **Statuszeilentext:** die Erläuterung **... beendet das Programm**. Das Feld **ID:** nimmt den Identifikator auf, mit dem die auszulösende Botschaft im Programm identifiziert wird. Wenn man dort nichts einträgt, erzeugt der Editor automatisch einen sinnvollen Identifikator. Dies soll hier durchgängig praktiziert werden, so daß auch diese Box geschlossen werden kann.

♦ Auf entsprechende Weise wird das Menü-Angebot **Koordinaten** mit den vier Optionen **Rechts/Oben**, **Rechts/Unten**, **Isotrop** und **Anisotrop** erzeugt.

♦ Das Angebot **Farbe** soll kein Popup-Menü sein. Deshalb ist das Häkchen bei **Popup** in diesem Fall auszuschalten.

---

[8]In der Dialog-Box "Ressourcen einfügen" sieht man in der deutschsprachigen Version Möglichkeiten und Grenzen der Ressourcen-Verwaltung: Die Bezeichnungen der Buttons wurden offensichtlich als "String-Ressourcen" angelegt und konnten deshalb übersetzt werden (Neu, Importieren, ...). In der Graphik, die zur Auswahl des Ressourcentyps dient, wurden die englischen Begriffe (Menu, Toolbar, ...) beibehalten. "Denglisch" ist nicht zu vermeiden.

♦ Wenn man durch Doppelklick auf ein bereits erzeugtes Menüfeld noch einmal die Box "Menüfeld Eigenschaften" öffnet, sieht man, welchen Identifikator der Editor dafür automatisch vergeben hat: Für die Option **Rechts/Oben** im Menü **Koordinaten** lautet er z. B. **ID_KOORDINATEN_RECHTSOBEN** (Sonderzeichen und Umlaute werden einfach weggelassen). Man darf den Identifikator durchaus ändern, wenn man ihn als zu lang empfindet.

♦ Das fertige Menü wird gespeichert. Die Frage nach dem Dateinamen wird z. B. mit **funct2** beantwortet (im folgenden wird die Version dieses Programms unter diesem Namen geführt). Die Extension **.rc** wird automatisch hinzugefügt. Diese Datei gehört noch nicht zum Projekt, sie muß mit **Projekt | Dem Projekt hinzufügen | Dateien...** und Doppelklick auf den Dateinamen **funct2.rc** in der sich öffnenden Dialog-Box in das Projekt eingebracht werden.

Es sind zwei Dateien erzeugt worden, die "Ressourcen-Datei" **funct2.rc** und eine Header-Datei **resource.h**, die von **funct2.rc** eingebunden wird. Es lohnt sich, beide zu inspizieren. Wenn man sich die Datei **funct2.rc** ansehen will, muß man die Intelligenz der Entwicklungs-umgebung etwas stutzen. Nach **Datei | Öffnen...** und Doppelklick auf **funct2.rc** wird diese nämlich mit dem Ressourcen-Editor geöffnet, mit dem man sie gerade erzeugt hat. Wenn man sie als Text-Datei sehen will, muß in der Dialog-Box "Öffnen" im Feld **Öffnen als** von **Auto** auf **Text** umgestellt werden. Man erkennt, daß sogar zwei Ressourcen erzeugt wurden, ein "Menu" und eine "String Table", die nachfolgend gelistet werden:

Ausschnitt aus der Datei funct2.rc

```
// Menu
//
IDR_MENU1 MENU DISCARDABLE
BEGIN
    POPUP "&Datei"
    BEGIN
        MENUITEM "&Ende",                       ID_DATEI_ENDE
    END
    POPUP "&Koordinaten"
    BEGIN
        MENUITEM "Rechts/&Oben",                ID_KOORDINATEN_RECHTSOBEN
        MENUITEM "Rechts/&Unten",               ID_KOORDINATEN_RECHTSUNTEN
        MENUITEM "&Isotrop",                    ID_KOORDINATEN_ISOTROP
        MENUITEM "&Anisotrop",                  ID_KOORDINATEN_ANISOTROP
    END
    MENUITEM "&Farbe",                  ID_FARBE
END


// String Table
//
STRINGTABLE DISCARDABLE
BEGIN
  ID_DATEI_ENDE                              "... beendet das Programm"
  ID_KOORDINATEN_RECHTSOBEN      "x-Achse nach rechts, y-Achse nach oben"
  ID_KOORDINATEN_RECHTSUNTEN     "x-Achse nach rechts, y-Achse nach unten"
  ID_KOORDINATEN_ISOTROP    "Gleichmäßige Skalierung in beiden Richtungen"
  ID_KOORDINATEN_ANISOTROP  "Ungleichmäßige Skalierung beider Richtungen"
    ID_FARBE           "Farbe für die Darstellung des Funktions-Graphen"
END
```

Ende des Ausschnitts aus der Datei funct2.rc

♦ Beide Ressourcen sind wohl selbsterklärend, wenn man das Erzeugen mit dem Ressourcen-Editor und das Ergebnis (Datei **funct2.rc**) miteinander vergleicht. Hervorgehoben wurden die Identifikatoren, mit denen die Informationen in dieser Datei im Programm angesprochen werden. Sie stehen für ganze Zahlen, die in der (vom Ressourcen-Editor ebenfalls automatisch erzeugten) Datei **resource.h** zugeordnet werden. Diese Datei wird von **funct2.rc** inkludiert und muß auch in alle Programm-Dateien eingebunden werden, die auf die Identifikatoren Bezug nehmen:

Ausschnitt aus der Header-Datei resource.h

```
//{{NO_DEPENDENCIES}}
// Microsoft Developer Studio generated include file.
// Used by funct2.rc
//
#define IDR_MENU1                        101
#define ID_DATEI_ENDE                    40001
#define ID_KOORDINATEN_RECHTSOBEN        40002
#define ID_KOORDINATEN_RECHTSUNTEN       40003
#define ID_KOORDINATEN_ISOTROP           40004
#define ID_KOORDINATEN_ANISOTROP         40005
#define ID_FARBE                         40006
```

Ende des Ausschnitts aus der Header-Datei resource.h

Wenn nur diese Identifikatoren im Programmcode auftauchen, kann man allein durch das Ändern der Strings in der **rc**-Datei das "User interface" des Programms in eine andere Sprache übersetzen.

Zunächst soll das Menü **IDR_MENU1** dem Hauptfenster des Programms zugeordnet werden (es können beliebig viele Menüs definiert werden, die jeweils durch einen eindeutigen Identifikator anzusprechen sind). Ausgangspunkt für die nachfolgend beschriebenen Erweiterungen ist das Programm **funct1.cpp** aus dem Abschnitt 7.5.1. Die hier zu erzeugende erweiterte Version wird ab sofort als **funct2.cpp** bezeichnet, in der also eine Include-Anweisung für die Datei **resource.h** zu ergänzen ist.

Die Zuordnung des Menüs zum Hauptfenster wird mit der **Create**-Funktion im **CMainFrame**-Konstruktor realisiert (vgl. Listing des Konstruktors am Ende dieses Abschnitts). Weil das Menü als 6. Argument beim Funktionsaufruf angegeben werden muß, können für die weiter vorn plazierten Parameter nicht mehr die Default-Argumente verwendet werden:

```
Create (NULL , "Programm Funct2" , WS_OVERLAPPEDWINDOW ,
        rectDefault , NULL , MAKEINTRESOURCE (IDR_MENU1)) ;
```

... ordnet dem Fenster das Menü **IDR_MENU1** zu. Die zu übergebenden Argumente sind die Fensterklasse, die Fenster-Überschrift, der Fenster-Stil, Größe und Position des Fensters (**rectDefault** erlaubt Windows, beides selbst zu bestimmen), ein Pointer auf das "Parent window" (hier **NULL**, weil das Hauptfenster ein "Top level window" ist) und schließlich ein Pointer auf einen String, der das Menü bezeichnet. Die Argumente, die auf den Positionen 3 bis 5 übergeben werden, entsprechen den Default-Argumenten (weitere mögliche Argumente siehe Online-Hilfe). Weil in der Datei **funct2.rc** das Menü den ganzzahligen Wert **IDR_MENU1** als Identifikator hat, wird das eigens für solche Umwandlungen bereitstehende Makro **MAKEINTRESOURCE** für die Umwandlung in einen String-Pointer benutzt.

Der erweiterte **Create**-Funktionsaufruf (einschließlich **#include**-Anweisung für das Einbinden von **resource.h**) bewirkt, daß das in **funct2.rc** definierte Menü nach dem Programmstart im Hauptfenster zu sehen ist. Die Popup-Menüs lassen sich öffnen, aber hinter den Angeboten steckt noch keine Funktionalität.

Um dem Hauptfenster eine Statuszeile hinzuzufügen, in der beim Gleiten des Mauszeigers über die Optionen eines Popup-Menüs die kurzen Hilfe-Texte erscheinen, sind noch folgende Ergänzungen vorzunehmen:

♦ Der Deklaration der Klasse **CMainFrame** (Header-Datei **funct2.h**) wird im **private**-Bereich ein Objekt der Klasse **CStatusBar** hinzugefügt:

```
private:
    CStatusBar  m_statusbar ;
```

Die Deklaration der Klasse **CStatusBar** befindet sich in der Header-Datei **afxext.h**, die also (zusätzlich zu **afxwin.h**) in **funct2.h** einzubinden ist:

```
#include <afxext.h>
```

♦ Im Konstruktor von **CMainFrame** werden die **CStatusBar**-Member-Funktionen **Create** und **SetIndicators** aufgerufen:

```
CMainFrame::CMainFrame ()
{
    Create (NULL , "Programm Funct2" , WS_OVERLAPPEDWINDOW,
                rectDefault, NULL, MAKEINTRESOURCE (IDR_MENU1)) ;
    m_statusbar.Create (this) ;
    UINT indicator = ID_SEPARATOR ;
    m_statusbar.SetIndicators (&indicator , 1) ;
}
```

Hier wurde nur das mögliche Minimum realisiert: An **CStatusBar::Create** wird der Pointer auf das Fenster übergeben, zu dem die Statuszeile gehören soll (dies ist in der **CMainFrame**-Funktion der **this**-Pointer). An **CStatusBar::SetIndicators** müssen ein **UINT**-Array (**UINT** ist **unsigned int**) mit Indikatoren und die Anzahl der Array-Elemente übergeben werden. Weil hier nur ein **UINT**-Element vorgesehen ist, wird ein Pointer auf das Element übergeben. Mögliche weitere vordefinierte Indikatoren findet man in der Online-Hilfe.

Die nebenstehende Abbildung zeigt das Hauptfenster des Programms, nachdem die beschriebenen Ergänzungen realisiert wurden: Das Menü ist zu sehen, die Popup-Menüs (hier: **Datei**) lassen sich öffnen, die Angebote sind aber "noch grau" (für die Botschaft, die ein Anklicken auslöst, gibt es noch keinen "Command handler").

Aber die Texte in der Statuszeile erscheinen beim Gleiten des Mauszeigers über die Optionen (hier: **... beendet das Programm** für die Option **Ende**). Doch bei genauem Hinsehen offenbart sich auch eine etwas ärgerliche Inkonsequenz. Zur "Client

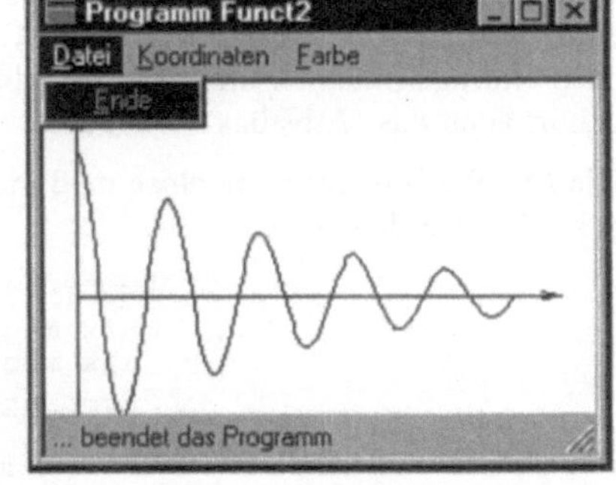

area" (Netto-Zeichenfläche des Fensters), die (im **CIGI**-Konstruktor, vgl. Abschnitt 7.5.1) mit **CWnd::GetClientRect** abgefragt wird, gehört (sinnvollerweise) die vom Menü beanspruchte

Fläche nicht, dagegen wird (leider) der Platz, den die Statuszeile beansprucht, als zugehörig zur Zeichenfläche betrachtet. Deshalb ist in dem (hier stark verkleinerten) Fenster ein kleiner Teil der Zeichnung unter der Statuszeile verschwunden.

Der Mangel ist relativ leicht zu beheben: Auch eine Statuszeile ist ein Fenster (**CStatusBar** hat **CWnd** in der "Ahnenreihe"), für das man z. B. mit **CWnd::GetWindowRect** die Positionen der Eckpunkte ermitteln kann, so daß die Höhe der Statuszeile von der "Client area" des Hauptfensters subtrahiert werden kann. Auf eine Realisierung wird hier verzichtet.

7.6.2 Bearbeiten der WM_COMMAND-Botschaft

In den bisher vorgestellten Programmen wurde ausschließlich die Botschaft WM_PAINT bearbeitet. Die Zuordnung der Botschaft zur ihrer Behandlungsroutine ("Wie findet eine 'Message' ihren zugehörigen 'Message handler'") wurde am Beispiel von WM_PAINT ausführlich im Abschnitt 7.4.1 beschrieben. Wie für viele andere Botschaften (WM_MOUSE-MOVE, WM_KEYDOWN, WM_CLOSE, ...) ist für das Bearbeiten von WM_PAINT eine Behandlungsroutine mit fest vorgegebenem Namen zu schreiben: **void OnPaint ()**.

Beim Auswählen eines Menü-Angebots wird die Botschaft WM_COMMAND gesendet, die etwas anders als WM_PAINT behandelt werden muß: Ihr ist immer ein Identifikator beigegeben, der die Information trägt, welches Menü-Angebot gewählt wurde, und mit Hilfe des Identifikators kann ein "Command handler" angesteuert werden, der einen beliebigen Namen haben darf. Dies soll am Beispiel der Auswahl von **Ende** im Popup-Menü **Datei** beschrieben werden. Dem Angebot **Ende** wurde in der Ressourcen-Datei **funct2.rc** der Identifikator **ID_DATEI_ENDE** zugeordnet. In den "Message maps" von **funct2.cpp** wird deshalb z. B. folgende Zeile ergänzt:

```
BEGIN_MESSAGE_MAP (CMainFrame , CFrameWnd)
    ON_WM_PAINT ()
    ON_COMMAND  (ID_DATEI_ENDE , on_close)
END_MESSAGE_MAP ()
```

Dies kann wie folgt gelesen werden: Wenn das Hauptfenster (**CMainFrame**-Objekt) eine Botschaft WM_COMMAND empfängt, zu der der Identifikator **ID_DATEI_ENDE** gehört, dann soll die Member-Funktion **CMainFrame::on_close** ("Command handler") abgearbeitet werden. Der Name dieser Funktion kann vom Programmierer beliebig festgelegt werden, hier wurde **on_close** in Anlehnung an die **CWnd**-Member-Funktion **OnClose** gewählt, die man auch eintragen könnte, um sich die Arbeit der Implementation zu sparen (zu **CMainFrame** gehört auch das "Erbstück" **OnClose**).

Die Member-Funktion **on_close** muß in der Deklaration von **CMainFrame** (Datei **funct2.h**) deklariert werden, z. B.:

```
protected:
    afx_msg void OnPaint  () ;
    afx_msg void on_close () ;
    DECLARE_MESSAGE_MAP   ()
```

Der "Command handler" darf zwar einen beliebigen Namen bekommen, es muß aber eine **void**-Funktion sein, die keine Parameter erwartet. Ihre Implementation (in **funct2.cpp**) könnte z. B. so aussehen:

Ausschnitt aus der Datei funct2.cpp

```cpp
void CMainFrame::on_close ()
{
    if (MessageBox ("Programm beenden?", "Programm Funct2",
                    MB_ICONQUESTION | MB_YESNO) == IDYES)
    {
        SendMessage (WM_CLOSE) ;
    }
}
```

Ende des Ausschnitts aus der Datei funct2.cpp

♦ Nach der Wahl von **Ende** wird dem Programm-Benutzer noch eine Chance zur Korrektur gegeben. Mit der bereits im Abschnitt 7.5.2 beschriebenen Funktion **CWnd::MessageBox** wird hier eine Alternative angeboten (**MB_YESNO** sorgt für zwei Buttons in der Box, siehe nebenstehende Abbildung). **MB_ICONQUESTION** sorgt für die "Sprechblase" mit dem Fragezeichen (andere verfügbare Icons siehe Online-Hilfe).

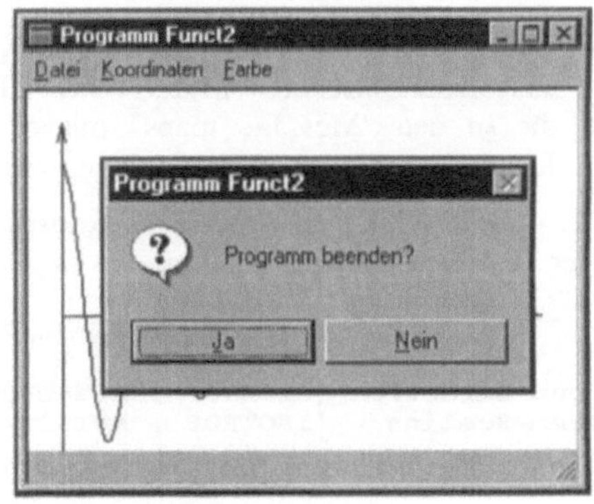

Der Return-Wert von **MessageBox** signalisiert, welcher Button gedrückt wurde, **IDYES** wird abgeliefert, wenn es der "Ja-Button" war.

♦ Mit **CWnd::SendMessage** kann eine beliebige Botschaft an das Fenster geschickt werden. Hier ist es die Botschaft WM_CLOSE, die das Schließen des Hauptfensters und damit das Ende des Programms auslöst.

Die beschriebene Rückfrage nach der Wahl von **Datei | Ende** löst die Botschaft WM_CLOSE erst nach Bestätigung aus. Wenn man den ×-Button im Hauptfenster rechts oben drückt, wird WM_CLOSE ohne Rückfrage ausgelöst. Wenn man auch dafür vorsichtshalber eine Rückfrage zwischenschalten möchte, kann man z. B. so verfahren:

♦ Es wird zusätzlich die Botschaft WM_CLOSE bearbeitet, indem man die virtuelle Funktion **OnClose** (hat **CMainFrame** von **CWnd** geerbt), die immer das Ziel dieser Botschaft ist, in **CMainFrame** überschreibt. An diese Funktion **CMainFrame::OnClose** kann dann auch die WM_COMMAND-Botschaft mit dem Identifikator **ID_DA-TEI_ENDE** geleitet werden. Das sieht in den "Message maps" z. B. so aus:

```cpp
BEGIN_MESSAGE_MAP (CMainFrame , CFrameWnd)
    ON_WM_PAINT ()
    ON_WM_CLOSE ()                          // ... landet immer in OnClose
    ON_COMMAND (ID_DATEI_ENDE , OnClose)    // ... wird an OnClose geleitet
END_MESSAGE_MAP ()
```

♦ Die Funktion **CMainFrame::on_close** wird nun durch **CMainFrame::OnClose** ersetzt, die sich von der oben gelisteten Funktion nur in einer Zeile unterscheidet. Wenn **MessageBox** den Return-Wert **IDYES** abliefert, wird durch

```cpp
                    CFrameWnd::OnClose () ;
```

das "geerbte Original" aufgerufen.

7.6.3 "Command handlers" und "Update handlers"

Im Programm **funct2.cpp** werden nun auch die Optionen des Popup-Menüs **K**oordinaten mit
Funktionalität ausgestattet. Jeweils zwei Optionen des Menüs stellen Alternativen dar: Die
Richtungen der Koordinaten können entweder die Kombination **Rechts/Oben** oder
Rechts/Unten haben, die Skalierung kann entweder **I**sotrop oder **A**nisotrop sein. Für den
Programm-Benutzer ist es angenehm, den gegenwärtigen Status des Programms erkennen zu
können (z. B. durch "Häkchen" an den eingestellten Optionen). Deshalb werden zwei
Ergänzungen des Programms realisiert:

♦ In der Klasse **CMainFrame** werden zwei zusätzliche Member-Variablen **m_dir** und
  m_scale angesiedelt. Diese werden im **CMainFrame**-Konstruktor initialisiert und beim
  Anklicken einer Option aus dem Menü **K**oordinaten aktualisiert. In der Funktion
  CMainFrame::OnPaint werden sie für die Festlegung der Koordinaten ausgewertet.

♦ Beim "Aufrollen" des Popup-Menüs **K**oordinaten werden als Reaktion auf die dadurch
  ausgelöste Botschaft WM_INITMENUPOPUP automatisch "Update handlers" aufgerufen,
  die in den "Message maps" mit dem Makro **ON_UPDATE_COMMAND_UI** den
  Identifikatoren der Menü-Optionen zugeordnet werden.

Für die vier Optionen des Menüs **K**oordinaten werden also vier "Command handlers" und
vier "Update handlers" benötigt, die in der Klasse **CMainFrame** deklariert werden müssen:

Ausschnitt aus der Header-Datei funct2.h

```
enum Direction {RIGHTUP , RIGHTDOWN} ;
enum Scaling   {ISOTROP , ANISOTROP} ;
class CMainFrame : public CFrameWnd
{
    private:
        CStatusBar m_statusbar ;
        Direction  m_dir   ;
        Scaling    m_scale ;
    public:
        CMainFrame () ;
    protected:
        afx_msg void OnPaint           () ;
        afx_msg void on_close          () ;
        afx_msg void on_right_up    () ;
        afx_msg void on_right_down () ;
        afx_msg void on_isotrop     () ;
        afx_msg void on_anisotrop   () ;
        afx_msg void on_update_right_up    (CCmdUI *cmdui_p) ;
        afx_msg void on_update_right_down (CCmdUI *cmdui_p) ;
        afx_msg void on_update_isotrop     (CCmdUI *cmdui_p) ;
        afx_msg void on_update_anisotrop  (CCmdUI *cmdui_p) ;
        DECLARE_MESSAGE_MAP   ()
} ;
```

Ende des Ausschnitts aus der Header-Datei funct2.h

♦ Im Gegensatz zum "Command handler", der keine Parameter erwartet, wird dem "Update
  handler", dessen Name auch vom Programmierer frei gewählt werden kann, von der
  aufrufenden Funktion ein Pointer auf eine Instanz der Klasse **CCmdUI** mitgegeben.

Die "Message maps", die über die Identifikatoren jeweils eine Menü-Option mit dem zugehörigen "Command handler" bzw. dem "Update handler" verbinden, sehen wie folgt aus:

Ausschnitt aus der Datei funct2.cpp

```
BEGIN_MESSAGE_MAP (CMainFrame , CFrameWnd)
 ON_WM_PAINT             ()
 ON_COMMAND              (ID_DATEI_ENDE , on_close)
 ON_COMMAND              (ID_KOORDINATEN_RECHTSOBEN   , on_right_up)
 ON_COMMAND              (ID_KOORDINATEN_RECHTSUNTEN , on_right_down)
 ON_COMMAND              (ID_KOORDINATEN_ISOTROP      , on_isotrop)
 ON_COMMAND              (ID_KOORDINATEN_ANISOTROP    , on_anisotrop)
 ON_UPDATE_COMMAND_UI (ID_KOORDINATEN_RECHTSOBEN   , on_update_right_up)
 ON_UPDATE_COMMAND_UI (ID_KOORDINATEN_RECHTSUNTEN ,
                                              on_update_right_down)
 ON_UPDATE_COMMAND_UI (ID_KOORDINATEN_ISOTROP   , on_update_isotrop)
 ON_UPDATE_COMMAND_UI (ID_KOORDINATEN_ANISOTROP , on_update_anisotrop)
END_MESSAGE_MAP ()

CMainFrame::CMainFrame ()
{
    m_dir   = RIGHTUP ;
    m_scale = ISOTROP ;
    Create (NULL , "Programm Funct2" , WS_OVERLAPPEDWINDOW,
                rectDefault, NULL, MAKEINTRESOURCE (IDR_MENU1)) ;
    m_statusbar.Create (this) ;
    UINT indicator = ID_SEPARATOR ;
    m_statusbar.SetIndicators (&indicator , 1) ;
}
void CMainFrame::on_right_down ()
{
    m_dir = RIGHTDOWN ;
    Invalidate () ;
}
void CMainFrame::on_update_right_down (CCmdUI *cmdui_p)
{
    cmdui_p->SetCheck (m_dir == RIGHTDOWN) ;
}
```

Ende des Ausschnitts aus der Datei funct2.cpp

♦ Der Konstruktor **CMainFrame::CMainFrame** wurde gelistet, weil die Initialisierung der beiden Member-Variablen **m_dir** und **m_scale** ergänzt wurde. Außerdem sind exemplarisch ein "Command handler" und ein "Update handler" zu sehen.

♦ Der im "Command handler" **CMainFrame::on_right_down** angesiedelte Funktionsaufruf

```
Invalidate () ;
```

("Erbstück" von **CWnd**) erklärt den gesamten Fensterinhalt für ungültig und löst damit eine Botschaft WM_PAINT aus, die das sofortige Neuzeichnen mit der geänderten Einstellung veranlaßt.

♦ Der Pointer auf das **CCmdUI**-Objekt, der jedem "Update handler" übergeben wird, gestattet den Aufruf der **CCmdUI**-Member-Funktionen. Hier wird **CCmdUI::SetCheck** aufgerufen. Wenn der logische Ausdruck **m_dir == RIGHTDOWN** den Wert 1 hat, wird der Menü-Option das "Häkchen" hinzugefügt, ansonsten nicht. Entsprechend arbeitet die Funktion **CCmdUI::Enable**, mit der eine Menü-Option als "erreichbar" bzw. "nicht erreichbar" (wird in diesem Fall hellgrau geschrieben) deklariert wird. Interessant ist (für "intelligente" Menüs) die Funktion **CCmdUI::SetText**, die einen Pointer auf einen String erwartet.

Die über das Menü **Koordinaten** zu beeinflussenden Werte der Member-Variablen **m_dir** und **m_scale** beeinflussen in **CMainFrame::OnPaint** nur den Aufruf der **ClGI**-Funktion, mit der die "User coordinates" eingestellt werden:

Ausschnitt aus der Datei funct2.cpp

```
void CMainFrame::OnPaint ()
{
    CPaintDC    dc (this) ;
    ClGI        gi (this , &dc) ;

    if (m_dir == RIGHTUP)
    {
        if (m_scale == ISOTROP)
                gi.u_set_coords_i (0. , - 3.5 , 11. , 5. , 10.) ;
        else    gi.u_set_coords_a (0. , - 3.5 , 11. , 5. , 10.) ;
    }
    else
    {
        if (m_scale == ISOTROP)
                gi.u_set_coords_i (0. , 5. , 11. , - 3.5 , 10.) ;
        else    gi.u_set_coords_a (0. , 5. , 11. , - 3.5 , 10.) ;
    }
    // ... weiter wie im Programm funct1.cpp
}
```

Ende des Ausschnitts aus der Datei funct2.cpp

In den Abbildungen unten sind die Auswirkungen dieser Erweiterungen zu sehen. Links ist der Zustand nach dem Programmstart dargestellt: Das "entrollte" Menü zeigt die "Häkchen" bei **Rechts/Oben** und **Isotrop**, was der Initialisierung der beiden Member-Variablen **m_dir** und **m_scale** im Konstruktor **CMainFrame::CMainFrame** entspricht. Rechts sieht man das Bild, das sich nach der Wahl von **Rechts/Unten** und **Anisotrop** einstellt.

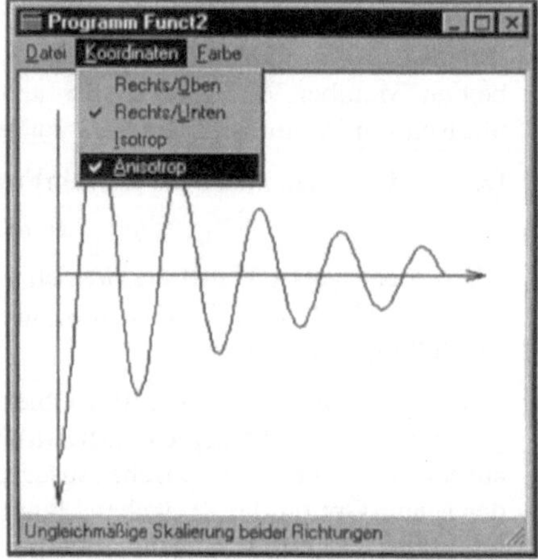

7.6.4 Erzeugen und Einbinden einer Dialog-Box

Auf das Menü-Angebot **F̲arbe** im Hauptfenster des Programms **funct2.cpp** (Abschnitt 7.6.3) soll im Programm
funct3.cpp, das nachfolgend (startend mit
der Version **funct2.cpp**) entwickelt wird,
mit dem Öffnen der nebenstehend zu
sehenden Dialog-Box reagiert werden. Bei
den nachfolgenden Erläuterungen wird
angenommen, das alle **.cpp**-, **.h**- und **.rc**-
Dateien kopiert und von **funct2** zu **funct3**
umbenannt wurden.

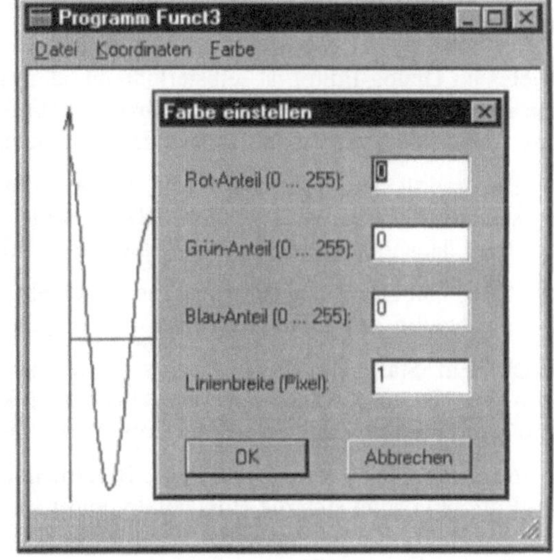

Wie ein Menü (Abschnitt 7.6.1) ist auch
eine Dialog-Box eine Ressource, deren
Erscheinungsbild in einer Text-Datei
definiert wird. Auch die Dialog-Box muß
in das Programm eingebunden werden,
das mit deren Elementen über Identifikatoren korrespondiert. Auch das Aussehen
der Dialog-Box kann mit einem beliebigen
Text-Editor definiert werden, wegen der Vielfalt der möglichen Elemente (und der nur
aufwendig festzulegenden Koordinaten für Position und Größe) ist die Verwendung eines
Ressourcen-Editors besonders zu empfehlen. Nachfolgend wird die Definition der Dialog-Box
mit dem Ressourcen-Editor von MS-Visual-C++ 5.0 beschrieben, die wesentlichen Schritte
sind jedoch bei anderen Editoren sehr ähnlich. Weil im Projekt **Funct3** bereits eine
Ressourcen-Datei existiert (erzeugt im Abschnitt 7.6.1), kann z. B. so vorgegangen werden:

♦ Im "Arbeitsbereich" der Entwicklungsumgebung wird **ResourceView** gewählt und mit der
   rechten Maustaste auf **Funct3 Ressourcen** geklickt. In dem sich öffnenden Menü wird
   E̲infügen... gewählt. Es öffnet sich die am Beginn des Abschnitts 7.6 gezeigte Dialog-
   Box. Es werden **Dialog** und anschließend **N̲eu** gewählt.

Es erscheint der neben-
stehend zu sehende
Dialog-Editor. Angelegt
ist bereits eine "Minimal-
Dialog-Box" (links), weil
mit großer Wahrschein-
lichkeit anzunehmen ist,
daß die zu erzeugende
Dialog-Box einen OK-
und einen Abbrechen-
Button haben soll.

Rechts ist die Palette der
verfügbaren **Steuerele-
mente** zu sehen. Sie wird

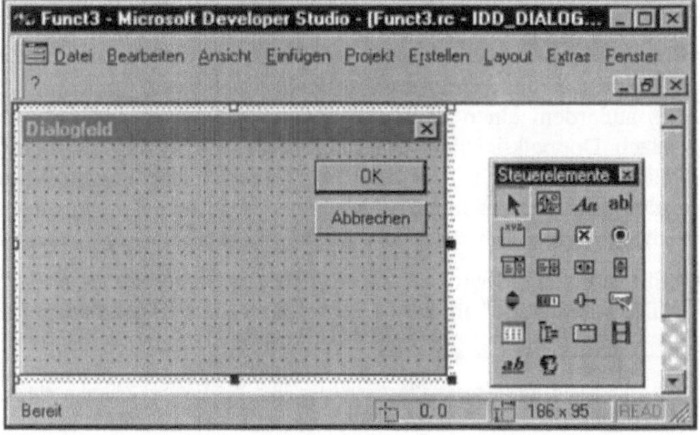

hier nicht detailliert beschrieben, denn der Windows-Benutzer sieht alle ihm vertrauten Elemente, und der Programmierer sollte sich gegebenenfalls über die Online-Hilfe oder die Manuals informieren, was bei den unterschiedlichen Elementen für Besonderheiten zu beachten sind.

Vieles im Dialog-Editor ist selbsterklärend oder kann ausprobiert werden. Auf sehr angeneh-me Art funktioniert die "Drag and Drop"-Technik genau so, wie sie der Windows-Benutzer aus vielen Programmen (z. B. dem Explorer) kennt, insbesondere gilt:

♦ Bei gedrückter **Ctrl(Strg)**-Taste können durch Anklicken mehrere Elemente "einge-sammelt" werden (sie werden dabei jeweils durch einen Rahmen gekennzeichnet), um diese danach gemeinsam zu löschen, zu verschieben oder zu kopieren.

♦ "Drag and Drop" nur mit der Maus verschiebt die Elemente innerhalb der Dialog-Box, bei gleichzeitig gedrückter **Ctrl(Strg)**-Taste werden sie kopiert.

Nach dem Start des Dialog-Editors ist die gesamte "Minimal-Dialog-Box" durch einen Rahmen "als ausgewählt" gekennzeichnet. Man kann ihre Größe ändern (z. B. durch "Drag and Drop" mit der rechten unteren Ecke) oder die Überschrift anpassen:

♦ Nach Doppelklick irgendwo in die Box (nicht allerdings auf einen der bereits vorhandenen Buttons) öffnet sich die Box "Dialogfeld Eigenschaften".[9] In das Feld **Beschriftung** trägt man z. B. **Farbe einstellen** ein (nach dem "Wysiwyg"-Prinzip sieht man das auch gleich im Editor), in das Feld **ID:** den Identifikator **IDD_COLOR_DIALOG**. Alle anderen Einstellungen werden akzeptiert, die Box "Dialogfeld Eigenschaften" wird geschlossen.

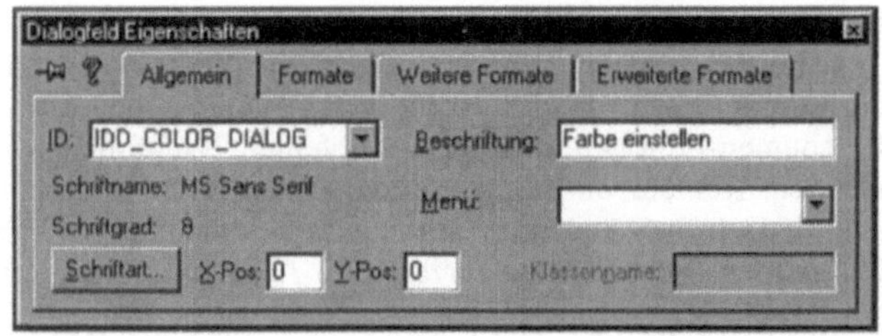

♦ Mit "Drag and Drop" an der rechten unteren Ecke wird die Dialog-Box etwa auf die Größe gebracht, die im Bild am Anfang dieses Abschnitts zu sehen ist. Anschließend werden (ebenfalls "Drag and Drop") der OK-Button und der Abbrechen-Button im unteren Teil der Dialog-Box plaziert.

♦ Nun werden zusätzliche Steuerelemente in die Box eingebracht. Ein Textfeld wird aus der Palette der Steuerelemente (ist dort mit *Aa* beschriftet, in der Statuszeile des Editors gibt es außerdem einen kurzen Hilfetext) mit "Drag and Drop" in die Dialog-Box kopiert. Nach Doppelklick auf das mit **Static** beschriftete Element öffnet sich die Box "Text Eigenschaften", in der man die **Beschriftung:** in **Rot-Anteil (0 ... 255):** ändert. Der Identifikator kann ungeändert bleiben, der Text wird aus dem Programm nicht angespro-chen werden. Die Box "Text Eigenschaften" wird geschlossen.

♦ Ein Eingabefeld wird aus der Palette der Steuerelemente (ist dort mit **abl** beschriftet) mit "Drag and Drop" in die Dialog-Box kopiert. Nach Doppelklick auf das Element öffnet

---

[9]Ständig arbeitet der Programmierer, der die Entwicklungsumgebung "Developer studio" benutzt, mit Dialog-Boxen. Der Leser sollte beachten, daß zahlreiche Steuerelemente, die in der Palette des Dialog-Editors angeboten werden, z. B. in der Box "Dialogfeld Eigenschaften" vorhanden sind.

sich die Box "Bearbeiten Eigenschaften", in der der Identifikator **ID:** in **IDC_EDIT_RED** geändert wird (das ist nicht erforderlich, aber bei der Verbindung der Elemente mit dem Programm ist es verständlicher als **IDC_EDIT1**, **IDC_EDIT2** usw.).

Im Bild rechts ist der Bearbeitungszustand, der nun erreicht ist, zu sehen. Am schnellsten geht es jetzt wohl so weiter:

♦ Klicken auf **Rot-Anteil (0 ... 255):**, anschließend bei gedrückter **Ctrl(Strg)**-Taste auf das mit **Bearbeiten** beschriftete Feld. Beide zeigen mit einem Rand, daß sie ausgewählt wurden. Sie werden nun gemeinsam mittels "Drag and Drop" bei gedrückter **Ctrl(Strg)**-Taste kopiert. Die Aktion wird zweimal wiederholt, so daß sämtliche Elemente der Dialog-Box erzeugt sind. Durch Doppelklick öffnet man für alle neuen Elemente die Box "Text Eigenschaften" bzw. die Box "Bearbeiten Eigenschaften", um die Texte bzw. die Identifikatoren sinnvoll zu ändern.

Im Menü **Layout** findet man das Angebot **Testen**, das immer einmal gewählt werden sollte. Die Dialog-Box zeigt sich in der Form, wie sie im Programm erscheint, und man kann sogar in die Felder etwas eingeben, mit der **TAB**-Taste die Felder wechseln und mit **OK** oder **Abbrechen** die Dialog-Box schließen. Meistens zeigt sich, daß die Reihenfolge, mit der die **TAB**-Taste die Felder wechselt, noch nicht sinnvoll ist.

♦ Für eine Korrektur der "Tab order" wird im Menü **Layout** das Angebot **Tabulator-Reihenfolge** gewählt. Nun klickt man die einzelnen Elemente in der Reihenfolge an, die man für sinnvoll hält. Das Bild rechts zeigt ein mögliches Ergebnis der Aktion, die mit der **Return**-Taste abgeschlossen wird.

Die Dialog-Box ist komplett. Sie wird gespeichert (z. B. durch Anklicken des Buttons mit dem Diskettensymbol), und ihre Beschreibung befindet sich danach in der gleichen Text-Datei, die auch schon die Beschreibung des Menüs und der "String Table" beherbergt. Es lohnt sich also wieder einmal ein Blick in diese Datei **funct3.rc** (zur Erinnerung: Nach **Datei | Öffnen** oder Klicken auf den entsprechenden Button muß in der Dialog-Box "Öffnen" unter **Öffnen als:** von **Auto** auf **Text** umgestellt werden):

Ausschnitt aus der Datei funct3.rc

```
// Dialog
//

IDD_COLOR_DIALOG DIALOG DISCARDABLE  0, 0, 137, 134
STYLE DS_MODALFRAME | WS_POPUP | WS_CAPTION | WS_SYSMENU
CAPTION "Farbe einstellen"
FONT 8, "MS Sans Serif"
BEGIN
    LTEXT           "Rot-Anteil (0 ... 255):",IDC_STATIC,5,10,70,8
    EDITTEXT        IDC_EDIT_RED,85,5,40,14,ES_AUTOHSCROLL
    LTEXT           "Grün-Anteil (0 ... 255):",IDC_STATIC,5,35,70,8
    EDITTEXT        IDC_EDIT_GREEN,85,30,40,14,ES_AUTOHSCROLL
    LTEXT           "Blau-Anteil (0 ... 255):",IDC_STATIC,5,60,70,8
    EDITTEXT        IDC_EDIT_BLUE,85,55,40,14,ES_AUTOHSCROLL
    LTEXT           "Linienbreite (Pixel):",IDC_STATIC,5,85,70,8
    EDITTEXT        IDC_EDIT_LINEWIDTH,85,80,40,14,ES_AUTOHSCROLL
    DEFPUSHBUTTON   "OK",IDOK,5,110,50,14
    PUSHBUTTON      "Abbrechen",IDCANCEL,80,110,50,14
END
```

Ende des Ausschnitts aus der Datei funct3.rc

- Vieles in dieser erstaunlich kompakten Beschreibung einer Dialog-Box ist selbsterklärend. Die Zahlenangaben bestimmen die Position und die Abmessungen der einzelnen Elemente. Sie werden in speziellen "Dialog-Box-Einheiten" gemessen, die sich aus dem von Windows verwendeten "System-Zeichensatz" ableiten (horizontale Dialog-Box-Einheit ist ein Viertel der mittleren Zeichenbreite, die vertikale Einheit ein Achtel der Zeichenhöhe).

- Hervorgehoben wurden die Identifikatoren, mit denen im Programm die gesamte Dialog-Box und die einzelnen Elemente identifiziert werden. Sie sind in der Datei **resource.h** definiert:

Ausschnitt aus der Header-Datei resource.h

```
//{{NO_DEPENDENCIES}}
// Microsoft Developer Studio generated include file.
// Used by Funct3.rc
//
#define IDR_MENU1                       101
#define IDD_COLOR_DIALOG                102
#define IDC_EDIT_RED                    1000
#define IDC_EDIT_GREEN                  1001
#define IDC_EDIT_BLUE                   1002
#define IDC_EDIT_LINEWIDTH              1003
#define ID_DATEI_ENDE                   40001
#define ID_KOORDINATEN_RECHTSOBEN       40002
#define ID_KOORDINATEN_RECHTSUNTEN      40003
#define ID_KOORDINATEN_ISOTROP          40004
#define ID_KOORDINATEN_ANISOTROP        40005
#define ID_FARBE                        40007
```

Ende des Ausschnitts aus der Header-Datei resource.h

Weil noch keine Verbindung vom Programm zur Dialog-Box besteht, ist diese auch nach der Aktualisierung des Projekts noch nicht sichtbar. Das Einbinden einer Dialog-Box in ein Programm gestaltet sich etwas aufwendiger als das Einbinden eines Menüs, weil auch der Datenaustausch zwischen Dialog-Box und Programm organisiert werden muß. Hier wird nur

der (mit Abstand wichtigste) Fall des sogenannten "modalen Dialogs" behandelt, bei dem die
übrigen Fenster des Programms erst dann wieder erreichbar sind, nachdem der Dialog
beendet wurde. Folgende Schritte sind erforderlich zum

Einbinden der Dialog-Box in das Programm:

♦ Es wird eine "Dialog-Klasse" deklariert (für jede Dialog-Box eines Programms
benötigt man eine spezielle Dialog-Klasse), die von **CDialog** abgeleitet wird. In
der Dialog-Klasse wird für jedes Element der Dialog-Box, mit dem ein Datenaustausch stattfinden soll, eine Member-Variable vorgesehen.

♦ Die Dialog-Box muß an geeigneter Stelle im Programm sichtbar werden (z. B.
nach Auswahl eines Menü-Angebots). Dafür wird in der Regel eine von **CDialog**
geerbte Member-Funktion genutzt. Hierbei müssen die Elemente der Dialog-Box
initialisiert werden, nach dem Schließen der Dialog-Box müssen die Daten in das
Programm übernommen werden.

Die Dialogklasse bekommt den (willkürlich gewählten) Namen **CColorMixDlg** und könnte
in einer sehr einfachen Form so aussehen:

Ausschnitt aus der Header-Datei funct3.h

```
class CColorMixDlg : public CDialog
{
    public:
        BYTE m_red        ;
        BYTE m_green      ;
        BYTE m_blue       ;
        int  m_linewidth ;
        CColorMixDlg (CWnd *parent_p = NULL) :
                    CDialog (IDD_COLOR_DIALOG , parent_p) {}
    protected:
        void DoDataExchange (CDataExchange *de_p) ;
} ;
```

Ende des Ausschnitts aus der Header-Datei funct3.h

♦ Für jedes Element in der Dialog-Box, mit dem Daten ausgetauscht werden, wurde eine
Member-Variable vorgesehen (**m_red, m_green, m_blue** und **m_linewidth**).

♦ Der (**inline** deklarierte) Konstruktor von **CColorMixDlg** dient nur dazu, den Konstruktor
der Basisklasse **CDialog** mit den benötigten Argumenten aufzurufen. Es sind der
Identifikator der Dialog-Box **IDD_COLOR_DIALOG** und der Pointer auf das "Parent
window", zu dem der Dialog gehört (hier wird es das Hauptfenster der Applikation sein).

♦ Schließlich muß nur noch die Member-Funktion **DoDataExchange** geschrieben werden,
die ein entscheidendes Glied in der Kette des Datenaustauschs zwischen Dialog-Box und
Programm darstellt. Dieses recht feinsinnige Konzept befreit den Programmierer
weitgehend von dem recht mühsamen Geschäft des Initialisierens der Dialog-Box-
Elemente vor dem Erscheinen der Box und dem Auslesen der Felder nach dem Drücken
des OK-Buttons. Es wird nachfolgend beschrieben.

Eine Dialog-Box **ist ein** Window und ist deshalb aus **CWnd** abgeleitet, so daß in dieser "Erbfolge" die eigene Dialogklasse (hier: **CColorMixDlg**) recht mächtig wird. Bevor die Dialog-Box auf dem Bildschirm erscheint, sendet Windows die Botschaft WM_INITDIA-LOG, die von der Funktion **CDialog::OnInitDialog** bearbeitet wird. Diese wiederum ruft **CWnd::UpdateData** mit dem (einzigen) Argument **FALSE** auf, das signalisiert, daß der Datenaustausch in der Richtung "Programm ---> Dialog-Box" erfolgen soll. Die Information über die "Richtung des Datentransfers" wird in einem **CDataExchange**-Objekt abgelegt, das auch alle übrigen Informationen für den Transfer enthält, und mit einem Pointer auf dieses Objekt wird schließlich **DoDataExchange** aufgerufen (ein Glück, daß fast alles auf diesem langen Weg dem Programmierer verborgen bleibt, weil es tief in den MFC steckt).

Der umgekehrte Weg des Datenaustauschs wird von denselben Funktionen erledigt, allerdings von **CDialog::OnOK** ausgelöst. Dies ist die Funktion, die nach dem Drücken des OK-Buttons aktiv wird. Schließlich landet die Aufrufkette auch hier in **DoDataExchange**.

Die Funktion **DoDataExchange** muß dem aktuellen Problem angepaßt werden. Auch das wäre mit einigem Aufwand verbunden, wenn dafür nicht geeignete (globale) Funktionen bereitstehen würden, die bei Bedarf auch die Prüfung der Validität (Wert innerhalb eines sinnvollen Bereichs?) übernehmen. Nach den dafür verfügbaren Funktionen wird dies als "DDX/DDV-Mechanismus" bezeichnet und ist in **funct3.cpp** folgendermaßen realisiert:

Ausschnitt aus der Datei funct3.cpp

```
void CColorMixDlg::DoDataExchange (CDataExchange *de_p)
{
    CDialog::DoDataExchange (de_p) ;
    DDX_Text       (de_p , IDC_EDIT_RED    , m_red)        ;
    DDX_Text       (de_p , IDC_EDIT_GREEN  , m_green)      ;
    DDX_Text       (de_p , IDC_EDIT_BLUE   , m_blue)       ;
    DDX_Text       (de_p , IDC_EDIT_LINEWIDTH , m_linewidth) ;
    DDV_MinMaxInt  (de_p , m_linewidth , 1 , 30)           ;
}
```

Ende des Ausschnitts aus der Datei funct3.cpp

♦ Neben dem Aufruf des "geerbten Originals" sollte **DoDataExchange** für jedes Dialog-Box-Element, mit dem Datenaustausch stattfindet, eine **DDX**-Funktion aufrufen, gegebenenfalls auch eine **DDV**-Funktion. Neben der besonders wichtigen **DDX_TEXT**-Funktion gibt es noch weitere für andere Typen der Dialog-Box-Elemente. Auch die **DDV**-Funktionen sind für Tests mit anderen Datentypen verfügbar (siehe Online-Hilfe).

♦ Die Funktion **DDX_Text** organisiert den Datenaustausch mit einem Eingabefeld. Weil dieses nur mit Zeichenketten operiert, wird dem Programmierer von **DDX_Text** die Umwandlung in den erwarteten Datentyp abgenommen (die Funktion ist mehrfach überladen, wobei der Typ des dritten Arguments bestimmt, welcher Datentyp abgeliefert wird). **DDX_TEXT** übernimmt den Pointer auf das **CDataExchange**-Objekt und einen Identifikator eines Elements der Dialog-Box und liefert über den Referenz-Parameter (dritte Position) das Ergebnis ab.

♦ Die Funktion **DDV_MinMaxInt** überprüft den zulässigen Bereich für eine **int**-Variable. Hier wird mit

```
DDV_MinMaxInt (de_p , m_linewidth , 1 , 30) ;
```

festgelegt, daß die Variable **m_linewidth** im Intervall **1 ... 30** liegen muß. Wird dies vom Programm-Benutzer nicht eingehalten, erscheint automatisch die nebenstehend zu sehende Message-Box. Nach Drücken des OK-Buttons erscheint wieder die Dialog-Box, und der Eingabefokus liegt auf dem beanstandeten Wert.

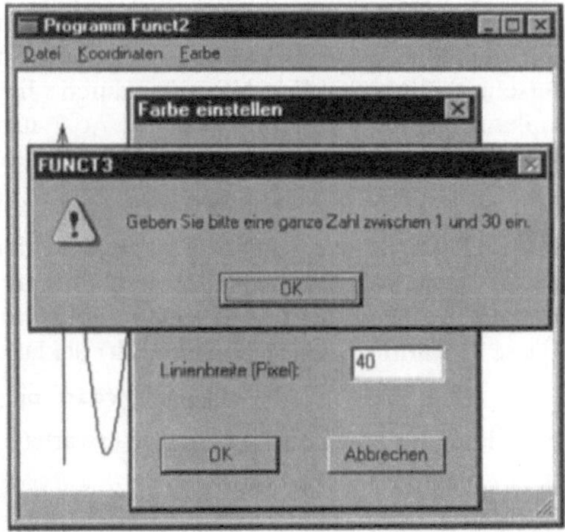

Auf **DDV**-Funktionen für die Überprüfung der Werte der drei BYTE-Variablen kann verzichtet werden, weil der gesamte Bereich (0 ... 255) akzeptiert wird. Sollte der Programm-Benutzer einen außerhalb dieses Bereichs liegenden Wert eingeben, erscheint auch eine entsprechende Message-Box.

Es ist üblich (und sinnvoll), ein Objekt der Dialogklasse nur für das Erscheinen der Dialog-Box zu erzeugen und danach wieder aufzugeben (ein Programm kann sehr viele Dialoge vorsehen, von denen oft nur wenige tatsächlich in einem Programmlauf genutzt werden, außerdem ist immer nur ein modaler Dialog aktiv). Deshalb müssen die von einem Dialog zu übernehmenden Daten dort abgelegt werden, wo die Informationen (das "Dokument", das "Berechnungsmodell", ...) gespeichert werden. In diesem einfachen Beispiel, in dem nur eine Graphik verwaltet wird, ist das die Klasse **CMainFrame**. Im **private**-Bereich der Deklaration von **CMainFrame** (Datei **funct3.h**) werden also die folgenden vier Member-Variablen zusätzlich angesiedelt:

```
private:
    int   m_red    ;
    int   m_green  ;
    int   m_blue   ;
    int   m_linewidth ;
```

Sie werden im Konstruktor **CMainFrame::CMainFrame** initialisiert:

```
CMainFrame::CMainFrame ()
{
    m_red   = 0 ;
    m_green = 0 ;
    m_blue  = 0 ;
    m_linewidth = 1 ;
    // ...
}
```

In **CMainFrame::OnPaint** werden diese Variablen benutzt, um vor dem Zeichnen des Funktions-Graphen einen entsprechenden "Zeichenstift" zu erzeugen und in den "Device context" einzusetzen (vgl. Abschnitt 7.4.3):

```
CPen pen (PS_SOLID , m_linewidth , RGB (m_red , m_green , m_blue)) ;
CPen *oldpen_p = dc.SelectObject (&pen) ;
    //       ... Zeichnen ...
dc.SelectObject (oldpen_p) ;
```

Nach dem Programmstart wird also zunächst (entsprechend der Initialisierung) mit einem ein Pixel breit zeichnenden schwarzen Zeichenstift gearbeitet.

Schließlich muß noch der Dialog in das Programm eingebunden werden. Die Dialog-Box soll sich nach der Auswahl des Menü-Angebots **Farbe** öffnen. Das "Command routing" für die Botschaft WM_COMMAND, die durch die Menü-Auswahl ausgelöst wird, ist so zu implementieren, wie es im Abschnitt 7.6.2 ausführlich beschrieben wurde. In den "Message maps" (Datei **funct3.cpp**) wird z. B. folgende Zeile ergänzt:

```
ON_COMMAND  (ID_FARBE , on_color_mix)
```

(**ID_FARBE** ist der beim Erzeugen der Menü-Ressource im Abschnitt 7.6.1 vergebene Identifikator, **on_color_mix** der vom Programmierer frei wählbare Name des "Command handlers"). Die Funktion **on_color_mix** wird im **protected**-Bereich der Deklaration der Klasse **CMainFrame** (Datei **funct3.h**) deklariert:

```
afx_msg void on_color_mix () ;
```

(**void**-Funktion, die keine Parameter erwartet). Sie kann z. B. so implementiert werden:

Ausschnitt aus der Datei funct3.cpp

```
void CMainFrame::on_color_mix ()
{
    CColorMixDlg dlg (this) ;
    dlg.m_red    = m_red   ;
    dlg.m_green  = m_green ;
    dlg.m_blue   = m_blue  ;
    dlg.m_linewidth = m_linewidth ;

    if (dlg.DoModal () == IDOK)
    {
        m_red        = dlg.m_red        ;
        m_green      = dlg.m_green      ;
        m_blue       = dlg.m_blue       ;
        m_linewidth  = dlg.m_linewidth  ;

        Invalidate () ;
    }
}
```

Ende des Ausschnitts aus der Datei funct3.cpp

♦ Es wird ein Objekt der Dialogklasse **CColorMixDlg** erzeugt (hier gewählter Name: **dlg**), das nur innerhalb der Funktion **CMainFrame::on_color_mix** existiert. Auf die Member-Variablen dieses Objekts werden die aktuellen Werte für die Farbeinstellung und die Linienbreite übertragen.

♦ Der gesamte Dialog wird von **CDialog::DoModal** geführt: Vor dem Erscheinen der Dialog-Box wird einmal der DDX/DDV-Algorithmus abgearbeitet, so daß die Eingabe-felder initialisiert werden (es werden also immer die gerade aktuellen Werte angeboten, weil gegebenenfalls nur ein Wert geändert werden soll). Beim Schließen der Dialog-Box mit OK wird er ein zweites Mal ausgeführt, um die Felder auszulesen und die Werte auf die Member-Variablen des Objektes der Dialogklasse zu übertragen.

♦ Wenn die Dialog-Box mit OK geschlossen wird, liefert **DoModal** als Return-Wert **IDOK** ab. In **CMainFrame::on_color_mix** werden in diesem Fall die neuen Werte in das **CMainFrame**-Objekt zurückgeschrieben, und mit **Invalidate** wird die Botschaft WM_PAINT erzeugt, die das Neuzeichnen des Hauptfensters (unter Benutzung der geänderten Werte) bewirkt.

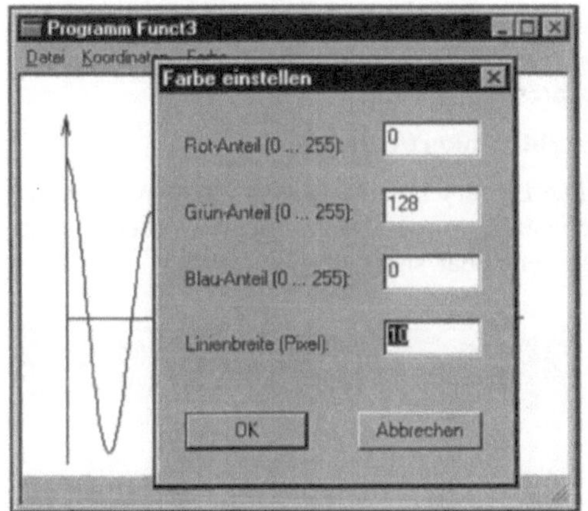

Der Dialog erzeugt eine ...

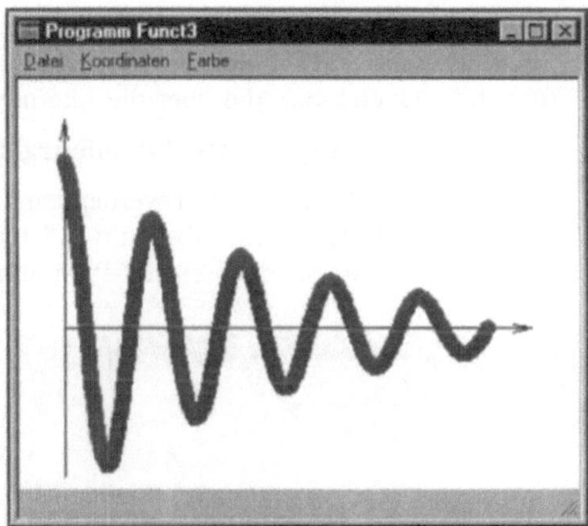

... dunkelgrüne Kurve, 10 Pixel breit

Damit ist das Programm komplett. Die Abbildungen oben zeigen die Dialog-Box (links) und die modifizierte Zeichnung (rechts).

7.7 Zusammenfassung, Ausblick

Es sollte in diesem Kapitel nur ein "MFC-Schnupperkurs" sein. Es konnten nicht einmal alle wichtigen Aspekte der Windows-Programmierung angesprochen werden. Sicher ist aber deutlich geworden, wie leistungsfähig das Konzept der objektorientierten Programmierung gerade für die Windows-Programmierung ist.

Der Leser, der tiefer in die MFC-Programmierung eindringen will, muß die Entscheidung fällen, ob er auf dem in diesem Kapitel vorgezeichneten Weg weitergehen möchte, oder ob er die zusätzlichen Hilfsmittel benutzen will, die im Kapitel 8 beschrieben werden. Ratsam ist es sicherlich, auch in das folgende Kapitel wenigstens "hineinzuschnuppern", um diese Entscheidung mit einiger Sachkenntnis zu fällen.

Wer den im Kapitel 7 vorgezeichneten Weg weitergehen möchte, kann sich z. B. folgender Hilfen bedienen:

♦ Weil es gar nicht mehr sinnvoll ist, alle Möglichkeiten eines so umfangreichen Systems, wie es eine komplette moderne C++-Entwicklungsumgebung zwangsläufig ist, in einem Buch zu beschreiben, kann man immer nur Anleitungen und Anstöße erwarten, alles übrige sollte man der Online-Hilfe entnehmen (auch die Manuals sind eigentlich nicht mehr handhabbar, weil die Suche nach bestimmten Informationen und die Verweise auf andere Themen nicht so elegant wie in der Online-Hilfe gefunden werden können und deshalb vieles wegen des Umfangs der Manuals gar nicht mehr gefunden wird). Ein empfehlenswertes Buch für die nötigen "Anstöße" zu vielen Themen mit Beispielen in dem Stil, wie sie in diesem Kapitel behandelt wurden, ist z. B. [Pros96] (englisch, und unter 1000 Seiten geht ohnehin kaum noch etwas).

♦ Eine besonders preiswerte (weil kostenlose) Alternative ist die vom Autor dieses Buches
  geschriebene **CGIW**-Library (im Quellcode verfügbar) mit zahlreichen Beispielen
  (ebenfalls Quellcode), die über die Internet-Adresse

http://www.fh-hamburg.de/rzbt/dankert/cgiw.html

einschließlich Manual kopiert werden kann. Die Library ist eine wesentliche Erweiterung
der Klasse **ClGI**, die im Abschnitt 7.5.1 behandelt wurde. Nachfolgend werden einige
Themen genannt, für die Beispiel-Programme verfügbar sind:

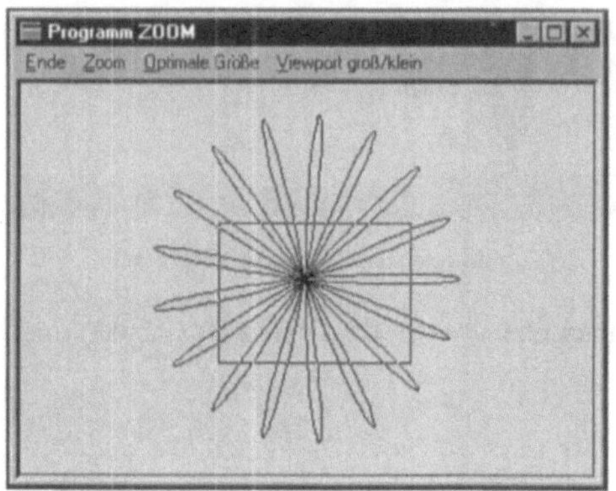

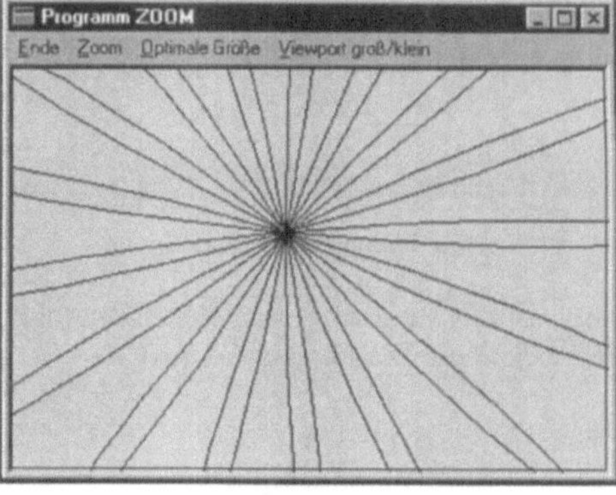

"Aufziehen" eines Rechtecks für das "Zoomen" ...   **... und "gezoomtes" Bild**

Die auf dieser Seite zu sehenden Abbildungen zeigen einige Hilfen für typische Program-
mierprobleme bei der graphischen Darstellung von zweidimensionalen Objekten. Dabei
dürfen jeweils die besonders flexiblen "User coordinates" verwendet werden, die im
Abschnitt 7.5.1 vorgestellt wurden.

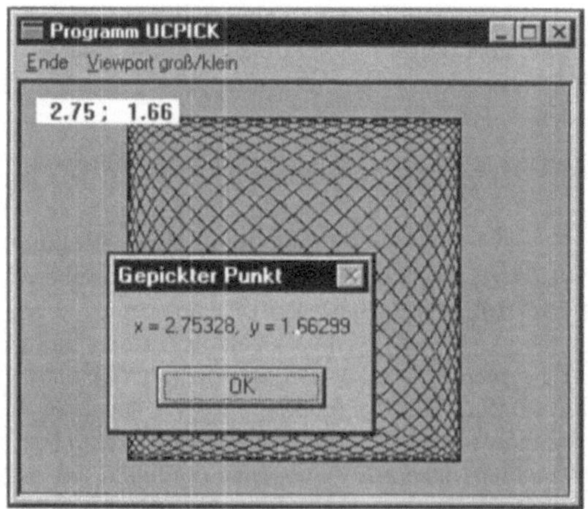

Cursorposition verfolgen (oben links) und
gepickten Punkt in "User coordinates" abliefern

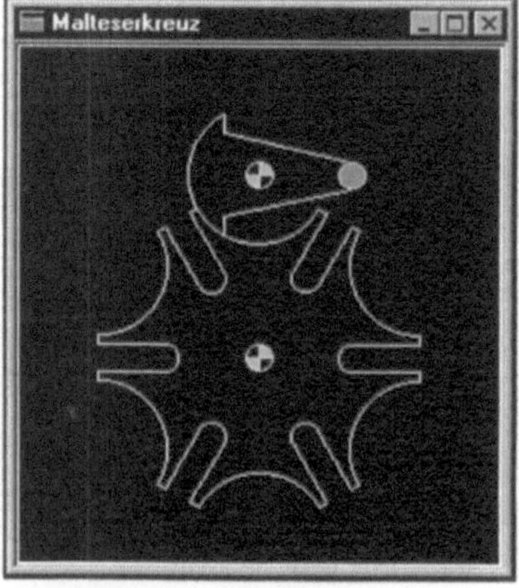

Simulation einer Bewegung: Kurbel und
Malteserkreuz rotieren synchron

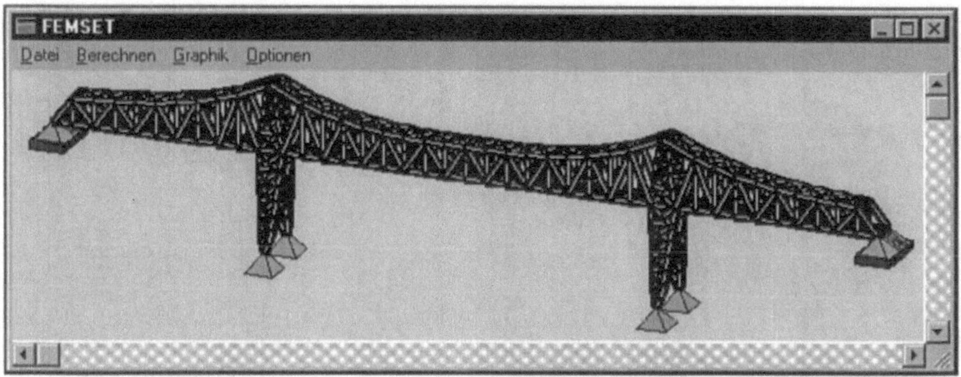

Tragkonstruktion einer Eisenbahnbrücke[10] in Parallelprojektion ...

Die Darstellung dreidimensionaler Gebilde in der zweidimensionalen Zeichenfläche ist stets mit folgenden Problemen verbunden:

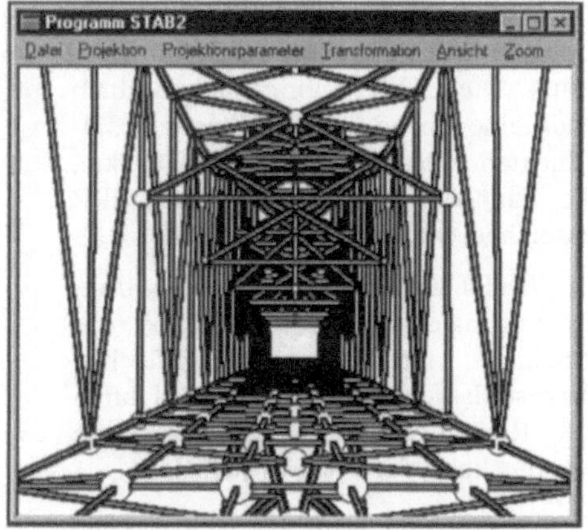

... und in Zentralprojektion aus der Sicht des Lokführers ("Kamerawinkel": 20°)

♦ Alle 3D-Koordinaten müssen auf 2D-Koordinaten projiziert werden. In der **CGIW**-Library stehen dafür beliebig festzulegende Parallel- und Zentralprojektionen zur Verfügung. Der Programmierer kann sie definieren (oder die Standard-Einstellungen akzeptieren), um danach die typischen Zeichenroutinen einfach mit 3D-Koordinaten aufrufen zu können.

♦ Für das Problem der sich gegenseitig überdeckenden Flächen steht in der **CGIW**-Library eine Klasse zur Verfügung, in der die Graphik-Objekte automatisch sortiert werden (nach ihrem Abstand vom Betrachter). Wenn sie dann in dieser Reihenfolge (die am weitesten entfernten zuerst) gezeichnet werden, sind schließlich im kompletten Bild nur die Objekte sichtbar, die der Betrachter auch tatsächlich sieht.

Die beiden Bilder auf dieser Seite zeigen Zeichnungen, die ein 3D-Objekt in Parallel- bzw. Zentralprojektion darstellen. Wenn (wie bei dem unteren Bild) der Standpunkt des Betrachters ("Eye point") sich innerhalb des darzustellenden Objekts befindet, muß der abzubildende Ausschnitt (hier durch Festlegung eines sogenannten "Kamerawinkels") eingegrenzt werden. Um die gegenseitige Überdeckung der linienförmigen Träger zu veranschaulichen, wurden sie (in der "richtigen Reihenfolge") mit "breiten zweifarbigen Linien" gezeichnet.

---

[10]Es ist die Brücke über den Nord-Ostsee-Kanal bei Rendsburg, und es bereitet sehr viel Mühe, die Daten für eine solche Darstellung bereitzustellen. Die beiden Studenten Holger Glüß und Karsten Ullrich haben nach den technischen Zeichnungen im Rahmen einer Semesterarbeit die Tragkonstruktion mit allen Querschnittswerten für eine Berechnung der Verformung unter Betriebslast aufbereitet und mit der Finite-Elemente-Methode berechnet.

**Ein Ikosaeder wird von 20
gleichseitigen Dreiecken begrenzt**

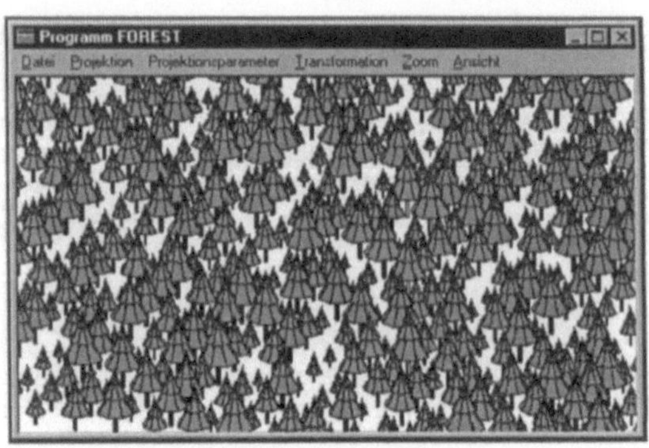

**Durch Transformationen wird aus
einem einzigen Baum ein Wald**

Die Darstellung dreidimensionaler Gebilde wird von den MFC nicht unterstützt. Die **CGIW**-Library legt deshalb noch eine Ebene darüber: Aus den 3D-Objekten werden 2D-Graphik-Objekte, die dann unter Benutzung der MFC gezeichnet werden.

Die Bilder auf dieser Seite zeigen dreidimensionale Objekte, die durch das Zeichnen ihrer Begrenzungsflächen dargestellt werden. Auch hier wird durch die Reihenfolge des Zeichnens die Überdeckung der Flächen realisiert.

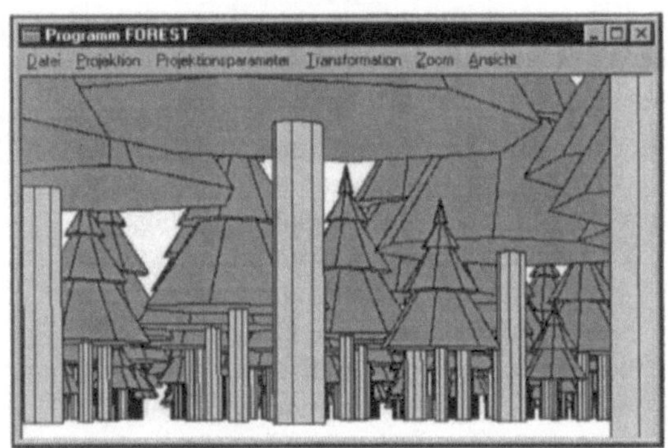

**Der Wald aus der Perspektive
eines Spaziergängers**

Eine sehr nützliche Eigenschaft ist die Möglichkeit, einem darzustellenden Objekt eine zusätzliche Transformation zuzuordnen, die vor der eigentlichen Zeichenaktion ausgeführt wird. In der **CGIW**-Library sind Translationen, Rotationen, Spiegelungen und Skalierungen vorgesehen. Nach Definition eines Graphik-Objekts ("Baum") und wiederholter Darstellung mit jeweils anderen Transformationen wird aus dem Baum ein Wald, auch dargestellt unter Beachtung aller gegenseitigen Überdeckungen.

Die Datenstrukturen für Flächen, die einer mathematischen Funktion folgen, sind mit besonders geringem Aufwand zu erzeugen.

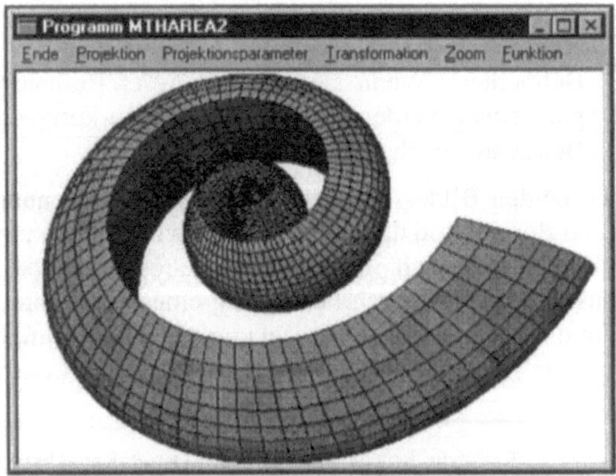

**Eine "Parabel-Schnecke" ist eine 3D-Fläche, die durch
eine spiralförmige Bewegung einer Parabel entsteht**

8 Arbeiten mit dem MFC-Anwendungsgerüst

Dem aufmerksamen Leser wird nicht entgangen sein, daß das minimale Programmgerüst, das für das Programm **minimfc.cpp** im Abschnitt 7.3 erzeugt wurde, fast unverändert auch für die übrigen Programme im Kapitel 7 verwendet wurde. Es ist also naheliegend, dieses einschließlich aller für ein Windows-Programm in der Regel benötigten Klassen und Funktionen automatisch erzeugen zu lassen. Hierfür ist in der Entwicklungsumgebung von MS-Visual-C++ der "Anwendungs-Assistent" ("App wizard") zuständig.

Es gibt mehrere typische Arbeiten, die immer wieder gleichartige Eingriffe in verschiedene Dateien erfordern, z. B.: Die Bearbeitung einer WM_COMMAND-Botschaft erfordert eine Eintragung in die "Message map" (in der Regel in einer .cpp-Datei), das Registrieren eines Prototyps des "Command handlers" in der Deklaration der Fenster-Klasse (in einer **.h**-Datei) und das Schreiben eines Skeletts des "Command handlers" (**.cpp**-Datei), das dann ausprogrammiert werden muß. Die ersten drei Schritte sind eher formaler Natur und können weitgehend automatisiert werden. Dafür ist in MS-Visual-C++ der "Klassen-Assistent" ("Class wizard") zuständig, der auch intensive Unterstützung beim Einbinden von Ressourcen in das Programm leistet.

In diesem Kapitel wird ein kleines Projekt mit Hilfe der Assistenten bearbeitet (um die Vorteile erkennen zu können, muß es zwangsläufig eine Mindestgröße haben), zuvor aber erfolgt der Einstieg in die Problematik, natürlich: "Hello, World!". Bei der Beschreibung der einzelnen Schritte wird auf die Version 5 von MS-Visual-C++ Bezug genommen (prinzipiell dürfte das Umsetzen der Schritte für die älteren Versionen kaum Schwierigkeiten bereiten).

8.1 Ein letztes Mal in diesem Buch: "Hello, World!"

Für den Leser, der die Schritte selbst am Computer nachvollziehen will (gute Idee), werden die entsprechenden Passagen ab sofort mit dem Zeichen ▶ eingeleitet. Für den Start des Projekts **Hllw** wird angenommen, daß MS-Visual-C++ gestartet wurde und auf dem Bildschirm das "Developer studio" zu sehen ist.

▶ Man wählt **Datei | Neu | Projekte** und (einmal anklicken) **MFC-Anwendungs-Assistent (exe)**. Im Feld **Pfad:** wird das Verzeichnis eingestellt (gegebenenfalls durch Anklicken des **...**-Buttons neben diesem Feld über die Dialog-Box "Verzeichnis wählen"), in dem ein Unterverzeichnis als Projektverzeichnis angelegt werden soll (hier wird angenommen, daß

C:\cpp eingestellt wird, aber das ist wirklich beliebig). Schließlich wird im Feld **Projektname** ein (möglichst nicht zu langer) Name eingetragen, hier: **Hllw** (dieser Name wird vom Anwendungs-Assistenten zur Bildung von Datei- und Klassennamen verwendet, man erkennt es im Feld **Pfad:**, dort erscheint z. B. **C:\cpp\Hllw**). Mit **OK** wird die Dialog-Box "Neu" geschlossen.

Sofort meldet sich der MFC-Anwendungs-Assistent mit mehreren aufeinanderfolgenden Dialog-Boxen.

▶ In der Dialog-Box "MFC-Anwendungs-Assistent - Schritt 1" wird die Voreinstellung (**Mehrere Dokumente (MDI)**) geändert in **Einzelnes Dokument (SDI)**, danach: **Weiter>**. Die folgenden Schritte (2 bis 6) könnte man sich ersparen, weil die Voreinstellungen akzeptiert werden, aber es ist natürlich sehr interessant zu sehen, was angeboten wird. Deshalb wird (nach Besichtigung der Dialog-Boxen) jeweils **Weiter>** gewählt. In der Dialog-Box "MFC-Anwendungs-Assistent - Schritt 6" schließlich wird angezeigt, daß der Anwendungs-Assistent folgende Klassen erstellen will: **CHllwApp**, **CMainFrame**, **CHllwDoc** und **CHllwView** (in drei Klassennamen wurde der Projektname eingearbeitet). Da auch das akzeptiert werden soll, drückt man **Fertigstellen**.

Der sehr mitteilungsbedürftige Anwendungs-Assistent meldet sich noch einmal mit einer Dialog-Box, die ausführliche Informationen über den Anwendungstyp enthält und die zu erstellenden Klassen (wofür, in welchen Dateien) und die Merkmale des zu erzeugenden Programms anzeigt.

▶ In der Dialog-Box "Neue Projektinformationen" wird **OK** gewählt.

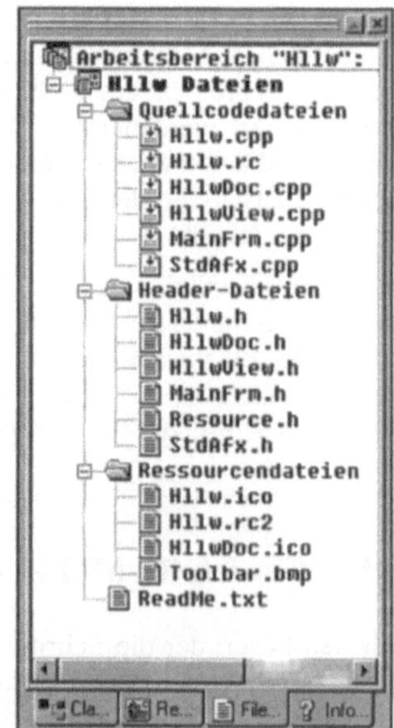

Für den Programmierer, dessen Arbeit nach der Anzahl der erzeugten "Lines of code" entlohnt wird, könnte nun Zahltag sein. Es sind 22 Dateien entstanden, von denen im Arbeitsbereich unter **FileView** die nebenstehend zu sehenden angezeigt werden. Mit einem Doppelklick auf **ReadMe.txt** öffnet sich eine Datei, in der man zu den wichtigsten vom Anwendungs-Assistenten erzeugten Dateien eine Kurzbeschreibung findet.

▶ Man wählt **Erstellen | Hllw.exe erstellen**, und das ausführbare Progamm wird erzeugt. Obwohl noch keine eigene Programmzeile ergänzt wurde, lohnt es sich, das Programm zu starten: **Erstellen | Ausführen von Hllw.exe** (oder einfach auf das rote Ausrufezeichen klicken).

Nur die wichtigsten Dateien werden unter FileView angezeigt

Das Hauptfenster des Programms (Abbildung auf der folgenden Seite) ist erheblich üppiger ausgestattet als das Fenster des vergleichbaren Minimalprogramms aus dem Abschnitt 7.3. Es gibt ein Menü, eine Button-Leiste und eine Statuszeile. Natürlich steckt noch nirgends ernsthafte Funktionalität hinter den Angeboten, aber wenn man z. B. **Datei | Seitenansicht** wählt, landet man in der Druck-Vorschau. Dort sollte man unbedingt **Schließen** wählen, sonst kommt tatsächlich ein leeres Blatt aus dem Drucker.

Es ist sicher interessant, die vom Anwendungs-Assistenten erzeugten Dateien zu inspizieren, denn schließlich muß man dort die eigentliche Funktionalität eines Programms ergänzen, aber auch für die Orientierung in den Dateien werden Hilfen angeboten, die man unbedingt annehmen sollte.

Im Arbeitsbereich des "Developer studios" werden neben dem Angebot **FileView**, das auf der vorigen Seite zu sehen ist, und dem ständigen Angebot **InfoView** noch **ResourceView** und **ClassView** offeriert. Zunächst wird das letztgenannte Angebot genutzt, das eine Liste aller in den erzeugten Dateien deklarierten Klassen zeigt:

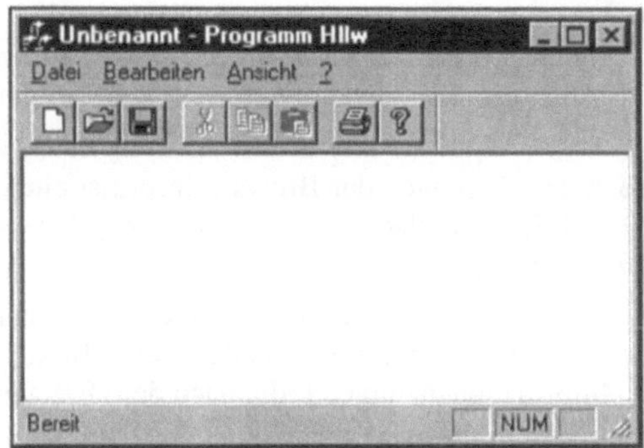

Hauptfenster eines vom Anwendungs-Assistenten erzeugten Minimalprogramms

▶ Im Arbeitsbereich wird **ClassView** gewählt. Nach Anklicken des **+**-Zeichens vor **Hllw Klassen**, des **+**-Zeichens vor **CHllwView** und des **+**-Zeichens vor **Global** zeigt sich der Arbeitsbereich wie in der nebenstehenden Abbildung.

Unter **Global** wird angezeigt, daß es genau ein globales Objekt mit dem Namen **theApp** gibt. Dieses Objekt ist eine Instanz der Anwendungs-Klasse **CHllwApp**, die bereits in allen Programmen des Kapitels 7 mit diesem Namen vertreten war (für Neugierige: Doppelklick auf **theApp** im Arbeitsbereich, und schon ist im Editor die Datei **Hllw.cpp** zu sehen, und der Cursor befindet sich in der Zeile, in der dieses Objekt definiert wird).

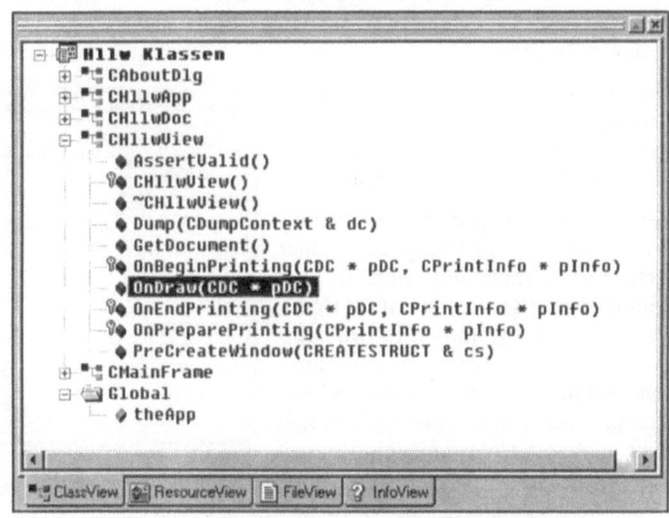

ClassView im Arbeitsbereich des "Developer studios"
(expandiert wurden nur CHllwView und Global)

Unter **CHllwView** sind die Member-Funktionen dieser Klasse aufgelistet, für die vom Klassen-Assistenten mindestens Gerüste erzeugt wurden. Ein Doppelklick auf den Namen einer Funktion ist auch hier der schnellste Weg, um zu ihrer Definition zu gelangen. Bevor dies ausprobiert wird, soll noch auf eine wichtige weitere Informationsquelle aufmerksam gemacht werden: Die **ClassView** im Arbeitsbereich gibt keine Auskunft über die Klassen-Hierarchie. Diese und andere nützliche Informationen findet man im "Quellcode-Browser".

▶ Man wählt **Extras | Quellcode-Browser...** und wird vermutlich darauf aufmerksam gemacht, daß für das Projekt Browser-Informationen nicht verfügbar sind. Gleichzeitig wird aber das Angebot offeriert, die Projekt-Einstellungen entsprechend zu ändern und eine Neu-Compilierung aller Dateien durchzuführen. Dies wird mit **Ja** angenommen.

Nach dem Erzeugen der Browser-Informationen beansprucht das Projekt nun schon mehr als 10 MB Speicherplatz auf der Festplatte. Aber es lohnt sich durchaus, auch diese Informationen zu erzeugen.

▶ Nach **Extras | Quellcode-Browser...** erscheint nun die nebenstehend zu sehende Dialog-Box, die die Informationen anbietet, die nach dem Erzeugen der Browser-Dateien verfügbar sind. Man trägt z. B. in das Feld **Bezeichner** den Klassennamen **CHllwView** ein, wählt im Listenfeld **Abfrage auswählen** das Angebot **Basisklassen und Elemente**, und nach dem Klicken auf **OK** bietet das Fenster "CHllwView - Basisklassen und Elemente" unter anderem die Information, daß **CHllwView** von **CView** abgeleitet ist. Durch Klicken auf das +-Zeichen vor **CView** wird deren Basisklasse angezeigt usw.

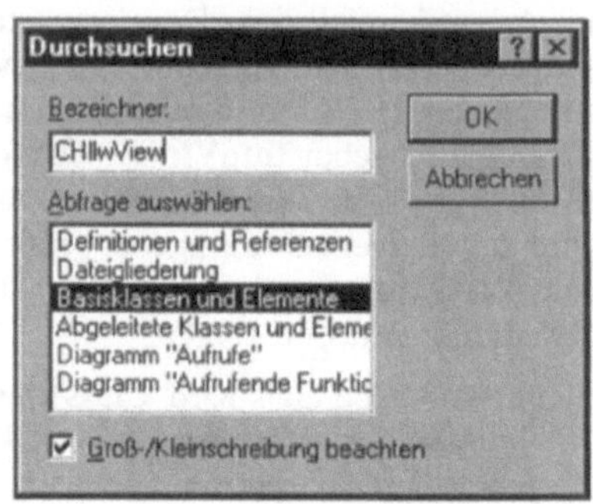

Die nebenstehende Abbildung zeigt das Fenster "CHllwView - Basisklassen und Elemente" mit der kompletten Hierarchie für die Klasse **CHllwView**.

Nun soll das Programm (mit wenigstens einer einzigen Codezeile eigener Fertigung) komplettiert werden. Zur Erinnerung: Die Ausschrift "Hello, World!" im Programm **hllw1mfc.cpp** (Abschnitt 7.4.2) wurde in der Funktion **OnPaint** der Hauptfenster-Klasse erzeugt. Hier gibt es nun doch einige recht markante Unterschiede:

♦ Es sollte nicht mehr das Hauptfenster (und damit die Klasse **CMainFrame**) sein, über das der Programmierer die Zeichenaktionen einbringt. Diese sollten unbedingt in der "Ansichtsklasse" **CHllwView** angesiedelt werden.

♦ Die Zuordnung der Botschaft WM_PAINT zur zugehörigen Behandlungsroutine **OnPaint** über das Konzept der "Message maps" befindet sich nun in der Klasse **CView** (Basisklasse von **CHllwView**). Die Implementation kann in der Datei **Viewcore.cpp** besichtigt werden (befindet sich vermutlich im Verzeichnis **\Programme\DevStudio\Vc\mfc\src**) und ist also nicht mehr Sache des Programmierers. In **CView::OnPaint** wird ein "Device context" (**CPaintDC**-Objekt) erzeugt, und mit dem Pointer darauf als Argument wird die in **CView** rein virtuell deklarierte Member-Funktion **OnDraw** aufgerufen.

♦ **OnDraw** muß also in den aus **CView** abgeleiteten Klassen definiert werden.

> **Zeichenaktionen sollten vornehmlich in der aus CView abgeleiteten Ansichtsklasse angesiedelt werden.** Dafür wird vom Anwendungs-Assistenten bereits das Gerüst der Member-Funktion **OnDraw** eingerichtet.
>
> Der Vorteil für den Programmierer liegt einmal darin, daß er bereits einen Pointer auf ein "Device context"-Objekt geliefert bekommt. Außerdem wird **OnDraw** auf entsprechend modifiziertem Weg (über **OnPrint**) auch für Druckerausgaben aufgerufen und empfängt auch dafür den geeigneten "Device context"-Pointer.

▶ Mit Doppelklick auf **OnDraw** im **ClassView**-Arbeitsbereich öffnet man die Datei **HllwView.cpp**, der Cursor befindet sich in der Kopfzeile der Member-Funktion **CHllwView::OnDraw**:

Ausschnitt aus der Datei HllwView.cpp

```
/////////////////////////////////////////////////////////////////////////////
// CHllwView Zeichnen
void CHllwView::OnDraw(CDC* pDC)
{
    CHllwDoc* pDoc = GetDocument();
    ASSERT_VALID(pDoc);
    // ZU ERLEDIGEN: Hier Code zum Zeichnen der ursprünglichen Daten hinzufügen
}
```

Ende des Ausschnitts aus der Datei HllwView.cpp

♦ Die beiden bereits vorgesehenen Programmzeilen sind fast immer sinnvoll: **GetDocument** liefert einen Pointer auf die Dokumentklasse (vgl. nachfolgenden Abschnitt), **ASSERT_VALID** ist ein nur in der Debug-Version aktives Makro. Es testet die Gültigkeit des übergebenen Arguments (würde hier eine Warnung ausgeben, wenn **GetDocument** einen NULL-Pointer abgeliefert hat) und gehört zu den vielen Vorsichtsmaßnahmen, die der Anwendungs-Assistent in den automatisch generierten Code eingebaut hat.

Für das "Hello, World"-Programm könnten die beiden Zeilen ersatzlos gestrichen werden (sie stören allerdings auch nicht).

Dies ist also die Funktion, in der z. B. der Code angesiedelt werden könnte, der im Programm **hllw1mfc.cpp** (Abschnitt 7.4.2) die einfache oder im Programm **hllw2mfc.cpp** (Abschnitt 7.4.3) die bunt umrahmte "Hello, World"-Ausschrift mit der Funktion **CDC::DrawText** auf den Bildschirm brachte. Im Gegensatz zu diesen beiden Programmen muß kein "Device context"-Objekt erzeugt werden, der Aufruf der **CDC**-Funktionen erfolgt mit dem übergebenen Pointer **pDC**. Hier soll eine noch einfachere Variante mit der wesentlich wichtigeren Textausgabe-Funktion **CDC::TextOut** realisiert werden.

▶ Die Funktion **CHllwView::OnDraw** wird folgendermaßen modifiziert:

```
void CHllwView::OnDraw(CDC* pDC)
{
    pDC->TextOut (20 , 20 , "Hello, World!") ;
}
```

Nun kann das Projekt aktualisiert werden (z. B.: **Erstellen | Hllw.exe erstellen** oder einfach Funktionstaste **F7**). Mit dem "roten Ausrufezeichen" wird das Programm gestartet.

Das Hauptfenster zeigt die Ausschrift "Hello, World!" 20 Pixel entfernt vom linken Rand und 20 Pixel entfernt vom oberen Rand der "Client area" (nebenstehende Abbildung).

▶ Man wählt im Menü des Programms **Datei | Seitenansicht**, es öffnet sich die Druck-Vorschau, in der man sehr klein in der linken oberen Ecke erkennt, daß auch die Druckerausgabe schon vorbereitet ist. Nach zweimaligem Klick auf **Vergrößern** sieht man (nebenstehende Abbildung) einen kleinen Ausschnitt des Blattes (linke obere Ecke).

Neben der Tatsache, daß das also (ohne eigenes Verschulden) sogar schon funktioniert, registriert man, daß für die Druckerausgabe hier offensichtlich ein anderer Font vorgesehen ist.

Zwei Bemerkungen zu der hier verwendeten Funktion **CDC::TextOut** sind noch angebracht:

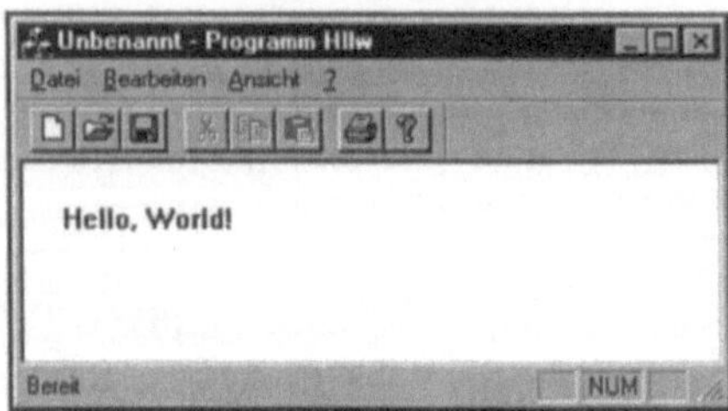

Hauptfenster des Programms Hllw

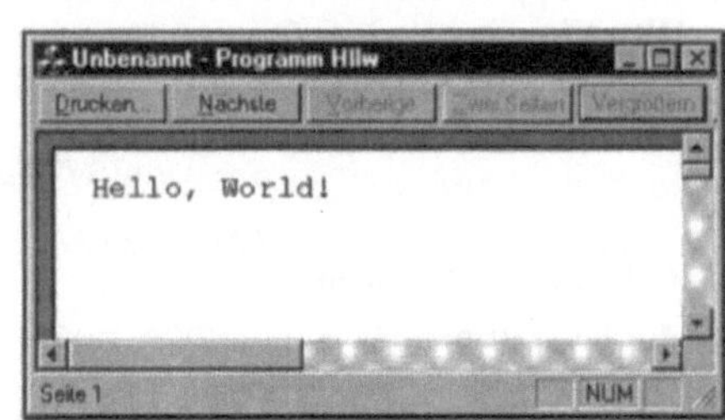

Seitenansicht, zweimal vergrößert

♦ Die ersten beiden Argumente des Funktionsaufrufs legen die Startposition der Textausgabe fest (linke obere Ecke eines vom Text auszufüllenden Rechteck-Bereichs). Sie beziehen sich auf das eingestellte Koordinatensystem, hier also auf die Default-Einstellung **MM_TEXT** (vgl. Abschnitt 7.5) mit dem Ursprung in der linken oberen Ecke der "Client area" und "Geräte-Koordinaten". Dies sind für den Bildschirm "Pixel" und für die Drucker-Ausgabe (die im Regelfall wesentlich kleineren) "Dots". Auf eine sinnvolle Handhabung der Textausgabe mit **CDC::TextOut** wird im Abschnitt 8.6.2 noch einmal eingegangen.

♦ Die **CDC**-Funktion **TextOut** ist überladen und mit folgenden Prototypen verfügbar:

```
virtual BOOL TextOut (int x , int y ,
                      LPCTSTR lpszString , int nCount)    ;
         BOOL TextOut (int x , int y , const CString &str) ;
```

(**LPCTSTR** ist ein Pointer auf einen String). Wenn man die Funktion mit 4 Argumenten aufruft, werden neben dem String auch die Anzahl der Zeichen **nCount** in diesem String erwartet. Wenn man die Funktion mit 3 Argumenten aufruft, muß man ein Objekt der Klasse **CString** abliefern (Referenz-Parameter). Die zu den **MFC** gehörende Klasse **CString** (man informiere sich über diese sehr nützliche Klasse in der Online-Hilfe) hat sehr viel Ähnlichkeit mit der Klasse **ClString**, die im Abschnitt 2.4 eingeführt und in den nachfolgenden Abschnitten ausgebaut wurde.

Die Tatsache, daß in **CHllwView::OnDraw** die Funktion **CDC::TextOut** mit 3 Argumenten aufgerufen, trotzdem aber ein "normaler String" übergeben wurde, ist eine gute Chance, eine Besonderheit zu wiederholen, die im Abschnitt 3.4.3 besprochen wurde ("... und warum funktioniert das?"): Die Klasse **CString** besitzt einen Konstruktor, der genau einen Parameter erwartet ("gewöhnlicher String"). Dieser Konstruktor wird als "Cast-Operator" verwendet, so daß die bequemere "3-Argumente-Variante" von **TextOut** auch mit "gewöhnlichen Strings" funktioniert.

8.2   Die "Document-View"-Architektur

Wenn der Programmierer sich vom Anwendungs-Assistenten ein Programm-Gerüst generieren läßt, muß er die Programm-Architektur, die ihm vorgesetzt wird, akzeptieren. Das Gerüst ist nach dem sogenannten **"Document-View"-Konzept** aufgebaut, das seit etwa Mitte der achtziger Jahre in zahlreichen Software-Entwicklungen genutzt wird. Nach diesem Konzept wird zwischen "Dokumenten" und "Ansichten" getrennt. Der nicht sehr glücklich gewählte Name suggeriert etwas zu stark die Vorstellung vom "Textverarbeitungs-Programm mit Dokumenten und Layout-Funktionen", ist sicherlich auch in Anlehnung an den Aufbau von Textverarbeitungs-Software entstanden, muß aber in einem wesentlich weiteren Sinne verstanden werden. Es mag für einfache Anwendungsprogramme als überzogene und für bestimmte Applikationen als unpassende Architektur angesehen werden, bei "einigem guten Willen" kann man damit aber fast jedes Programm recht sinnvoll strukturieren.

Zum "Objekt" **Dokument** gehören die Daten, die die mit dem Programm zu lösende Aufgabe beschreiben, und die Member-Funktionen, mit denen diese Daten manipuliert werden können. Bei einem Textverarbeitungsprogramm sind dies z. B. die Text-Datei, die Datenstruktur des Textsegments, das gerade bearbeitet wird, und alle Funktionen, mit denen der Text verändert werden kann.

Ein Dokument kann in verschiedenen **Ansichten ("Views")** präsentiert werden, im Textverarbeitungs-Programm z. B. als Textausschnitt mit oder ohne Steuerzeichen oder als Druckervorschau usw. Zu einer Ansicht gehört immer eindeutig ein Dokument, während zu einem Dokument mehrere Ansichten gehören können. Die ebenen Flächen wurden z. B. von den beiden Programmen **sp8asc.cpp** (Abschnitt 6.6.3) bzw. **sp8draw.cpp** (Abschnitt 7.5.2) in unterschiedlichen Ansichten präsentiert:

```
Berechnungsmodell fuer Programm Sp8asc
1 0 0 4 7
-2 2 1.5 3
```

Das "Dokument", gespeichert in der Datei areas.dat, ...

... in der Ansicht "Liste und Ergebnisse" ...   **... und der Ansicht "Graphik"**

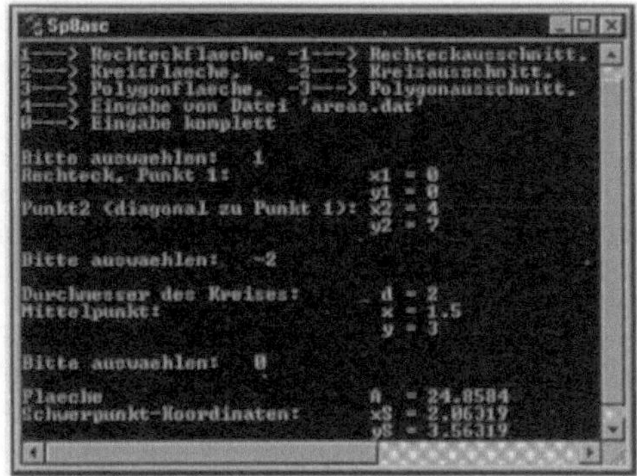

Der Anwendungs-Assistent ermöglicht die Erstellung von Programmgerüsten für "SDI-Anwendungen" ("**S**ingle **D**ocument **I**nterface"), die nur ein Dokument verwalten können, und "MDI-Anwendungen" ("**M**ultiple **D**ocument **I**nterface"), die das Arbeiten mit mehreren Dokumenten gestatten. Das "Hello, World"-Programm im Abschnitt 8.1 ist eine SDI-Anwendung (mit Dokumentklasse, allerdings noch ohne Dokument-Daten).

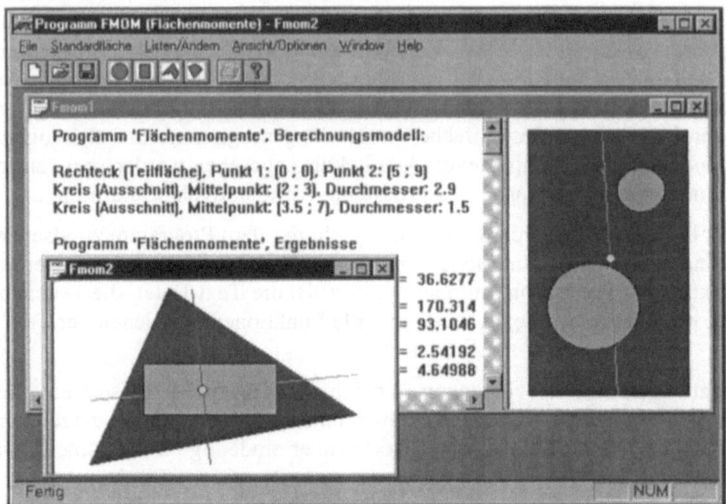

MDI-Programm, sichtbar sind zwei verschiedene Dokumente

Das Bild zeigt ein MDI-Programm, mit dem gerade "zwei Dokumente" völlig unabhängig voneinander bearbeitet werden (Rechteck mit zwei Kreisausschnitten bzw. Dreieck mit Rechteckausschnitt). Während für das "Dokument Dreieck mit Rechteckausschnitt" eine Ansicht (graphische Darstellung) sichtbar ist, werden für das "Dokument Rechteck mit zwei Kreisausschnitten" zwei Ansichten (hier in einem sogenannten "Splitter-Window") gezeigt, eine graphische Darstellung und eine Ergebnisliste.

In den "Microsoft foundation classes" werden Dokumente z. B. durch Objekte der Klasse **CDocument** (oder einer von ihr abgeleiteten Klasse) repräsentiert, Ansichten z. B. durch Objekte der Klasse **CView** (oder einer daraus abgeleiteten Klasse). Die Basisklasse von **CView** ist sinnvollerweise die Klasse **CWnd**, so daß alle Member-Funktionen dieser Klasse auch in der Klasse **CView** verfügbar sind.

In der Regel kommuniziert der Programm-Benutzer über die Ansichtsklasse mit dem Programm, gibt z. B. Daten ein, die natürlich auch in der Dokumentklasse abgelegt und verarbeitet werden müssen, was wiederum ein Aktualisieren der Ansichten erfordert. Die Kommunikation der Member-Funktionen dieser beiden Klassen ist ein wichtiges Thema, das noch ausführlich behandelt werden wird.

Es gehört sicher zu den besonderen Vorteilen beim Arbeiten mit dem Anwendungs-Assistenten, daß dieser die gesamte Einrichtung der Strategie für das Arbeiten mit mehreren Dokumenten übernimmt.

8.3 Das Projekt Fmom

Eigentlich gilt diese Aussage schon allein für die Programmiersprache C++: Die Vorteile werden erst dann besonders deutlich, wenn man größere Projekte bearbeitet. Für den Umgang mit einer modernen Entwicklungsumgebung unter Benutzung der angebotenen Werkzeuge gilt diese Aussage in besonderem Maße. Deshalb wird in diesem Abschnitt ein Projekt gestartet, das Schritt für Schritt erweitert wird, um das Arbeiten und besonders das Zusammenspiel des Anwendungs-Assistenten, des Klassen-Assistenten und der Ressourcen-Editoren aus dem "Developer studio" (bzw. der "Visual workbench") von MS-Visual-C++ zu demonstrieren.

Empfehlenswert ist es sicherlich, das Projekt Schritt für Schritt nachzuvollziehen. Die am Ende eines Abschnitts erreichte Version ist allerdings immer der Ausgangspunkt für die Erweiterung im nächsten Abschnitt, so daß derjenige, der sich die Dateien über die im Abschnitt 1.2 genannte Internet-Adresse kopiert hat, an beliebiger Stelle einsteigen kann.

Die nachfolgend mit dem Zeichen ▣ eingeleiteten Passagen geben die Schritte vor, die bei Benutzung der Version 5 von MS-Visual-C++ auszuführen sind. Wer mit der Version 4 arbeitet, wird kaum ein Problem haben, die Angaben sinngemäß zu modifizieren. Wenn man jedoch noch mit der Version 1.5 arbeitet, ist es empfehlenswert, den Teil 4 von [DnkT96] über das Internet zu beziehen, in dem das Fmom-Projekt mit dieser Version beschrieben wird.

8.3.1 Die mit Fmom zu realisierende Funktionalität

Der Name Fmom steht für "Flächenmomente". Es werden zunächst nur die bereits ab Kapitel 4 in mehreren Beispiel-Programmen berechneten Flächeninhalte (mathematisch: "Momente 0. Grades") und die statischen Momente ("Momente 1. Grades") einschließlich der Schwerpunkt-Koordinaten berechnet. Der Name soll jedoch andeuten, daß eine Erweiterung (und gerade dafür ist die objektorientierte Strategie ja besonders vorteilhaft) auf die in der Ingenieur-Welt besonders wichtigen "Momente höheren Grades" problemlos möglich sein soll (in der oben genannten Version für MS-Visual-C++ 1.5 wurde diese Erweiterung bereits realisiert[1]).

Der Leser, der den im Abschnitt 4.1 beschriebenen mathematischen Hintergrund gelesen hat, ist gut gerüstet, den Sinn des Fmom-Projekts zu verstehen. Um jedoch das Zusammenspiel der Werkzeuge der Entwicklungsumgebung zu erkennen und nachvollziehen zu können, genügt es zu wissen, daß es um ebene Flächen geht, die aus einfachen Teilflächen zusammensetzt werden.

Die "Geometrie-Klassen" werden vom Programm **sp8draw.cpp** (Abschnitt 7.5.2) übernommen, weil dort bereits die Member-Funktionen für das Zeichnen der Flächen existieren, so daß sich der Leser in den folgenden Abschnitten auf die neuen Aspekte konzentrieren kann.

---

[1]Die End-Version dieses Fmom-Programms wurde in die CAMMPUS-Software übernommen ("Computer-Programme der Angewandten Mathematik und Mechanik für Praxis und Studium"), die über die Internet-Adresse

http://www.fh-hamburg.de/rzbt/dnksoft/cammpus

frei kopiert werden kann.

8.3.2 Erzeugen des Projekts (Version Fmom1)

Die Version Fmom1 wird noch keine Funktionalität haben (außer den Fähigkeiten, die der Anwendungs-Assistent und die MFC gratis spendieren). An der automatisch generierten Version werden ausschließlich "kosmetische Korrekturen" vorgenommen.

▶ Im "Developer studio" wird **Datei | Neu | Projekte** gewählt. In der Dialog-Box "Neu" wird der **Pfad** zu dem Verzeichnis eingestellt, in dem das Projektverzeichnis als Unterverzeichnis eingerichtet werden soll (hier wird angenommen, daß **C:\cpp** eingetragen wird). Als **Projektname** wird **Fmom** eingetragen (unter **Pfad** erscheint automatisch **C:\cpp\Fmom**). In der Liste (links) wird **MFC-Anwendungs-Assistent (exe)** gewählt, mit **OK** wird die Dialog-Box "Neu" geschlossen.

▶ Es öffnet sich die Dialog-Box "MFC-Anwendungs-Assistent - Schritt 1", in der als **Sprache für die Ressourcen** (wenn nicht ohnehin schon vorgesehen) **Deutsch** gewählt wird. Fmom soll eine MDI-Anwendung werden (vgl. Abschnitt 8.2), deshalb wird die Voreinstellung **Mehrere Dokumente (MDI)** akzeptiert und **Weiter>** gewählt.

▶ Auch in den beiden nachfolgenden Dialog-Boxen "Schritt 2" und "Schritt 3" werden alle Voreinstellungen mit **Weiter>** bestätigt.

▶ In der Dialog-Box "MFC-Anwendungs-Assistent - Schritt 4" wird **Weitere Optionen** gewählt. Im Feld **Dateierweiterung** in der Registerkarte "Zeichenfolgen für Dokumentvorlage" wird **fmo** eingetragen (der Sinn dieser Eintragung wird erst im Abschnitt 8.8.3 zu sehen sein). Im Feld **Beschriftung des Hauptfensters** wird **Flächenmomente (Fmom)** eingetragen. Man wechselt in die Registerkarte "Fensterstile" und aktiviert unter "Stile der untergeordneten MDI-Rahmen" das Kästchen **Maximiert** (dann erscheint beim Programmstart die MDI-Anwendung so ähnlich wie eine SDI-Anwendung, hat aber trotzdem die MDI-Fähigkeiten). Über **Schließen** landet man wieder in der Dialog-Box "MFC-Anwendungs-Assistent - Schritt 4", dort wird **Weiter>** gewählt.

▶ In der Dialog-Box "MFC-Anwendungs-Assistent - Schritt 5" werden die Voreinstellungen akzeptiert (Kommentare: Ja, bitte), nach **Weiter>** wird im Schritt 6 angezeigt, welche Klassen erstellt werden, man wählt **Fertigstellen**. Die abschließende Dialog-Box "Neue Projektinformationen" müßte nun das nebenstehend zu sehende Aussehen zeigen. Mit **OK** wird der Prozeß der automatischen Dateienerzeu-

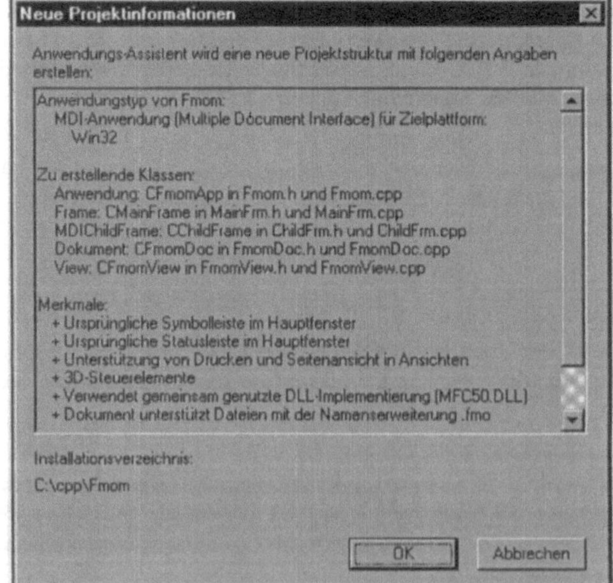

gung gestartet. **Erstellen | Fmom.exe erstellen** (oder einfach Funktionstaste **F7**) startet
Compiler und Linker, und weil keine Fehlermeldungen zu erwarten sind, kann man mit
Erstellen | Ausführen von Fmom.exe (oder durch Klicken auf das rote Ausrufezeichen)
das ausführbare Programm starten.

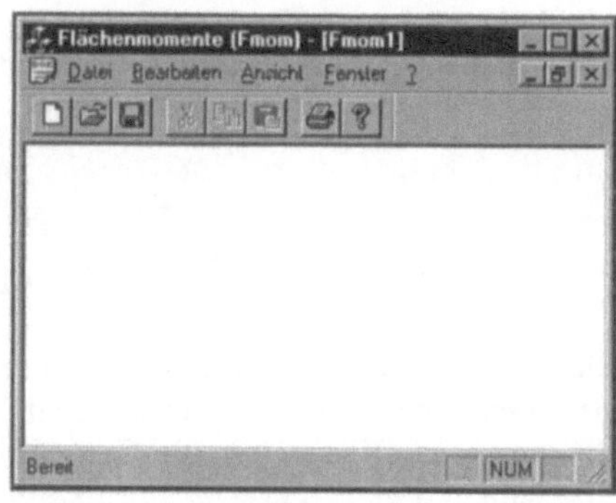

Die nebenstehende Abbildung zeigt das Programm nach dem Start. Folgende Auswirkungen
der gewählten Optionen sind bereits zu erkennen:
Das Hauptfenster hat in der Titelleiste die gewählte Überschrift, und es ist eine MDI-Anwendung (mit einem "maximierten Dokumentfen-
ster"). Letzteres erkennt man an zwei Indizien: In
der Titelleiste des Hauptfensters steht nach der
Überschrift in eckigen Klammern der Titel des
(maximierten) Dokumentfensters. Außerdem ist
das typische "Dreier-Set" der rechts oben zu
findenden Buttons doppelt vorhanden.

▶ Man wählt im Menü des Programms **Datei | Neu** und erzeugt damit ein weiteres
Dokument, das wieder sofort maximiert ist, man erkennt allerdings die geänderte
Überschrift **[Fmom2]**. Den gleichen Effekt erzielt man mit dem "Neu-Button" (ganz links
das leere weiße Blatt). Nach Anklicken dieses Buttons existiert ein drittes Dokument
[Fmom3]. Man wählt **Fenster | Überlappend**
(oder klickt auf den entsprechenden Button
rechts oben) und sieht die drei Dokumente, die
man einzeln verschieben oder in der Größe
verändern kann (Abbildung). Mit **Datei |
Beenden** wird das Programm beendet.

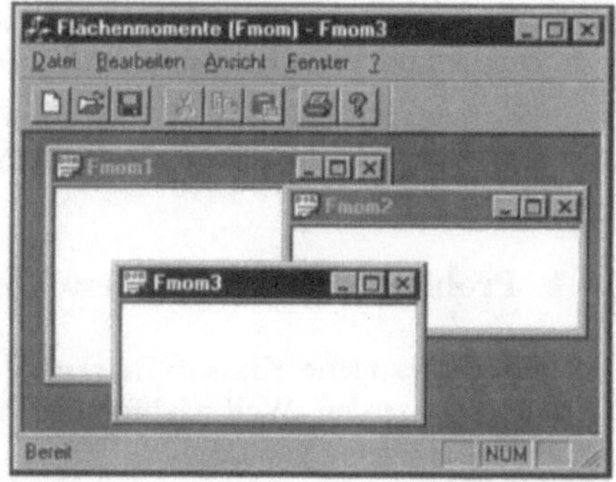

Um der ersten Version von Fmom wenigstens
noch eine Kleinigkeit aus eigener Fertigung
beizusteuern, wird die vom Anwendungs-Assistenten angelegte "About-Box" editiert:

▶ Im Arbeitsbereich wird **ResourceView** gewählt. Durch Drücken auf das **+**-Zeichen vor
Fmom Ressourcen und anschließend auf das
+-Zeichen vor **Dialog** erkennt man, daß genau eine Dialog-Box existiert. Nach Doppelklick auf **IDD_ABOUTBOX** ist diese im Dialog-Editor geöffnet. Mit der <u>rechten</u>
<u>Maustaste</u> wird auf das Textfeld **Copyright (C) 1998** geklickt, in dem sich öffnenden
Menü wird **Eigenschaften** gewählt. In der sich öffnenden Dialog-Box "Text Eigenschaften" ändert man im Feld **Beschriftung** den "Copyright-String" (man trägt zusätzlich
seinen eigenen Namen ein). Nach Schließen der Dialog-Box wird die geänderte "About-
Box" gespeichert. Das Projekt wird
aktualisiert (Compilieren, Linken).

Nach dem Starten des Programms (der
erreichte Stand ist Version **Fmom1**) wird **?
| Info über Fmom...** gewählt, und es er-
scheint die geänderte "About-Box".

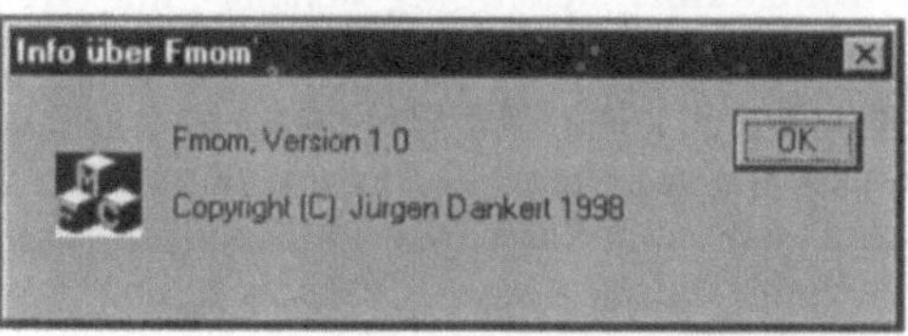

8.4   Die Klassen-Hierarchie des Projekts Fmom

Der Anwendungs-Assistent hat bereits 6 Klassen erzeugt (im Arbeitsbereich unter **ClassView** zu sehen). Für den Programmierer sind die Dokumentklasse und die Ansichtsklasse (vgl. Abschnitt 8.2) von besonderer Bedeutung, sie haben die Namen **CFmomDoc** bzw. **CFmom-View**. In der Klasse **CFmomDoc** sollte die Datenstruktur verwaltet werden.

> Im Regelfall ist es eine gute Idee, die problembezogene Datenstruktur in der Dokument-klasse nur "zu verankern" und eine separate (auch in anderen Dateien angesiedelte) Klassen-Hierarchie zu verwalten.

Hier bietet sich dieses Verfahren schon deshalb an, weil eine erprobte Klassen-Hierarchie für die Beschreibung der Geometrie bereits existiert. Man braucht nur ein Objekt der Klasse **ClCompArea** (Klasse, die die Gesamtfläche in einer Liste der Teilflächen verwaltet, vgl. Abschnitt 7.5.2) in der Dokumentklasse **CFmomDoc** unterzubringen, und schon ist die gesamte Klassen-Hierarchie (mit allen speziellen Teilflächen-Typen) verfügbar.

Dieses naheliegende (und besonders schnell zu realisierende) Vorgehen wird hier leicht modifiziert, weil das Arbeiten mit einer besonders nützlichen MFC-Klasse demonstriert werden soll: Mit der Klasse **CObList** kann eine (doppelt verkettete) Pointer-Liste verwaltet werden. Sie arbeitet ähnlich wie die im Abschnitt 5.5.3 entwickelte "Listen- und Stack-Klasse", ist aber mit über 20 Member-Funktionen komfortabel ausgestattet und erleichtert dem Programmierer erheblich die im Abschnitt 8.8 zu behandelnde "Serialization".

Im folgenden Abschnitt wird die problembezogene Klassen-Hierarchie vorgestellt, im Abschnitt 8.4.2 wird diese dann (via **CObList**) in die Dokumentklasse eingebunden.

8.4.1 Problembezogene Klassen-Hierarchie

Die problembezogene Klassen-Hierarchie soll von dem Projekt **sp8draw** (Abschnitt 7.5.2) übernommen werden. Weil nachfolgend Änderungen an den Dateien vorgenommen werden, bekommen sie neue Namen:

▶ Man kopiert in das Fmom-Projekt-Verzeichnis (z. B. mit dem Windows-Explorer) die Dateien **clgi1.cpp** und **clgi1.h** und ändert die Namen in **clgi2.cpp** und **clgi2.h**. Außerdem werden **areas.cpp** und **areas.h** kopiert und in **geometry.cpp** bzw. **geometry.h** umbenannt. Schließlich wird noch die Datei **point.h** benötigt, die in **point2.h** umbenannt wird.

▶ Die 5 Dateien werden dem Fmom-Projekt hinzugefügt: **Projekt | Dem Projekt hin-zufügen | Dateien**, bei gedrückter **Ctrl(Strg)**-Taste nacheinander die Dateien **clgi2.cpp**, **clgi2.h**, **geometry.cpp**, **geometry.h** und **point2.h** anklicken (Namen werden im Feld **Dateiname:** gleichzeitig sichtbar), mit **OK** bestätigen.

Die nachfolgend beschriebenen Änderungen sollten sofort vorgenommen werden. Sie sind erforderlich wegen der Umbenennungen der Dateien und um die Verwaltung der Teilflächen mit **CObList** zu realisieren. Außerdem sollte die Header-Datei **afxwin.h**, die in die MFC-Programme des Kapitels 7 eingebunden wurde, durch die vom Anwendungs-Assistenten generierte Header-Datei **StdAfx.h** ersetzt werden. Diese inkludiert neben **afxwin.h** noch weitere unfangreiche Header-Dateien. Weil der Aufwand für das Compilieren dieser Header-Dateien sehr groß ist, erzeugt der Anwendungs-Assistent eine Datei **StdAfx.cpp**, die nur aus einer Zeile besteht, mit der **StdAfx.h** inkludiert wird. Die Datei **StdAfx.cpp** wird mit einem speziellen Compiler-Schalter übersetzt, so daß eine "vorcompilierte Header-Datei" (**.pch**-Datei, sehr groß!) entsteht, die nach dem ersten Compiler-Lauf dann nicht wieder übersetzt werden muß.

Empfehlung: Die Include-Anweisung für **StdAfx.h** wird in alle **.cpp**-Dateien eingefügt (entspricht der Strategie des Anwendungs-Assistenten):

▶ Im Arbeitsbereich wird **FileView** gewählt, eventuell durch Klicken auf die **+**-Zeichen vor **Source Files** und **Header Files** die Liste der Dateien "ausrollen" (wenn nicht bereits geschehen), Doppelklick auf **clgi2.cpp**, und Include-Anweisungen ändern:

```
#include "StdAfx.h"
#include <math.h>
#include "clgi2.h"
```

▶ Im Arbeitsbereich Doppelklick auf **geometry.cpp**, und Include-Anweisungen ändern:

```
#include "StdAfx.h"
#include "geometry.h"
```

▶ Im Arbeitsbereich Doppelklick auf **clgi2.h**, und Include-Anweisung für **afxwin.h** entfernen, die andere Include-Anweisung wird geändert:

```
#include "point2.h"
```

▶ Im Arbeitsbereich Doppelklick auf **geometry.h**, in dieser Datei müssen zwei kleine Änderungen realisiert werden:

  ○ Der Name einer Include-Datei ist von **clgi1.h** in **clgi2.h** zu ändern.

  ○ Die Klasse **ClGraphObj** ist aus der Klasse **CObject** abzuleiten:

```
class ClGraphObj : public CObject
{
    // ...
```

▶ Empfehlung: Projekt aktualisieren (Funktionstaste **F7**), um die formale Richtigkeit der Änderungen zu überprüfen. Die neuen Dateien werden compiliert, haben allerdings noch keine Bindung zum Dokument.

Die letzte Änderung (Ableitung der Klasse **ClGraphObj** aus **CObject**) ist in diesem Fall der einfachste Weg, um die Vorteile zu sichern, die damit verbunden sind, daß eine Klasse **CObject** in der "Ahnenreihe" hat. In der MFC-Klassen-Bibliothek ist **CObject** gewissermaßen die "Mutter aller Klassen", fast alle Klassen sind von **CObject** abgeleitet (bzw. von anderen Klassen, die selbst von **CObject** abgeleitet sind). Der "Overhead", den eine Klasse durch Ableitung von **CObject** erbt, ist minimal, die Vorteile dagegen sind beträchtlich.

Weil die "Geometrie-Klassen" in **geometry.h** (**ClRectangle**, **ClCircle**, **ClPolygon**) alle von der abstrakten Basisklasse **ClArea** abgeleitet sind und diese wiederum (Abschnitt 7.5.2) von **ClGraphObj** abgeleitet wird, werden mit der Ableitung von **ClGraphObj** aus **CObject** sämtliche Klassen in **geometry.h** zu "Erben" dieser Klasse. Dies ist Voraussetzung für die im folgenden Abschnitt zu behandelnde Verwaltung mittels **CObList** und für die im Abschnitt 8.8 realisierte "Serialization".

8.4.2 Verankerung in der Dokumentklasse, die Klasse CObList

Zur Klasse **CObList**, die verwendet werden soll, um eine Liste von **ClArea**-Pointern (Pointer auf die Teilflächen-Objekte) zu verwalten, sollte man mindestens folgendes wissen:

- Die doppelt verkettete Liste kann an beiden Enden "wachsen": **AddHead** fügt ein Listenelement am Kopf, **AddTail** am Ende an. Beide Funktionen erwarten einen **CObject**-Pointer, der als Listenelement eingefügt wird. Deshalb wurde im vorigen Abschnitt **CObject** bereits vorsorglich in die "Ahnenreihe" der Geometrie-Klassen eingefügt, damit wird ein (impliziter) Pointer-"Cast" ermöglicht.

- **GetHead** und **GetTail** liefern das erste bzw. letzte Listenelement, vorher sollte mit **IsEmpty** überprüft werden, ob überhaupt Listenelemente existieren (Prüfung kann auch mit **GetCount** ausgeführt werden, diese Funktion liefert die Anzahl der Listenelemente).

- **RemoveHead** und **RemoveTail** entfernen das Element am Listenkopf bzw. am Listenende (auch davor sollte mit **IsEmpty** geprüft werden).

- Die Unterstützung bei der Abarbeitung der Liste folgt der gleichen Strategie, die im Abschnitt 5.5.3 für die Abarbeitung der "Listen- und Stack-Klasse" beschrieben wurde:[2] Ein Parameter vom Typ **POSITION** (im Abschnitt 5.5.3 der **POS**-Parameter, tatsächlich ist es in jedem Fall ein Pointer) ist jedem Listenelement zugeordnet. Mit

```
POSITION pos = GetHeadPosition () ;
```

  kann man den Wert für das Kopfelement der Liste anfordern (das Pendant dazu heißt **GetTailPosition**). Wenn die Liste leer ist, wird **NULL** abgeliefert.

- Mit einem **POSITION**-Parameter kann dann auf das Listenelement zugegriffen werden. Dabei sind zwei Besonderheiten zu beachten:

  - Die Funktion heißt **GetNext**, als Argument muß der **POSITION**-Parameter übergeben werden, abgeliefert wird das zu diesem **POSITION**-Parameter gehörende Listenelement (und nicht etwa das nächste). Der **POSITION**-Parameter (es wird eine Referenz erwartet) wird allerdings auf den Wert des nachfolgenden Listenelements geändert (das ist exakt die Strategie, die im Abschnitt 5.5.3 mit der Funktion **ClStackList::get_elem** realisiert wurde). Rückwärts kann die Liste mit **GetPrev** abgearbeitet werden.

  - Abgeliefert wird (von **GetNext** bzw. **GetPrev**) ein **CObject**-Pointer (ein solcher wurde schließlich z. B. von **AddTail** eingefügt). Es ist also ein expliziter "Cast" erforderlich, um wieder zu dem Pointer-Typ zu gelangen, den man in die Liste hineingesteckt hat. Dieser "Downcast" ist ungefährlich (man weiß ja, welcher Pointer-Typ abgelegt wurde), schließlich ist **ClArea** eine abstrakte Klasse, und der **ClArea**-Pointer wird für polymorphe Verarbeitung benutzt.

Die Verankerung der problembezogenen Datenstruktur (Liste der Teilflächen) in der Dokumentklasse wird also mit einem **CObList**-Objekt realisiert (gewählter Name: **m_area_list**). In der Liste werden **ClArea**-Pointer verwaltet (das ist möglich, weil **ClArea** via **ClGraphObj** aus **CObject** abgeleitet ist).

---

[2]Natürlich ist es umgekehrt: Die für die "Listen- und Stack-Klasse" (Abschnitt 5.5.3) realisierte Strategie wurde in Anlehnung an die **CObList**-Strategie gewählt, um den Leser darauf vorzubereiten.

Die nebenstehende Skizze zeigt die vom Anwendungs-Assistenten erzeugte Klasse **CFmomDoc**, eingezeichnet sind die Elemente, die zunächst ergänzt werden sollen. Es sind ein Daten-Element (**m_area_list**) und zwei Member-Funktionen: "Berechnung der Gesamtfläche und der statischen Momente" und "Liste leeren".

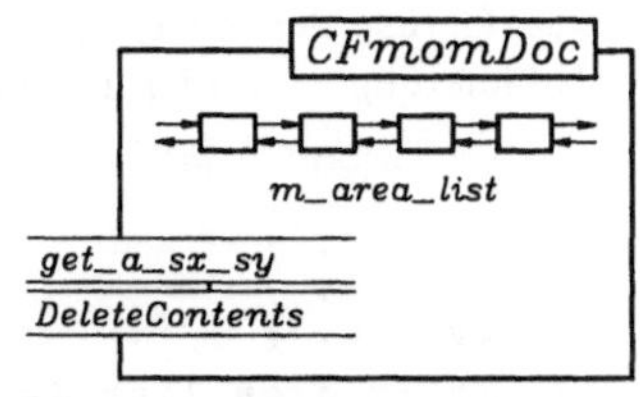

▶ Im Arbeitsbereich wird **ClassView** gewählt, Klicken mit der rechten Maustaste auf **CFmomDoc**, im sich öffnenden Menü wird **Member-Variable hinzufügen** gewählt. Es öffnet sich die nebenstehend dargestellte Dialog-Box. Als **Variablentyp:** wird **CObList** eingetragen, in das Feld **Variablendeklaration:** wird der gewählte Name **m_area_list** geschrieben, als Zugriffsstatus wird **Protected** gewählt. Mit **OK** wird die Dialog-Box geschlossen.

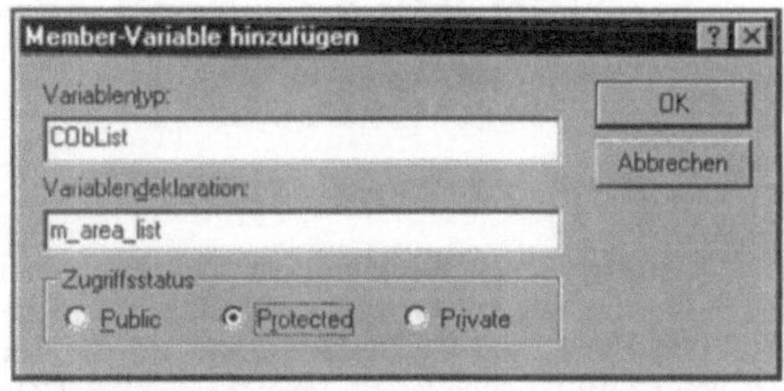

Wenn man nach dieser Aktion im Arbeitsbereich in der **ClassView** auf das **+**-Zeichen vor **CFmomDoc** klickt (nur für Skeptiker), sieht man, daß die neue Member-Variable **m_area_list** bereits registriert ist. Nach Doppelklick auf **m_area_list** wird im Editor die Datei **FmomDoc.h** geöffnet, und der Cursor steht an der Stelle, an der der Klassen-Assistent die Variable in die Klassen-Deklaration eingefügt hat.

Die Member-Funktion **CFmomDoc::get_a_sx_sy** soll wie die im Abschnitt 5.5.4 beschriebene Funktion **ClCompArea::a_sx_sy** arbeiten und unterscheidet sich von dieser nur dadurch, daß jetzt die Teilflächen in einer Liste mit der Klasse **CObList** verwaltet werden. Außerdem soll durch den Return-Wert angezeigt werden, ob die Berechnung ausgeführt wurde ("Mißerfolg" wird bei einer "leeren Liste" signalisiert).

▶ In der **ClassView** des Arbeitsbereichs wird mit der rechten Maustaste auf **CFmomDoc** geklickt, in dem sich öffnenden Menü wird **Member-Funktion hinzufügen...** gewählt. Es öffnet sich die nebenstehend dargestellte Dialog-Box, als **Funktionstyp:** wird **int** eingetragen, unter **Funktionsdeklaration:** genügt es, den Rest der Kopfzeile der Definition anzugeben: **get_a_sx_sy (double &a ,**
double &sx , double &sy). Als **Zugriffsstatus** wird **Public** gewählt, und nach Bestätigung mit **OK** hat der Klassen-Assistent die Deklaration in der Klasse **CFmomDoc** (Datei **FmomDoc.h**) erzeugt, und man befindet sich im Editor in der Datei **CFmomDoc.cpp**, in der das Gerüst für diese neue Member-Funktion generiert wurde.

▶ Das Gerüst der neuen Funktion wird (nachfolgend fett gedruckte Zeilen) ausgefüllt (Erläuterungen werden nach dem Listing gegeben):

```
int CFmomDoc::get_a_sx_sy(double & a, double & sx, double & sy)
{
    a  = 0. ;
    sx = 0. ;
    sy = 0. ;
    if (m_area_list.IsEmpty ()) return 0 ;
    for (POSITION pos_p = m_area_list.GetHeadPosition () ; pos_p ; )
    {
        ClArea *area_p = (ClArea*) m_area_list.GetNext (pos_p) ;
        a  += area_p->get_a () ;
        sx += area_p->get_sx() ;
        sy += area_p->get_sy() ;
    }
    return 1 ;
}
```

Das Abarbeiten der verketteten Liste folgt exakt dem Algorithmus, der bereits im Abschnitt 5.5.4 für die mit **ClStackList** verwaltete Liste beschrieben wurde, es werden hier die **CObList**-Funktionen **GetHeadPosition** und **GetNext** verwendet. Man beachte jedoch, daß der von **CObList** abgelieferte Pointer vom Typ **CObject*** ist (wird beim Einbringen in die Liste in diesen Typ umgewandelt, was möglich ist, weil **ClArea** via **CGraphObj** von **CObject** abgeleitet ist). Beim Auslesen der Liste muß der Pointer deshalb rückkonvertiert werden, was explizit anzugeben ist ("Downcast"!).

▶ Die Klasse **ClArea** muß nun in **FmomDoc.cpp** bekannt sein, deshalb muß am Anfang der Datei die Include-Anweisung

```
#include "geometry.h"
```

ergänzt werden.

Die virtuelle Funktion **DeleteContents** hat **CFmomDoc** von ihrer Basisklasse **CDocument** geerbt. In ihrer Originalversion (zu besichtigen in **Doccore.cpp**) tut sie gar nichts, wird aber immer vor der Zerstörung eines Dokuments aufgerufen. Sie ist dafür vorgesehen, daß der Programmierer die von ihm erzeugten Objekte löschen kann. Dies könnte natürlich auch im Destruktor von **CFmomDoc** geschehen. Mit der Funktion **DeleteContents** hat man aber auch gleich eine Funktion zum "Leeren eines Dokuments ohne Zerstörung" (z. B. für ein Menü-Angebot "Alle Flächen löschen", vgl. Abschnitt 8.11.2).

Die Funktion **DeleteContents** wird also in der abgeleiteten Klasse **CFmomDoc** überschrieben, auch diese Aktion wird vom Klassen-Assistenten unterstützt:

▶ In der **ClassView** des Arbeitsbereichs wird mit der rechten Maustaste auf **CFmomDoc** geklickt, in dem sich öffnenden Menü wird **Virtuelle Funktion hinzufügen...** gewählt. Es öffnet sich die Dialog-Box "Überschreiben neuer virtueller Funktionen für Klasse CFmomDoc" (Abbildung auf der folgenden Seite). In der links zu sehenden Liste der virtuellen Funktionen wählt man **DeleteContents** (es erscheint unten ein erläuternder Text zu dieser Funktion) und klickt auf den Button **Hinzufügen und Bearbeiten**. Der Klassen-Assistent erzeugt den Prototyp der Funktion in der Klassen-Deklaration von **CFmomDoc** und das folgende Gerüst der Funktion in **FmomDoc.cpp**:

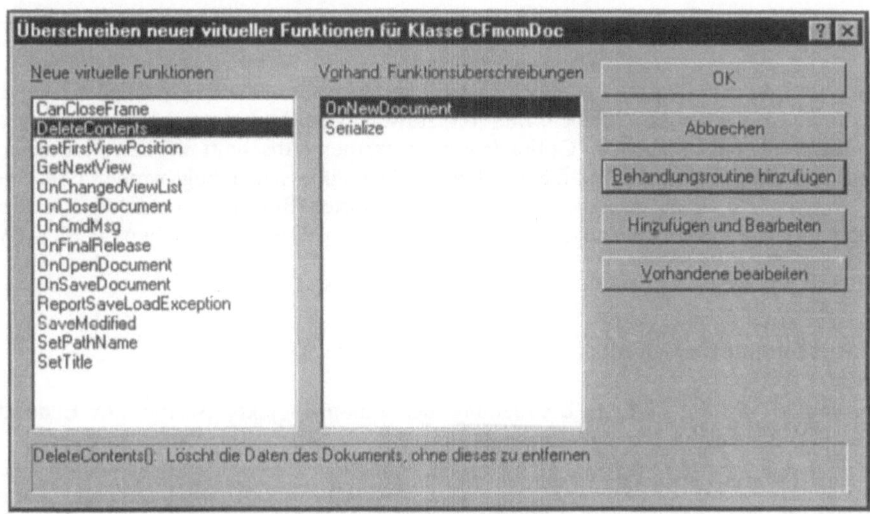

Hier wird der Button **Hinzufügen und Bearbeiten** angeklickt

```
void CFmomDoc::DeleteContents()
{
    // TODO: Speziellen Code hier einfügen und/oder Basisklasse aufrufen
    CDocument::DeleteContents();
}
```

Typisch für das Arbeiten des Klassen-Assistenten ist es, in das Gerüst einer virtuellen Funktion den Aufruf der Basisklassen-Funktion zu integrieren. Hier ist es eine reine Vorsichtsmaßnahmen, denn **CDocument::DeleteContents** tut definitiv nichts. Deshalb wird das Gerüst der Funktion wie folgt geändert:

▶ Die fett gedruckten Zeilen ersetzen in **CFmomDoc::DeleteContents** die vom Klassen-Assistenten generierten Programmzeilen:

```
void CFmomDoc::DeleteContents()
{
    while (!m_area_list.IsEmpty ())
    {
        delete (ClArea*) m_area_list.RemoveHead () ;
    }
}
```

Zur Arbeitsweise der Funktion **CObList::RemoveHead** muß folgendes angemerkt werden: Sie entfernt das erste Listenelement aus der Liste, liefert seinen Wert aber trotzdem noch einmal als Return-Wert ab. Der abgelieferte **CObject**-Pointer muß (siehe die Beschreibung der Funktion **CObList::GetNext** weiter oben) in einen **ClArea**-Pointer konvertiert werden, bevor das Objekt, auf das er zeigt, mit **delete** gelöscht wird.

Der nun erreichte Zustand des Projekts wird als Version **Fmom2** bezeichnet. Es ist empfehlenswert, das Projekt einmal zu aktualisieren (Funktionstaste **F7**), um die syntaktische Richtigkeit zu testen. Weil die Liste der Flächen aber noch nicht gefüllt werden kann, ist noch kein Test möglich.

8.5 Eingabe der Daten

Drei Schritte sind erforderlich, um (über Tastatur und Maus) die Daten einzugeben, die eine Fläche durch Teilflächen beschreiben. Im (vom Anwendungs-Assistenten bereits angelegten) Menü müssen die entsprechenden Optionen ergänzt werden (Abschnitt 8.5.1), es müssen die Dialog-Boxen für die Eingabe und die zugehörigen Dialogklassen erzeugt werden (Abschnitt 8.5.2), und schließlich müssen die vom Menü ausgelösten Botschaften mit den Dialogen verknüpft und die via Dialog angelieferten Daten im Dokument gespeichert werden (Abschnitt 8.5.3).

8.5.1 Bearbeiten des Menüs

Ausgangspunkt für die weitere Bearbeitung des Fmom-Projekts ist die am Ende des Abschnitts 8.4.2 erreichte Version **Fmom2**.

▶ In der **ResourceView** des Arbeitsbereichs wird das +-Zeichen vor **Fmom Ressourcen** angeklickt, anschließend das +-Zeichen vor **Menu**. Doppelklick auf **IDR_FMOM_TYPE** öffnet den Menü-Editor mit dem vom Anwendungs-Assistenten vorbereiteten Menü (nebenstehende Abbildung).

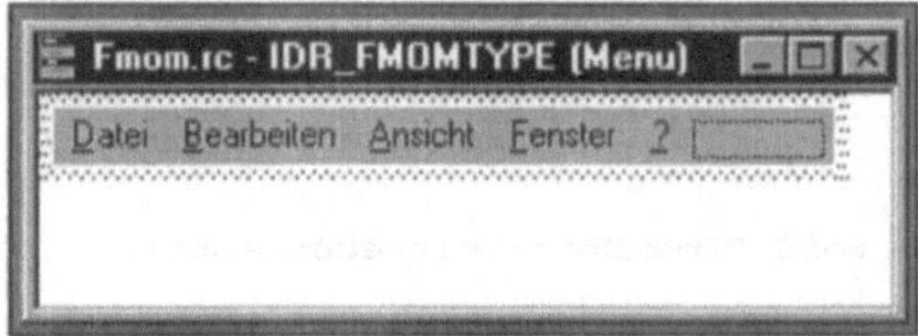

Vom Anwendungs-Assistenten vorbereitetes Menü

Rechts wird ein leeres Kästchen für die Erweiterung des Menüs angeboten. Weil das zusätzliche Angebot aber weiter links stehen soll, wird das leere Kästchen mit "Drag and Drop" verschoben:

▶ Mit der linken Maustaste wird auf das leere Kästchen geklickt, und bei gedrückter Taste wird es nach links verschoben. Es wird zwischen **Datei** und **Bearbeiten** plaziert. Da es nun "als ausgewählt" gekennzeichnet ist, darf man einfach schreiben: **&Standardfläche**. Es öffnet sich automatisch die Box "Menübefehl Eigenschaften", in der alle Voreinstellungen (insbesondere die Auswahl **Popup**) akzeptiert werden. Nach Drücken der Return-Taste schließt sich die Box, und unter dem mit **Standardfläche** beschrifteten Angebot ist ein neues leeres Kästchen zu sehen.

Nach Doppelklick auf das neue leere Kästchen unter **Standardfläche** öffnet sich wieder die Box "Menübefehl Eigenschaften", diesmal vermutet der Editor, daß es kein Popup-Menü werden soll (das ist tatsächlich so). Im Feld **Beschriftung:** wird **&Rechteck\tStrg+R** eingetragen (\t ist der Tabulator, das danach folgende **Strg+R** wird im Abschnitt 8.11.1 realisiert), im Feld **Statuszeilentext:** wird eine kurze Erläuterung zu diesem Menü-Angebot ergänzt: **Eingabe einer Rechteckfläche oder eines rechteckigen Ausschnitts.** Das Feld **ID:** für den Identifikator, mit dem dieses Menü-Kommando im Programm identifiziert wird, braucht nicht gefüllt zu werden, der Menü-Editor legt dann selbst einen geeigneten Identifikator fest (vgl. Abschnitt 7.6.1). Die Box wird geschlossen.

Die Aktion wird mit dem neuen leeren Kästchen (unterhalb **Rechteck**) wiederholt, **Beschriftung: &Kreis\tStrg+K**, **Statuszeilentext: Eingabe einer Kreisfläche oder eines kreisförmigen Ausschnitts.**

Das Menü hat nun im Editor das nebenstehend dargestellte Aussehen.

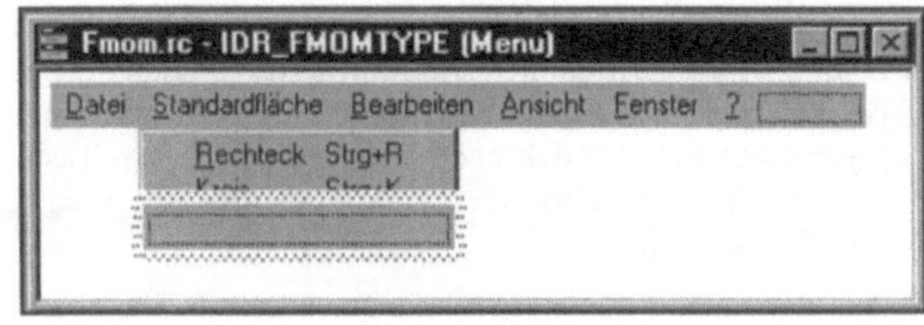

▶ Das Projekt wird aktualisiert (Funktionstaste **F7**). Man sieht, daß die Ressourcen neu übersetzt werden. Obwohl noch keine Funktionalität hinter den Menü-Angeboten steckt, erscheint nach dem Starten des Programms (z. B. durch Drücken von **Ctrl(Strg)-F5**) das geänderte Menü.

Das gerade erzeugte Popup-Menü **Standardfläche** läßt sich ausrollen. Die Angebote **Rechteck** und **Kreis** zeigen sich jedoch noch in hellem Grau (es gibt noch kein Ziel für die **WM_COMMAND**-Botschaft), allerdings sind die kurzen Hilfetexte unten in der Statuszeile bereits zu sehen (nebenstehende Abbildung).

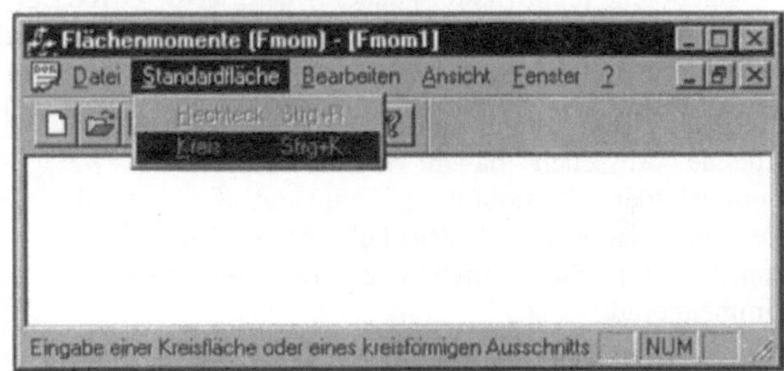

8.5.2 Dialog-Boxen und Dialogklassen

Zunächst soll für die Eingabe einer Kreisfläche die nebenstehend dargestellte Dialog-Box erzeugt werden:

▶ In der **ResourceView** des Arbeitsbereichs wird mit der rechten Maustaste auf **Dialog** geklickt, in dem sich öffnenden Menü wird **Dialog einfügen** gewählt. Der Dialog-Editor erscheint mit einer Dialog-Box, die bereits die beiden Buttons **OK** und **Abbrechen** enthält. Außerdem sollte die Palette der Steuerelemente zu sehen sein (vgl. Abbildung im Abschnitt 7.6.4). Mit "Drag and Drop" ("Ziehen an der rechten unteren Ecke") wird die Dialog-Box etwa auf die nebenstehend zu sehende Größe gebracht. Ebenfalls mit "Drag and Drop" werden der **OK**-Button und der **Abbrechen**-Button in die gewünschte Position verschoben.

▶ Mit der rechten Maustaste wird irgendwo in die Dialog-Box hineingeklickt, so daß sich ein Menü öffnet, in dem **Eigenschaften** gewählt wird. Es öffnet sich die Box "Dialogfeld Eigenschaften" (Achtung, das Öffnen dieser Box ist nicht mehr durch Doppelklick - vgl. Abschnitt 7.6.4 - möglich). Im Feld **ID:** wird der Identifikator sinnvollerweise verändert: **IDD_CIRCLE_DIALOG**, im Feld **Beschriftung** wird **Kreis** eingetragen. Die Box wird geschlossen.

▶ Aus der Palette der Steuerelemente wird ein Textfeld (ist dort mit *Aa* beschriftet) in die Dialog-Box übertragen ("Drag and Drop"). Da es danach als ausgewählt gekennzeichnet ist, schreibt man einfach **Mittelpunkt:**, und automatisch öffnet sich die Box "Text Eigenschaften", die sich nach Drücken der Return-Taste wieder schließt. Die Aktion wird wiederholt für weitere vier Textfelder, die mit **x =**, **y =**, **Durchmesser:** und **d =** beschriftet werden.

▶ Aus der Palette der Steuerelemente wird ein Eingabefeld (ist dort mit **abl** beschriftet) in die Dialog-Box übertragen ("Drag and Drop"). Nach dem Klicken mit der rechten Maustaste in das neue Eingabefeld wird in dem sich öffnenden Menü **Eigenschaften** gewählt, und es erscheint die Box "Bearbeiten Eigenschaften", in der im Feld **ID:** der angebotene Identifikator geändert wird: **IDC_CIRCLE_MPX**. Die Box wird geschlossen. Diese Aktion wird für weitere zwei Eingabefelder wiederholt, denen die Identifikatoren **IDC_CIRCLE_MPY** bzw. **IDC_CIRCLE_D** gegeben werden.

Die Dialog-Box könnte nun etwa das nebenstehend zu sehende Aussehen haben. Es werden noch zwei Optionsfelder ("Radiobuttons") angelegt, die alternativ die Informationen "Teilfläche" bzw. "Ausschnitt" transportieren. Sie werden in einem Gruppenfeld zusammengefaßt:

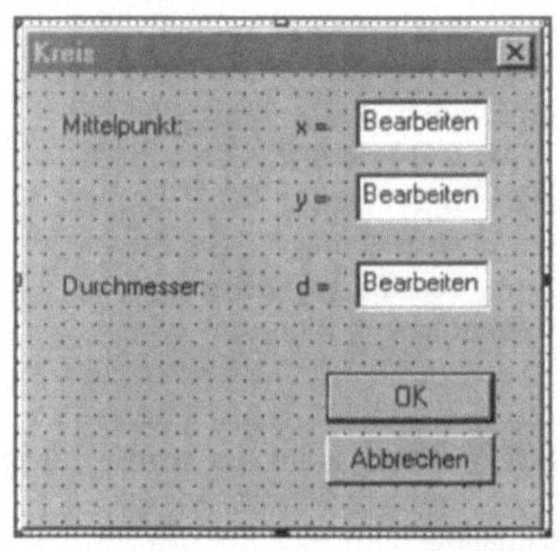

▶ Aus der Palette der Steuerelemente wird ein Gruppenfeld (das oben mit **xyz** beschriftete Rechteck) in die Dialog-Box übertragen ("Drag and Drop") und etwas vergrößert ("Ziehen an einer Ecke"). Da es als ausgewählt gekennzeichnet ist, beginnt man einfach zu schreiben, um seine Beschriftung zu ändern: **Kreis ist ....** Nach Drücken der Return-Taste verschwindet die Box "Gruppenfeld Eigenschaften" wieder.

▶ Mit "Drag and Drop" wird ein Optionsfeld (runder schwarzer Knopf) in das Gruppenfeld transportiert. Man beginnt einfach zu schreiben: **Teilfläche**. Es öffnet sich die Box "Optionsfeld Eigenschaften", in dem zusätzlich das Kontrollkästchen **Gruppe** aktiviert wird (nebenstehende Abbildung). Die Box wird geschlossen. Es wird ein zweites Optionsfeld angelegt, das mit **Ausschnitt** beschriftet wird, in dem das Kontrollkästchen **Gruppe** allerdings <u>nicht</u> aktiviert wird.

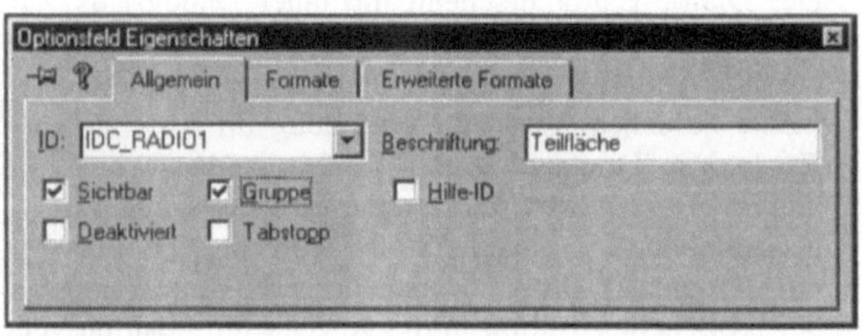

Die Strategie der Zusammenfassung von Optionsfeldern zu einer Gruppe wird erläutert, nachdem die beiden folgenden Aktionen erledigt sind.

▶ Es wird **Layout | Testen** gewählt. Die Dialog-Box erscheint in dem Aussehen, wie sie sich später im Programm darstellt. Man kann Werte in die Eingabefelder eingeben und die Optionsfelder anklicken. Möglicherweise ist der Wechsel von einem Feld zum anderen mit der TAB-Taste noch etwas verwirrend, weil die Reihenfolge ("Tab order") noch nicht festgelegt wurde. Nach **OK** oder **Abbrechen** verschwindet die Dialog-Box wieder.

▶ Nach **Layout | Tabulator-Reihenfolge** klickt man die Steuerelemente in der Reihenfolge an, die nebenstehend zu sehen ist, Aktion mit Return beenden. Damit ist die Reihenfolge für das Wechseln zu den Elementen mittels TAB-Taste festgelegt.

Nun wird noch die Gruppierung der Optionsfelder komplettiert. Ein Gruppe beginnt mit dem ersten Steuerelement, in dem das Kontrollkästchen **Gruppe** aktiviert wird, und endet vor dem in der Tabulator-Reihenfolge nächsten Element mit einem aktivierten **Gruppe**-Kontrollkästchen. Da in der gerade festgelegten Tabulator-Reihenfolge der **OK**-Button dem letzten Optionsfeld (**Ausschnitt**) folgt, muß dieses Element noch einmal bearbeitet werden:

▶ Klick mit der rechten Maustaste auf den **OK**-Button, in dem sich öffnenden Menü wird **Eigenschaften** gewählt. In der Box "Schaltfläche Eigenschaften" wird das Kontrollkästchen **Gruppe** aktiviert. Die Box wird geschlossen.

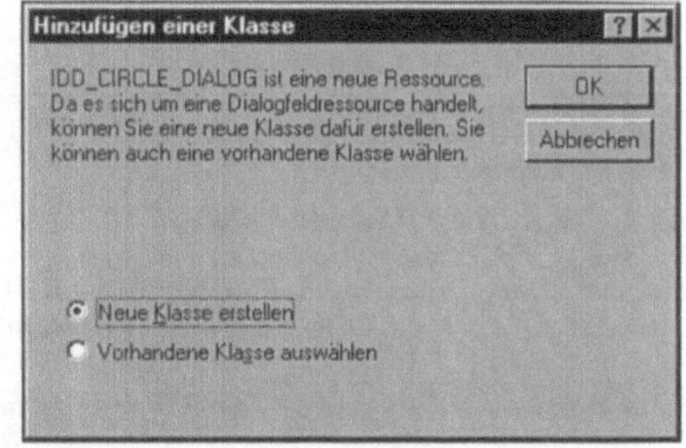

Damit ist die Dialog-Box komplett. Es ist empfehlenswert, sofort die zugehörige Dialogklasse zu erzeugen:

▶ Nach einem Doppelklick in die Dialog-Box erscheint die in der Seitenmitte zu sehende Box. Das Angebot, eine neue Klasse zu erstellen, wird mit **OK** angenommen. Es erscheint die Box "Neue Klasse" (nebenstehende Abbildung). In das Feld **Name:** wird z. B. **CCircleDlg** eingetragen, der vom Klassen-Assistenten daraus

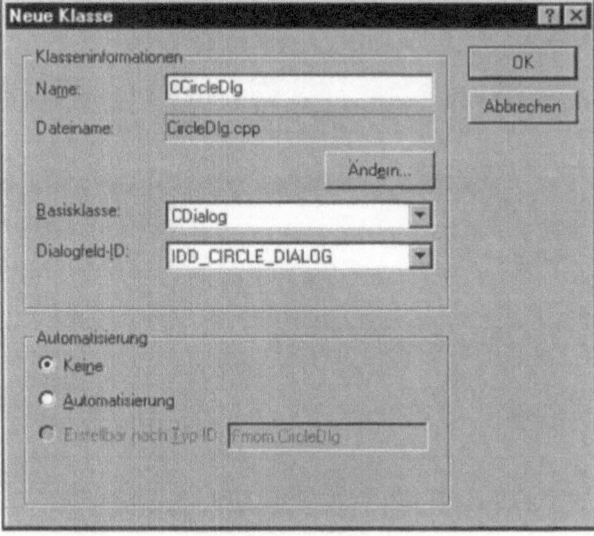

gebildete Dateiname und die übrigen Vorgaben können akzeptiert werden. Die Box wird mit **OK** geschlossen, und man landet in der Box "MFC-Klassen-Assistent". Es wird die Registerkarte **Member-Variablen** gewählt (ist vermutlich bereits im Vordergrund).

Für alle Identifikatoren von Dialog-Box-Elementen, über die Daten ausgetauscht werden sollen, werden nun Member-Variablen in der Klasse **CCircleDlg** angesiedelt:

▣ Im Listenfeld **Steuerelement-IDs:** wird **IDC_CIRCLE_D** gewählt, danach wird der Button **Variable hinzufügen...** gedrückt. Es öffnet sich die Box "Member-Variable hinzufügen". Im Feld **Name der Member-Variablen:** ist bereits **m_** eingetragen, es ist sicher eine gute Idee, dieser nachdrücklichen Aufforderung bei der Namensgebung zu folgen. Der Name wird also zu **m_d** ergänzt. Im Feld **Variablentyp:** wird **double** eingestellt. Wenn die Box das nebenstehend zu sehende Aussehen hat, wird **OK** gedrückt.

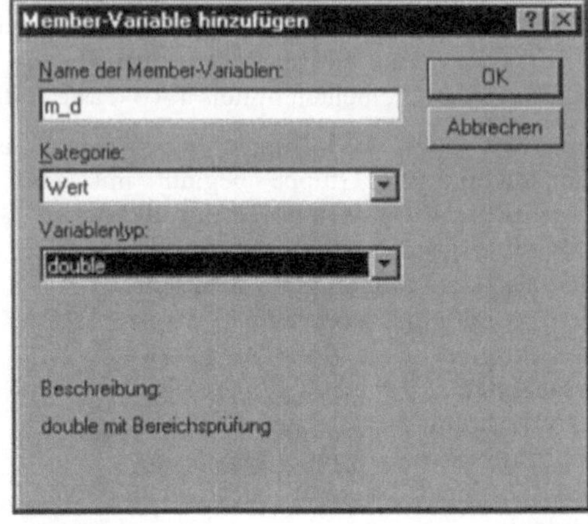

In der Registerkarte **Member-Variablen** der Box "MFC-Klassen-Assistent" sieht man, daß für die Steuerelement-ID **IDC_CIRCLE_D** ein Element **m_d** vom Typ **double** existiert. Das Ziel ist die Liste von Variablen (Bild unten), die wie folgt komplettiert wird:

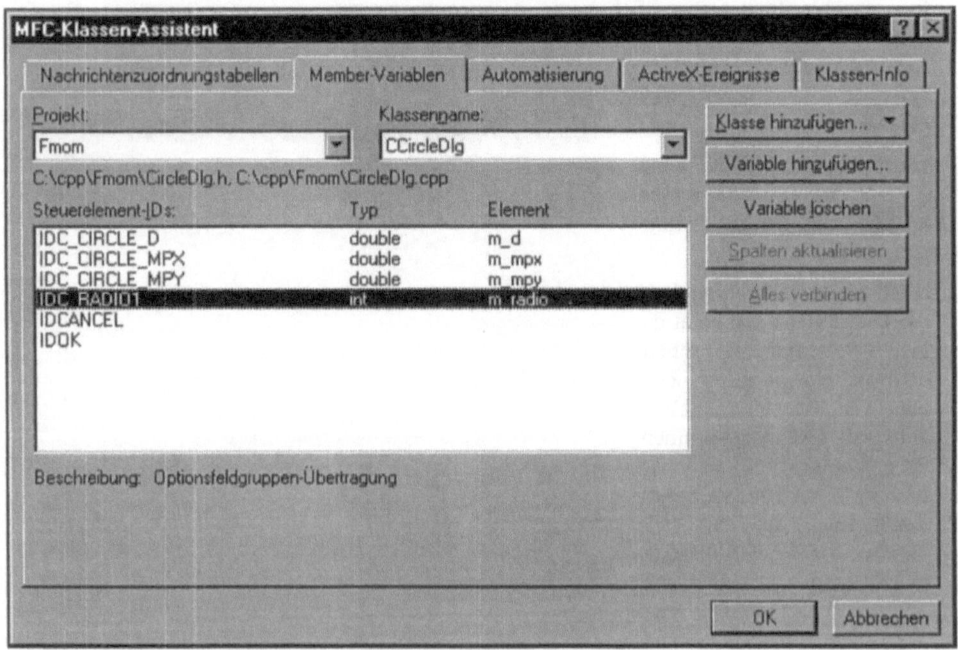

▶ Die letzte Aktion wird für die Steuerelement-IDs **IDC_CIRCLE_MPX** und **IDC_CIR-CLE_MPY** wiederholt, es werden die Elemente **m_mpx** und **m_mpy** (jeweils vom Typ **double**) hinzugefügt. Für die Gruppe der Optionsfelder wird nur ein Steuerelement-ID angeboten, weil nur die ("0-basierte") Nummer des aktiven Optionsfelds als Information transportiert wird. Für die Member-Variable wird deshalb der voreingestellte Typ **int** akzeptiert, als Name wird **m_radio** gewählt, und das Erzeugen der Variablen ist komplett. Die Box "MFC-Klassen-Assistent" wird mit **OK** geschlossen.

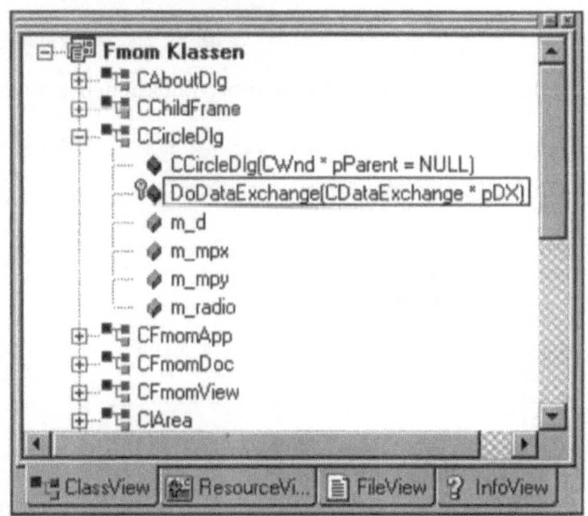

Es ist ganz interessant zu sehen, was der Klassen-Assistent mit den gerade eingegebenen Informationen erstellt hat. Rechts ist ein Ausschnitt aus dem Arbeitsbereich mit den Informationen über die Klasse **CCircleDlg** dargestellt. Man erkennt die Member-Variablen, und der Konstruktor und die Member-Funktion **DoDataExchange** sind genau die Funktionen, die im Beispiel des Abschnitts 7.6.4 "von Hand" erzeugt wurden. Nach Doppelklick auf eine der Member-Variablen landet man in der Header-Datei **CircleDlg.h**, in der vom Klassen-Assistenten die Deklaration von **CCircleDlg** erzeugt wurde:

Ausschnitt aus der Header-Datei CircleDlg.h

```
/////////////////////////////////////////////////////////////////////////////
// Dialogfeld CCircleDlg
class CCircleDlg : public CDialog
{
// Konstruktion
public:
    CCircleDlg(CWnd* pParent = NULL);        // Standardkonstruktor
// Dialogfelddaten
    //{{AFX_DATA(CCircleDlg)
    enum { IDD = IDD_CIRCLE_DIALOG };
    double    m_mpx;
    double    m_mpy;
    int       m_radio;
    double    m_d;
    //}}AFX_DATA
// Überschreibungen
    // Vom Klassen-Assistenten generierte virtuelle Funktionsüberschreibungen
    //{{AFX_VIRTUAL(CCircleDlg)
    protected:
    virtual void DoDataExchange(CDataExchange* pDX); // DDX/DDV-Unterstützung
    //}}AFX_VIRTUAL
```

```
// Implementierung
protected:
```

    // Generierte Nachrichtenzuordnungsfunktionen
    //{{AFX_MSG(CCircleDlg)
        // HINWEIS: Der Klassen-Assistent fügt hier Member-Funktionen ein
    //}}AFX_MSG
    DECLARE_MESSAGE_MAP()
```
};
```

Ende des Ausschnitts aus der Header-Datei CircleDlg.h

Die Implementationen der Member-Funktionen wurden in der Datei **CircleDlg.cpp** erzeugt:

Ausschnitt aus der Datei CircleDlg.cpp

```
// CircleDlg.cpp: Implementierungsdatei
//

#include "stdafx.h"
#include "Fmom.h"
#include "CircleDlg.h"

#ifdef _DEBUG
#define new DEBUG_NEW
#undef THIS_FILE
static char THIS_FILE[] = __FILE__;
#endif
```
///
// Dialogfeld CCircleDlg
```
CCircleDlg::CCircleDlg(CWnd* pParent /*=NULL*/)
    : CDialog(CCircleDlg::IDD, pParent)
{
```
    //{{AFX_DATA_INIT(CCircleDlg)
```
    m_mpx = 0.0;
    m_mpy = 0.0;
    m_radio = -1;
    m_d = 0.0;
```
    //}}AFX_DATA_INIT
```
}
void CCircleDlg::DoDataExchange(CDataExchange* pDX)
{
    CDialog::DoDataExchange(pDX);
```
    //{{AFX_DATA_MAP(CCircleDlg)
```
    DDX_Text(pDX, IDC_CIRCLE_MPX, m_mpx);
    DDX_Text(pDX, IDC_CIRCLE_MPY, m_mpy);
    DDX_Radio(pDX, IDC_RADIO1, m_radio);
    DDX_Text(pDX, IDC_CIRCLE_D, m_d);
```
    //}}AFX_DATA_MAP
```
}
BEGIN_MESSAGE_MAP(CCircleDlg, CDialog)
```
    //{{AFX_MSG_MAP(CCircleDlg)
        // HINWEIS: Der Klassen-Assistent fügt hier Zuordnungsmakros für Nachrichten ein
    //}}AFX_MSG_MAP
```
END_MESSAGE_MAP()
```
///
// Behandlungsroutinen für Nachrichten CCircleDlg

Ende des Ausschnitts aus der Datei CircleDlg.cpp

Der Konstruktor **CCircleDlg::CCircleDlg** übergibt an den Konstruktor der Basisklasse **CDialog** den Pointer auf das "Parent window" (vgl. Abschnitt 7.6.4) und initialisiert sämtliche Member-Variablen. In der Member-Funktion **CCircleDlg::DoDataExchange** wurde der komplette DDX/DDV-Mechanismus (ebenfalls Abschnitt 7.6.4) für die Klasse eingerichtet.

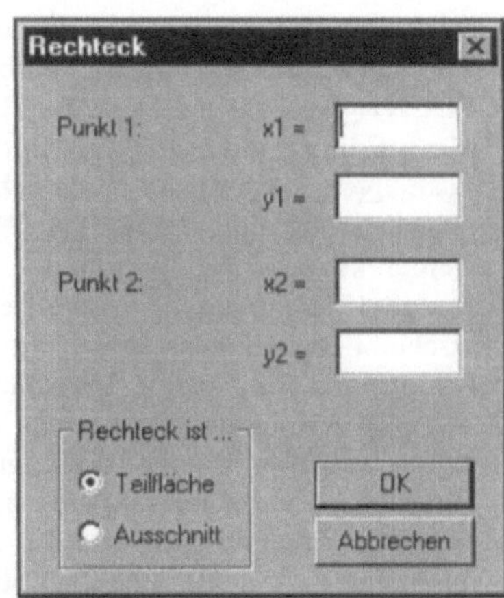

Der gesamte Ablauf des Erzeugens von Dialog-Box und zugehöriger Dialogklasse, der in diesem Abschnitt exemplarisch für die Eingabe von Kreisflächen beschrieben wurde, muß nun auch für die Eingabe von Rechteckflächen realisiert werden. Dies wird hier nicht noch einmal beschrieben. Das Ziel ist die nebenstehend zu sehende Dialog-Box.

Die Dialog-Box für die Rechteck-Eingabe wird mit dem Identifikator **IDD_RECTAN-GLE_DIALOG** erzeugt, die Identifikatoren für die Elemente, über die der Datenaustausch erfolgt, und die Namen der Variablen in der Dialogklasse **CRectDlg** sieht man in dem nebenstehend dargestellten Ausschnitt aus der Dialog-Box "MFC-Klassen-Assistent".

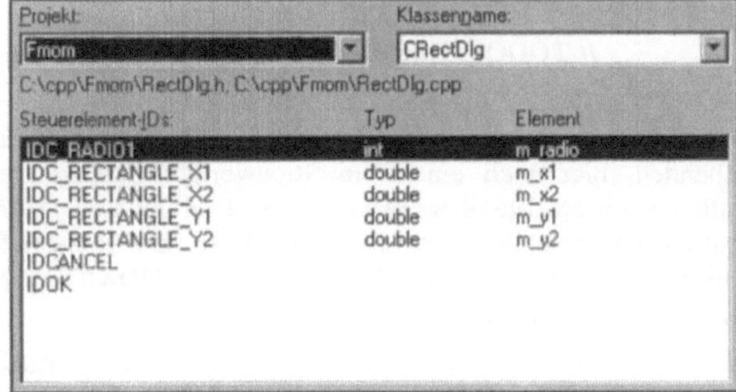

8.5.3 Einbinden der Dialoge in das Programm

Im Abschnitt 8.5.1 wurden die beiden Optionen **Rechteck** und **Kreis** im Menü-Angebot **Standardfläche** eingerichtet. Bei Auswahl einer dieser Optionen soll jeweils die zugehörige Dialog-Box (erzeugt im Abschnitt 8.5.2) erscheinen.

Das "Command routing" und die Zuordnung eines "Command handlers" zu der Botschaft, die z. B. durch Wahl einer Menü-Option ausgelöst wird, wurden in den Abschnitten 7.6.2 und 7.6.3 beschrieben. Hier soll nun gezeigt werden, wie der Klassen-Assistent den Programmierer bei der Realisierung unterstützt. Zunächst muß die Frage beantwortet werden, in welcher Klasse der "Command handler" angesiedelt werden soll.

Potentielle Kandidaten für einen "Command handler" sind immer die Ansichtsklasse (hier: **CFmomView**) und die Dokumentklasse (hier: **CFmomDoc**). Als allgemeine Empfehlung mag gelten: Man ordnet den "Command handler" der Klasse zu, in der durch den Dialog wesentliche Änderungen ausgelöst werden. Das ist für die beiden Eingabe-Dialoge, die im vorigen Abschnitt erzeugt wurden, die Dokumentklasse.

▶ In der **ClassView** des Arbeitsbereichs klickt man mit der rechten Maustaste auf **CFmomDoc** und wählt in dem sich öffnenden Menü: **Behandlungsroutine für Windows-**

Nachrichten hinzufügen.... In der sich öffnenden Box findet man im Kombinationsfeld **Zu verwaltende(s) Klasse/Objekt:** auch die Identifikatoren **ID_STANDARD-FLCHE_KREIS** und **ID_STANDARDFLCHE_RECHTECK** (die Namen wurden vom Menü-Editor gebildet). Man wählt zunächst **ID_STANDARDFLCHE_KREIS**, und in der Liste **Neue Windows-Nachrichten/-Ereignisse** erscheinen die beiden Botschaften **COMMAND** und **UPDATE_COMMAND_UI**, die von der Menü-Option ausgelöst werden können (vgl. Abschnitt 7.6.3). Es wird **COMMAND** gewählt. Nach Drücken des Buttons **Hinzufügen und Bearbeiten**

erscheint die nebenstehend zu sehende Dialog-Box mit dem Vorschlag eines Namens für den "Command handler". Dieser wird mit **OK** bestätigt (dürfte natürlich auch geändert werden), und im Editor erscheint das vom Klassen-Assistenten angelegte Gerüst der Funktion:

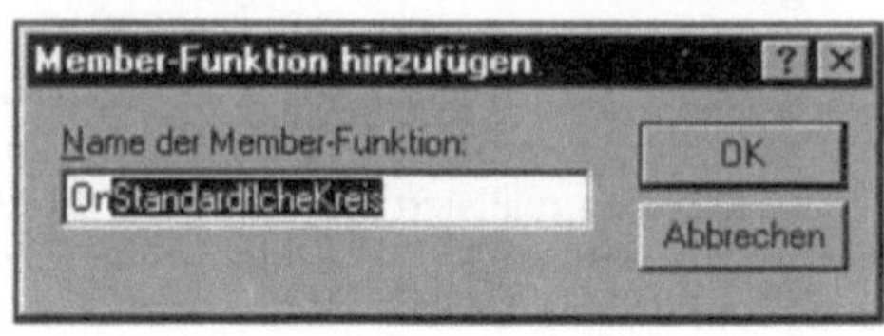


```
void CFmomDoc::OnStandardflcheKreis()
{
```
    // TODO: Code für Befehlsbehandlungsroutine hier einfügen
```
}
```

Das Einbinden eines modalen Dialogs in das Programm wurde im Abschnitt 7.6.4 ausführlich behandelt, hier noch einmal in Stichworten: Erzeugen eines Objekts der Dialogklasse, Initialisieren der Member-Variablen der Dialogklasse, Aufruf von **CDialog::DoModal** und (nur nach dem Schließen des Dialogs mit **OK**, **DoModal** liefert dann **IDOK** als Return-Wert) Auswertung der geänderten Werte, die vom DDX/DDV-Mechanismus in das Objekt der Dialogklasse übertragen wurden.

▶ Die "TODO-Zeile" in **CFmomDoc::OnStandardflcheKreis** wird durch den nachfolgend fett gedruckten Code ersetzt:

```
void CFmomDoc::OnStandardflcheKreis()
{
    CCircleDlg  dlg ;                        // Objekt der Dialogklasse
    dlg.m_radio = 0 ;                        // Teilfläche
    if (dlg.DoModal () == IDOK)
    {
        ClArea *area_p = new ClCircle
                        (dlg.m_d , dlg.m_mpx , dlg.m_mpy ,
                         dlg.m_radio == 0 ? AREA : HOLE) ;
        m_area_list.AddTail (area_p) ;
        UpdateAllViews        (NULL)   ;
    }
}
```

Zur Implementation dieses "Command handlers" sollen noch einige ergänzende Erläuterungen gegeben werden:

♦ Die Initialisierungen der Member-Variablen **m_d**, **m_mpx** und **m_mpy** mit **0.** im Konstruktor von **CCircleDlg** (vgl. Listing der Datei **CircleDlg.cpp** im Abschnitt 8.5.2) können akzeptiert werden. Die Member-Variable **m_radio** wird allerdings mit **−1** initialisert (kein voreingestelltes Optionsfeld, weil diese "0-basiert" numeriert sind). Dies wird geändert: Mit dem Wert **0** wird das erste Feld der Gruppe (**Teilfläche**) eingestellt.

♦ **CDialog::DoModal** initialisiert die Felder der Dialog-Box, bringt diese auf den Bildschirm, realisiert den gesamten Dialog und schreibt mit dem DDX/DDV-Mechanismus die Werte in das Objekt **dlg** zurück, wenn die Dialog-Box mit **OK** geschlossen wird.

♦ Wenn **DoModal** als Return-Wert **IDOK** abliefert (Dialog wurde mit **OK** beendet), wird ein neues **ClCircle**-Objekt mit den Member-Variablen des Objekts **dlg** konstruiert und mit **CObList::AddTail** am Ende der Liste **m_area_list** eingefügt.

♦ Der Aufruf von **CDocument::UpdateAllViews** löst gegenwärtig im Programm noch keine erkennbare Reaktion aus, ist für die Programmerweiterungen, die in den folgenden Abschnitten realisiert werden, schon vorausschauend eingebaut worden: Wenn sich die Datenstruktur des Dokuments ändert, werden in der Regel alle Ansichten, die die Daten des Dokuments darstellen, ungültig. Da die Dokumentklasse eine Liste aller zu ihr gehörenden Ansichten verwaltet, kann sie dafür sorgen, daß in allen Ansichten die Funktion **OnDraw** (vgl. Abschnitt 8.1) aufgerufen wird (diese ist im Fmom-Projekt allerdings noch in dem jungfräulichen Zustand, wie sie der Anwendungs-Assistent erzeugt hat). Das Argument **NULL**, das an **UpdateAllViews** übergeben wird, veranlaßt die Aktualisierung aller Ansichten. Es darf auch ein Pointer auf eine Ansicht übergeben werden, die dann nicht aktualisiert wird (kann sinnvoll sein, wenn die Eingabe über eine Ansicht erfolgt ist, die dadurch bereits aktuell ist).

Weil in der Funktion **CFmomDoc::OnStandardflcheKreis** ein Objekt der Klasse **ClCircleDlg** erzeugt wird, muß noch die Header-Datei mit der Deklaration dieser Klasse eingebunden werden:

▣ Zu den Include-Anweisungen in der Datei **FmomDoc.cpp** wird die Zeile

```
#include "CircleDlg.h"
```

hinzugefügt. Man achte darauf, daß diese Zeile <u>hinter</u> der bereits vorhandenen **#include**-Anweisung für die Header-Datei **Fmom.h** plaziert wird (in **CircleDlg.h** wird auf Informationen aus **resource.h** zugegriffen, die bereits von **Fmom.h** inkludiert wird).

▣ Das Projekt kann aktualisiert werden (**F7**). Nach dem Programmstart und der Menü-Auswahl **Standardfläche | Kreis** erscheint die nebenstehend zu sehende Dialog-Box.

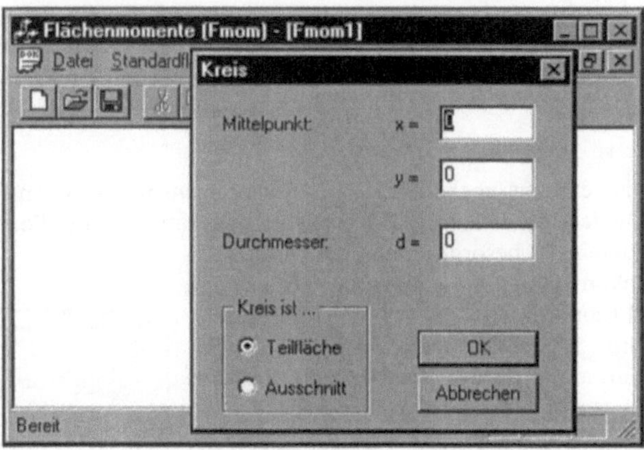

Der Dialog kann geführt werden, die Informationen werden im Programm auch gespeichert, eine erkennbare Reaktion zeigt das Programm nach Abschluß des Dialogs aber noch nicht. Bevor dies im folgenden Abschnitt geändert werden soll, ist die gesamte in diesem Abschnitt für die Eingabe einer Kreisfläche beschriebene Aktion für die Realisierung der Eingabe einer Rechteckfläche zu wiederholen. Dies wird hier nicht beschrieben. Der danach erreichte Zustand des Projekts ist Version **Fmom3**.

8.6   Bearbeiten der Ansichtsklasse, Ausgabe erster Ergebnisse

Die Berechnung der Gesamtfläche und der statischen Momente wurde bereits vorbereitet, im Abschnitt 8.4.2 wurde in der Dokumentklasse die Funktion **CFmomDoc::get_a_sx_sy** angesiedelt. Für die Ausgabe der Ergebnisse wird folgende Strategie realisiert: Nach jeder Eingabe einer Teilfläche (via Dialog) werden die Ergebnisse für den damit erreichten Stand des Berechnungsmodells ermittelt und sofort über die Ansichtsklasse ausgegeben. Die Vorbereitung dafür wurde bereits im Abschnitt 8.5.3 erledigt, indem nach jedem Dialog die Funktion **CDocument::UpdateAllViews** aufgerufen wird.

8.6.1   Vorbereitung der Ausgabe in der Ansichtsklasse

Die virtuelle Funktion **OnDraw** wurde in der Klasse **CFmomView** vom Anwendungs-Assistenten bereits überschrieben. In ihr wird die Ausgabe realisiert, zunächst nur vorbereitet:

▶ In der **ClassView** des Arbeitsbereichs wird das **+**-Zeichen vor **CFmomView** angeklickt. Nach Doppelklick auf **OnDraw** öffnet der Editor die Datei **FmomView.cpp**, der Cursor steht an der Stelle der Definition des **OnDraw**-Gerüsts. Die Zeile **// ZU ERLEDIGEN ...** wird durch den nachfolgend fett gedruckten Code ersetzt:

```
void CFmomView::OnDraw(CDC* pDC)
{
    CFmomDoc* pDoc = GetDocument();
    ASSERT_VALID(pDoc);
    double a , sx , sy ;
    if (pDoc->get_a_sx_sy (a , sx , sy))
    {
        // Hier wird der Code für die Ergebnisausgabe eingefügt!
    }
    else
    {
      CRect             rect ;
      GetClientRect (&rect) ;
      pDC->DrawText ("Bitte Option aus Menü wählen!" , - 1 ,
                     &rect , DT_SINGLELINE | DT_CENTER | DT_VCENTER) ;
    }
}
```

Man erkennt noch einmal das Zusammenspiel von Ansichtsklasse, Dokumentklasse und "Device context": Mit **CView::GetDocument** wird der Pointer auf das zur Ansicht gehörende Dokument besorgt, mit dem die zur Dokumentklasse gehörende Funktion **CFmomDoc::get_a_sx_sy** aufgerufen wird. Schließlich wird die Ausgabe mit dem an **OnDraw** übergebenen Pointer auf den "Device context" realisiert.

▶ Das Projekt wird aktualisiert (**F7**). Nach dem Starten des Programms erscheint der über **CFmom-View::OnDraw** ausgegebene Text (nebenstehende Abbildung).

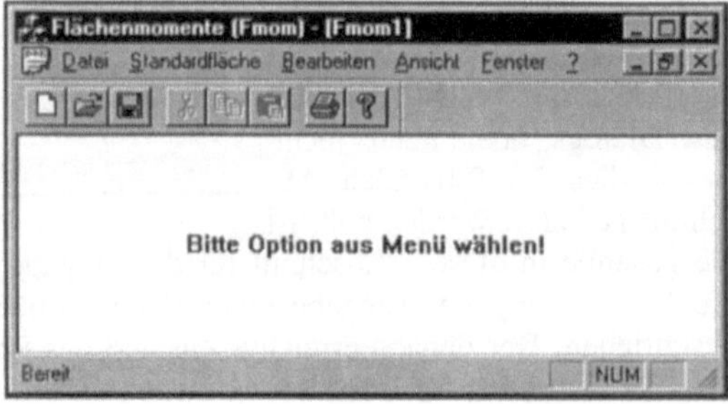

Der Text in der Fenstermitte bleibt bei einer Änderung der Fenstergröße erhalten. Wenn man jedoch einen Eingabe-Dialog startet und mit **OK** abschließt, ist in der Dokumentklasse ein Berechnungsmodell gespeichert, und die Funktion **CFmomDoc::get_a_sx_sy** liefert den Return-Wert **1** als Indikator dafür, daß Ergebnisse berechnet wurden. Die Ausschrift in der Fenstermitte verschwindet, weil nun die Ergebnisse angezeigt werden sollen. Vor der Realisierung der Ergebnisausgabe müssen noch einige Informationen über die Textausgabe in einem Fenster gegeben werden.

8.6.2 Textausgabe mit CDC::TextOut, die Struktur TEXTMETRIC

Die wichtigste Funktion für die Ausgabe von Text ist **CDC::TextOut**. Mit ihr kann ein Text an beliebiger Stelle plaziert werden. Sie erwartet z. B. zwei **int**-Koordinaten und ein **CString**-Objekt, und weil zur Klasse **CString** ein Konstruktor gehört, der "gewöhnliche Strings" in **CString**-Objekte konvertieren kann, darf auf der dritten Position auch ein String-Pointer übergeben werden.

Das voreingestellte Koordinatensystem **MM_TEXT** hat seinen Ursprung in der linken oberen Ecke der "Client area" mit positiven Koordinaten, die nach rechts bzw. unten gerichtet sind (vgl. Abschnitt 7.5). Es wird mit "Geräte-Koordinaten" gearbeitet (für den Bildschirm: Pixel). Nachfolgend wird nur dieses (für die Textausgabe ohnehin besonders geeignete) Koordinatensystem verwendet.

Die Koordinaten zur Positionierung des Textes beziehen sich auf einen Punkt eines imaginären Rechtecks, das durch Texthöhe und Textlänge bestimmt wird. Voreinstellung ist der Punkt in der linken oberen Ecke dieses Rechtecks, er kann mit der Funktion **CDC::SetTextAlign** geändert werden.

Zur Positionierung der Texte ist die Information, die man mit der Funktion **CDC::GetTextMetrics** beschaffen kann, außerordentlich nützlich. Sie liefert die Abmessungen der Zeichen des eingestellten Fonts in einer Struktur vom Typ **TEXTMETRIC** ab, die beachtliche 20 Komponenten enthält. Nachfolgend werden die drei wohl wichtigsten verwendet: Die Komponente **tmAveCharWidth** ist die "mittlere Zeichenbreite" (bei Proportionalschriften kann nur ein Mittelwert angegeben werden), **tmHeight** ist die Gesamthöhe der Zeichen (zählt z. B. von der Unterkante des **p** bis zur Oberkante des **Ä** einschließlich der Pünktchen), **tmExternalLeading** ist der Abstand zwischen den Zeilen (Unterkante der oberen Zeile bis zur Oberkante der nachfolgenden Zeile).

Hier soll der Standard-Textfont verwendet werden, und weil damit eine Proportionalschrift realisiert wird, muß der Programmierer sich um die Ausrichtung der Texte etwas intensiver kümmern. Alternativen dazu wären z. B. das Einstellen eines "Monospace"-Fonts wie Courier oder die Verwendung der Funktion **CDC::TabbedTextOut**, die auch Tabulatorzeichen im Text (codiert als \t) interpretiert.

Zunächst wird der Code für die Ergebnisausgabe in **CFmomView::OnDraw** ergänzt, bevor danach noch weitere Erläuterungen gegeben werden:

▶ In der **ClassView** des Arbeitsbereichs wird das **+**-Zeichen vor **CFmomView** angeklickt (falls erforderlich). Nach Doppelklick auf **OnDraw** öffnet der Editor die Datei **Fmom-View.cpp**. In der Funktion **OnDraw** wird die Kommentarzeile

// Hier wird der Code für die Ergebnisausgabe eingefügt!

durch folgende Programmzeilen ersetzt:

```
TEXTMETRIC                 tm  ;
pDC->GetTextMetrics (&tm) ;
int width  = tm.tmAveCharWidth ;
int height = tm.tmHeight + tm.tmExternalLeading ;

int x1 = width * 3 ;
int x2 = x1 + width * 36 ;
int x3 = x2 + width *  8 ;
int y  = height ;

pDC->TextOut (x1 , y , "Programm 'Flächenmomente', Ergebnisse") ;
y = line_out (pDC , x1 , x2 , x3 , y , height * 2 ,
                 "Gesamtfläche:" , "A" , a) ;
y = line_out (pDC , x1 , x2 , x3 , y , (height * 3) / 2 ,
                 "Statisches Moment um x:" , "Sx" , sx) ;
y = line_out (pDC , x1 , x2 , x3 , y , height ,
                 "Statisches Moment um y:" , "Sy" , sy) ;
if (fabs (a) > 1.e-20)
{
    y = line_out (pDC , x1 , x2 , x3 , y , (height * 3) / 2 ,
                 "Schwerpunkt-Koordinaten:" , "xS" , sy / a) ;
    y = line_out (pDC , x1 , x2 , x3 , y , height ,
                 "" , "yS" , sx / a) ;
}
```

◆ **CDC:GetTextMetrics** wird mit dem an **OnDraw** übergebenen **CDC**-Pointer aufgerufen und erwartet einen Pointer auf eine **TEXTMETRIC**-Struktur, aus der die wichtigsten Abmessungen entnommen werden.

◆ Mit der mittleren Zeichenbreite **width** werden drei horizontale Position **x1**, **x2** und **x3** festgelegt. Die aus Zeichenhöhe und Zeilenzwischenraum gebildete Abmessung **height** wird für die Zeilenvorschubsteuerung verwendet.

◆ Für die Berechnung der Schwerpunkt-Koordinaten muß durch die von **CFmom-Doc::get_a_sx_sy** gelieferte Gesamtfläche dividiert werden. Die dafür erforderliche Abfrage benutzt die Standardfunktion **fabs**, deren Prototyp in **math.h** verzeichnet ist:

▣ Zusätzlich zu den vorhandenen Include-Anweisungen in der Datei **FmomView.cpp** wird

```
#include <math.h>
```

ergänzt.

Es sind in **CFmomView::OnDraw** mehrmals drei Strings an den drei horizontalen Positionen einer Zeile auszugeben, wobei der dritte String aus einer **double**-Variablen gebildet wird. Dafür wird eine spezielle Funktion **line_out** aufgerufen, die noch geschrieben werden muß:

▣ In der **ClassView** des Arbeitsbereichs wird mit der rechten Maustaste auf **CFmomView** geklickt. in dem sich öffnenden Menü wird **Member-Funktion hinzufügen...** gewählt. In der Dialog-Box "Member-Funktion hinzufügen" wird **int** im Feld **Funktionstyp:** eingetragen, in das Feld **Funktionsdeklaration:** wird

```
line_out (CDC *dc_p , int x1 , int x2 , int x3 , int y ,
          int y_offset , CString s1 , CString s2 , double v)
```

geschrieben, als **Zugriffsstatus** wird **Private** gewählt. Mit **OK** wird die Box geschlossen. In der **ClassView** des Arbeitsbereichs erkennt man die neue Funktion (gegebenenfalls auf das **+**-Zeichen vor **CFmomView** klicken). Mit Doppelklick auf **line_out** landet man in dem Gerüst dieser Funktion, das folgendermaßen ergänzt wird:

```
int CFmomView::line_out(CDC * dc_p, int x1, int x2, int x3, int y,
                        int y_offset, CString s1, CString s2, double v)
{
    CString s3 ;
    s3.Format ("=  %g" , v) ;
    y += y_offset ;
    dc_p->TextOut (x1 , y , s1) ;
    dc_p->TextOut (x2 , y , s2) ;
    dc_p->TextOut (x3 , y , s3) ;

    return y ;
}
```

♦ Die Funktion **CString::Format** gestattet das Füllen eines **CString**-Objekts mit einem String, der nach den gleichen Regeln wie bei der C-Funktion **printf** gebildet wird. Hier wird nur ein **double**-Wert **v** in das Objekt **s3** geschrieben, wie bei **printf** sind aber beliebige weitere Argumente erlaubt.

♦ Vor der Ausgabe der Textzeile wird zur vertikalen Position **y** ein Offset **y_offset** addiert. Die korrigierte Position wird als Return-Wert abgeliefert, um sie dem nachfolgenden **line_out**-Aufruf übergeben zu können.

Ein abschließendes Wort zum Programmierstil in der Funktion **CFmomView::OnDraw** ist angebracht: Weil die Verwendung von **CDC::TextOut** demonstriert werden sollte, wurden die Strings "hard-coded" eingetragen. Es wäre gegebenenfalls eine kleine Mühe, String-Ressourcen zu verwenden. Auch die mit **1.e−20** codierte Abbruchschranke sollte natürlich gelegentlich durch ein zentral verwaltetes "Epsilon" ersetzt werden.

▶ Das Projekt wird aktualisiert (**F7**). Nach dem Start des Programms kann nun erstmals eine sinnvolle Berechnung ausgeführt werden. Die nebenstehend skizzierte Fläche wird als Kreisfläche mit rechteckigem Ausschnitt eingegeben (bei der Eingabe des Rechtecks über die Dialog-Box muß also das Optionsfeld **Ausschnitt** angeklickt werden).

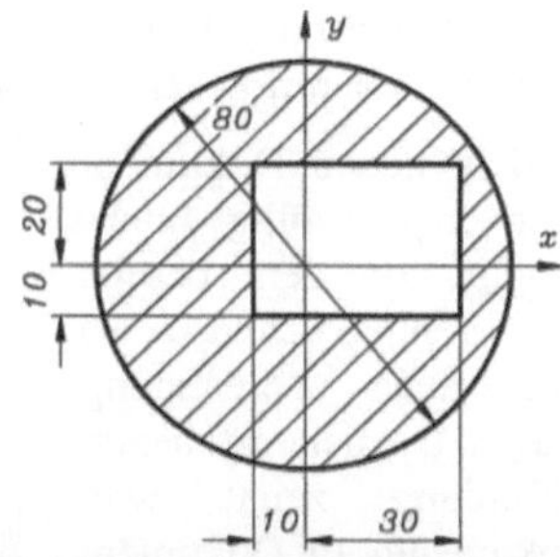

Nach Eingabe jeder einzelnen Teilfläche wird das Zwischenergebnis berechnet und ausgegeben. Unten rechts ist das Endergebnis zu sehen.

Damit hat das Windows-Programm die Funktionalität, die die "Non-Windows-Version" bereits im Abschnitt 5.2 hatte. Aber irgendwie ist bei gleicher Funktionalität das Windows-Programm doch schöner (und soll ja noch leistungsfähiger werden).

Der nun erreichte Stand des Projekts ist Version **Fmom4**.

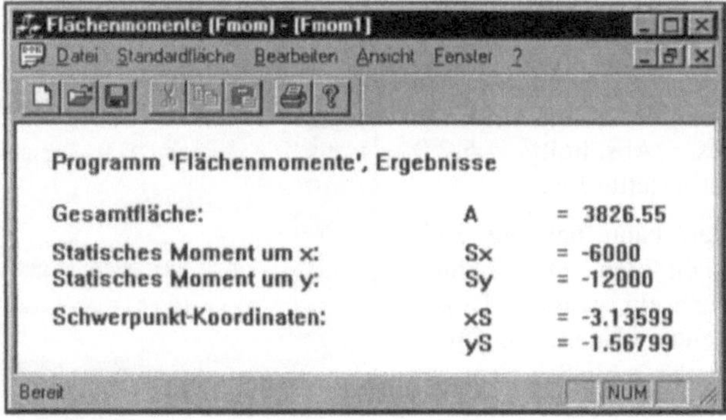

Es lohnt sich auch hier, einige vom Anwendungs-Assistenten gratis spendierte Fähigkeiten zu inspizieren:

▶ Man wählt **Datei | Seitenansicht** und sieht, daß **CFmomView::OnDraw** auch für die Drucker-Ausgabe aufgerufen wird. Auch die Hilfsfunktionen (**Vergrößern**, **Verkleinern**) sind verfügbar, und wenn man auf **Drucken** klickt, öffnet sich die bekannte WindowsDialog-Box "Drucken" mit den entsprechenden Angeboten.

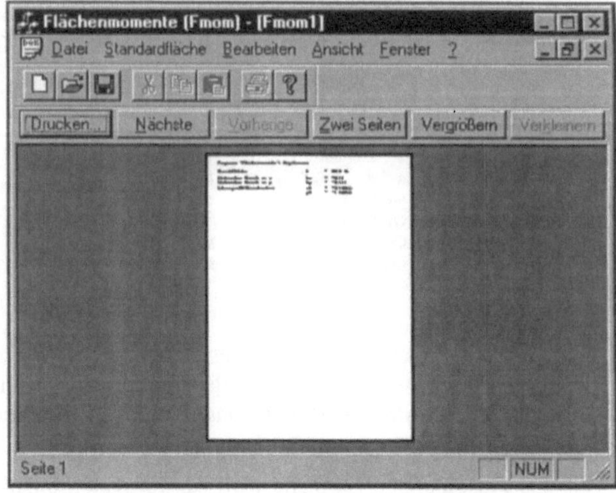

Zur "Multi-Dokument-Fähigkeit" des Programms hat der Programmierer bisher keinen Beitrag geleistet (er hat allerdings die Voreinstellung akzeptiert). Das Programm ist aber eine echte MDI-Anwendung:

▶ Nachdem z. B. die auf der vorigen Seite gezeigte Berechnung durchgeführt wurde, wählt man **Datei | Neu** (schneller mit dem "Toolbar-Button", der das leere Blatt zeigt), und ein neues (leeres) Dokument ist in einem neuen Fenster geöffnet. Daß das alte Dokument noch existiert, sieht man z. B., wenn man **Fenster | Überlappend** wählt (oder den entsprechenden Button rechts oben drückt).

In dem neuen Dokument kann man (völlig unabhängig von dem bereits existierenden Dokument) eine neue Berechnung starten. Die nebenstehende Abbildung zeigt zwei Dokumente. Im Dokument Fmom1 wurde die auf der vorigen Seite skizzierte Fläche berechnet, im Dokument 2 die am Ende des Abschnitts 5.2.3 dargestellte Fläche.

Man kann beliebig zwischen den Dokumenten wechseln, weitere Dokumente öffnen, geöffnete wieder schließen usw.

8.7 Verbesserung der Eingabe

Die im Abschnitt 8.5 realisierte Eingabe der Daten über Dialog-Boxen soll überarbeitet werden. Im Abschnitt 8.7.1 wird das Verhalten der Return-Taste bei geöffneter Dialog-Box verändert, am Ende des Abschnitts 8.7.2 sollen die Dialog-Boxen für die Standardflächen, die bereits verfügbar sind, über "Toolbar-Buttons" aufgerufen werden können.

8.7.1 Die Return-Taste muß Kompetenzen abgeben

Es soll gezeigt werden, wie die Botschaft, die beim Drücken eines Buttons (Schaltfläche) gesendet wird, verarbeitet werden kann. Daß dies am Beispiel des **OK**-Buttons einer Dialog-Box demonstriert wird, hat einen Grund: Der Autor dieses Buchs ist Abonnent bei einem der beliebtesten Fehler in der Bedienung von Windows-Programmen, dem versehentlichen Drücken der Return-Taste bei noch nicht komplett bearbeiteter Dialog-Box.

Bei der Bearbeitung einer Dialog-Box wirkt die Return-Taste in der Regel auf den Button, der den "Eingabefokus" hat, wie ein Mausklick auf diesen Button (der "Pünktchen-Rahmen" um die Beschriftung kennzeichnet den Button mit dem Eingabefokus). Wenn kein Button den Eingabefokus hat (oder es wird z. B. gerade etwas in ein Eingabefeld geschrieben), sucht Windows nach der "Standardschaltfläche" (das ist die mit dem dickeren Rahmen) und führt die Funktion aus, die für das Anklicken dieser Schaltfläche zuständig ist. Und sogar dann, wenn keine Standardschaltfläche vorgesehen ist, wird trotzdem die von **CDialog** geerbte Funktion **OnOK** ausgeführt, die für die Behandlung des Klickens auf den **OK**-Button zuständig ist (und genau das ist das Problem)[3].

Folgende Strategie wird hier verfolgt: In der (abgeleiteten) Dialogklasse (z. B. **CCircleDlg**) wird die geerbte **OnOK**-Funktion überschrieben, und die Funktion **CCircleDlg::OnOK** setzt (wie üblicherweise die TAB-Taste) den Eingabefokus auf das Nachfolge-Element. Aber natürlich muß der **OK**-Button selbst noch funktionieren. Deshalb wird der Identifikator, der der von ihm gesendeten Botschaft mitgegeben wird, geändert, so daß für die Botschaft eine spezielle Behandlungsroutine geschrieben werden kann:

▶ In der **ResourceView** des Arbeitsbereichs wird unter **Fmom Resourcen** und **Dialog** durch Doppelklick auf **IDD_CIRCLE_DIALOG** der Dialog-Editor geöffnet. In der Dialog-Box "Kreis" wird mit der rechten Maustaste auf den **OK**-Button geklickt, es öffnet sich ein Menü, in dem die Option **Eigenschaften** gewählt wird. In der Box "Schaltfläche Eigenschaften" wird im Feld **ID:** der Standard-Identifikator **IDOK** geändert, z. B. in **ID_CIRCLE_OK**.

Außerdem sieht man in der Registerkarte **Formate**, daß dieser Button als Standardschaltfläche vorgesehen ist. Das "Häkchen" im Kontrollkästchen **Standardschaltfläche** wird entfernt. Nach dem Schließen der Box erkennt man im Ressourcen-Editor, daß der dicke Rahmen um den **OK**-Button verschwunden ist.

---

[3]Der Leser mag das anders sehen: "Daß man nicht die Return-Taste drückt, sondern mit der TAB-Taste oder mit Mausklick in das nächste Feld wechselt, ist nun einmal Windows-Philosophie." Natürlich können Sie die Änderungen, die in diesem Abschnitt beschrieben werden, auch auslassen. Vielleicht lesen Sie trotzdem den Text, in dem beschrieben wird, wie man die von dem Button gesendete Botschaft behandeln kann.

▶ Über **Ansicht | Klassen-Assistent...** landet man in der Dialog-Box "MFC-Klassen-Assistent", in der im Feld **Klassenname** die Klasse **CCircleDlg** eingestellt sein sollte. In der Registerkarte **Nachrichtenzuordnungstabellen** erkennt man in der Liste **Objekt-IDs:** den gerade erzeugten Identifikator **ID_CIRCLE_OK**, der ausgewählt wird. Dann werden in der Liste **Nachrichten:** zwei Botschaften angeboten, **BN_CLICKED** ("Button wurde angeklickt") wird ausgewählt, und es wird auf den Button **Funktion hinzufügen...** geklickt. Es öffnet sich die nebenstehend zu sehende Box mit einem Namens-Vorschlag, der mit **OK** angenommen wird. Schließlich wird **Code bearbeiten** gewählt, und der Editor zeigt in der Datei **CircleDlg.cpp** das Gerüst der Funktion **CCircleDlg::OnCircleOk**. Die "TODO"-Kommentarzeile wird folgendermaßen ersetzt:

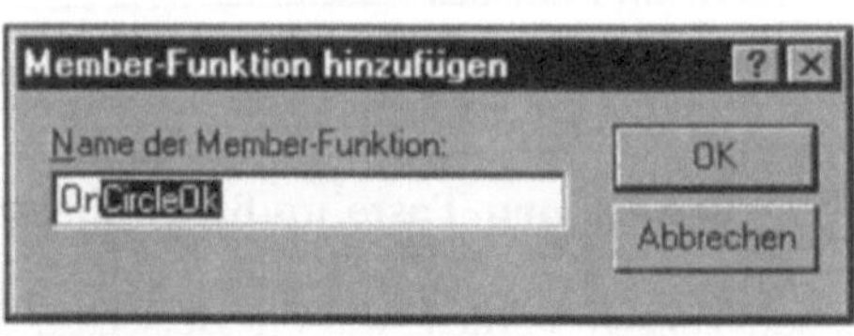


```
void CCircleDlg::OnCircleOk()
{
        CDialog::OnOK () ;
}
```

Damit ist gesichert, daß der **OK**-Button immer noch funktioniert, wenn er angeklickt wird, indem "das Original" aufgerufen wird. Nun kann für die Klasse **CCircleDlg** eine eigene **OnOK**-Funktion geschrieben werden, denn das Drücken der Return-Taste führt nach wie vor zu einem **OnOK**-Aufruf.

▶ In der **ClassView** des Arbeitsbereichs wird mit der rechten Maustaste auf **CCircleDlg** geklickt, und in dem Popup-Menü wird **Member-Funktion hinzufügen...** gewählt. Unter **Funktionstyp:** wird in der sich öffnenden Box **void** eingetragen, die **Funktionsdeklaration** ist **OnOK** (), als **Zugriffsstatus** wird **Public** gewählt (nebenstehende Abbildung). Nach Bestätigung mit **OK** wird

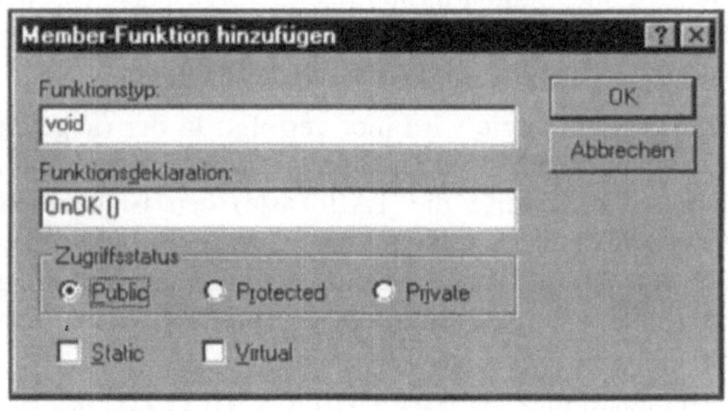

das vom Klassen-Assistenten angelegte Gerüst der neuen Funktion durch die fett gedruckte Zeile ergänzt:

```
void CCircleDlg::OnOK()
{
        NextDlgCtrl () ;
}
```

Die von **CDialog** geerbte Funktion **NextDlgCtrl** setzt den Eingabefokus auf das nächste Element in der Dialog-Box. Damit entspricht nun z. B. das Drücken der Return-Taste während der Arbeit in einem Eingabefeld dem Verhalten der TAB-Taste.

▶ Alle in diesem Abschnitt beschriebenen Aktionen müssen sinngemäß auch für die Dialog-Box "Rechteck" und die Klasse **CRectDlg** ausgeführt werden. Dies braucht hier nicht beschrieben zu werden. Danach wird das Projekt aktualisiert (**F7**).

8.7.2 "Toolbar-Buttons" löschen und hinzufügen

Die "Toolbar-Buttons" ("Schaltflächen in einer Symbolleiste") dienen dazu, häufig gewählte Menü-Angebote schneller zu erreichen (und sind natürlich hilfreich für alle Analphabeten unter den Programm-Benutzern). Der Anwendungs-Assistent hat bereits Vorarbeit geleistet. In diesem Abschnitt sollen die nicht benötigten Buttons entfernt und zwei neue ("Kreis eingeben" und "Rechteck eingeben") hinzugefügt und aktiviert werden.

▶ In der **ResourceView** im Arbeitsbereich wird unter **Fmom Resourcen** auf das +-Zeichen vor **Toolbar** geklickt und mit Doppelklick auf **IDR_MAINFRAME** der Editor geöffnet, der die gesamte Bitmap anzeigt. Alle Buttons gehören zu einer einzigen Bitmap-Datei.

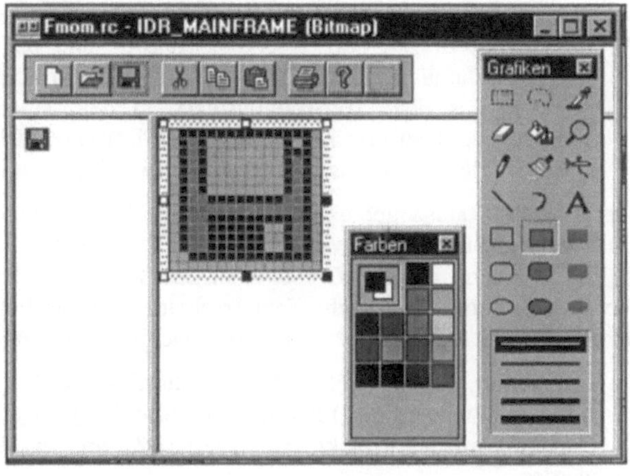

Die Abbildung rechts zeigt den Editor mit den beiden Werkzeug-Paletten "Farben" und "Grafiken". Oben ist die gesamte Symbolleiste zu sehen (rechts ein "leerer Button" für die Ergänzung der Symbolleiste), darunter groß ein ausgewählter Button mit dem Raster, der bearbeitet werden kann. Links ist dieser Button noch einmal in Originalgröße dargestellt. Zunächst wird "aufgeräumt", denn die drei Buttons der mittleren Gruppe (die "Schere" und ihre beiden rechten Nachbarn) werden gewiß nicht benötigt:

▶ Mit "Drag and Drop" (Anklicken und bei gedrückter linker Maustaste verschieben) wird der Button mit der Schere einfach aus der Symbolleiste herausgezogen (und schon ist er verschwunden, die Nachbarn rücken auf). Die Aktion wird mit den beiden anderen Buttons der mittleren Gruppe wiederholt.

Nun wird der leere Button von rechts (ebenfalls "Drag and Drop") nach links verschoben, so daß er "zwischen Diskette und Drucker" landet. Er wird dadurch ausgewählt und kann bearbeitet werden.

Das Erzeugen der Bitmaps mit den angebotenen Werkzeugen ist weitgehend selbsterklärend. Man sollte ruhig ein wenig experimentieren, denn auch in diesem Editor funktioniert das "Undo" (**Bearbeiten | Rückgängig**, der spezielle Button oder **Ctrl(Strg)-Z**).

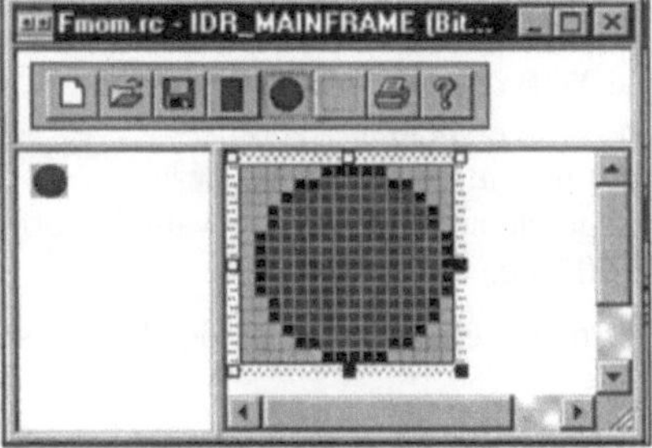

▶ Nachdem ein "Rechteck-Button" erzeugt wurde, existiert neben diesem wieder ein leerer Button, der ausgewählt wird, und es wird der "Kreis-Button" erzeugt. Wenn etwa der rechts zu sehende Zustand erreicht ist, kann man die beiden neuen Buttons noch separieren: Man schiebt ("Drag and Drop") den "Rechteck-Button" etwas nach rechts (etwa eine halbe "Button-Breite")

über den "Kreis-Button", der sich auf diese Weise etwas Platz "erdrängelt". Die gleiche Aktion mit dem leeren Button schafft Platz auf der anderen Seite.

Schließlich wird gleich noch das Einbinden der neuen Buttons in das Programm vorbereitet bzw. erledigt. Weil die beiden Buttons Aktionen auslösen sollen, die bereits über das Menü erreichbar sind, ist es in diesem Fall besonders einfach:

▶ Nach Doppelklick auf den "Rechteck-Button" in der Symbolleiste öffnet sich die Box "Schaltfläche für Symbolleiste Eigenschaften". Man sieht, daß der Editor bereits einen Identifikator vorgesehen hat, mit dem der Button im Programm angesprochen werden könnte. Dieser wird im Feld **ID:** geändert in **ID_STANDARDFLCHE_RECHTECK**. Das ist genau der Identifikator der entsprechenden Menü-Option (wenn man sich nicht mehr erinnert, mit **Ansicht | Ressourcensymbole** wird eine Box mit allen Symbolen eingeblendet). Daß der "Rechteck-Button" und das Menü-Angebot **Standardfläche | Rechteck** damit auf den gleichen "Command handler" zielen, bemerkt man nach einem Klick in das Feld **Statuszeilentext:**, in dem sofort der beim Erzeugen des Menüs eingetragene Text erscheint. Dieser wird ergänzt: **Eingabe einer Rechteckfläche oder eines rechteckigen Ausschnitts\nRechteckfläche oder -ausschnitt**.

Der Teil des Statuszeilentextes, der vor **\n** steht, erschien selbständig, das "Newline"-Zeichen und der Rest des Textes wurden ergänzt. Das hat zur Folge, daß in der Statuszeile sowohl beim "Wandern mit dem Cursor über das Menü-Angebot" als auch bei "Überstreichen des Toolbar-Buttons" der gleiche Text erscheint. Darüber hinaus läßt der "Toolbar-Button" noch einen "Tooltip" aufblitzen, in dem der nach dem **\n** eingetragene Text erscheint.

▶ Die Aktion, die für den "Rechteck-Button" ausgeführt wurde, wird für den "Kreis-Button" sinngemäß wiederholt (Identifikator sollte dafür **ID_STANDARDFLCHE_KREIS** sein). Danach wird das Projekt aktualisiert (**F7**), und das erweiterte Programm kann gestartet werden.

Die nebenstehende Abbildung zeigt das Hauptfenster nach dem Programmstart. Man erkennt die beiden gerade erzeugten Buttons, die auch bereits funktionieren. Der Cursor liegt gerade auf dem "Kreis-Button" (ist im Bildschirm-Schnappschuß nicht zu sehen), man erkennt den Statuszeilentext und den Tooltiptext.

Die Wirkung des Anklickens eines der beiden Toolbar-Buttons entspricht exakt der

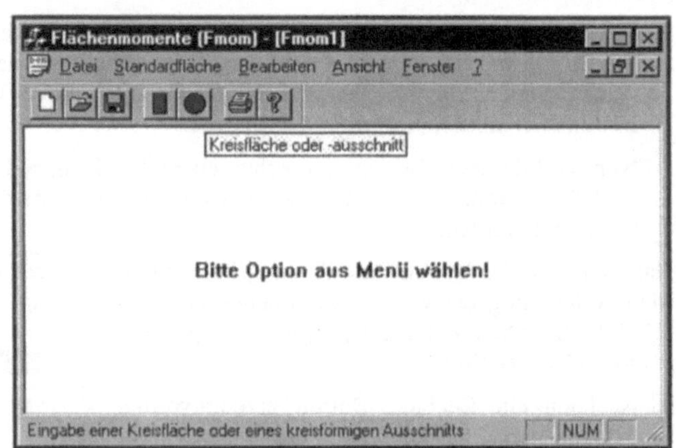

entsprechenden Menü-Auswahl: Es öffnet sich die Dialog-Box für den Eingabe-Dialog einer Teilfläche.

Der damit erreichte Stand des Projekts ist Version **Fmom5**.

8.8   Das Dokument als Binär-Datei, "Serialization"

Die MFC-Klassen-Bibliothek unterstützt das Erzeugen und Lesen einer Binär-Datei, die die
gesamte Datenstruktur eines Dokuments repräsentiert und damit deren permanente Speicherung und Wiederverwendung in späteren Programm-Läufen ermöglicht. Dieser Prozeß wird
als "Serialization" bezeichnet.[4]

Die Idee, die hinter der Unterstützung der "Serialization" steckt, ist einfach: Der Zustand der
Instanz einer Klasse wird durch die Werte beschrieben, die den Member-Variablen zugewiesen sind. Der Programmierer muß also veranlassen, daß genau diese Werte gesichert
bzw. geladen werden. Die Klassen-Bibliothek unterstützt diesen Prozeß für alle Klassen, die
von **CObject** abgeleitet sind. Weil die Klasse **ClGraphObj**, aus der alle weiteren Klassen,
die das Dokument beschreiben, abgeleitet werden, "vorsorglich" aus **CObjekt** abgeleitet
wurde (Abschnitt 8.4.1), ist diese Voraussetzung für das Projekt Fmom weitgehend erfüllt
(die Klasse **ClPoint**, deren Objekte nach den Regeln der Komposition in andere Klassen
eingebettet sind, wird im Abschnitt 8.8.3 noch gesondert behandelt).

Die Klassen-Bibliothek verwendet eine Instanz der Klasse **CArchive** als "Vermittler"
zwischen den Daten in den Dokumentklassen und der zu erzeugenden bzw. zu lesenden
Datei. In **CArchive** sind die Operatoren >> und << überladen und dienen dazu, die Werte der
Variablen auf die **CArchive**-Instanz zu übertragen bzw. von dieser zu übernehmen (in dem
Sinne, wie mit den gleichen Operatoren in den **iostream**-Klassen von und zu den Objekten
cin und **cout** transferiert wird).

8.8.1 Eine Klasse für die "Serialization" vorbereiten

Beim Präparieren einer Klasse für die "Serialization" kann man auf einige vordefinierte
Makros und einige Vorbereitungen zurückgreifen, die der Anwendungs-Assistent bereits
erledigt hat. Im einzelnen müssen folgende Schritte realisiert werden (natürlich sollte man
dies sofort beim Deklarieren einer neuen Klasse mit erledigen, es ist hier nur deshalb in
einem gesonderten Abschnitt angesiedelt, um den Prozeß einmal geschlossen darzustellen):

a) **Deklaration:** Die Klasse ist von **CObject** oder einer von **CObject** abgeleiteten Klasse
   abzuleiten.

b) **Deklaration:** In der Deklaration der Klasse ist das Macro **DECLARE_SERIAL**
   anzusiedeln.

c) **Deklaration und Implementierung:** Die Klasse muß einen Konstruktor erhalten, dem
   keine Argumente übergeben werden müssen.

d) **Deklaration und Implementierung:** Die von **CObject** geerbte Member-Funktion
   Serialize ist zu überschreiben.

e) **Implementierung:** Es ist das Makro **IMPLEMENT_SERIAL** zu implementieren, das
   den erforderlichen Code erzeugt.

---

[4]Die Versuche, ein deutsches Wort dafür zu finden, endeten bisher wenig überzeugend bei "Serialisierung"
bzw. "Objektbeständigkeit". Deshalb verwende ich das englische Original.

Dies scheint relativ aufwendig zu sein. Speziell die beiden Punkte **b)** und **e)** sind nicht gleich verständlich, deshalb wenigstens eine kurze Erklärung dafür: Die Klassen-Bibliothek muß die Klassen dynamisch (während der Laufzeit) erzeugen können (z. B. beim Erzeugen eines Dokuments durch Lesen von der Binär-Datei). Um dies typsicher zu realisieren, müssen einige spezielle Member-Funktionen verfügbar sein. Diese brauchen glücklicherweise nicht vom Programmierer erzeugt zu werden. Dies wird von den Makros **DECLARE_SERIAL** (Deklarationen) bzw. **IMPLEMENT_SERIAL** (Implementationen) erledigt.[5]

♦ Die komplette Datenstruktur des Dokuments ist in der aktuellen Fmom-Version in der Klasse **CFmomDoc** verankert (verkettete Liste), es werden Objekte der Klassen **ClCircle** und **ClRectangle** erzeugt. Für diese drei Klassen sollen nun die oben genannten 5 Punkte abgearbeitet werden.

Weil **CFmomDoc** vom Anwendungs-Assistenten erzeugt wurde, sind für diese Klasse die meisten Vorkehrungen bereits getroffen worden, allerdings leicht abweichend von den aufgelisteten 5 Punkten, zunächst ein Auszug aus der Klassen-Deklaration:

Ausschnitt aus der Header-Datei FmomDoc.h

```
// FmomDoc.h : Schnittstelle der Klasse CFmomDoc
// ...
class CFmomDoc : public CDocument
{
protected: // Nur aus Serialisierung erzeugen
   CFmomDoc();
   DECLARE_DYNCREATE(CFmomDoc)
// ...

   // Vom Klassenassistenten generierte Überladungen virtueller Funktionen
   //{{AFX_VIRTUAL(CFmomDoc)
   public:
   virtual BOOL OnNewDocument();
   virtual void Serialize(CArchive& ar);
   virtual void DeleteContents();
   //}}AFX_VIRTUAL
   // ...
protected:
   CObList m_area_list;
   // ...
};
```

Ende des Ausschnitts aus der Header-Datei FmomDoc.h

♦ Die Forderung **a)** ist erfüllt, weil die Basisklasse **CDocument**, aus der **CFmomDoc** abgeleitet ist, **CObject** in ihrer "Ahnenreihe" hat. Für die Forderungen **c)** und **d)** sind die Deklarationen bereits angelegt.

---

[5]Der Leser, der den Abschnitt 6.6.6 (Schreiben und Lesen einer Binär-Datei) durchgearbeitet hat, weiß natürlich, daß Typ-Informationen unbedingt transportiert werden müssen. Gerade dafür gibt es die Unterstützung, die wohl aus historischen Gründen in der beschriebenen Form realisiert ist. Unter Verwendung von **RTTI** (Abschnitt 6.7) wären auch noch andere Varianten denkbar.

◆ An Stelle des nach **b)** geforderten Makros **DECLARE_SERIAL** wurde "nur" **DECLA-RE_DYNCREATE** vom Anwendungs-Assistenten vorgesehen. Dieses Makro ist ausreichend, um die Unterstützung des dynamischen Anlegens von Instanzen zu unterstützen, es fehlt die **CArchive**-Funktionalität (also sind z. B. die Operatoren >> und << nicht wie oben beschrieben überladen). Die **CArchive**-Funktionalität wird in diesem Fall tatsächlich nicht benötigt, weil das einzige zu "archivierende" Objekt eine Instanz der Klasse **CObList** ist, die in der Lage ist, sich "selbst zu archivieren" (die Implementierung von **CObList** enthält auch das Makro **IMPLEMENT_SERIAL**).

An der Klassen-Deklaration von **CFmomDoc** in der Header-Datei **FmomDoc.h** muß also gar nichts ergänzt werden, auch in der Implementations-Datei wurde vom Anwendungs-Assistenten fast alles bereits eingetragen, was benötigt wird:

Ausschnitt aus der Datei FmomDoc.cpp

```
// FmomDoc.cpp : Implementierung der Klasse CFmomDoc
//
IMPLEMENT_DYNCREATE(CFmomDoc, CDocument)
// ...
// CFmomDoc Konstruktion/Destruktion
CFmomDoc::CFmomDoc()
{
    // ZU ERLEDIGEN: Hier Code für One-Time-Konstruktion einfügen
}
// CFmomDoc Serialisierung
void CFmomDoc::Serialize(CArchive& ar)
{
    if (ar.IsStoring())
    {
        // ZU ERLEDIGEN: Hier Code zum Speichern einfügen
    }
    else
    {
        // ZU ERLEDIGEN: Hier Code zum Laden einfügen
    }
}
```

Ende des Ausschnitts aus der Datei FmomDoc.cpp

◆ Das Makro **IMPLEMENT_DYNCREATE** in **FmomDoc.cpp** ist das Pendant zu dem Makro **DECLARE_DYNCREATE** in der Klassen-Deklaration. Da das Makro **IM-PLEMENT_SERIAL** zur Implementierung von **CObList** gehört, ist Forderung **e)** damit erfüllt.

◆ Auch der Konstruktor, der keine Argumente erwartet, wurde vom Anwendungs-Assistenten erzeugt, so daß Forderung **c)** erfüllt ist.

◆ Für die entsprechend Forderung **d)** zu überschreibende Funktion **Serialize** hat der Anwendungs-Assistent ein Gerüst angelegt, das vom Programmierer ausgefüllt werden muß. **Serialize** wird mit einer Referenz auf eine Instanz von **CArchive** aufgerufen, die das Ziel bzw. die Quelle des Archivierungs-Prozesses ist. Mit dieser Instanz kann die **CArchive**-Funktion **IsStoring** aufgerufen werden (es gibt auch **CArchive::IsLoading**, aber "Storing" und "Loading" schließen einander natürlich aus, deshalb ist die eine Abfrage ausreichend). Diese liefert die "Richtung des Datentransfers", und der Programmierer muß nun normalerweise im **if**-Zweig und im **else**-Zweig eintragen, was zu archivieren bzw. zu lesen ist (und für die Klassen **ClCircle** und **ClRectangle** wird das im folgenden Abschnitt auch so erledigt).

Für die Klasse **CFmomDoc** ist auch diese Arbeit etwas einfacher, weil nur das **CObList**-Objekt **m_area_list** zu speichern bzw. zu laden ist. Dafür kann die **COblist**-Funktion **Serialize** aufgerufen werden, die diese Frage ("Loading or Storing") ohnehin selbst stellt, so daß schließlich nur eine einzige Programmzeile ergänzt werden muß.

▶ In der **ClassView** des Arbeitsbereichs wird unter **CFmomDoc** mit Doppelklick auf **Serialize** die Datei **FmomDoc.cpp** geöffnet, in der die Funktion **CFmomDoc::Serialize** um die nachfolgend fett gedruckte Zeile ergänzt wird:

```
void CFmomDoc::Serialize(CArchive& ar)
{
        if (ar.IsStoring())
        {
                // ZU ERLEDIGEN: Hier Code zum Speichern einfügen
        }
        else
        {
                // ZU ERLEDIGEN: Hier Code zum Laden einfügen
        }
        m_area_list.Serialize (ar) ;
}
```

8.8.2 "Serialization" für die Klassen ClCircle und ClRectangle

Für die beiden Klassen **ClCircle** und **ClRectangle** sind die Punkte **b)**, **d)** und **e)** (vgl. Abschnitt 8.8.1) zu erledigen. Punkt **a)** ist bereits erfüllt, weil sie die aus **CObject** abgeleitete Klasse **ClGraphObj** in ihrer "Ahnenreihe" haben. Ein entsprechend Punkt **c)** erforderlicher Konstruktor, dem keine Argumente zu übergeben sind, ist in beiden Klassen vorhanden. Die notwendigen Schritte werden am Beispiel von **ClCircle** ausführlich erläutert.

▶ Mit Doppelklick auf **ClCircle** in der **ClassView** des Arbeitsbereichs landet man in der Klassen-Deklaration von **ClCircle**, die zur Erfüllung des Punktes **b)** um die nachfolgend fett gedruckte Zeile ergänzt wird:

```
class ClCircle : public ClArea
{
        DECLARE_SERIAL (ClCircle)
        private:                    // ... alles weitere bleibt ungeändert
```

Das Makro **DECLARE_SERIAL** akzeptiert genau einen Parameter, den Namen der Klasse, in dem es verwendet wird.

▶ In der **ClassView** des Arbeitsbereichs wird mit der rechten Maustaste auf **ClCircle** geklickt, in dem sich öffnenden Menü wird **Member-Funktion hinzufügen...** gewählt. In der Box "Member-Funktion hinzufügen" wird **void** als **Funktionstyp:** eingetragen, in das Feld **Funktionsdeklaration:** schreibt man: **virtual Serialize (CArchive &ar)**. Der **Zugriffsstatus** sollte **Public** sein. Nach Drücken von **OK** gelangt man zu dem vom

Klassen-Assistenten angelegten Gerüst der Funktion über das Anklicken des **+**-Zeichens vor **ClCircle** in der **ClassView** und Doppelklick auf **Serialize**. Das Funktionsgerüst wird um die nachstehend fett gedruckten Zeilen ergänzt, so daß die Punkte **d)** (Funktion **Serialize** überschreiben) und **e)** (Makro **IMPLEMENT_SERIAL** implementieren) erfüllt werden:

```
void ClCircle::Serialize (CArchive &ar)
{
    ClArea::Serialize (ar) ;
    m_point.Serialize (ar) ;

    if (ar.IsStoring ())
    {
        ar << m_d ;
    }
    else
    {
        ar >> m_d ;
    }
}

IMPLEMENT_SERIAL (ClCircle , CObject , 1)
```

◆ Das Makro **IMPLEMENT_SERIAL** enthält in den Klammern den Namen der Klasse, für die das Makro eingesetzt wird, den Namen der zugehörigen Basisklasse und eine "Versions-Nummer" (positive ganze Zahl). Die Versions-Nummer sollte geändert werden, wenn sich für die Klasse die "Serialization" ändert. Damit überwacht das Programm-Gerüst, daß keine Datei gelesen wird, die nicht mehr zur aktuellen Programm-Version paßt.

◆ In der Funktion **ClCircle::Serialize** sieht man die beiden typischen Anweisungen zum Speichern bzw. Lesen von Werten (**ar << m_d** bzw. **ar >> m_d**). Zusätzlich enthält **ClCircle** noch geerbte Member-Variablen und das nach den Regeln der Komposition eingebettete **ClPoint**-Objekt. Auf keinen Fall sollte man den (mit dem geringsten Aufwand zu realisierenden) Weg gehen, diese in **ClCircle::Serialize** direkt zu speichern bzw. zu lesen. Dann würden Änderungen der Klassen-Deklarationen von **ClArea** bzw. **ClPoint** sich auf diese Funktion der abgeleiteten Klasse auswirken. Prinzipiell sollte in jeder **Serialize**-Funktion zunächst die entsprechende Basisklassen-Funktion aufgerufen werden (hier: **ClArea::Serialize**), und für eingebettete Objekte sollte die Arbeit von einer **Serialize**-Funktion ihrer Klasse erledigt werden (hier für das **ClPoint**-Objekt realisiert durch den Aufruf von **ClPoint::Serialize**). Die Konsequenz daraus ist natürlich, daß diese Funktionen noch geschrieben werden müssen.

Zunächst werden die für die Klasse **ClCircle** realisierten Aktionen für die Klasse **ClRectangle** wiederholt:

▶ Mit Doppelklick auf **ClRectangle** in der **ClassView** des Arbeitsbereichs landet man in der Klassen-Deklaration von **ClRectangle**, die um die fett gedruckte Zeile ergänzt wird:

```
class ClRectangle : public ClArea
{
    DECLARE_SERIAL (ClRectangle)
    private:              // ... alles weitere bleibt ungeändert
```

▶ In der **ClassView** des Arbeitsbereichs wird mit der rechten Maustaste auf **ClRectangle** geklickt, in dem sich öffnenden Menü wird **Member-Funktion hinzufügen...** gewählt. In der Box "Member-Funktion hinzufügen" wird **void** als **Funktionstyp:** eingetragen, in das

Feld **Funktionsdeklaration:** schreibt man: **virtual Serialize (CArchive &ar)**. Der **Zugriffsstatus** sollte **Public** sein. Nach Drücken von **OK** gelangt man zu dem vom Klassen-Assistenten angelegten Gerüst der Funktion über das Anklicken des **+**-Zeichens vor **ClRectangle** in der **ClassView** und Doppelklick auf **Serialize**. Das Funktionsgerüst wird um die nachstehend fett gedruckten Zeilen ergänzt. Weil **ClRectangle** nur geerbte bzw. nach den Regeln der Komposition eingebettete Member-Variablen enthält, wird die gesamte Arbeit den **Serialize**-Funktionen anderer Klassen übertragen:

```
void ClRectangle::Serialize (CArchive &ar)
{
    ClArea::Serialize  (ar) ;
    m_point1.Serialize (ar) ;
    m_point2.Serialize (ar) ;
}
IMPLEMENT_SERIAL (ClRectangle , CObject , 1)
```

Nun muß die Basisklasse **ClArea** zwangsläufig mit der "Serialization"-Fähigkeit ausgestattet werden:

▣ In der **ClassView** des Arbeitsbereichs wird mit der rechten Maustaste auf **ClArea** geklickt, in dem sich öffnenden Menü wird **Member-Funktion hinzufügen...** gewählt. In der Box "Member-Funktion hinzufügen" wird **void** als **Funktionstyp:** eingetragen, in das Feld **Funktionsdeklaration:** schreibt man: **virtual Serialize (CArchive &ar)**. Der **Zugriffsstatus** sollte **Public** sein. Nach Drücken von **OK** gelangt man zu dem vom Klassen-Assistenten angelegte Gerüst der Funktion über das Anklicken des **+**-Zeichens vor **ClArea** in der **ClassView** und Doppelklick auf **Serialize**. Das Funktionsgerüst wird um die nachstehend fett gedruckten Zeilen ergänzt:

```
void ClArea::Serialize (CArchive &ar)
{
    ClGraphObj::Serialize (ar) ;
    if (ar.IsStoring ())
    {
        ar << long (m_area_or_hole) ;
    }
    else
    {
        long  aoh ;
        ar >> aoh ;
        m_area_or_hole = AreaOrHole (aoh) ;
    }
}
```

♦ Weil **ClArea** aus der Basisklasse **ClGraphObj** abgeleitet ist, setzt sich das Spielchen fort: Mit dem Aufruf von **ClGraphObj::Serialize** wird gesichert, daß auch die von dieser Klasse geerbten Member-Variablen nicht vergessen werden, und es wird erzwungen, daß diese Funktion geschrieben werden muß.

♦ Ein "Cast" beim Speichern von **m_area_or_hole** ist in jedem Fall erforderlich, weil der Operator **>>** mit Sicherheit für den Datentyp **AreaOrHole** nicht verfügbar ist. Daß nicht die naheliegende Umwandlung in den Typ **int** gewählt wird, hat historische Gründe: In der "16-Bit-Welt" wurden **int**-Werte in 2 Bytes gespeichert, in der 32-Bit-Welt sind es 4 Bytes. Um Aufwärtskompatibilität zu erzwingen, war der Operator **>>** in den älteren MS-Visual-C++-Versionen auch für **int** nicht verfügbar. Der "Cast" nach **long** sichert Kompatibilität (**long** ist in "beiden Welten" ein 4-Byte-Wert).

♦ Die Verwendung der Makros **DECLARE_SERIAL** und **IMPLEMENT_SERIAL** ist nicht erforderlich (der Compiler würde mit einer Fehlerausschrift reagieren), weil von der abstrakten Klasse **ClArea** keine Instanzen erzeugt werden können.

Die Funktion **ClArea::Serialize** wird ausschließlich aus Member-Funktionen abgeleiteter Klassen aufgerufen und ruft selbst die entsprechende Funktion ihrer Basisklasse auf, die nun noch implementiert werden muß:

▣ In der **ClassView** des Arbeitsbereichs wird mit der rechten Maustaste auf **ClGraphObj** geklickt, in dem sich öffnenden Menü wird **Member-Funktion hinzufügen...** gewählt. In der Box "Member-Funktion hinzufügen" wird **void** als **Funktionstyp:** eingetragen, in das Feld **Funktionsdeklaration:** schreibt man: **virtual Serialize (CArchive &ar)**. Der **Zugriffsstatus** sollte **Public** sein. Nach Drücken von **OK** gelangt man zu dem vom Klassen-Assistenten angelegten Gerüst der Funktion über das Anklicken des **+**-Zeichens vor **ClGraphObj** in der **ClassView** und Doppelklick auf **Serialize**. Das Funktionsgerüst wird um die nachstehend fett gedruckten Zeilen ergänzt:

```
void ClGraphObj::Serialize (CArchive &ar)
{
    CObject::Serialize (ar) ;
    if (ar.IsStoring ())
    {
        ar << m_area_col << m_cont_col ;
    }
    else
    {
        ar >> m_area_col >> m_cont_col ;
    }
}
```

♦ Auch in dieser Funktion wird konsequent das Original aus der Basisklasse **CObject** aufgerufen. Ob dies erforderlich ist oder nicht, sollte nicht interessieren (tatsächlich tut diese Funktion in der Version 5 von MS-Visual-C⁺⁺ gar nichts, zu besichtigen in der Datei **Afx.inl** im **include**-Verzeichnis): Nur der Programmierer der Basisklasse weiß, ob Member-Variablen, die seine Klasse vererbt, berücksichtigt werden müssen.

Nun fehlt die "Serialization"-Fähigkeit nur noch in der Klasse **ClPoint**. Weil dabei noch ein kleines zusätzliches Problem auftaucht, wird dieser Aktion ein neuer Abschnitt gewidmet.

8.8.3 Komplettierung der "Serialization", die Klasse ClPoint

Die Klasse **ClPoint** ist bisher nicht aus **CObject** abgeleitet, deshalb muß dies zunächst nachgeholt werden:

▣ Durch Doppelklick auf **ClPoint** in der **ClassView** des Arbeitsbereichs landet man in der Deklaration der Klasse **ClPoint**, deren erste Zeilen folgendermaßen erweitert werden:

```
class ClPoint : public CObject
{
    DECLARE_SERIAL (ClPoint)
    private:                    // ... alles weitere bleibt ungeändert
```

▶ In der **ClassView** des Arbeitsbereichs wird mit der rechten Maustaste auf **ClPoint** geklickt, in dem sich öffnenden Menü wird **M̲ember-Funktion hinzufügen...** gewählt. Das "Developer studio" meldet sich mit der nebenstehend zu sehenden Fehlerausschrift. Weil die Klasse **ClPoint** bisher nur **inline**-Funktionen besitzt, die alle in der Klassen-Deklaration in der Datei **point2.h** verzeichnet sind, gibt es tatsächlich keine zugehörige **.cpp**-Datei. Dies wird nach-

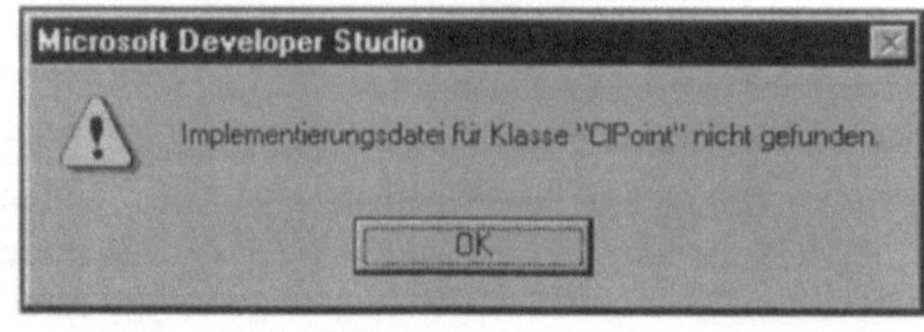

geholt: **D̲atei | N̲eu | Dateien**, in der Liste **C⁺⁺-Quellcodedatei** auswählen und im Feld **Datein̲ame** genau den vermißten Namen **point2** eintragen (**.cpp** wird automatisch ergänzt), Box "Neu" mit **OK** schließen. Ein neuer Versuch, in der **ClassView** des Arbeitsbereichs mit der rechten Maustaste auf **ClPoint** zu klicken und im sich öffnenden Menü **M̲ember-Funktion hinzufügen...** zu wählen, gelingt. In der Box wird **void** als **Funktionstyp:** eingetragen, und die **Funktionsd̲eklaration** lautet auch hier: **virtual Serialize (CArchive &ar)**. Mit dem **Zugriffsstatus P̲ublic** wird **OK** gewählt. Man gelangt zu dem vom Klassen-Assistenten angelegten Gerüst der Funktion über das Anklicken des **+**-Zeichens vor **ClPoint** in der **ClassView** und Doppelklick auf **Serialize**. Das Funktionsgerüst wird um die nachstehend fett gedruckten Zeilen ergänzt:

```
#include "StdAfx.h"
#include "point2.h"
void ClPoint::Serialize (CArchive &ar)
{
    CObject::Serialize (ar) ;
    if (ar.IsStoring ())
    {
        ar << m_x << m_y ;
    }
    else
    {
        ar >> m_x >> m_y ;
    }
}
IMPLEMENT_SERIAL (ClPoint , CObject , 1)
```

Damit sind nun alle Klassen mit der "Serialization"-Fähigkeit ausgestattet, eigentlich müßte das Projekt aktualisiert werden können:

▶ Mit der Funktionstaste **F7** wird das Compilieren aller geänderten Dateien gestartet, und der Compiler meldet sich mit der merkwürdigen Fehlermeldung: **'ClPoint' : 'Operator ='** **ist nicht verfuegbar.**

Daß die Ausschrift beim Compilieren des Konstruktors der bisher im Projekt Fmom noch nicht genutzten Klasse **ClPolygon** generiert wird, ist nebensächlich (dort allerdings wird tatsächlich der Zuweisungsoperator für **ClPoint**-Objekte verwendet). Der Operator müßte verfügbar sein, weil er bei Bedarf für eine Klasse vom Compiler spendiert wird. Die Ursache liegt in der Basisklasse **CObject**, aus der **ClPoint** nun abgeleitet wird: Zu **CObject** gehört eine Member-Funktion **CObject::operator=**, die dort **private** (!) deklariert ist. So wird garantiert, daß abgeleitete Klassen den Zuweisungsoperator nicht verwenden können, ohne ihn selbst zu überladen (eine Vorsichtsmaßnahme, über die ein Programmierer immer nachdenken sollte, wenn er eine Basisklasse deklariert, die Member-Variablen vererbt). Dem Compiler wird also diese angemahnte Funktion nachgereicht:

▶ In der **ClassView** des Arbeitsbereichs wird mit der rechten Maustaste auf **ClPoint** geklickt, in dem sich öffnenden Menü wird **Member-Funktion hinzufügen...** gewählt. In der Box "Member-Funktion hinzufügen" wird **ClPoint&** als **Funktionstyp:** eingetragen, in das Feld **Funktionsdeklaration:** schreibt man: **operator= (const ClPoint &rs)**. Der **Zugriffsstatus** sollte **Public** sein. Nach Drücken von **OK** gelangt man zu dem vom Klassen-Assistenten angelegten Gerüst der Funktion über das Anklicken des +-Zeichens vor **ClPoint** in der **ClassView** und Doppelklick auf **operator=**. Das Funktionsgerüst wird um die nachstehend fett gedruckten Zeilen ergänzt (vgl. Abschnitt 3.4.2):

```
ClPoint& ClPoint::operator =(const ClPoint & rs)
{
    if (&rs == this) return *this ;
    m_x = rs.m_x ;
    m_y = rs.m_y ;
    return *this ;
}
```

Das war es. Nun ist gesichert, daß alle Daten des Dokuments erfaßt werden. Der eventuell entstandene Eindruck, daß dies relativ kompliziert war, trügt. Es ist im Gegenteil ein sehr formaler Prozeß, den man allerdings jeweils bei der Deklaration und Implementierung einer Klasse gleich miterledigen sollte, auch deshalb, weil es gerade in der Testphase eines Programms sehr nützlich ist, wenn man die Daten der Test-Beispiele in Dateien speichern kann. Und man sollte auch deshalb nicht darauf verzichten, weil alles, was kompliziert und aufwendig bei der Programmierung wäre, als Geschenk beigesteuert wird.

▶ Nach dem Aktualisieren des Projekts startet man das Programm und gibt z. B. die Fläche ein, die am Ende des Abschnitts 5.2.3 skizziert ist. Danach wird **Datei | Speichern unter** gewählt, und es erscheint die bekannte Windows-Dialog-Box für das Arbeiten mit Dateien (nebenstehende Abbildung). Nach dem Speichern sollte man das Programm beenden und neu starten. Über **Datei | Öffnen** kann man das komplette Berechnungsmodell wieder herstellen.

Beim Speichern wird der Datei automatisch die Extension **.fmo** angehängt, die bereits beim Erzeugen des Projekt im Abschnitt 8.3.2 festgelegt wurde.

Der erreichte Stand des Projekts ist die Version **Fmom6**.

8.9   Eine zweite Ansicht für das Dokument, "Splitter-Windows"

Für das Projekt **Fmom** ist eine graphische Darstellung der eingegebenen Flächen sicher eine besonders aussagekräftige "Ansicht der Daten des Dokuments". Im folgenden Abschnitt werden die Vorbereitungen für die Darstellung in 2 Ansichten ("Views") getroffen, eine Ansicht wird die bereits existierende Ausgabe der Ergebnisse sein, die andere Ansicht wird die im Abschnitt 8.10.2 zu realisierende graphische Darstellung werden. Das bisher für die Ausgabe der Ergebnisse verwendete "Dokument-Fenster" wird dafür zu einem sogenannten "Splitter-Window" umfunktioniert.

Ein "Splitter-Window"

füllt die Zeichenfläche ("Client area") eines Rahmenfensters ("Frame window"), die durch Teilungs-Balken ("Splitter bars") in mehrere "Fensterscheiben" ("Panes") unterteilt wird. Jede "Fensterscheibe" kann die Daten des Dokuments in einer anderen Ansicht ("View") darstellen.

♦   **Dynamische "Splitter-Windows"** gestatten dem Programm-Benutzer das "Splitten" (auch "Unsplit" ist möglich) und das Verschieben der "Split bars", die Ansichten in den "Panes" sind jedoch alle von der gleichen Klasse (so kann man z. B. bei großen Text-Dokumenten verschiedene Bereiche des Textes in verschiedenen "Panes" gleichzeitig sichtbar halten).

♦   **Statische "Splitter-Windows"** erhalten ihre Aufteilung durch den Programmierer. Der Benutzer kann die Aufteilung nicht ändern, also auch keine weitere Teilung vornehmen, allerdings können die "Splitter bars" verschoben werden. In den "Panes" von statischen "Splitter-Windows" können Ansichten unterschiedlicher Klassen dargestellt werden.

8.9.1 "Splitter-Windows" erzeugen

Für das Projekt **Fmom** bietet sich das Anlegen eines statischen "Splitter-Windows" mit 2 "Panes" an. Zur Demonstration (weil es so einfach ist) wird zunächst ein dynamisches "Splitter-Window" erzeugt, so daß man beide Varianten zu sehen bekommt.

Zum besseren Verständnis der auszuführenden Schritte sollen einige Bemerkungen über die bisher im Projekt **Fmom** erzeugten Fenster und über die in den Fenstern dargestellten Ansichten vorangestellt werden: Es existiert ein Hauptrahmenfenster des Programms, und für jedes erzeugte Dokument ein eigenes "Child window", das im Programm durch eine Instanz der Klasse **CChildFrame** (abgeleitet von **CMDIChildWnd**) repräsentiert wird. Die Member-Funktionen dieser Klasse sind für alle Operationen zuständig, die mit dem "Rahmen des Fensters" zusammenhängen, während die Zeichenfläche ("Client area") von einer Instanz einer Ansichtsklasse (in **Fmom** ist dies bisher nur die aus **CView** abgeleitete Klasse **CFmomView**) bearbeitet wird.

In die Klasse **CChildFrame** wird ein Objekt der Klasse **CSplitterWnd** eingebettet, von dem das "Splitter-Window" verwaltet wird, das die "Client area" des durch die **CChildFrame-**

Instanz repräsentierten Dokument-Rahmenfensters füllt. Die "Panes" des "Splitter-Windows" sind schließlich die Zeichenflächen ("Client areas"), für die jeweils eine Ansicht ("View") definiert wird. Jede Ansicht wird durch eine Instanz einer Ansichtsklasse repräsentiert (bisher gibt es in **Fmom** nur **CFmomView**, am Ende des Abschnitts 8.9.2 wird noch **CDrawView** hinzugekommen sein).

Das klingt sicher etwas kompliziert, ist es wohl auch, wird aber durch den Klassen-Assistenten kräftig unterstützt, so daß schließlich nur noch zwei Schritte erledigt werden müssen:

▶ In der **ClassView** des Arbeitsbereichs wird mit der rechten Maustaste auf **CChildFrame** geklickt, in dem sich öffnenden Menü wird **Member-Variable hinzufügen...** gewählt. In der Dialog-Box wird **CSplitterWnd** als **Variablentyp:** eingetragen, im Feld **Variablendeklaration:** z. B.: **m_splitter_wnd**. Nach Wahl von **Protected** als **Zugriffsstatus** wird die Box mit **OK** geschlossen.

Damit ist in der Klasse **CChildFrame** ein "Splitter-Window" angesiedelt, das nun kreiert werden kann. Dafür bietet sich die von **CFrameWnd** (via **CMDIChildWnd**) geerbte Funktion **OnCreateClient** an, die bei jeder **Create**-Aktion aufgerufen wird. Sie wird in **CChildFrame** überschrieben:

▶ Über **Ansicht | Klassen-Assistent...** landet man in der Dialog-Box "MFC-Klassen-Assistent", in der Registerkarte **Nachrichtenzuordnungstabellen** wird im Kombinationsfeld **Klassenname:** die Klasse **CChildFrame** ausgewählt. Danach sollte **CChildFrame** auch in der Liste **Objekt-IDs:** ausgewählt sein. In der Liste **Nachrichten:** wählt man **OnCreateClient**, dann wird der Button **Funktion hinzufügen** angeklickt und danach der Button **Code bearbeiten**. In der Member-Funktion **CChildFrame::OnCreateClient** wird der vom Klassen-Assistenten vorgesehene Aufruf der Basisklassen-Funktion durch die nachfolgend fett gedruckten Zeilen ersetzt:

```
BOOL CChildFrame::OnCreateClient(LPCREATESTRUCT lpcs,
                                 CCreateContext* pContext)
{
    return m_splitter_wnd.Create (this , 2 , 2 ,
                             CSize (5 , 5) , pContext) ;
}
```

Die beiden Pointer, die an **CChildFrame::OnCreateClient** übergeben werden, zeigen auf die **CREATESTRUCT**-Struktur, mit der das Fenster gerade erzeugt wird (hier nicht benötigt), und eine Struktur mit wichtigen Informationen (z. B.: Pointer auf das zugehörige Dokument), die an **CSplitterWnd::Create** "durchgereicht" wird. **Create** erzeugt mit diesem Aufruf ein dynamisches "Splitter-Window" für "dieses" Fenster (**this**-Pointer), mit maximal 2 "Panes" übereinander und 2 "Panes" nebeneinander, die "Panes" sollen eine Minimalgröße von jeweils 5 Pixeln horizontal bzw. vertikal haben.

Für **Fmom** ist dies nicht so vorgesehen, wird auch noch geändert auf das Erzeugen eines statischen "Splitter-Windows", aber es ist eine ganz gute Idee, sich zunächst einmal anzusehen, wie diese Variante aussieht:

▶ Das Projekt **Fmom** wird aktualisiert (**F7**). Nach dem Start des Programms muß man schon ganz genau hinsehen, um die Neuerung zu erkennen: Beide Bildlaufleisten enthalten (über dem "Pfeil nach oben" bzw. neben dem "Pfeil nach links") jeweils ein kleines Rechteck, das das Vorhandensein eines "Splitter bars" signalisiert. Wenn man diese

Rechtecke verschiebt, "splittet" sich das Fenster in maximal 4 "Panes" (nebenstehende Abbildung).

In allen 4 "Panes" wird die gleiche Ansicht dargestellt. Das ist für das Fmom-Projekt natürlich nicht sinnvoll.

Das Projekt Fmom soll mit einem statischen "Splitter-Window" ausgestattet werden. Dafür ist an die Stelle der **CSplitterWnd**-Funktion **Create** die Funktion **CreateStatic** zu

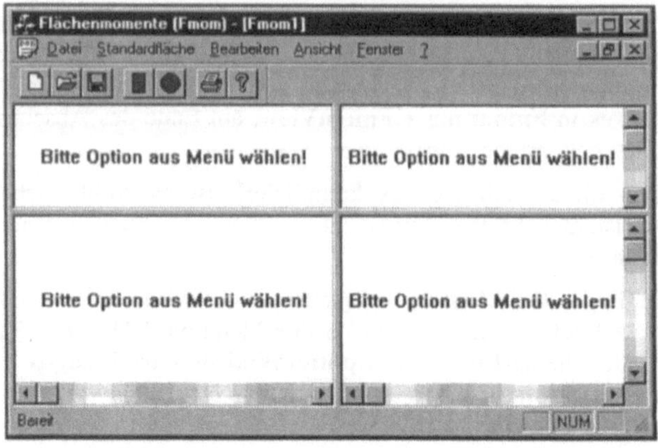

setzen. Dies verpflichtet dazu, die "Panes" sofort mit "Views" auszustatten, indem man ihnen Ansichtsklassen zuordnet. Die nachfolgend beschriebenen Änderungen werden im Anschluß noch kommentiert:

▶ In der **ClassView** des Arbeitsbereichs wird auf das **+**-Zeichen vor **CChildFrame** geklickt, nach Doppelklick auf **OnCreateClient** landet man wieder in der Datei **ChildFrm.cpp**, in der der "Message-Handler" folgendermaßen geändert wird:

```
BOOL CChildFrame::OnCreateClient(LPCREATESTRUCT lpcs,
                                 CCreateContext* pContext)
{
    if (!m_splitter_wnd.CreateStatic (this , 1 , 2)) return FALSE ;
    TEXTMETRIC tm ;
    CClientDC  dc (this) ;
    dc.GetTextMetrics (&tm) ;
    int width = tm.tmAveCharWidth ;
    return (m_splitter_wnd.CreateView
                          (0 , 0 , RUNTIME_CLASS (CFmomView) ,
                           CSize (width * 60 , 0) , pContext)
        && m_splitter_wnd.CreateView
                          (0 , 1 , RUNTIME_CLASS (CFmomView) ,
                           CSize (0 , 0) , pContext)) ;
}
```

Das Erzeugen eines statischen "Splitter-Windows" mit **CSplitterWnd::CreateStatic** ist besonders einfach (hier wird nur die minimale Argument-Anzahl verwendet): Das erste Argument ist der Pointer auf das zugehörige "Parent window" (hier: **CChildFrame**, repräsentiert durch den **this**-Pointer). Die beiden folgenden Argumente geben die Anzahl der "Panes" in vertikaler bzw. horizontaler Richtung an, hier also "2 Fensterscheiben nebeneinander".

Mit **CSplitterWnd::CreateView** werden den "Panes" Ansichten ("Views") zugeordnet. Die beiden ersten Argumente geben die (mit 0 beginnende) Zeilen- bzw. Spaltennummer des "Panes" an, hier also **0,0** für die linke und **0,1** für die rechte "Fensterscheibe". Das **RUNTIME_CLASS**-Makro liefert einen Pointer auf eine **CRuntimeClass**-Struktur der Klasse, die in den nachfolgenden Klammern angegeben ist, hier also wird die Ansichtsklasse eingetragen, die in dem "Pane" dargestellt werden soll. Weil bisher nur eine Ansichtsklasse **CFmomView** existiert, wurde diese in beiden **CreateView**-Aufrufen eingetragen.

Das **CSize**-Objekt, das als viertes Argument übergeben werden muß, enthält die Breite und die Höhe des "Panes" beim Erzeugen (Größe des "Panes" kann danach sofort vom Programm-Benutzer durch Verschieben des "Splitter bars" geändert werden). Nur für die Breite des linken "Panes" wird ein sinnvoller Wert vorher berechnet. Weil dieses nach wie vor für die Ergebnisausgabe vorgesehen ist, wird die 60-fache mittlere Zeichenbreite des "Current font" eingestellt, weil die in **CFmomView::OnDraw** programmierte Ausgabe (vgl. Abschnitt 8.6.2) einschließlich angemessener Ränder auf beiden Seiten damit auskommt. Im Gegensatz zu **CFmomView::OnDraw** (bekommt einen Pointer auf einen "Device context" geliefert) muß **CChildFrame::OnCreateClient** erst einen "Device context" für das Fenster (**this**-Pointer als Argument für den **CClientDC**-Konstruktor) anfordern, bevor die Funktion **CDC::GetTextMetrics** aufgerufen werden kann (der "Device context" wird automatisch freigegeben, wenn das **CClientDC**-Objekt beim Verlassen von **OnCreateClient** "stirbt").

Für die Höhe der "Panes" wird **0** vorgegeben, weil bei nur einer "Zeile" ohnehin die gesamte Höhe der "Client area" genommen wird. Die **0** für die Breite des rechten "Panes" hat einen ähnlichen Grund: Bei nur zwei "Panes" wird dem zweiten der verbleibende Platz zugewiesen.

Der Pointer auf die Struktur **CCreateContext** wird an die Funktion **CSplitterWnd::CreateView** einfach nur "durchgereicht".

Weil für den Aufruf der Funktion **CSplitterWnd::OnCreateClient** die Klasse **CFmomView** verwendet wird, muß deren Deklaration bekannt sein (da diese Deklarationen einen Pointer auf ein Objekt der Klasse **CFmomDoc** enthält, muß auch deren Deklaration bekanntgemacht werden). Dafür werden die entsprechenden Header-Dateien in die Datei **ChildFrm.cpp** eingebunden:

▶ In der **FileView** des Arbeitsbereichs wird durch Doppelklick auf **ChildFrm.cpp** diese Datei geöffnet. Zu den **#include**-Anweisungen am Anfang der Datei werden die beiden folgenden fett gedruckten Zeilen hinzugefügt:

```
// ChildFrm.cpp : Implementierung der Klasse CChildFrame

#include "stdafx.h"
#include "Fmom.h"
#include "FmomDoc.h"
#include "FmomView.h"
#include "ChildFrm.h"
```

▶ Das Projekt **Fmom** wird aktualisiert. Nach dem Programm-Start sieht man die beiden "Panes", beide enthalten dieselbe "View" (Abbildung unten).

Dies ist natürlich nicht das Ziel der Aktion. Vorbereitend für das Erstellen einer sinnvollen zweiten Ansicht wird im folgenden Abschnitt eine weitere Ansichtsklasse erzeugt, die dann dem rechten "Pane" zugeordnet wird. Im Abschnitt 8.10 wird dann über diese Ansicht das Zeichnen der Flächen organisiert.

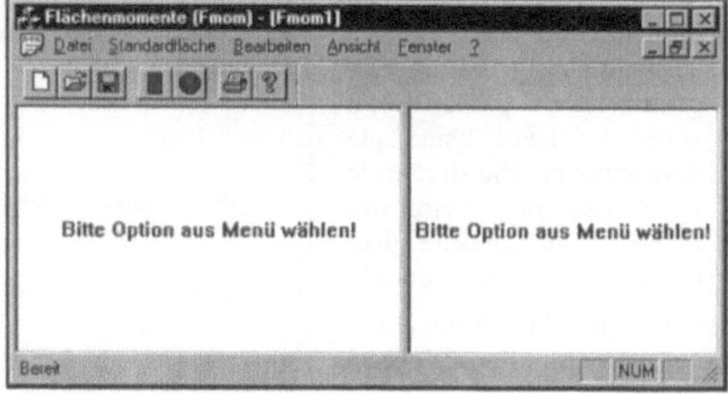

8.9.2 Vorbereiten einer zweiten Ansicht

Für die zweite Ansicht, die dem rechten "Pane" des "Splitter-Windows" zugeordnet werden soll, wird eine neue Ansichtsklasse **CDrawView** kreiert:

▶ Über **Ansicht | Klassen-Assistent...** wird die Dialog-Box "MFC-Klassen-Assistent" geöffnet, dort wird **Klasse hinzufügen... | Neu...** gewählt, es erscheint die "Neue Klasse"-Dialog-Box. Im Feld **Name:** wird **CDrawView** eingetragen, als **Basisklasse:** wird **CView** gewählt, der vorgeschlagene Name für die Datei wird akzeptiert. Nach Wahl von **OK** erzeugt der Klassen-Assistent die Dateien **DrawView.cpp** und **DrawView.h**. In der Dialog-Box "MFC-Klassen-Assistent" kann man in der Registerkarte **Nachrichten-zuordnungstabellen** im Fenster **Nachrichten:** z. B. **OnDraw** auswählen, und weil ein Gerüst dieser Funktion bereits vom Klassen-Assistenten erzeugt wurde, kann man **Code bearbeiten** anklicken. Man landet in der Datei **DrawView.cpp** und stellt fest, daß diese sehr der vom Anwendungs-Assistenten angelegten Datei **FmomView.cpp** ähnelt.

Die Klasse **CDrawView** wird nun mit dem rechten "Pane" des "Splitter-Windows" verknüpft:

▶ In der **FileView** des Arbeitsbereichs wird durch Doppelklick auf **ChildFrm.cpp** diese Datei geöffnet. Darin muß die neue Header-Datei **DrawView.h** eingebunden werden, und in der Funktion **CChildFrame::OnCreateClient** muß dem rechten "Pane" die neue Ansichtsklasse zugeordent werden. Die Änderungen sind in dem nachfolgenden Ausschnitt aus der Datei fett gedruckt:

```
// ChildFrm.cpp : Implementierung der Klasse CChildFrame
// ...

#include "FmomView.h"
#include "DrawView.h"
// ...

BOOL CChildFrame::OnCreateClient(LPCREATESTRUCT lpcs,
                            CCreateContext* pContext)
{        // ...
        && m_splitter_wnd.CreateView
                (0 , 1 , RUNTIME_CLASS (CDrawView) ,
                CSize (0 , 0 ) , pContext)) ;
}
```

▶ Das Projekt Fmom wird aktualisiert. Nach dem Programm-Start sieht man die beiden "Panes", wie sie sich zukünftig beim Programmstart präsentieren sollen, im linken "Pane" die Aufforderung, die durch die Ergebnisse ersetzt wird, das rechte "Pane" zunächst leer (nebenstehende Abbildung).

Der nun erreichte Zustand des Projekts ist die Version **Fmom7**.

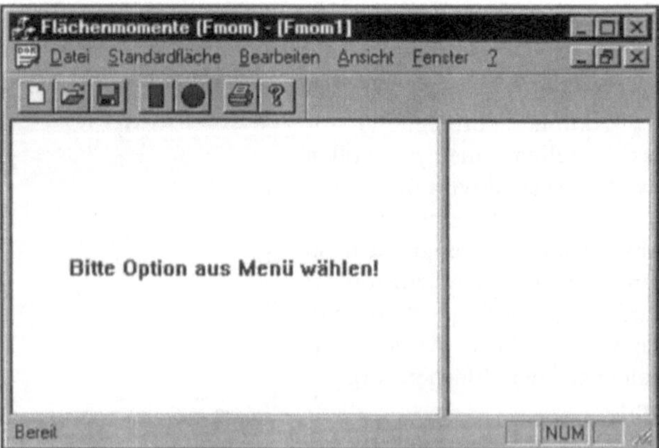

8.10 Graphische Darstellung der Flächen

Für die graphische Darstellung der Flächen sind wesentliche Vorbereitungen bereits getroffen worden:

♦ Ein "Pane" in einem "Splitter-Window" wurde für die Graphik reserviert und mit der Ansichtsklasse **CDrawView** verbunden, die als Gerüst bereits existiert (Abschnitt 8.9).

♦ In der Dokumentklasse wurde in den Member-Funktionen, die die Eingabe-Dialoge ausführen lassen, jeweils nach Änderungen des Berechnungsmodells der Aufruf der Funktion **CDocument::UpdateAllViews** vorgesehen, der zum Aufruf der Member-Funktionen **OnDraw** in den Ansichtsklassen **CFmomView** und **CDrawView** führt.

♦ Die Klasse **ClArea**, die "polymorphe Klammer" aller Klassen, die die Flächen beschreiben, wurde bereits im Abschnitt 7.5.2 von der abstrakten Klasse **ClGraphObj** abgeleitet, die die rein virtuelle Funktion **draw_it** enthält, so daß alle (nicht-abstrakten) abgeleiteten Klassen die Fähigkeit zum Zeichnen zwangsläufig enthalten müssen. Das Zeichnen wird mit der Klasse **ClGI** realisiert, die im Abschnitt 7.5.1 vorgestellt wurde.

Als Muster für die Realisierung der Zeichenaktionen kann das Programm **sp8draw.cpp** (Abschnitt 7.5.2) dienen, das dafür die beiden Member-Funktionen **get_min_max** und **draw_areas** aus der Klasse **ClCompArea** verwendet. Hier wird folgende Strategie verfolgt: Die Zeichenaktion wird ausgelöst in **CDrawView::OnDraw**, realisiert wird sie von den Funktionen **get_min_max** und **draw_areas**, die in **CFmomDoc** angesiedelt werden (sie weichen wegen der Verwaltung der Flächen mit der Klasse **CObList** leicht von ihren Vorbildern in der Klasse **ClCompArea** ab).

8.10.1 Auslösen der Zeichenaktionen in CDrawView::OnDraw

▣ In der **ClassView** des Arbeitsbereichs wird auf das +-Zeichen vor **CDrawView** geklickt, und nach Doppelklick auf **OnDraw** landet man im Gerüst dieser Funktion, das vom Klassen-Assistenten angelegt wurde. Dort wird die bereits angelegte Programmzeile modifiziert und der "ZU ERLEDIGEN"-Kommentar folgendermaßen ersetzt:

```
// Zeichnung CDrawView
void CDrawView::OnDraw(CDC* pDC)
{
    CFmomDoc* pDoc = (CFmomDoc*) GetDocument();
    ClGI  gi (this , pDC) ;
    double           xmin , ymin , xmax , ymax  ;
    pDoc->get_min_max (xmin , ymin , xmax , ymax) ;
    gi.u_set_coords_i (xmin , ymin , xmax , ymax , 10.) ;
    pDoc->draw_areas  (gi) ;
}
```

♦ Weil **CView::GetDocument** einen Pointer vom Typ **CDocument*** abliefert, muß dieser auf den Typ der abgeleiteten Klasse **CFmomDoc*** explizit "ge-castet" werden.

♦ Nach dem Konstruieren eines **ClGI**-Objekts für die Unterstützung der Zeichenaktionen (vgl. Abschnitt 7.5.1) wird von **CFmomDoc::get_min_max** der Platzbedarf für die Zeichnung ermittelt (diese Funktion wird im folgenden Abschnitt 8.10.2 erzeugt). Mit

ClGI::u_set_coords_i werden "User coordinates" für die Zeichenfläche eingestellt (10% Rand). **CFmomDoc::draw_areas** zeichnet die Flächen (ebenfalls Abschnitt 8.10.2).

Es wird ein Objekt der Klasse **ClGI** erzeugt, deshalb muß die Deklaration dieser Klasse in **DrawView.cpp** bekannt sein. Weil allerdings (nachfolgender Abschnitt) die Deklaration sogar bereits in der Header-Datei **FmomDoc.h** benötigt wird, kann die Include-Anweisung gleich dort angesiedelt werden, auch **DrawView.cpp** muß **FmomDoc.h** einbinden:

▶ Am Anfang der Datei **DrawView.cpp** wird folgende Zeile ergänzt:

```
#include "FmomDoc.h"
```

In der **FileView** des Arbeitsbereichs wird durch Doppelklick auf **FmomDoc.h** die Header-Datei geöffnet. Am Anfang der Datei wird folgende Zeile hinzugefügt:

```
#include "clgi2.h"
```

8.10.2   Realisieren der Zeichenaktionen mit CFmomDoc-Funktionen

Die beiden von **CDrawView::OnDraw** aufgerufenen Funktionen **CFmomDoc::get_min_max** und **CFmomDoc::draw_areas** werden geschrieben:

▶ In der **ClassView** des Arbeitsbereichs wird mit der rechten Maustaste auf **CFmomDoc** geklickt, im sich öffnenden Menü wird **Member-Funktion hinzufügen...** gewählt. In der Dialog-Box "Member-Funktion hinzufügen" wird **int** als **Funktionstyp:** eingetragen, in das Feld **Funktionsdeklaration:** schreibt man:

get_min_max (double &xmin, double &ymin, double &xmax, double &ymax)

Als **Zugriffsstatus** wird **Public** gewählt, mit **OK** wird die Box geschlossen. Nach Doppelklick auf **get_min_max** unter **CFmomDoc** im Arbeitsbereich landet man im Gerüst der gerade hinzugefügten Funktion, das wie folgt ergänzt wird:

```cpp
int CFmomDoc::get_min_max(double & xmin, double & ymin,
                          double & xmax, double & ymax)
{
    double   xmn , ymn , xmx , ymx ;
    int      first = 1 ;
    if (m_area_list.IsEmpty ()) return 0 ;
    for (POSITION pos_p = m_area_list.GetHeadPosition () ; pos_p ; )
    {
        ClArea *area_p = (ClArea*) m_area_list.GetNext (pos_p) ;
        if (first)
        {
            area_p->get_area_min_max (xmin , ymin , xmax , ymax) ;
            first = 0 ;
        }
        else
        {
            area_p->get_area_min_max (xmn , ymn , xmx , ymx) ;
            if (xmn < xmin) xmin = xmn ;
            if (ymn < ymin) ymin = ymn ;
            if (xmx > xmax) xmax = xmx ;
            if (ymx > ymax) ymax = ymx ;
        }
    }
    return 1 ;
}
```

Für die in **CObList** verzeichneten Pointer auf Teilflächen wird die in der Basisklasse rein virtuell deklarierte Funktion **get_area_min_max** aufgerufen, abgearbeitet wird jeweils die Funktion der abgeleiteten Klasse. Auch die Zeichenaktion wird nach der gleichen Strategie realisiert:

▶ In der **ClassView** des Arbeitsbereichs wird mit der rechten Maustaste auf **CFmomDoc** geklickt, im sich öffnenden Menü wird **Member-Funktion hinzufügen...** gewählt. In der Dialog-Box "Member-Funktion hinzufügen" wird **void** als **Funktionstyp:** eingetragen, in das Feld **Funktionsdeklaration:** schreibt man:

draw_areas (ClGI &gi)

Als **Zugriffsstatus** wird **Public** gewählt, mit **OK** wird die Box geschlossen. Nach Doppelklick auf **draw_areas** unter **CFmomDoc** im Arbeitsbereich landet man im Gerüst der gerade hinzugefügten Funktion, das wie folgt ergänzt wird:

```
void CFmomDoc::draw_areas(ClGI & gi)
{
    for (POSITION pos_p = m_area_list.GetHeadPosition () ; pos_p ; )
    {
        ClArea *area_p = (ClArea*) m_area_list.GetNext (pos_p) ;
        area_p->draw_obj (gi) ;
    }
}
```

Auch in der Funktion **CFmomDoc::draw_areas** landen die Funktionsaufrufe mit **ClArea**-Pointern in den abgeleiteten Klassen (**ClRectangle** bzw. **ClCircle**), in denen die Funktionen **draw_it** definiert sind, die von **draw_obj** aufgerufen werden.

Weil die Header-Datei **clgi2.h**, in der die **ClGI**-Deklaration steht, bereits im vorigen Abschnitt in **CFmomDoc.h** eingebunden wurde, sind alle erforderlichen Informationen bekannt.

▶ Das Projekt wird aktualisiert (Funktionstaste **F7**). Nach dem Starten wird z. B. die Fläche eingegeben, die bereits im Abschnitt 8.6.2 berechnet wurde. Nach jeder Teilflächen-Eingabe werden nicht nur die Zwischenergebnisse im linken "Pane" angezeigt, man sieht zusätzlich im rechten "Pane" die andere "Ansicht des Dokuments", die graphische Darstellung (Abbildung unten).

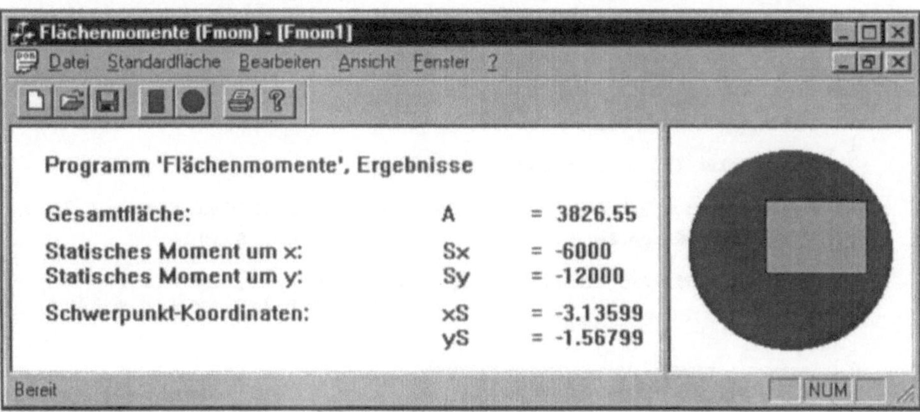

8.10.3   Ein "Marker" für den Schwerpunkt, Durchmesser: 0,1 "Logical inches"

Auch das Ergebnis der Berechnung (die Lage des Schwerpunkts der Gesamtfläche), das in der "Ansicht im linken Pane" durch Zahlenwerte repräsentiert wird, soll in der "Ansicht im rechten Pane" sichtbar gemacht werden. Dafür bietet sich ein "Marker" an, der bei beliebiger Abmessung des Fensters stets die gleiche Größe haben soll.

Dabei ergibt sich folgendes Problem: Für das Zeichnen mit vorzugebenden Abmessungen bietet das GDI zwar vier Koordinatensysteme an (mit den Einheiten **mm** bzw. **Inches**, vgl. Abschnitt 7.5), da aber die Flächen nicht mit solchen Koordinaten gezeichnet werden können, muß in jedem Fall umgerechnet werden, um feste Abmessungen mit den verwendeten "User coordinates" kompatibel zu machen. Von den mehreren Möglichkeiten der Realisierung wird nachfolgend eine Variante beschrieben, mit der eine auch sonst sehr nützliche **CDC**-Funktion vorgestellt werden kann.

Zunächst wird in der Funktion **CDrawView::OnDraw** der Aufruf einer Funktion zum Zeichnen des Schwerpunkt-"Markers" ergänzt, die (wie bereits **CFmomDoc::draw_areas**) in der Dokumentklasse angesiedelt werden soll:

▣ In der **ClassView** des Arbeitsbereichs wird auf das **+**-Zeichen vor **CDrawView** geklickt, nach Doppelklick auf **OnDraw** erscheint die Funktion im Editor, die um die nachfolgend fett gedruckte Zeile ergänzt wird:

```
        void CDrawView::OnDraw(CDC* pDC)
        {
            // ... wie im Abschnitt 8.10.1

            pDoc->draw_areas      (gi) ;
            pDoc->draw_centroid (gi) ;
        }
```

▣ In der **ClassView** des Arbeitsbereichs wird mit der rechten Maustaste auf **CFmomDoc** geklickt, im sich öffnenden Menü wird **Member-Funktion hinzufügen...** gewählt. In der Dialog-Box "Member-Funktion hinzufügen" wird **void** als **Funktionstyp** eingetragen, in das Feld **Funktionsdeklaration:** schreibt man: **draw_centroid (ClGI &gi)**.

Als **Zugriffsstatus** wird **Public** gewählt, mit **OK** wird die Box geschlossen. Nach Doppelklick auf **draw_centroid** unter **CFmomDoc** im Arbeitsbereich landet man im Gerüst der gerade hinzugefügten Funktion, das wie folgt ergänzt wird:

```
void CFmomDoc::draw_centroid(ClGI & gi)
{
    double a  , sx , sy ;
    int    ix , iy ;
    if (get_a_sx_sy (a , sx , sy))
    {
        if (fabs (a) > 1.e-20)
        {
            int r = gi.get_cdc()->GetDeviceCaps (LOGPIXELSX) / 20 ;
            if (gi.xyu2w (sy / a , sx / a , &ix , &iy))
            {
                gi.get_cdc()->Ellipse (ix - r      , iy - r ,
                                       ix + r + 1 , iy + r + 1) ;
            }
        }
    }
}
```

♦ Die Funktion **CDC::GetDeviceCaps** gibt Auskunft über das Ausgabegerät, das dem "Device context" zugeordnet ist. Wegen der großen Vielfalt an Informationen, die abgefragt werden können, wird bei einem **GetDeviceCaps**-Aufruf immer nur genau eine Information (als Return-Wert) abgeliefert. Es wird ein Argument übergeben, das die Art der gewünschten Information festlegt (mögliche Argumentwerte siehe Online-Hilfe).

Während z. B. die Breite und die Höhe der verfügbaren Ausgabefläche (überraschenderweise) in **mm** geliefert werden, gilt für die in **CFmomDoc::draw_centroid** erfragte Information **LOGPIXELSX** die etwas exotisch klingende Dimension **Bildpunkte / "Logical inch"**. Für Drucker ist ein "Logical inch" gleich einem "Inch" (25,4 mm), bei einem HP-LaserJet 4 wird z. B. der Wert 600 abgeliefert (600 dpi, "Dots per inch"). Weil kleine Schriften, die bei der Druckerausgabe durchaus gut lesbar sind, bei den wesentlich grober gerasterten Bildschirmen unleserlich wären, baut Windows hier eine "automatische Vergrößerung" ein, indem ein "Logical inch" für den Bildschirm etwas größer ausfällt. Für eine 640×480-VGA-Graphikkarte wird z. B. der Wert 96 abgeliefert. In jedem Fall aber ist damit für das Ausgabegerät die Anzahl der Bildpunkte für eine feste (beim Bildschirm etwas komische) Längeneinheit gegeben.

♦ Der für den Aufruf der Funktion **CDC::GetDeviceCaps** erforderliche Pointer auf den "Device context" wird mit **ClGI::get_cdc** erfragt (vgl. Abschnitt 7.5.1).

♦ Der "Marker" wird mit der Funktion **CDC::Ellipse** gezeichnet, die das umschließende Rechteck in Geräte-Koordinaten interpretiert, weil unverändert die Einstellung **MM_TEXT** (Standard-Koordinatensystem, vgl. Abschnitt 7.5) gilt. Weil die Schwerpunkt-Koordinaten aber als "User coordinates" (**double**-Werte) vorliegen, werden sie vorab mit der Funktion **ClGI::xyu2w** umgerechnet (vgl. Abschnitt 7.5.1).

♦ Etwas merkwürdig mag es erscheinen, daß das umschließende Rechteck für das Zeichnen des kleinen Kreises in der Weise festgelegt wird, daß Punkt 1 vom Mittelpunkt aus **r** Einheiten nach links bzw. oben entfernt ist, während für Punkt 2 der Abstand vom Mittelpunkt **r+1** Einheiten nach rechts bzw. unten beträgt (der Kreis wird dadurch etwas größer als vorgesehen). Die Begründung dafür wird im folgenden Abschnitt gegeben.

▶ Das Projekt wird aktualisiert. Wird nach dem Starten z. B. die Fläche eingegeben, die bereits im Abschnitt 5.2.3 berechnet wurde, erhält man die unten zu sehende Darstellung.

Der damit erreichte Stand des Projekts ist die Version **Fmom8**.

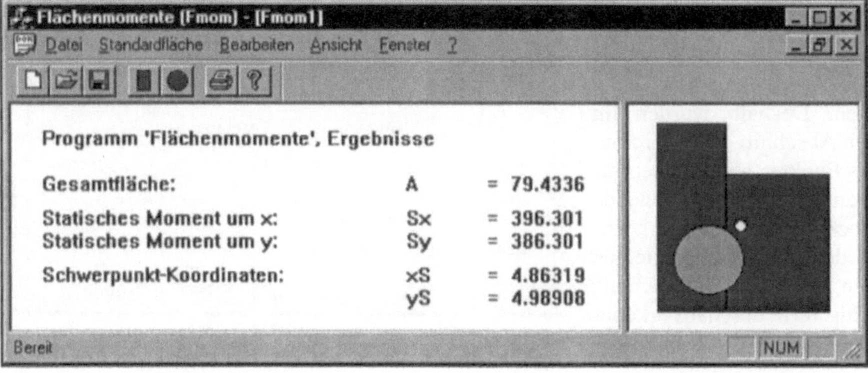

8.10.4 Der (oft vergebliche) Versuch, "pixelgenau" zu zeichnen

Charles Petzold schrieb bereits in seinem 1992 erschienenen Buch "Programming Windows", daß sich "Murphys Gesetze" um eine Variante erweitern ließen: "Egal, wie man eine Figur zeichnet, um ein Pixel liegt man immer daneben." Und Microsofts Windows-GDI tut einiges, um diese Aussage zu unterstützen.

Die nebenstehende Skizze zeigt die Realisierung eines speziellen Aufrufs der **CDC**-Funktion **Rectangle**. Es fällt auf, daß der Punkt links oben exakt die Koordinaten hat, die als Argumente übergeben werden, während die Koordinaten des Punktes rechts unten jeweils um 1 kleiner sind als die Argumente. Der hier am Beispiel des Rechtecks gezeigte Effekt gilt für alle **CDC**-Funktionen, die mit einem "umschließenden

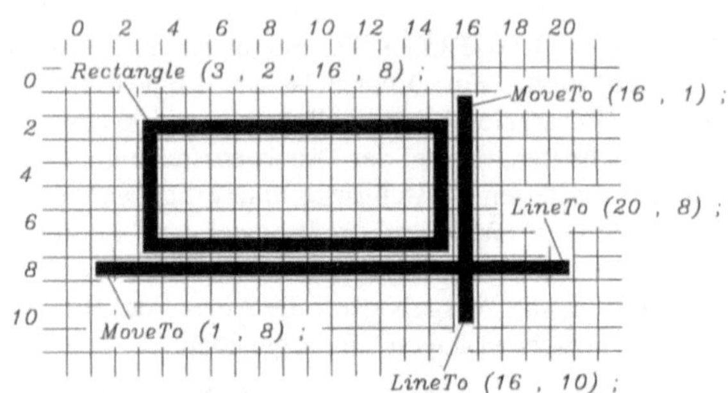

Interpretation der Argumente im Windows-GDI

Rechteck" arbeiten. Petzold empfiehlt die Modell-Vorstellung, daß mit den Koordinaten nicht die Pixel adressiert werden, sondern die imaginären Gitterlinien zwischen den Pixeln. Dann kann man sich alle mit einem "umschließenden Rechteck" arbeitenden Funktionen als "innerhalb des angegebenen Rechtecks zeichnend" vorstellen.

Dieses Gitter-Koordinaten-Modell versagt natürlich für die **CDC**-Funktionen **MoveTo** und **LineTo**, die genau auf die Pixelpositionen zeichnen (wie natürlich die Member-Funktion **Rectangle** auch, doch für diese ist die oben genannte Modell-Vorstellung möglich). Und lästig wird es immer dann, wenn in einer Zeichnung beide Arten von Funktionen verwendet werden. Korrigieren kann der Programmierer diesen Schönheitsfehler nur, wenn er ein Koordinatensystem verwendet, das mit Geräte-Koordinaten arbeitet.

Wenn die Original-Abmessungen (wie im Projekt Fmom) in **double**-Werten vorliegen, so daß eine Umrechnung auf die **int**-Werte der Geräte-Koordinaten unvermeidlich ist, muß zwangsläufig gerundet werden, so daß Abweichungen um "halbe Pixel" unvermeidlich sind, die sich bei einem Kreis oder Rechteck zu einem Pixel addieren. Deshalb wurden im vorigen Abschnitt die Koordinaten des Punktes rechts unten für das den Kreis umschließende Rechteck entsprechend korrigiert, denn bei sehr kleinen Figuren wäre die Abweichung am Bildschirm durchaus erkennbar (nebenstehende Abbildung).

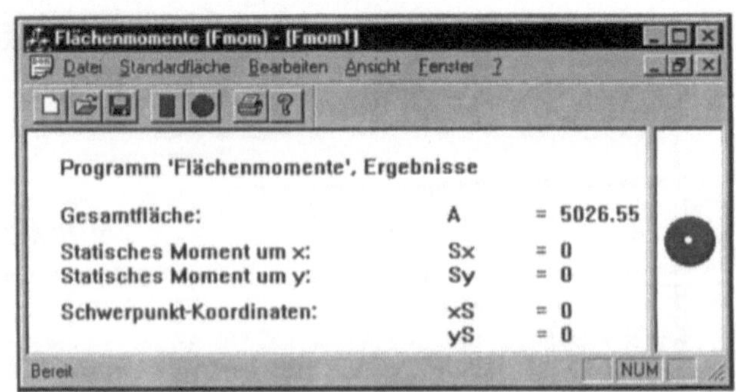

Ohne Korrektur ist die Abweichung durchaus sichtbar

8.11 Listen, Ändern, Löschen

Im diesem Abschnitt sollen Änderungen der Datenstruktur ermöglicht werden. Mit folgenden Varianten werden die Wünsche des Programm-Benutzers wohl weitgehend erfüllt:

◆ Das **Löschen der gesamten Datenstruktur** ist besonders einfach zu realisieren und wurde mit dem Schreiben der Funktion **CFmomDoc::DeleteContents** (Abschnitt 8.4.2) bereits vorbereitet. Es ist sinnvoll, eine Rückfrage an den Programm-Benutzer einzubauen, ob dies wirklich seine Absicht ist.

◆ Da nach jeder Eingabe einer Teilfläche die aktualisierte Datenstruktur graphisch dargestellt wird, erkennt der Programm-Benutzer Eingabefehler in der Regel sofort. Deshalb ist ein **Löschen der letzten Fläche** eine besonders schnelle Korrektur-Möglichkeit und auch relativ einfach realisierbar.

◆ Etwas aufwendiger ist die Realisierung des **gezielten Änderns (einschließlich Löschens) einer bestimmten Teilfläche**. Hierfür muß ein Dialog vorgesehen werden, der alle Teilflächen listet, eine Auswahl ermöglicht, um dann die ausgewählte Teilfläche entweder zum Ändern der Werte anzubieten (dazu können die bereits programmierten Dialoge zur Eingabe der Teilflächen genutzt werden) oder aus der Datenstruktur zu entfernen.

8.11.1 Anpassen des Menüs, "Accelerators"

Zunächst wird das Menü für die eingangs genannten Aufgaben vorbereitet. Dabei wird gleich in dem vom Anwendungs-Assistenten erzeugten Angebot **Bearbeiten** etwas "aufgeräumt" und eine im Abschnitt 8.5.1 bereits vorbereitete Auswahl-Variante endlich realisiert:

▣ In der **ResourceView** des Arbeitsbereichs klickt man auf das +-Zeichen vor **Menu**, nach Doppelklick auf **IDR_FMOMTYPE** sieht man im Menü-Editor den gegenwärtigen Zustand des Menüs. Wenn man durch Klicken auf **Bearbeiten** dieses Popup-Menü aufrollt, stellt man fest, daß die (vom Anwendungs-Assistenten eingerichteten) Angebote im Programm Fmom sicher nicht benötigt werden (die zugehörigen Toolbar-Buttons wurden bereits im Abschnitt 8.7.2 entfernt). Sie werden deshalb überschrieben bzw. gelöscht: **Rückgängig Strg+Z** wird durch Anklicken ausgewählt, und fünfmaliges Drücken der **Del(Entf)**-Taste läßt die nicht benötigten Angebote verschwinden. Doppelklick auf **Bearbeiten** öffnet die Box "Menübefehl Eigenschaften", in der die Eintragung im Feld **Beschriftung:** geändert wird in **&Listen/Ändern**.

▣ Ein Doppelklick auf das leere Kästchen unter dem nun mit **Listen/Ändern** beschrifteten Menüpunkt öffnet eine leere Box "Menübefehl Eigenschaften". Im Feld **Beschriftung:** wird **&Teilflächen listen\tStrg+L** eingetragen, was sofort auch im Popup-Menü sichtbar wird, wo sich außerdem ein neues leeres Kästchen zeigt. In das Feld **Statuszeilentext:** wird der Text **Listen aller eingegebenen Teilflächen und Ausschnitte** geschrieben.

▣ Nach Doppelklick auf das leere Kästchen unter **Teilflächen listen** wird eine entsprechende Aktion ausgeführt mit **Beschriftung: &Letzte löschen\tStrg+Z** und dem **Statuszeilentext: Löscht zuletzt eingegebene(n) Teilfläche/Ausschnitt**, schließlich das Ganze noch einmal für das dritte Angebot im Menü **Listen/Ändern** mit **Beschriftung: &Alle löschen** und dem **Statuszeilentext: Löschen aller eingegebenen Teilflächen/Ausschnitte**.

▶ Wenn man nun für die drei Angebote des Menüs **Listen/Ändern** noch einmal die Dialog-
Boxen "Menübefehl Eigenschaften" öffnet (Doppelklick), sieht man, daß der Menü-Editor
durchaus sinnvolle (durch das Weglassen der Umlaute vielleicht etwas merkwürdige)
Bezeichner für die **ID**'s gewählt hat, die akzeptiert werden sollen.

Für die beiden Menü-Angebote **Listen/Ändern | Teilflächen listen** und **Listen/Ändern |
Letzte löschen** wurden (wie schon im Abschnitt 8.5.1 für die Angebote **Standardfläche |
Rechteck** und **Standardfläche | Kreis**) "Accelerator-Keys" vorgesehen. Diese sollen die
Schnell-Auswahl des entsprechenden Menü-Angebots ermöglichen (für **Listen/Ändern | Alle
löschen** wurde darauf verzichtet, eine so gravierende Aktion sollte nicht zu einfach sein).
Diese sollen nun aktiviert werden:

▶ In der **ResourceView** des Arbeitsbereichs klickt man auf das **+**-Zeichen vor **Accelerator**,
nach Doppelklick auf **IDR_MAINFRAME** sieht man die bereits eingerichteten "Accelera-
tors" mit den zugehörigen **ID**'s. Mit Doppelklick auf das leere Rechteck am unteren Rand
öffnet man die Box "Zugriffstaste Eigenschaften". In das Feld **ID:** wird **ID_LISTENN-
DERN_TEILFLCHENLISTEN** eingetragen (Empfehlung: **Ansicht | Ressourcensymbo-
le...** zeigt alle Symbole in einer Liste an), in das Feld **Taste:** wird ein **L** geschrieben. Da
unter **Zusatztasten Ctrl** (**Strg**) bereits ausgewählt ist, kann die Box geschlossen werden.

Die Aktion wird wiederholt für

ID:	**ID_LISTENNDERN_LETZTELSCHEN,**	**Taste:**	**Z,**
ID:	**ID_STANDARDFLCHE_KREIS,**	**Taste:**	**K,**
ID:	**ID_STANDARDFLCHE_RECHTECK,**	**Taste:**	**R.**

Von den nicht mehr benötigten "Accelerator-Keys" sollte unbedingt **Ctrl(Strg)-Z**
(verknüpft mit **ID_EDIT_UNDO**) gelöscht werden, um einen Konflikt zu vermeiden: Die
"**ID_EDIT_UNDO**"-Zeile wird durch Mausklick ausgewählt und durch Drücken der
Del(Entf)-Taste entfernt. Danach kann das Projekt aktualisiert werden (**F7**).

Wenn man das aktualisierte Programm startet, erscheint das neue Menü **Listen/Ändern**, nach
dem Aufrollen durch Anklicken erscheinen die Menü-Angebote allerdings noch "in hellgrau".
Allerdings funktionieren die beiden "Accelerator-Keys" für die bereits realisierten Menü-
Angebote: Mit **Ctrl(Strg)-K** öffnet man z. B. direkt die Dialog-Box zur Eingabe eines
Kreises.

8.11.2   "Alle löschen" und "Letzte löschen"

Da die Auswahl eines der drei im Abschnitt 8.11.1 erzeugten Menü-Angebote in der Regel
eine Änderung der Datenstruktur zur Folge hat, werden die zugehörigen Behandlungsroutinen
in der Dokumentklasse angesiedelt:

▶ Über **Ansicht | Klassen-Assistent...** landet man in der Box "MFC-Klassen-Assistent". Im
Feld **Klassenname:** (Registerkarte **Nachrichtenzuordnungstabellen**) wird **CFmomDoc**
ausgewählt. In der mit **Objekt-IDs:** überschriebenen Liste findet man die drei Identifikatoren, die gerade für die Menü-Angebote erzeugt wurden. Für alle drei wird die nachfolgend nur für einen Identifikator beschriebene Aktion ausgeführt:

Man wählt **ID_LISTENNDERN_ALLELSCHEN** und danach in der Liste **Nachrichten:**
das Angebot **COMMAND**, klickt auf den Button **Funktion hinzufügen...** und akzeptiert

in der sich öffnenden Box mit **OK** den vorgeschlagenen Namen. Dies wird für die beiden anderen **ID**'s sinngemäß wiederholt. Mit **OK** kann die Box "MFC-Klassen-Assistent" geschlossen werden.

Damit sind die Gerüste für die drei Behandlungs-Routinen angelegt, in diesem Abschnitt sollen zwei ausgefüllt werden, zunächst die recht einfache Behandlung des Angebots **Listen/Ändern | Alle löschen**:

▶ In der **ClassView** des Arbeitsbereichs klickt man auf das **+**-Zeichen vor **CFmomDoc**, nach Doppelklick auf **OnListenndernAllelschen** wird im Gerüst der Funktion die "TODO-Kommentarzeile" durch die fett gedruckten Zeilen ersetzt:

```
void CFmomDoc::OnListenndernAllelschen()
{
    if (AfxMessageBox ("Alle Teilflächen/Ausschnitte löschen?" ,
                   MB_ICONQUESTION | MB_YESNO) == IDYES)
    {
        DeleteContents () ;
        UpdateAllViews (NULL)  ;
    }
}
```

♦ Eigentlich würde der Aufruf der bereits im Abschnitt 8.4.2 erzeugten Funktion **CFmom-Doc::DeleteContents** genügen (und natürlich der Aufruf von **UpdateAllViews**), um die mit dem Menü-Angebot **Alle löschen** gewünschte Aktion auszuführen. Bei einer so radikalen Aktion soll aber vorsichtshalber zurückgefragt werden. Dafür bietet sich die bereits in den Abschnitten 7.5.2 und 7.6.2 verwendete Funktion **CWnd::MessageBox** an. In der Klassen-Bibliothek ist eine entsprechende "globale" (nicht einer Klasse zugeordnete) Funktion **AfxMessageBox** vorhanden, die hier verwendet wurde. Sie arbeitet analog zu der im Abschnitt 7.6.2 ausführlich beschriebenen Funktion **CWnd::MessageBox**, kann maximal drei Buttons und ein Icon zeigen und liefert als Return-Wert die Information, welcher Button gedrückt wurde. Hier wird als Icon das "Fragezeichen" dargestellt. Die beiden Buttons haben die Beschriftungen **Ja** bzw. **Nein**, abgefragt wird, ob der **Ja**-Button gedrückt wurde.

⇨ Das Projekt wird aktualisiert (**F7**). Nach dem Starten des Programms und der Eingabe eines Berechnungsmodells erscheint nach Auswahl von **Listen/Ändern | Alle löschen** die "Message-Box" mit der Rückfrage (nebenstehende Abbildung), von deren Beantwortung das "Schicksal" der bisher eingegebenen Teilflächen und Ausschnitte abhängig ist.

Das Gerüst der Funktion **CFmomDoc::OnListenndernLetztelschen** mit Leben zu erfüllen, ist besonders einfach. Mit der **CObList**-Funktion **RemoveTail**, die analog zur Funktion **RemoveHead** funktioniert (vgl. Erläuterungen am Ende des Abschnitts 8.4.2), wird das letzte

Element aus der verketteten Liste entfernt, analog zum Vorgehen in **DeleteContents** wird mit **delete** danach der von der **ClArea**-Instanz belegte Speicherplatz freigegeben:

⇨ In der **ClassView** des Arbeitsbereichs wird mit Doppelklick auf **OnListenndernLetztelschen** unter **CFmomDoc** das Gerüst der Funktion angesteuert, in der die "TODO-Kommentarzeile" durch die folgenden fett gedruckten Zeilen ersetzt wird:

```
void CFmomDoc::OnListenndernLetztelschen()
{
    if (!m_area_list.IsEmpty ())
    {
        delete (ClArea*) m_area_list.RemoveTail () ;
        UpdateAllViews (NULL) ;
    }
}
```

Das Projekt sollte danach aktualisiert (Funktionstaste **F7**) und getestet werden.

Der nun erreichte Stand des Projekts ist die Version **Fmom9**.

8.11.3 Dialog-Box mit Listenfeld

Nach der Auswahl von **Listen/Ändern | Teilflächen listen** (wurde im Abschnitt 8.11.1 eingerichtet, aber noch nicht mit einer Aktion hinterlegt) soll sich eine Dialog-Box öffnen, die in einem Listenfeld in jeweils einer Zeile jede bisher eingegebene Teilfläche (natürlich auch die Ausschnitte) beschreibt. In diesem Listenfeld soll der Programm-Benutzer eine Fläche auswählen können, und drei Buttons sollen folgende Aktionen anbieten: "Aktion abbrechen", "Ausgewählte Teilfläche ändern" und "Ausgewählte Teilfläche löschen". Zunächst wird diese Dialog-Box mit dem Dialog-Editor erzeugt:

▶ In der **ResourceView** des Arbeitsbereichs wird auf das **+**-Zeichen vor **Fmom Ressourcen** geklickt, anschließend mit der rechten Maustaste auf **Dialog**, in dem sich öffnenden Menü wird **Dialog einfügen** gewählt. Im Dialog-Editor erscheint das Gerüst einer Dialog-Box. Nach Klick mit der rechten Maustaste in die Dialog-Box (nicht auf einen der beiden vordefinierten Buttons) wird im Popup-Menü **Eigenschaften** gewählt. In der sich öffnenden Box "Dialogfeld Eigenschaften" wird die Eintragung im Feld **Beschriftung:** geändert auf **Ändern/Löschen**, und im Feld **ID:** wird **IDD_LIST_DIALOG** als Indikator eingetragen.

Die nebenstehende Abbildung zeigt das Ziel, das schließlich erreicht werden soll, dazu sind noch folgende Aktionen erforderlich:

▶ Der **OK**-Button wird gelöscht (Anklicken und **Del(Entf)**-Taste drücken), die gesamte Dialog-Box wird durch "Ziehen" an der rechten unteren Ecke etwas vergrößert, der **Abbrechen**-Button wird ("Drag and Drop") in die linke untere Ecke der Dialog-Box verschoben. Mit "Drag and Drop" werden zwei weitere Schaltflächen aus der Palette der Dialog-Box-Elemente am unteren Rand der Dialog-Box plaziert.

▶ Nach Klick mit der rechten Maustaste auf den **Abbrechen**-Button und Wahl von **Eigenschaften** wird in der sich öffnenden Box **Formate** gewählt, und das Kontrollkästchen **Standardschaltfläche** wird aktiviert (das war vorher der **OK**-Button). Nach Klick mit der rechten Maustaste auf den mittleren Button und Wahl von **Eigenschaften** wird in der sich öffnenden Box **Allgemein** gewählt, im Feld **Beschriftung:** wird **Ändern** eingetragen, die **ID:** wird auf **IDC_AREA_EDIT** geändert. Entsprechend wird der rechte Button mit **Löschen** beschriftet (im Feld **Beschriftung:**) und mit der **ID:** **IDC_AREA_DELETE** versehen.

▶ Mit "Drag and Drop" wird ein Listenfeld aus der Palette in die Dialog-Box übertragen und angemessen vergrößert. Nach Klick mit der rechten Maustaste in das Listenfeld und Wahl von **Eigenschaften** wird die **ID:** auf **IDC_AREA_LIST** geändert. Danach wird **Formate** gewählt. Die vorgesehenen Einstellungen werden weitgehend akzeptiert (die Einstellung **Einfach** bedeutet z. B., daß der Programm-Benutzer nur genau eine Eintragung auswählen kann). Zusätzlich zum bereits gekennzeichneten Kontrollkästchen **Vertik. Bildlauf** wird auch noch **Horiz. Bildlauf** ausgewählt (weil in einer Zeile die gesamte Information über eine Teilfläche untergebracht werden soll).

▶ Im Menü **Layout** wird **Tabulator-Reihenfolge** gewählt, und die Dialog-Box-Elemente werden in der Reihenfolge Listenfeld...**Abbrechen**-Button...**Ändern**-Button...**Löschen**-Button angeklickt. Mit der Return-Taste wird die Aktion beendet.

Damit ist die Dialog-Box komplett. Nun wird gleich noch die zugehörige Dialogklasse erzeugt:

▶ Im Dialog-Editor wird durch Doppelklick in die erzeugte Dialog-Box die Box "Hinzufügen einer Klasse" geöffnet, **Neue Klasse erstellen** wird mit **OK** bestätigt. Es öffnet sich die Box "Neue Klasse", in der schon **CDialog** als **Basisklasse:** eingestellt ist. Im Feld **Name:** wird **CListDlg** eingetragen, die automatisch angebotenen Dateinamen sind akzeptabel. Mit **OK** gibt man das Erzeugen der Klasse in Auftrag und landet in der Box "MFC-Klassen-Assistent".

Vor der weiteren Arbeit sind einige "strategische Überlegungen" nützlich: Die Dialog-Box soll als Folge der Auswahl von **Listen/Ändern | Teilflächen listen** erscheinen. Dafür ist bereits das Gerüst der Funktion **CFmomDoc::OnListenndernTeilflchenlisten** eingerichtet worden. Dort also soll die **CDialog**-Funktion **DoModal** aufgerufen werden.

Zu initialisieren sind nur die Listen-Einträge, dies kann jedoch nicht wie z. B. bei Eingabefeldern über den (am Ende des Abschnitts 8.5.2 beschriebenen) **DoDataExchange**-Mechanismus erfolgen, weil die Organisation dafür sehr aufwendig wäre (die Anzahl der Einträge kann bei jedem Erzeugen der Dialog-Box anders sein). Deshalb sind in diesem Fall keine Member-Variablen für die Dialog-Box-Elemente erforderlich, es muß nur dafür gesorgt werden, daß das Listenfeld vor dem Erscheinen der Dialog-Box initialisiert wird und daß die Funktion, die die Dialog-Box erscheinen läßt, nach dem Schließen erfährt, mit welchem Button dies erfolgt ist und welche Listenfeld-Eintragung gerade selektiert war:

♦ Für das Initialisieren des Listenfeldes bietet sich die Auswertung der Botschaft **WM_INIT-DIALOG** an, die vor dem Erscheinen der Dialog-Box abgesetzt wird. In der Klasse **CListDlg** wird dafür eine Funktion angesiedelt.

♦ Für jeden der drei Buttons wird in **CListDlg** eine Member-Funktion vorgesehen, die auf die Botschaft **BN_CLICKED** reagieren soll. In diesen Funktionen wird gegebenenfalls abgefragt, welche Listenfeld-Eintragung selektiert war (nur erforderlich für **Löschen**-Button und **Ändern**-Button), und beide Informationen werden beim Schließen des Dialogs an die aufrufende **CFmomDoc**-Funktion übergeben. Dafür stehen zwei Wege zur Verfügung: Variablen in der Dialogklasse können mit Werten belegt werden, die von der aufrufenden Funktion ausgewertet werden, außerdem liefert **DoModal** einen **int**-Wert ab (wurde bisher benutzt für die Abfrage "**OK**-Button gedrückt?"), der in diesem Fall ausreichend als Informationsträger ist.

Es müssen also keine Member-Variablen für die Dialog-Box-Elemente generiert werden, dafür aber vier Member-Funktionen der Klasse **CListDlg**:

▣ In der Box "MFC-Klassen-Assistent" muß in der Registerkarte **Nachrichtenzuordnungstabellen** im Feld **Klassenname:** die Klasse **CListDlg** eingestellt sein. In der Liste **Objekt-IDs:** wird **CListDlg** ausgewählt, in der Liste **Nachrichten:** erscheinen alle Botschaften, die die Dialogklasse empfangen kann. Nach Wahl von **WM_INITDIALOG** wird der Button **Funktion hinzufügen** angeklickt, unter **Member-Funktionen:** wird angezeigt, daß das Gerüst einer Member-Funktion **OnInitDialog** angelegt wird.

Nach Auswahl von **IDC_AREA_DELETE** in der Liste **Objekt-IDs:** zeigen sich in der Liste **Nachrichten:** nur zwei Botschaften: Auswahl von **BN_CLICKED**, Klick auf den Button **Funktion hinzufügen...**, Bestätigung des angebotenen Namens durch Klick auf **OK** erzeugen ein weiteres Gerüst für eine **CListDlg**-Funktion. Die für **IDC_AREA_DELETE** ausgeführte Aktion wird in gleicher Weise für die **Objekt-IDs:** der beiden anderen Buttons (**IDC_AREA_EDIT** und **IDCANCEL**) ausgeführt.

Wenn schließlich in der Liste **Member-Funktionen:** die vier Funktionen **OnAreaDelete**, **OnAreaEdit**, **OnCancel** und **OnInitDialog** angezeigt werden, klickt man auf den Button **Code bearbeiten** und landet im Editor, der die vom Klassen-Assistenten erzeugte Datei **ListDlg.cpp** geöffnet hat. In dieser Datei findet man die Gerüste der vier gerade generierten Member-Funktionen.

Folgende Entscheidungen für die Arbeit der Funktionen, die zum Ende des Dialogs führen sollen, werden getroffen:

♦ **OnAreaEdit** und **OnAreaDelete** fragen ab, welches Listenelement gerade selektiert war. Dafür ist die **CListBox**-Funktion **GetCurSel** verfügbar, die einen **int**-Wert abliefert ("0-basiert", das erste Listen-Element hat die Nummer 0). Um eine **CListBox**-Funktion aufrufen zu können, braucht man einen Pointer auf das entsprechende Objekt in der Dialog-Box, den man sich mit der Funktion **CWnd::GetDlgItem** (von **CWnd** über **CDialog** an **CListDlg** vererbt) verschafft. Dieser Funktion muß man den Identifikator der Liste übergeben (hier: **IDC_AREA_LIST**).

Sowohl **OnAreaEdit** als auch **OnAreaDelete** rufen dann die **CDialog**-Funktion **EndDialog** auf, der ein **int**-Wert übergeben wird, der an **CDialog::DoModal** weitergereicht wird. Um unterscheiden zu können, ob der Dialog über **OnAreaEdit** oder über **OnAreaDelete** beendet wurde, gibt **OnAreaEdit** den um 1 vergrößerten Wert zurück, den

GetCurSel geliefert hat, **OnAreaDelete** den gleichen Wert, allerdings mit einem Minuszeichen. So kann die Funktion, die **CDialog::DoModal** aufruft, erkennen, wie und mit welcher Selektion der Dialog beendet wurde.

♦ **OnCancel** braucht das selektierte Element nicht zu erfragen, es wird einfach **EndDialog** mit dem Argument 0 aufgerufen, so daß die Information weitergegeben wird, daß "nichts getan werden muß".

▶ In der Datei **ListDlg.cpp** werden die Gerüste der drei Funktionen **OnAreaDelete**, **OnAreaEdit** und **OnCancel** folgendermaßen ergänzt (einige Erläuterungen zu den fett gedruckten Anweisungen werden im Anschluß an das Listing gegeben):

```
void CListDlg::OnAreaDelete()
{
    CListBox *list_box_p = (CListBox*) GetDlgItem (IDC_AREA_LIST) ;
    EndDialog (- (list_box_p->GetCurSel () + 1)) ;
}
void CListDlg::OnAreaEdit()
{
    CListBox *list_box_p = (CListBox*) GetDlgItem (IDC_AREA_LIST) ;
    EndDialog (list_box_p->GetCurSel () + 1) ;
}
void CListDlg::OnCancel()
{
    EndDialog (0) ;
}
```

♦ Man beachte, daß aus der Funktion **CListDlg::OnCancel** der vom Klassen-Assistenten generierte Aufruf von **CDialog::OnCancel** herausgenommen wurde. Diese Funktion würde nämlich die mit dem Wert 2 definierte Konstante **IDCANCEL** als Return-Wert von **DoModal** erzeugen, was natürlich nicht in das hier realisierte Konzept paßt. Da **CDialog::OnCancel** sonst nichts tut, kann der Aufruf weggelassen werden.

♦ Die **CWnd**-Funktion **GetDlgItem** liefert einen Pointer auf ein **CWnd**-Objekt, der in den aktuellen Pointertyp (hier: **CListBox**-Pointer) konvertiert wird.

Bevor das Gerüst der Funktion **CListDlg::OnInitDialog** ergänzt werden kann, sind noch einige Vorarbeiten zu leisten, die im folgenden Abschnitt erledigt werden.

8.11.4 Initialisieren des Listenfeldes

Das Problem, daß die Initialisierung des Listenfeldes nicht nach dem **DoDataExchange**-Mechanismus wie bei einfachen Dialog-Box-Elementen durchgeführt werden kann, wird noch dadurch verschärft, daß die zu listenden Informationen verstreut in den verschiedenen aus **ClArea** abgeleiteten Klassen abgelegt sind. Deshalb wird folgende Strategie gewählt:

♦ In der Dokumentklasse **CFmomDoc** werden zwei Funktionen bereitgestellt: **CFmomDoc::get_area_count** () liefert die Anzahl der Objekte in der verketteten Liste (Teil-flächen und Ausschnitte), und **CFmomDoc::GetAreaDesc (i)** liefert für die i-te Teilfläche die Beschreibung (String, der in das Listenfeld eingetragen werden kann).

♦ Damit diese **CFmomDoc**-Funktionen aus der Dialogklasse heraus aufgerufen werden können, muß ein Pointer auf das aktuelle **CFmomDoc**-Objekt bekannt sein (dieses

Problem ist bereits in den **OnDraw**-Funktionen der Ansichtsklassen aufgetreten, konnte dort allerdings sehr einfach über den Aufruf der **CView**-Funktion **GetDocument** gelöst werden). Hier wird eine Member-Variable **m_doc_p** (**CFmomDoc**-Pointer) in der Klasse **CListDlg** angesiedelt, die mit einem Pointer auf das aktuelle Dokument vor dem Aufruf von **DoModal** zu initialisieren ist.

Zunächst wird die Pointer-Variable **m_doc_p** in die **CListDlg**-Deklaration eingefügt. Da mit ihr die Funktionen der Dokumentklasse aufgerufen werden, wird mit einer Änderung des (einzigen) Konstruktors von **CListDlg** erzwungen, daß ihr beim Erzeugen eines **CListDlg**-Objektes ein Wert zugewiesen wird:

▶ In der **ClassView** des Arbeitsbereichs wird mit der rechten Maustaste auf **CListDlg** geklickt, in dem sich öffnenden Menü wird **Member-Variable hinzufügen...** gewählt. Es erscheint die Box "Member-Variable hinzufügen". Im Feld **Variablentyp:** wird **CFmom-Doc*** eingetragen, im Feld **Variablendeklaration:** der Name **m_doc_p**, als **Zugriffsstatus** wird **Private** gewählt. Die Box wird mit **OK** geschlossen.

▶ In der **ClassView** des Arbeitsbereichs wird auf das +-Zeichen vor **CListDlg** geklickt, anschließend mit der rechten Maustaste auf den Konstruktor **CListDlg (CWnd * pParent = NULL)**, in dem sich öffnenden Menü wird **Gehe zu Deklaration** gewählt. In der Datei **ListDlg.h** wird die Klasse **CFmomDoc** bekanntgemacht, so daß der Prototyp des Konstruktors von **CListDlg** folgendermaßen erweitert werden kann:

```
class CFmomDoc ;
class CListDlg : public CDialog
{
// Konstruktion
public:
    CListDlg (CFmomDoc *doc_p , CWnd* pParent = NULL) ;
    // ...
} ;
```

▶ Aus der **ClassView** des Arbeitsbereichs gelangt man mit Doppelklick auf den Konstruktor **CListDlg** der Klasse **CListDlg** zur Implementation dieser Funktion, die folgendermaßen erweitert wird:

```
CListDlg::CListDlg (CFmomDoc *doc_p , CWnd* pParent /*=NULL*/)
        : CDialog(CListDlg::IDD, pParent)
{
        //{{AFX_DATA_INIT(CListDlg)
            // HINWEIS: Der Klassen-Assistent fügt hier Elementinitialisierung ein
        //}}AFX_DATA_INIT

        m_doc_p = doc_p ;
}
```

Weil der soeben veränderte Konstruktor **CListDlg::CListDlg** der einzige Konstruktor dieser Klasse ist und für den ersten Parameter kein Default-Argument zur Verfügung steht, kann das Initialisieren des **CFmomDoc**-Pointers **m_doc_p** nicht vergessen werden. Nun können aus den Member-Funktionen der Klasse **CListDlg** mit diesem Pointer die Member-Funktionen der Klasse **CFmomDoc** aufgerufen werden. Das ist für das Initialisieren des Listenfeldes erforderlich:

▶ Aus der **ClassView** des Arbeitsbereichs gelangt man mit Doppelklick auf **OnInitDialog** unter **CListDlg** zum Gerüst dieser Funktion, das folgendermaßen erweitert wird:

```
BOOL CListDlg::OnInitDialog()
{
    CDialog::OnInitDialog();

    CListBox *list_box_p = (CListBox*) GetDlgItem (IDC_AREA_LIST) ;
    int       n_areas    = m_doc_p->get_area_count () ;
    for (int i = 0 ; i < n_areas ; i++)
    {
        list_box_p->InsertString (- 1 , m_doc_p->get_area_desc (i)) ;
    }
    list_box_p->SetCurSel (0) ;
    return TRUE; // return TRUE unless you set the focus to a control
                 // EXCEPTION: OCX-Eigenschaftenseiten sollten FALSE zurückgeben
}
```

(man beachte die lustige Sprachvermischung in dem vom Klassen-Assistenten erzeugten Kommentar).

▣ Weil in **CListDlg::OnInitDialog** Member-Funktionen der Klasse **CFmomDoc** aufgerufen werden, muß in **ListDlg.cpp** die Header-Datei der Dokumentklasse eingebunden werden. Am Anfang der Datei wird folgende Zeile ergänzt:

`#include "FmomDoc.h"`

Das Besorgen eines Pointers auf das Listenfeld in **CListDlg::OnInitDialog** folgt der gleichen Strategie, die bereits in **CListDlg::OnAreaDelete** und **CListDlg::OnAreaEdit** verwendet wurde. Mit diesem Pointer werden zwei **CListBox**-Funktionen aufgerufen:

♦ Mit **CListBox::InsertString** wird eine Zeile des Listenfeldes gefüllt. Das erste Argument ist die ("0-basierte") Zeilennummer, eine −1 auf dieser Position bedeutet: Einfügen am Listenfeld-Ende. Das zweite Argument ist die einzufügende Textzeile als **CString**-Objekt.

♦ Mit **CListBox::SetCurSel** wird eine Textzeile als "ausgewählt" gekennzeichnet. Die als Argument übergebene **0** bewirkt, daß beim Erscheinen der Dialog-Box die oberste Zeile im Listenfeld als ausgewählt gekennzeichnet ist.

Nun werden die beiden Funktionen der Dokumentklasse, die von **CListDlg::OnInitDialog** aufgerufen werden, in **CFmomDoc** ergänzt:

▣ In der **ClassView** des Arbeitsbereichs wird mit der rechten Maustaste auf **CFmomDoc** geklickt, in dem sich öffnenden Menü wird **Member-Funktion hinzufügen** gewählt. In der Dialog-Box "Member-Funktion hinzufügen" trägt man als **Funktionstyp: int** ein, in das Feld **Funktionsdeklaration:** wird **get_area_count** () geschrieben. Mit dem **Zugriffsstatus Public** wird der **OK**-Button gedrückt. Diese Aktion wird wiederholt mit **Funktionstyp: CString** und **Funktionsdeklaration: get_area_desc (int nr)**.

▣ In der **ClassView** des Arbeitsbereichs klickt man auf das **+**-Zeichen vor **CFmomDoc** und gelangt mit Doppelklick auf **get_area_count** zum gerade angelegten Gerüst dieser Funktion, das folgendermaßen ergänzt wird:

```
int CFmomDoc::get_area_count()
{
    return m_area_list.GetCount () ;
}
```

♦ Die Funktion **CObList::GetCount** ("Länge der doppelt verketteten Liste") liefert die Anzahl der in **m_area_list** registrierten Teilflächen.

▶ In unmittelbarer Nachbarschaft von **CFmomDoc::get_area_count** findet man das Gerüst
der Funktion **CFmomDoc::get_area_desc**, das folgendermaßen ausgefüllt wird:

```
CString CFmomDoc::get_area_desc(int nr)
{
    if (m_area_list.IsEmpty () ||
        m_area_list.GetCount () <= nr) return "" ;
    POSITION pos    = m_area_list.FindIndex (nr) ;
    ClArea  *area_p = (ClArea*) m_area_list.GetNext (pos) ;
    return area_p->get_area_desc () ;
}
```

◆ Für die Ermittlung des **POSITION**-Wertes, mit dem auf ein in der verketteten Liste
gespeichertes Element zugegriffen werden kann (**CObList::GetNext**), wird die Funktion
CObList::FindIndex, benutzt, der ein ("0-basierter") Index als Argument übergeben
werden muß. Mit dem so erhaltenen Pointer **area_p** auf die Teilfläche wird die (noch zu
realisierende) Funktion **ClArea::get_area_desc** aufgerufen, die natürlich wieder ein
Kandidat für den Polymorphismus ist. Auch ihr Return-Wert soll ein **CString**-Objekt sein.

◆ Bei einem negativen Ausgang des Tests am Anfang von **CFmomDoc::get_area_desc**
(leere Liste oder falsche Nummer) wird ein leerer String als Return-Wert verwendet. Dies
ist erlaubt, weil die Klasse **CString** einen Konstruktor besitzt, mit dem "gewöhnliche
Strings" in **CString**-Objekte konvertiert werden können (vgl. Abschnitt 8.6.2).

Die Funktion **ClArea::get_area_desc**, die die Beschreibung einer speziellen Teilfläche liefern
soll, wird in **ClArea** rein virtuell deklariert und in den aus **ClArea** abgeleiteten Klassen
definiert:

▶ In der **ClassView** des Arbeitsbereichs wird mit der rechten Maustaste auf **ClArea**
geklickt, in dem sich öffnenden Menü wird **Member-Funktion hinzufügen** gewählt. In
der Dialog-Box "Member-Funktion hinzufügen" trägt man als **Funktionstyp: CString** ein,
in das Feld **Funktionsdeklaration:** wird **virtual get_area_desc () = 0** geschrieben. Mit
dem **Zugriffsstatus Public** wird der **OK**-Button gedrückt. Der Klassen-Assistent legt nur
die Deklaration an, ein Funktionsgerüst wird (sinnvollerweise) nicht erstellt.

▶ In der **ClassView** des Arbeitsbereichs wird mit der rechten Maustaste auf **ClCircle**
geklickt, in dem sich öffnenden Menü wird **Member-Funktion hinzufügen** gewählt. In
der Dialog-Box "Member-Funktion hinzufügen" trägt man als **Funktionstyp: CString** ein,
in das Feld **Funktionsdeklaration:** wird **virtual get_area_desc ()** geschrieben. Mit dem
Zugriffsstatus Public wird der **OK**-Button gedrückt.

In der **ClassView** des Arbeitsbereichs wird auf das **+**-Zeichen vor **ClCircle** geklickt, mit
Doppelklick auf **get_area_desc** gelangt man zum gerade angelegten Gerüst dieser
Funktion, das folgendermaßen ergänzt wird:

```
CString ClCircle::get_area_desc()
{
    CString cs1 ("Kreis ") ,
            cs2 (m_area_or_hole == AREA ? "(Teilfläche), "
                                        : "(Ausschnitt), ") ;
    cs1 += cs2 ;
    cs2.Format ("Mittelpunkt: (%g ; %g), Durchmesser:  d = %g" ,
                m_point.get_x () , m_point.get_y () , m_d) ;
    return cs1 + cs2 ;
}
```

▶ Die für die Klasse **ClCircle** gerade ausgeführte Aktion wird für die Klasse **ClRectangle** wiederholt. Das Gerüst der neuen Member-Funktion wird wie folgt ausgefüllt:

```
CString ClRectangle::get_area_desc()
{
    CString cs1 ("Rechteck ") ,
            cs2 (m_area_or_hole == AREA ? "(Teilfläche), "
                                        : "(Ausschnitt), ") ;
    cs1 += cs2 ;
    cs2.Format ("Punkt 1: (%g ; %g), Punkt 2: (%g ; %g)" ,
                m_point1.get_x () , m_point1.get_y () ,
                m_point2.get_x () , m_point2.get_y ()) ;
    return cs1 + cs2 ;
}
```

♦ In den beiden Funktionen **ClCircle::get_area_desc** und **ClRectangle::get_area_desc** wird das Arbeiten mit der sehr komfortablen Klasse **CString** demonstriert. Die überladenen Operatoren **+=** und **+** werden genutzt (exakt in der Weise wie in den Abschnitten 3.4.1 und 3.4.6 mit der Klasse **ClString** demonstriert). Auf die Möglichkeiten, die die Member-Funktion **CString::Format** bietet (existierte in älteren MS-Visual-C^{++}-Versionen noch nicht), wurde bereits im Abschnitt 8.6.2 aufmerksam gemacht.

▶ Wenn man nun das Projekt aktualisiert (Funktionstaste **F7**), meldet der Compiler den Versuch, "eine Instanz der abstrakten Klasse **ClPolygon** erstellen zu wollen". Diese Klasse wird im Fmom-Projekt noch gar nicht verwendet, ihre Deklaration und ihre Implementation befinden sich aber in den Dateien **geometry.h** bzw. **geometry.cpp**. Dies sollte auch so bleiben, weil es ganz sicher sinnvoll ist, das Fmom-Projekt auf Polygone als Teilflächen zu erweitern, vorläufig wird der Compiler formal zufriedengestellt.

In der **ClassView** des Arbeitsbereichs wird mit der rechten Maustaste auf **ClPolygon** geklickt, in dem sich öffnenden Menü wird **Member-Funktion hinzufügen** gewählt. In der Dialog-Box "Member-Funktion hinzufügen" trägt man als **Funktionstyp: CString** ein, in das Feld **Funktionsdeklaration:** wird **virtual get_area_desc** () geschrieben. Mit dem **Zugriffsstatus Public** wird der **OK**-Button gedrückt.

In der **ClassView** des Arbeitsbereichs wird auf das **+**-Zeichen vor **ClPolygon** geklickt, mit Doppelklick auf **get_area_desc** gelangt man zum gerade angelegten Gerüst dieser Funktion, das folgendermaßen ergänzt wird:

```
CString ClPolygon::get_area_desc()
{
    return "Polygon (noch nicht implementiert)" ;
}
```

Danach kann das Projekt erfolgreich aktualisiert werden.

Es lohnt sich allerdings noch nicht, das Programm zu starten, weil die Dialogklasse für die Dialog-Box mit der Liste aller Teilflächen noch nicht mit dem dafür vorgesehenen Menü-Angebot verknüpft wurde (es existiert noch keine Instanz der Klasse **CListDlg**). Weil ein Gerüst für den entsprechenden "Command handler" bereits existiert (Abschnitt 8.11.2), muß dieses nur noch ausgefüllt werden:

▶ In der **ClassView** des Arbeitsbereichs wird auf das **+**-Zeichen vor **CFmomDoc** geklickt, mit Doppelklick auf **OnListenndernTeilflchenlisten** gelangt man zum Gerüst dieser Funktion, das vorerst folgendermaßen ergänzt wird:

```
void CFmomDoc::OnListenndernTeilflchenlisten ()
{
    CListDlg  dlg (this) ;
    int dlg_return = dlg.DoModal () ;
}
```

Die Klasse **CListDlg** muß also bekannt sein, deshalb werden die Include-Anweisungen in der Datei **FmomDoc.cpp** um folgende Zeile ergänzt:

```
#include "ListDlg.h"
```

♦ Beim Erzeugen der **CListDlg**-Instanz in **CFmomDoc::OnListenndernTeilflchenlisten** wird man möglicherweise vom Compiler daran erinnert, daß eine Funktion der Dialog-klasse (**OnInitDialog**) auf einen in der Klasse abgelegten Pointer auf das Dokument (**m_doc_p**) zugreifen muß. Da der (einzige) Konstruktor diesen Pointer benötigt (hier wird also der **this**-Pointer beim Erzeugen der **CListDlg**-Instanz an den Konstruktor übergeben), zahlt sich jetzt unter Umständen diese Sicherheitsvorkehrung aus.

♦ Der Return-Wert von **DoModal** wird in **CFmomDoc::OnListenndernTeilflchenlisten** noch nicht ausgewertet (dies wird auf den nachfolgenden Abschnitt verschoben), er wurde aber bereits vorsorglich auf einer Variablen (**dlg_return**) abgelegt.

▶ Nun lohnt sich das Aktualisieren des Projekts (Funktionstaste **F7**) und das Starten des Programms, denn nach der Eingabe eines Berechnungsmodells kann man sich dieses über **Listen/Ändern | Teilflächen listen** noch einmal auflisten lassen.

Dabei zeigt sich ein Mangel: Wenn eine größere Anzahl von Teilflächen erzeugt wird, erscheint der vertikale Scroll-Balken am rechten Rand des Listenfeldes sofort, wenn es "zu eng" wird (das ist gut, siehe Abbildung unten). Dieser Automatismus funktioniert leider nicht in analoger Weise für den horizontalen Scroll-Balken, obwohl die in den Zeilen stehenden Texte länger sind als die Listenfeld-Breite.

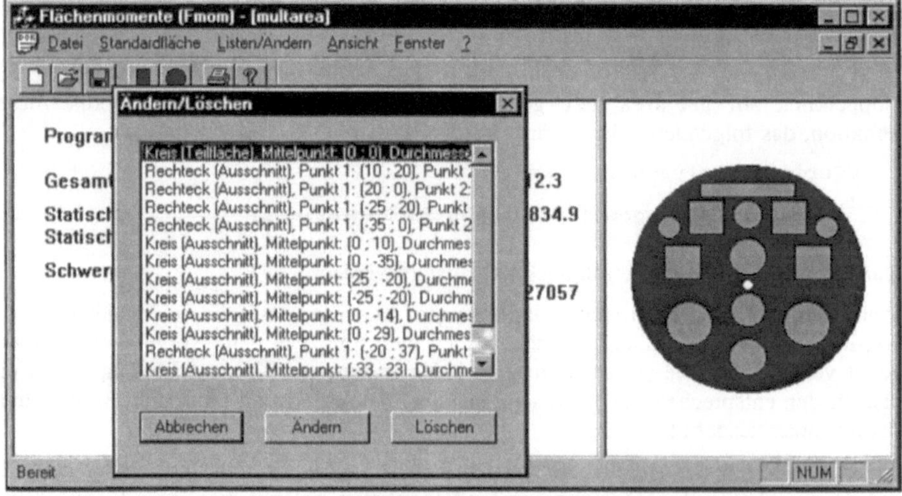

Vertikales Scrollen in einem Listenfeld wird bei Bedarf automatisch angeboten, horizontales Scrollen muß vom Programmierer vorbereitet werden

Der horizontale Scroll-Balken erscheint nur dann, wenn mit der **CListBox**-Member-Funktion **SetHorizontalExtent (int cxExtent)** eine Listenfeld-Breite (Pixel) festgelegt wird, die größer als die tatsächliche Breite ist. Dann wird das Scrollen über eine damit festgelegte Breite ermöglicht.

Der einfachste Weg (übrigens in vielen kommerziellen Programmen realisiert, auch in verschiedenen "Panes" des "Developer studios" von MS-Visual C++) ist ein statisches (vom Inhalt der Box unabhängiges) Festlegen eines sehr großen (praktisch kaum je nutzbaren) Scroll-Bereichs. Hier soll ein "etwas intelligenterer" Weg beschritten werden, mit dem noch eine weitere **CString**-Funktion demonstriert werden kann:

▶ Aus der **ClassView** des Arbeitsbereichs gelangt man mit Doppelklick auf **OnInitDialog** unter **CListDlg** zu dieser Funktion, die folgendermaßen geändert wird:

```
BOOL CListDlg::OnInitDialog()
{
    CDialog::OnInitDialog();
    CListBox *list_box_p = (CListBox*) GetDlgItem (IDC_AREA_LIST) ;
    int       n_areas    = m_doc_p->get_area_count () ;
    int       len , max_len = 0 ;

    for (int i = 0 ; i < n_areas ; i++)
    {
        CString line = m_doc_p->get_area_desc (i) ;
        len = line.GetLength () ;
        if (len > max_len) max_len = len ;
        list_box_p->InsertString (- 1 , line) ;
    }

    TEXTMETRIC tm ;
    CClientDC  dc (list_box_p) ;
    dc.GetTextMetrics (&tm) ;
    list_box_p->SetHorizontalExtent (max_len * tm.tmAveCharWidth) ;

    list_box_p->SetCurSel (0) ;

    return TRUE; // return TRUE unless you set the focus to a control
                 // EXCEPTION: OCX-Eigenschaftenseiten sollten FALSE zurückgeben
}
```

♦ Die **CString**-Member-Funktion **GetLength** wird benutzt, um die Anzahl der Zeichen eines jeden Strings zu ermitteln und schließlich die Länge des längsten Strings zu kennen.

♦ Die Strategie, sich einen "Device context" für ein Fenster zu besorgen und mit diesem die "Text-Metrik" des eingestellten Fonts zu erfragen, wurde bereits im Abschnitt 8.9.1 beschrieben. Hier wird die durch Scrollen erreichbare Listenfeld-Breite schließlich auf das Produkt aus "Zeichenanzahl der längsten Zeile" und "Mittlere Breite der Zeichen" eingestellt.

▶ Das Projekt wird aktualisiert (Funktionstaste **F7**), das Programm wird gestartet. Es wird ein Berechnungsmodell eingegeben und **Listen/Ändern | Teilflächen listen** gewählt. Das Listenfeld hat nun auch einen horizontalen Scroll-Balken (nebenstehende Abbildung).

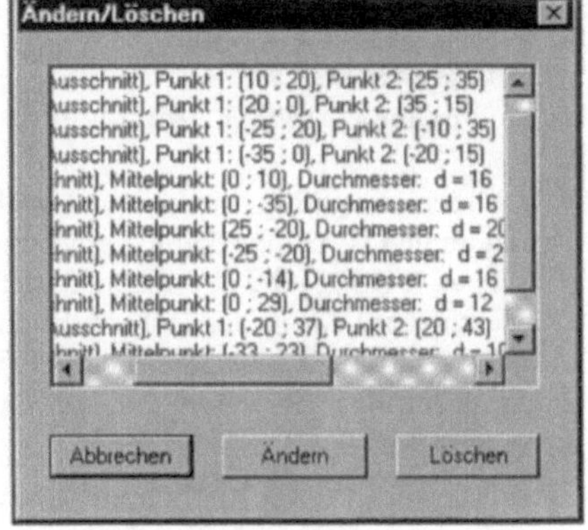

8.11.5 Ändern bzw. Löschen einer ausgewählten Teilfläche

In der Funktion **CFmomDoc::ListenndernTeilflchenlisten** muß noch die Auswertung des Return-Wertes von **DoModal** ergänzt werden:

♦ Der **Return-Wert 0** ("Abbrechen") soll keine weitere Aktion auslösen.

♦ Ein **negativer Return-Wert** ("Löschen") soll eine Teilfläche (bzw. einen Ausschnitt) aus der Datenstruktur entfernen. Dazu kann die **CObList**-Funktion **RemoveAt** verwendet werden (natürlich sollte unbedingt auch der Speicherplatz des **ClArea**-Objekts freigegeben werden).

♦ Ein **positiver Return-Wert** ("Ändern") soll die Änderung der ausgewählten Teilfläche ermöglichen. Da dafür ein zum Flächentyp passender Dialog beginnen muß, ist diese Aktion wieder ein Kandidat für eine rein virtuelle **ClArea**-Funktion, die nur in den aus **ClArea** abgeleiteten Klassen definiert wird.

Zunächst werden die Änderungen im "Command handler", der diese Aktionen auslöst, vorgestellt, Erläuterungen werden danach gegeben:

▣ In der **ClassView** des Arbeitsbereichs wird auf das **+**-Zeichen vor **CFmomDoc** geklickt, mit Doppelklick auf **OnListenndernTeilflchenlisten** gelangt man zu dieser Funktion, die folgendermaßen ergänzt wird:

```cpp
void CFmomDoc::OnListenndernTeilflchenlisten()
{
    CListDlg  dlg (this) ;
    int dlg_return = dlg.DoModal () ;

    if (dlg_return == 0) return ;                   // "Abbrechen-Button"

    POSITION pos = m_area_list.FindIndex (abs (dlg_return) - 1) ;
    POSITION pos_save = pos ;
    ClArea   *area_p = (ClArea*) m_area_list.GetNext (pos) ;

    if (dlg_return > 0)                             // "Ändern-Button"
    {
        area_p->edit_area () ;
    }
    else                                           // "Löschen-Button"
    {
        m_area_list.RemoveAt (pos_save) ;          // ... entfernt aus Liste
        delete area_p ;                            // ... löscht Objekt
    }

    UpdateAllViews (NULL) ;
}
```

♦ Besonders sorgfältig muß beim Löschen eines Elements, das an beliebiger Stelle der verketteten Liste stehen kann, vorgegangen werden: Für die **CObList**-Funktion **RemoveAt** wird der **POSITION**-Wert benötigt, für die Freigabe des Speicherplatzes des **ClArea**-Objektes wird der in der Liste zu löschende Pointer ein letztes Mal gebraucht. Weil beim Zugriff auf ein Listenelement der **POSITION**-Parameter immer schon auf den Wert für den Nachfolger geändert wird, muß mit zwei Variablen (**pos** und **pos_save**) gearbeitet werden.

Der Wert des **POSITION**-Parameters wird mit der bereits im Abschnitt 8.11.4 vorgestellten Funktion **CObList::FindIndex** ermittelt.

Die für das Ändern der ausgewählten Teilfläche vorgesehene Funktion **ClArea::edit_area**
wird als rein virtuelle Funktion in der Klasse **ClArea** deklariert und in den aus **ClArea**
abgeleiteten Klassen **ClCircle** und **ClRectangle** definiert (und damit der Compiler nicht über
die "noch schlafende Klasse" **ClPolygon** stolpert, wird auch ein Gerüst einer Funktion
ClPolygon::edit_area angelegt):

▶ In der **ClassView** des Arbeitsbereichs wird mit der rechten Maustaste auf **ClArea**
geklickt, in dem sich öffnenden Menü wird **Member-Funktion hinzufügen** gewählt. In
der Dialog-Box "Member-Funktion hinzufügen" trägt man als **Funktionstyp: void** ein, in
das Feld **Funktionsdeklaration:** wird **virtual edit_area () = 0** geschrieben. Mit dem
Zugriffsstatus Public wird der OK-Button gedrückt.

▶ In der **ClassView** des Arbeitsbereichs wird mit der rechten Maustaste auf **ClCircle**
geklickt, in dem sich öffnenden Menü wird **Member-Funktion hinzufügen** gewählt. In
der Dialog-Box "Member-Funktion hinzufügen" trägt man als **Funktionstyp: void** ein, in
das Feld **Funktionsdeklaration:** wird **virtual edit_area ()** geschrieben. Mit dem
Zugriffsstatus Public wird der **OK**-Button gedrückt. Diese Aktion wird wiederholt für
die Klassen **ClRectangle** und **ClPolygon**.

▶ In der **ClassView** des Arbeitsbereichs wird auf das **+**-Zeichen vor **ClCircle** geklickt, mit
Doppelklick auf **edit_area** gelangt man zum gerade angelegten Gerüst dieser Funktion,
das folgendermaßen ergänzt wird:

```
void ClCircle::edit_area ()
{
    CCircleDlg  dlg ;
    dlg.m_radio = m_area_or_hole == AREA ? 0 : 1 ;
    dlg.m_mpx   = m_point.get_x () ;
    dlg.m_mpy   = m_point.get_y () ;
    dlg.m_d     = m_d ;
    if (dlg.DoModal () == IDOK)
    {
        m_area_or_hole = dlg.m_radio == 0 ? AREA : HOLE ;
        m_area_col     = dlg.m_radio == 0 ? RGB (255 ,   0 ,   0)
                                          : RGB (  0 , 255 , 255) ;
        m_point.set_x (dlg.m_mpx) ;
        m_point.set_y (dlg.m_mpy) ;
        m_d = dlg.m_d ;
    }
}
```

Die Funktion **ClCircle::edit_area** ist ein typischer "Command handler", der eine Dialog-
Box-Eingabe auslöst und auswertet: Erzeugen eines Objekts der Dialogklasse, Initialisieren
der Member-Variablen des Objekts, Aufruf von **CDialog::DoModal** und nach Schließen der
Dialog-Box mit **OK** Auswerten der geänderten Member-Variablen des Objekts (der Transfer
der Daten vom Klassen-Objekt zur Box und zurück wird dem "DDX/DDV-Mechanismus"
überlassen, der vom Klassen-Assistenten generiert wurde).

Eine entsprechende Aktion ist nun auch noch zum Ausfüllen des Gerüsts der Funktion
ClRectangle::edit_area erforderlich:

▶ In der **ClassView** des Arbeitsbereichs wird auf das **+**-Zeichen vor **ClRectangle** geklickt,
mit Doppelklick auf **edit_area** gelangt man zum Gerüst dieser Funktion, das folgendermaßen ergänzt wird:

```cpp
void ClRectangle::edit_area ()
{
    CRectDlg   dlg ;
    dlg.m_radio = m_area_or_hole == AREA ? 0 : 1 ;
    dlg.m_x1    = m_point1.get_x () ;
    dlg.m_y1    = m_point1.get_y () ;
    dlg.m_x2    = m_point2.get_x () ;
    dlg.m_y2    = m_point2.get_y () ;

    if (dlg.DoModal () == IDOK)
    {
        m_area_or_hole = dlg.m_radio == 0 ? AREA : HOLE ;
        m_area_col     = dlg.m_radio == 0 ? RGB (255 ,   0 ,   0)
                                          : RGB (  0 , 255 , 255) ;
        m_point1.set_x (dlg.m_x1) ;
        m_point1.set_y (dlg.m_y1) ;
        m_point2.set_x (dlg.m_x2) ;
        m_point2.set_y (dlg.m_y2) ;
    }
}
```

Weil in **ClCircle::edit_area** und **ClRectangle::edit_area** Objekte der Dialogklassen (**CCircleDlg** bzw. **CRectDlg**) erzeugt werden, müssen deren Header-Dateien eingebunden werden. Weil vom Klassen-Assistenten dort jeweils eine Konstante aus der Header-Datei für die Ressourcen verwendet wird, muß auch diese zugänglich sein. Hier wird der gleiche Weg gewählt, den auch der Klassen-Assistent realisiert. Es wird die Datei **Fmom.h** eingebunden, die selbst wiederum **Resource.h** inkludiert:

▶ Am Anfang der Datei **geometry.cpp** werden die folgenden Zeilen zusätzlich eingefügt:

```cpp
#include "Fmom.h"
#include "CircleDlg.h"
#include "RectDlg.h"
```

Das Projekt kann aktualisiert (Funktiontaste **F7**) und das Programm danach gestartet werden.

Der damit erreichte Stand des Projekts ist die Version **Fmom10**.

8.12 Zusammenfassung, Ausblick

Das Ziel des Projekts **Fmom**, das sich durch die Abschnitte 8.3 bis 8.11 zog, war eine Einführung in das Arbeiten mit den Werkzeugen einer modernen Entwicklungsumgebung. Es konnte nicht mehr als ein ganz bescheidener Einblick sein. Immerhin präsentiert das Projekt Fmom seine immer noch bescheidene Funktionalität schon recht komfortabel:

♦ Mit zwei völlig unterschiedlichen Ansichten der Dokument-Daten in zwei "Panes" eines "Splitter-Windows" ist der Benutzer stets über den Zustand des Berechnungsmodells gut informiert.

♦ Die Möglichkeit, Berechnungsmodelle zu speichern ("Serialization") gestattet das Arbeiten in mehreren Programmläufen und spätere Modifikationen.

♦ Mit der "echten MDI-Anwendung" kann der Benutzer gleichzeitig an mehreren Dokumenten arbeiten.

♦ Die Eingabe der Daten erfolgt über selbsterklärende Dialog-Boxen, Korrekturen ("Listen/Ändern/Löschen") sind problemlos möglich.

Andererseits eignet sich gerade dieses Projekt vorzüglich, noch zahlreiche weitere Möglichkeiten der MFC-Programmierung und deren Realisierung mit Hilfe der Werkzeuge der Entwicklungsumgebung zu demonstrieren, z. B.:

♦ Die Drucker-Ausgabe sollte verbessert werden, insbesondere ist eine Kombination der beiden Ansichten, die auf dem Bildschirm möglich sind, wünschenswert.

♦ Eine Erweiterung der Funktionalität auf Berücksichtigung von Polygon-Flächen (ist sogar schon weitgehend vorbereitet) würde einen Eingabe-Dialog erfordern, bei dem auf die Botschaften reagiert werden sollte, die die Elemente der Dialog-Box an ihr "Parent window" (die Dialog-Box selbst) senden.

♦ Die Erweiterung der Funktionalität auf die Berechnung von Flächenmomenten höherer Ordnung würde wesentlich mehr Ergebnisse produzieren, so daß "Scrollen im linken Pane" ermöglicht werden sollte.

♦ Natürlich sollte für ein Programm dieser Art auch eine Online-Hilfe installiert werden.

Es erscheint deshalb recht willkürlich, wenn gerade hier abgebrochen wird. Aber es ist ohnehin nicht mehr möglich, innerhalb eines Buches auch nur die wichtigsten Themen zur Windows-Programmierung zu behandeln. In den in den letzten Jahren speziell zu diesem Thema erschienenen Büchern wird (oft nach weit mehr als 1000 Seiten) zwangsläufig ein ähnliches Fazit gezogen.

Neben dem Hinweis auf die Spezial-Literatur und die Online-Hilfe der Entwicklungsumgebung soll noch einmal auf die (preiswerte, weil kostenlose) Offerte aufmerksam gemacht werden, die der Autor über die im Abschnitt 1.2 angegebene Internet-Adresse anbietet. Dort findet man z. B. auch die Weiterführung des Projekts Fmom. Die beiden Abbildungen auf dieser Seite zeigen, daß darin die wesentlichen oben genannten Erweiterungen realisiert sind.

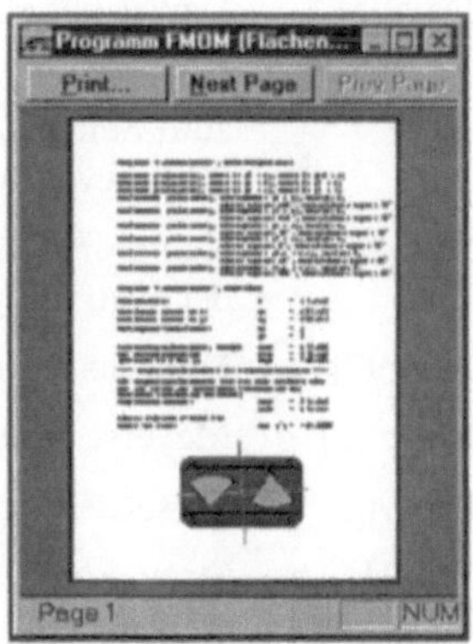

"Fmom-Print-Preview" mit beiden Ansichten auf einer DIN-A4-Seite

Über diese Adresse werden auch Hinweise gegeben, die beim Arbeiten mit verschiedenen Versionen der Entwicklungsumgebung zu beachten sind. Diese werden beim Erscheinen der Nachfolgeversion, die beim Schreiben dieses Buchs noch nicht verfügbar war, aktualisiert.

Lieber Leser, auch weiterhin viel Spaß mit C++ wünscht Ihnen der Autor!

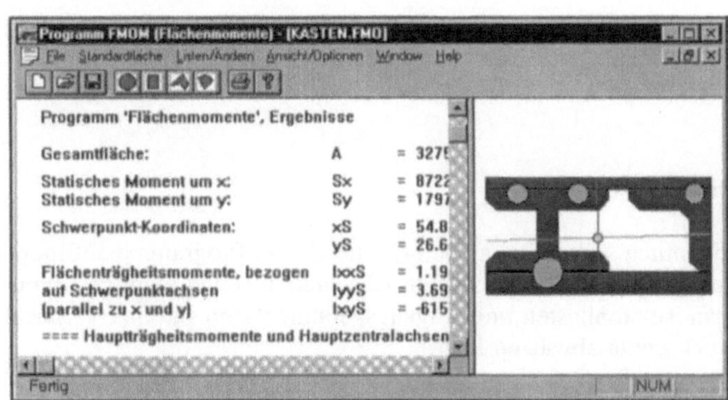

Fmom-Version mit Rechtecken, Kreisen, Polygonen und Kreissektoren

Literatur

[Capp94]   Capper: C⁺⁺ for Scientists, Engineers and Mathematicians, Springer-Verlag, 1994

[CrGa97]   Crocket/Garner: MFC Developer's Workshop, Microsoft Press, 1997

[Dank97]   Dankert: Praxis der C-Programmierung für UNIX, DOS und MS-Windows 3.1/95/NT, Teubner-Verlag, 1997

[Davi95]   Davis: C⁺⁺ für Dummies, Thomson Publishing, 1995

[DnkT96]   Dankert: C und C⁺⁺ für UNIX, DOS und MS-Windows 3.1/95/NT, Tutorial zum Selbststudium, Internet-Adresse:
http://www.fh-hamburg.de/rzbt/dankert/ctut.html

[Khlb98]   Kahlbrandt: Software-Engineering, objektorientierte Software-Entwicklung mit der Unified Modeling Language, Springer, 1998

[Krug97]   Kruglinski: Inside Visual C⁺⁺, Microsoft Press, 1997

[Meye95]   Meyers: Effektiv C⁺⁺ programmieren, Addison-Wesley, 1995

[Pros96]   Prosise: Programming Windows 95 with MFC, Microsoft Press, 1996

[Stro94]   Stroustrup: Design und Entwicklung von C⁺⁺, Addison-Wesley, 1994

[Zara97]   Zaratian: Microsoft Visual C⁺⁺ Owner's Manual, Microsoft Press, 1997

Diskette zum Buch

Eigentlich sollten Sie an den Quellcode der Programme auf möglichst schnellem Wege (über das Internet, siehe Adresse im Abschnitt 1.2) und möglichst preiswert gelangen (gratis, wenn man Telefonkosten und Zugangsgebühren zum Internet vernachlässigen oder z. B. auf eine Hochschule abwälzen kann).

Diejenigen, denen dieser Weg noch verschlossen ist, können für DM 20,-- (einschließlich Versandkosten) die Diskette zum Buch beziehen. Schreiben Sie direkt an den Autor:

Jürgen Dankert, Jägergrund 3, D-21266 Jesteburg

Sachverzeichnis

Dankert
Praxis der C-Programmierung

für UNIX, DOS und MS-Windows 3.1/95/NT

Von Prof. Dr.-Ing. habil.
Jürgen Dankert
Fachhochschule Hamburg

1997. 278 Seiten.
16,2 x 22,9 cm.
(Informatik & Praxis)
Kart. DM 44,80
ÖS 327,– / SFr 40,–
ISBN 3-519-02994-4

Das Buch wendet sich sowohl an Studenten aller Fachrichtungen, in denen die C-Programmierung behandelt wird als auch an Praktiker, die Programmierkenntnisse im Selbststudium erwerben bzw. vertiefen wollen.

Der Anfänger erlangt beim Durcharbeiten der Beispiel-Programme relativ schnell die Fähigkeiten, eigene Programme zu schreiben. Die strengen Regeln einer höheren Programmiersprache stehen dabei zunächst nicht im Mittelpunkt, obwohl sie zwangsläufig beachtet werden müssen. Anhand der ausführlichen Beispiele, an denen Sinn, Zweck und Auswirkung einer Programm-Konstruktion verdeutlicht werden, wird dem Leser dann die komplette Information darüber zugänglich gemacht.

Der Leser, der Vorkenntnisse besitzt, kann sehr schnell zu den anspruchsvolleren Kapiteln vordringen. File-Operationen, dynamische Speicherplatzverwaltung, Arbeiten mit verketteten Listen und binären Bäumen, rekursive Programmierung, betriebssystemspezifische Operationen und eine Einführung in die Windows-Programmierung sind die Themen, die für ein effektives Arbeiten mit der Sprache C besonders interessant sind.

Aus dem Inhalt

Betriebssysteme, Programmiersprachen – Hilfsmittel für die C-Programmierung – Grundlagen der Programmiersprache C – Arbeiten mit Libraries – Fortgeschrittene Programmiertechniken – File-Operationen und Speicherplatzverwaltung – Strukturen, verkettete Listen – Rekursionen, Baumstrukturen, Dateisysteme – Grundlagen der Windows-Programmierung – Ressourcen – C vertiefen oder C++ lernen? – Anhang A: Ein Blick in die Speicherzellen – Anhang B: »Stack« und »Heap«

Preisänderungen vorbehalten.

B. G. Teubner Stuttgart · Leipzig